执业资格考试丛书

一级注册建筑师考试教材

第四分册 建筑材料与构造

（第十二版）

《注册建筑师考试教材》编委会 编

曹纬浚 主编

中国建筑工业出版社

图书在版编目（CIP）数据

一级注册建筑师考试教材．第四分册，建筑材料与构造/
《注册建筑师考试教材》编委会编；曹纬浚主编．—12版．
—北京：中国建筑工业出版社，2016.10
（执业资格考试丛书）
ISBN 978-7-112-20029-0

Ⅰ.①—⋯ Ⅱ.①注⋯②曹⋯ Ⅲ.①建筑材料-资格考试-
自学参考资料②建筑构造-资格考试-自学参考资料 Ⅳ.
①TU

中国版本图书馆CIP数据核字（2016）第251162号

责任编辑：张 建 张 明
责任校对：王宇枢 姜小莲

执业资格考试丛书
一级注册建筑师考试教材
第四分册 建筑材料与构造
（第十二版）
《注册建筑师考试教材》编委会 编
曹纬浚 主编

*

中国建筑工业出版社出版、发行（北京西郊百万庄）
各地新华书店、建筑书店经销
北京红光制版公司制版
北京鹏润伟业印刷有限公司印刷

*

开本：787×1092毫米 1/16 印张：25 字数：602千字
2016年11月第十二版 2017年 7 月第二十二次印刷
定价：58.00元
ISBN 978-7-112-20029-0
（29449）

版权所有 翻印必究
如有印装质量问题，可寄本社退换
（邮政编码100037）

《注册建筑师考试教材》
编 委 会

主 任 委 员　赵知敬
副主任委员　于春普　曹纬浚
主　　　编　曹纬浚
编　　　委（以姓氏笔画为序）

　　　　　　于春普　王昕禾　冯　玲　吕　鉴
　　　　　　任朝钧　刘　博　刘宝生　李　英
　　　　　　李魁元　杨金铎　何　力　汪琪美
　　　　　　张思浩　陈　璐　陈向东　林焕枢
　　　　　　周惠珍　赵知敬　荣玥芳　侯云芬
　　　　　　姜中光　耿长孚　贾昭凯　钱民刚
　　　　　　曹纬浚　曾　俊　樊振和

序

赵春山

（住房和城乡建设部执业资格注册中心原主任
兼全国勘察设计注册工程师管理委员会副主任
中国建筑学会常务理事）

我国正在实行注册建筑师执业资格制度，从接受系统建筑教育到成为执业建筑师之前，首先要得到社会的认可，这种社会的认可在当前表现为取得注册建筑师执业注册证书，而建筑师在未来怎样行使执业权力，怎样在社会上进行再塑造和被再评价从而建立良好的社会资源，则是另一个角度对建筑师的要求。因此在如何培养一名合格的注册建筑师的问题上有许多需要思考的地方。

一、正确理解注册建筑师的准入标准

我们实行注册建筑师制度始终坚持教育标准、职业实践标准、考试标准并举，三者之间相辅相成、缺一不可。所谓教育标准就是大学专业建筑教育。建筑教育是培养专业建筑师必备的前提。一个建筑师首先必须经过大学的建筑学专业教育，这是基础。职业实践标准是指经过学校专门教育后又经过一段有特定要求的职业实践训练积累。只有这两个前提条件具备后才可报名参加考试。考试实际就是对大学建筑教育的结果和职业实践经验积累结果的综合测试。注册建筑师的产生都要经过建筑教育、实践、综合考试三个过程，而不能用其中任何一个去代替另外两个过程，专业教育是建筑师的基础，实践则是在步入社会以后通过经验积累提高自身能力的必经之路。从本质上说，注册建筑师考试只是一个评价手段，真正要成为一名合格的注册建筑师还必须在教育培养和实践训练上下工夫。

二、关注建筑专业教育对职业建筑师的影响

应当看到，我国的建筑教育与现在的人才培养、市场需求尚有脱节的地方，比如在人才知识结构与能力方面的实践性和技术性还有欠缺。目前在建筑教育领域实行了专业教育评估制度，一个很重要的目的是想以评估作为指挥棒，指挥或者引导现在的教育向市场靠拢，围绕着市场需求培养人才。专业教育评估在国际上已成为了一种通行的做法，是一种通过社会或市场评价教育并引导教育围绕市场需求培养合格人才的良好机制。

当然，大学教育本身与社会的具体应用需要之间有所区别，大学教育更侧重于专业理论基础的培养，所以我们就从衡量注册建筑师第二个标准——实践标准上来解决这个问题。注册建筑师考试前要强调专业教育和三年以上的职业实践。现在专门为报考注册建筑师提供一个职业实践手册，包括设计实践、施工配合、项目管理、学术交流四个方面共十项具体实践内容，并要求申请考试人员在一名注册建筑师指导下完成。

理论和实践是相辅相成的关系，大学的建筑教育是基础理论与专业理论教育，但必须要给学生一定的时间使其把理论知识应用到实践中去，把所学和实践结合起来，提高自身的业务能力和专业水平。

大学专业教育是作为专门人才的必备条件，在国外也是如此。发达国家对一个建筑师的要求是：没有经过专门的建筑学教育是不能称之为建筑师的，而且不能进入该领域从事与其相关的职业。企业招聘人才也首先要看他们是否具备扎实的基本知识和专业本领，所以大学的本科建筑教育是必备条件。

三、注意发挥在职教育对注册建筑师培养的补充作用

在职教育在我国有两个含义：一种是后补充学历教育，即本不具备专业学历，但工作后经过在职教育通过社会自学考试，取得从事现职业岗位要求的相应学历；还有一种是继续教育，即原来学的本专业和其他专业学历，随着科技发展和自身业务领域的拓宽，原有的知识结构已不适应了，于是通过在职教育去补充相关知识。由于我国建筑教育在过去一段时期底子薄，培养数量与社会需求差距很大。改革开放以后为了满足快速发展的建筑市场需求，一批没有经过规范的建筑教育的人员进入了建筑师队伍。而要解决好这一历史问题，提高建筑师队伍整体职业素质，在职教育有着重要的补充作用。

继续教育是在职教育的一种行之有效的教育形式，它特指具有专业学历背景的在职人员从业后，因社会的发展使得原有知识需要更新，要通过参加新知识、新技术的学习以调整原有知识结构、拓宽知识范围。它在性质上与在职培训相同，但又不能完全画等号。继续教育是有计划性、目标性、提高性的，从整体人才队伍和个人知识总体结构上作调整和补充。当前，社会在职教育在制度上和措施上还不够完善，质量很难保证。有一些人把在职读学历作为"镀金"，把继续教育当作"过关"。虽然最后证明拿到了，但实际的本领和水平并没有相应提高。为此需要我们做两方面的工作，一是要让我们的建筑师充分认识到在职教育是我们执业发展的第一需求；二是我们的教育培训机构要完善制度、改进措施、提高质量，使参加培训的人员有所收获。

四、为建筑师创造一个良好的职业环境

要向社会提供高水平、高质量的设计产品，关键还是要靠注册建筑师的自身素质，但也不可忽视社会环境的影响。大众审美的提高可以让建筑师感受到社会的关注，增强自省意识，努力创造出一个经受得住大众评价的作品。但目前实际上建筑师的很多设计思想受开发商与业主方面很大的影响，有时建筑水平并不完全取决于建筑师，而是取决于开发商与业主的喜好。有的业主审美水平不高，很多想法往往只是自己的意愿，这就很难做出与社会文化、科技、时代融合的建筑产品。要改善这种状态，首先要努力创造尊重知识、尊重人才的社会环境。建筑师要维护自己的职业权力，大众要尊重建筑师的创作成果，业主不要把个人喜好强加于建筑师。同时建筑师自身也要提高自己的素质和修养，增强社会责任感，建立良好的社会信誉。要让创造出的作品得到大众的尊重，首先自己要尊重自己的劳动成果。

五、认清差距，提高自身能力，迎接挑战

目前中国的建筑师与国际水平还存在着一定差距，而面对信息化时代，如何缩小差距以适应时代变革和技术进步，及时调整并制定新的对策，成为建筑教育需要探讨解决的问题。

我们现在的建筑教育不同程度地存在重艺术、轻技术的倾向。在注册建筑师资格考试中明显感觉到建筑师们在相关的技术知识包括结构、设备、材料方面的把握上有所欠缺，这与教育有一定的关系。学校往往比较注重表现能力方面的培养，而技术方面的教育则相对不足。尽管这些年有的学校进行了一些课程调整，加强了技术方面的教育，但从整体来看，现在的建筑师在知识结构上还是存在缺欠。

建筑是时代发展的历史见证，它凝固了一个时期科技、文化发展的印记，建筑师如果不能与时代发展相适应，努力学习和掌握当代社会发展的科学技术与人文知识，提高建筑的科技、文化内涵，就很难创造出高水平的作品。

当前，我们的建筑教育可以利用互联网加强与国外信息的交流，了解和掌握国外在建筑方面的新思路、新理念、新技术。这里想强调的是，我们的建筑教育还是应该注重与社会发展相适应。当今，社会进步速度很快，建筑所蕴含的深厚文化底蕴也在不断地丰富、发展。现代建筑创作不能单一强调传统文化，要充分运用现代科技发展成果，使建筑在经济、安全、健康、适用和美观方面得到全面体现。在人才培养上也要与时俱进。加强建筑师科技能力的培养，让他们学会适应和运用新技术、新材料去进行建筑创作。

一个好的建筑要实现它的内在和外表的统一，必须要做到：建筑的表现、材料的选用、结构的布置以及设备的安装融为一体。但这些在很多建筑中还做不到，这说明我们一些建筑师在对新结构、新设备、新材料的掌握和运用上能力不够，还需要加大学习的力度。只有充分掌握新的结构技术、设备技术和新材料的性能，建筑师才能够更好地发挥创造水平，把技术与艺术很好地融合起来。

中国加入WTO以后面临国外建筑师的大量进入，这对中国建筑设计市场将会有很大的冲击，我们不能期望通过政府设立各种约束限制国外建筑师的进入而自保，关键是要使国内建筑师自身具备与国外建筑师竞争的能力，充分迎接挑战、参与竞争，通过实践提高我们的设计水平，为社会提供更好的建筑作品。

前言

原**建设部**和**人事部**自 1995 年起开始实施注册建筑师执业资格考试制度。

为了帮助建筑师们准备考试，本书的编写教师自 1995 年起就先后参加了北京市一、二级注册建筑师考试辅导班的教学工作。他们都是本专业具有较深造诣的高级工程师和教授，分别来自北京市建筑设计研究院、北京建筑大学、北京工业大学、北京交通大学、中国人民大学、清华大学建筑设计院和原北京市城市规划管理局。作者以考试大纲和现行规范、标准为依据，在辅导班讲课教案的基础上，经多年教学实践的检验修改，于 2001 年为全国考生编写、出版了本套《考试教材》。《教材》的目的是指导复习，因此力求简明扼要、联系实际，着重对规范的理解与应用，并注意突出重点概念。

本《教材》严格按考试大纲编写，每年根据教学实践不断改进、修订。全国注册建筑师管理委员会规定：每年考试所使用的规范、规程，以本考试年度上一年 12 月 31 日前正式实施的规范、规程为准。每年我们均根据规范、规程的修订、更新和每年考题的实际情况修订我们的教材。因 2015、2016 两年停考，2015~2016 年底开始实施的新修订的规范、标准不少，与我们考试关系较大的有：《城市工程管线综合规划规范》、《城乡建设用地竖向规划规范》、《文化馆建筑设计规范》、《图书馆建筑设计规范》、《博物馆建筑设计规范》、《托儿所、幼儿园建筑设计规范》、《旅馆建筑设计规范》、《综合医院建筑设计规范》、《传染病医院建筑设计规范》、《车库建筑设计规范》、《住宅室内装饰装修设计规范》、《建筑设计防火规范》、《汽车库、修车库、停车场设计防火规范》、《智能建筑设计标准》、《绿色建筑评价标准》、《预应力混凝土结构设计规范》、《公共建筑节能设计标准》、《建设工程造价咨询规范》、《混凝土结构工程施工质量验收规范》、《外墙饰面砖工程施工及验收规程》、《公共建筑吊顶工程技术规程》、《建筑涂饰工程施工及验收规程》、《建筑地基基础工程施工规范》、《防洪标准》、《城市绿线划定技术规范》等。另外，还有《建设工程勘察设计管理条例》、《混凝土结构设计规范》、《城市居住区规划设计规范》、《建筑抗震设计规范》、《城市绿地设计规范》和《城市道路工程设计规范》，2015~2016 年作了局部修订（详见本书附录 2）。2017 年我们的《教材》和《试题集》均按照这些新修订的规范、标准仔细进行了修订，保证满足考试要求。

为了方便读者学习，我们将《教材》分为 6 个分册。第一分册包括第一至第七章，内容为"设计前期 场地与建筑设计（知识）"；第二分册包括第八至第十六章，内容为"建筑结构"；第三分册包括第十七至第二十二章，内容为"建筑物理与建筑设备"；第四分册包括第二十三和第二十四章，内容为"建筑材料与构造"；第五分册包括第二十五至第二十七章，内容为"建筑经济 施工与设计业务管理"；第六分册包括第二十八至第三十章，内容为"建筑方案 技术与场地设计（作图）（含作图试题)"。

参加本《教材》编写的老师如下：第一、第二及第三十章耿长孚、陶维华；第三、第七及第二十八章张思浩；第四章何力；第五章姜中光；第六章任朝钧、荣玥芳；第八章钱民刚；第九、第十五、第十六章及第二十九章结构部分曾俊；第十、第十一、第十二、第十三及第十四章林焕枢；第十七章汪琪美；第十八章刘博；第十九章李英；第二十章吕鉴、张英；第二十一章及第二十九章设备部分贾昭凯；第二十二章及第二十九章电气部分冯玲；第二十三章侯云芬；第二十四章杨金铎；第二十五章周惠珍、陈向东；第二十六章刘宝生；第二十七章李魁元；第二十九章建筑部分樊振和。

多年来先后协助主编和以上作者参与本《教材》和《历年真题与解析》编写修订的老师有：陈璐、穆静波、许萍、郝昱、赵欣然、霍新民、何玉章、颜志敏、曹一兰、周庄、张文革、张岩、周迎旭、曹京、杨洪波、李智民、耿京、李铁柱、仲晓雯、冯存强、阮广青、刘若禹、任东勇、钱程、阮文依、王金羽、康义荣、孙琳、杨守俊、王志刚、何承奎、吴扬、张翠兰、孙玮、黄丽华、赵思儒、吴越恺、高璐、韩雪、陈启佳、曹欣、郭虹、楼香林、李广秋、李平、邓华、冯嘉骝、翟平、曹铎、高焱、张迪、杨婧一。

考生在复习本《教材》时，应结合阅读相应的标准、规范。本《教材》每章后均附有习题，方便考生练习以巩固知识。我们编写的《一级注册建筑师考试历年真题与解析》收录了历年的真实试题（知识题），深受考生欢迎。《历年真题与解析》分为5个分册，以对应《教材》的5个分册，并对2004～2012年的试题注明了考试年份。我们将2012年、2011年和2010年3年各科目的真实试题集中放在各分册的后面，今年个别分册还增加了2013年、2014年试题，考生可以在考前做几次仿真测试。

一级《教材》的第六分册集中了"建筑方案、技术与场地设计（作图）"的课程，收录了历年作图考试的真实试题，并提供了参考答案；部分试题附有评分标准，对作图考试的备考必定大有好处。

祝各位考生考试取得好成绩！

《注册建筑师考试教材》编委会
2016年10月

一级注册建筑师考试教材
总 目 录

第一分册　设计前期 场地与建筑设计（知识）

第一章　设计前期工作
第二章　场地设计知识
第三章　建筑设计原理
第四章　中国古代建筑史
第五章　外国建筑史
第六章　城市规划基础知识
第七章　建筑设计标准、规范

第二分册　建　筑　结　构

第八章　建筑力学
第九章　建筑结构与结构选型
第十章　建筑结构上的作用及设计方法
第十一章　钢筋混凝土结构设计
第十二章　钢结构设计
第十三章　砌体结构设计
第十四章　木结构设计
第十五章　建筑抗震设计基本知识
第十六章　地基与基础

第三分册　建筑物理与建筑设备

第十七章　建筑热工与节能
第十八章　建筑光学
第十九章　建筑声学
第二十章　建筑给水排水
第二十一章　暖通空调

第二十二章　建筑电气

第四分册　建筑材料与构造

第二十三章　建筑材料
第二十四章　建筑构造

第五分册　建筑经济　施工与设计业务管理

第二十五章　建筑经济
第二十六章　建筑施工
第二十七章　设计业务管理

第六分册　建筑方案　技术与场地设计（作图）
（含作图试题）

第二十八章　建筑方案设计（作图）
第二十九章　建筑技术设计（作图）
第三十章　场地设计（作图）

第四分册 建筑材料与构造

目 录

序	赵春山
前言	
第二十三章 建筑材料	1
第一节 材料科学与建筑材料基本性质	1
第二节 气硬性无机胶凝材料	10
第三节 水泥	14
第四节 混凝土	24
第五节 建筑砂浆	43
第六节 墙体材料与屋面材料	48
第七节 建筑钢材	53
第八节 木材	65
第九节 建筑塑料	68
第十节 防水材料	71
第十一节 绝热材料与吸声材料	79
第十二节 装饰材料	84
习题	92
参考答案	94
第二十四章 建筑构造	95
第一节 建筑物的分类和建筑等级	95
第二节 建筑物的地基、基础和地下室构造	115
第三节 墙体的构造	139
第四节 楼板、楼地面、底层地面和顶棚构造	202
第五节 楼梯、电梯、台阶和坡道构造	226
第六节 屋顶的构造	239
第七节 门窗选型与构造	268
第八节 建筑工业化的有关问题	282
第九节 建筑装饰装修构造	293
第十节 高层建筑及老年人建筑和无障碍设计的构造措施	323
习题	349
参考答案	365
附录1 全国一级注册建筑师资格考试大纲	366
附录2 全国一级注册建筑师资格考试规范、标准及主要参考书目	369
附录3 2014年度全国一、二级注册建筑师资格考试考生注意事项	377
附录4 解读《考生注意事项》 郭保宁	379
附录5 对知识单选题考试备考和应试的建议	384

第二十三章 建 筑 材 料

建筑材料是形成土木工程各种建筑物和构筑物的物质基础。材料的性能与质量直接影响着建筑结构的效能与使用寿命。依据结构的设计与使用要求合理地选用材料，将会产生良好的经济效益与社会效益。因此，无论对于结构设计还是施工，建筑材料的选择与使用均占有重要的地位。要做到这一切，重要的一点是对建筑材料有全面与深入的了解。

本章将简要介绍主要建筑材料的组成及内部结构、基本性质及表征指标，并对建筑结构中常用的建材类型分述其性能与应用。

第一节 材料科学与建筑材料基本性质

一、建筑材料的组成、结构及其对材料性能的影响

建筑材料品种繁多，性质各异，在使用上差别很大，对建筑材料要做到深入了解、自如运用及不断开拓，就必须对材料的组成、结构及性能间的关系作本质的、理性的了解，这是材料科学的基本任务。

（一）建筑材料的组成

材料的组成是决定其性能与用途的基础。这里所说的组成主要指化学组成与矿物组成两个方面。

1. 化学组成

建筑材料的化学组成成分大体上分为有机与无机两大类。前者如沥青中的C—H化合物及其衍生物，建筑涂料中的树脂等；而后者则如钢材中的Fe、C、Si、Mn、S、P等元素，普通水泥则主要由CaO、SiO_2和Al_2O_3等形成的硅酸钙及铝酸钙组成。

化学成分对建筑材料的性能影响极大。众所周知，在一定范围内，钢材的强度随C含量的增加而提高，但塑性却随之下降。又如石膏、石灰和石灰石的主要化学成分分别为$CaSO_4$、CaO和$CaCO_3$，因而石膏、石灰易溶于水，且耐水性差，而石灰石则有良好的耐水性。石油沥青由C—H化合物及其衍生物组成，从而决定了它易于老化。

由于化学成分对建筑材料起本质的影响，所以，建筑材料的主要分类方法之一是以化学成分作为划分标准。按此标准，建筑材料分为无机材料、有机材料及复合材料三大类，详见表23-1。

2. 矿物组成

某些建筑材料，其性质主要取决于矿物组成。例如，天然石材中的花岗石，其矿物组成主要是石英和长石，因此，它的强度高，抗风化性能好。又如，对于硅酸盐水泥来说，构成熟料的矿物成分中硅酸三钙含量较高，因此，硬化速度快，强度也较高。

（二）材料的微观结构及其对性质的影响

建筑材料的结构按尺度可划分为三个层次：

建筑材料的分类 表23-1

分类			实例
无机材料	非金属材料	天然石材	毛石、料石、石板、碎石、卵石、砂
		烧土制品	黏土砖、黏土瓦、陶器、炻器、瓷器
		玻璃及熔融制品	玻璃、玻璃棉、矿棉、铸石
		胶凝材料	石膏、石灰、菱苦土、水玻璃，以及各种水泥
		砂浆及混凝土	砌筑砂浆、抹面砂浆 普通混凝土、轻骨料混凝土
		硅酸盐制品	灰砂砖、硅酸盐砌块
	金属材料	黑色金属	铁、钢
		有色金属	铝、铜及其合金
有机材料		植物质材料	木材、竹材
		沥青材料	石油沥青、煤沥青
		合成高分子材料	塑料、合成橡胶、胶粘剂
复合材料		金属—非金属	钢纤混凝土、钢筋混凝土
		无机非金属—有机	玻纤增强塑料、聚合物混凝土、沥青混凝土、人造石
		金属—有机	PVC涂层钢板、轻质金属夹芯板、铝塑板

1) 微观结构：原子—分子尺度；
2) 亚微观（细观）结构：光学显微镜尺度；
3) 宏观结构：目测或放大镜尺度。

建筑材料的许多性质，如强度、硬度、导电性、导热性等，除受其组成影响外，还取决于材料内部的微观结构。观察微观结构的主要工具是电子显微镜等，其分辨程度可达Å（读"埃"，$1Å=10^{-10}$m）。建筑材料主要为固态物质，即使是液体材料也必须固化后才能使用。固态物质可划分为晶体与非晶体两种结构。

1. 晶体结构

晶体结构的基本特征在于其内部质点（原子、分子等）按一定的规则排列，形成晶格构造。具体来说，内部质点具有长程有序（即沿特定的长度方向规则排布）以及平移有序（即晶格构形可以周期式平移）。而按排列规则的不同，又可分为立方晶系、斜方晶系、六方晶系等不同类型。晶体原子排列示例如图23-1（a）所示。

晶格构造使晶体具有一定的几何外形及各向异性，但因实际使用的晶体材料通常由众多细小晶粒杂乱排布

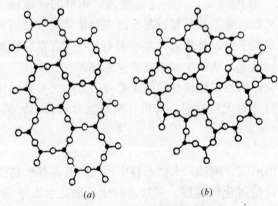

图23-1 晶体、玻璃体的原子排列示意图
(a) 晶体；(b) 玻璃体

而成（晶格随机取向），故在宏观上多呈现各向同性。晶体材料受外力可以发生弹性变形，但达到一定值时，材料会沿内部的滑移面产生塑性变形。另外，晶体具有一定的熔点，这也是其与非晶体的主要差异。

晶体材料种类很多，金属材料、石英矿物、花岗石等石材都是晶体结构材料。

原子晶体：中性原子以共价键结合而成的晶体，如石英。离子晶体：正负离子以离子键结合而成的晶体，如 NaCl。分子晶体：以范德华力即分子间力结合而成的晶体，如有机化合物。金属晶体：以金属阳离子为晶格，由金属阳离子与自由电子间的金属键结合而成的晶体，如钢铁。

2. 非晶体结构

非晶体物质的主体有玻璃体和胶体两类。玻璃体中原子呈完全无序排列，故又称为无定形体，它由熔融物质经急冷形成。建筑用玻璃是玻璃体的重要代表；此外，火山灰、矿棉、岩棉、粒化高炉矿渣也属玻璃体。玻璃体原子排列的无序性如图 23-1 (b) 所示。

玻璃体的特点之一是各向同性，如导热性无方向差异。但一般来说，其导热性较晶体材料为低，故有良好的保温隔热性能。玻璃体无固定的熔点，但化学活性较高。

胶体由众多细小固体粒子（粒径为 1~100nm）分散在连续介质中而成。建材中的固体沥青、固化后的水玻璃、水泥石中的水化硅酸钙等都属胶体。

胶体多具有良好的吸附力和较强的粘结力，这是由于胶体的质点微小，总表面积很大，因而表面能很大的缘故。

如果胶体中的微粒可作布朗运动，即成为溶胶。溶胶可流动，而溶胶脱水或微粒因凝聚而不再作布朗运动时，则成为凝胶。凝胶完全脱水后则成为干凝胶体，具有固体的性质，可产生一定的强度。硅酸盐水泥主要水化物的最后形式即为干凝胶体。

（三）材料的亚微观结构及其对性质的影响

材料在亚微观尺度上的结构同样值得重视。例如，金属材料的晶粒粗细及金相组织直接影响其强度、硬度、韧性；又如，木材的纤维状细胞组织对强度、导热性起支配作用。

（四）材料的宏观结构及其对性质的影响

宏观结构一般用肉眼或放大镜可以观察。在建筑材料中多注重观察密实性、多孔性、构造形式（如层状、粒状、纤维状等）。

材料的密实性好是指其结构致密，如钢材、天然石材等。其特点是强度高、硬度大、吸水性小、耐磨、抗渗、抗冻，但隔热性能差。

材料的孔隙特征包括内部孔隙的分布状况和连通状况。多孔材料的例子有加气混凝土、烧结普通砖、石膏制品等。多孔材料绝热性能好，但吸水性大，抗冻性较差，一般说来其强度较低。

建筑材料宏观构造形式与其性能有密切的关系。多层胶合板比单层板的强度、抗翘曲性均好得多。松散的粒状材料，如陶粒、膨胀珍珠岩等则适于作绝热材料；而密实的粒状材料，如砂子、石子则适于作混凝土的集料，承载性能好。

有许多建筑材料其宏观结构具有纹理形式，如大理石、木材、花岗石板材及人造板材等，它们的表面有自然形成或人工形成的各种条纹，因而作为装饰材料在建筑中被广泛使用。因此，建筑材料按照其构造形式和密实度划分宏观结构，其中按照构造形式可将材料分为堆聚结构（如混凝土）、层状结构（如胶合板）、纤维结构（如玻璃纤维、聚丙烯纤维）和散粒结构（如砂石骨料）；按照密实度分为致密结构（如玻璃、石材）、多孔结构（如加气混凝土、泡沫玻璃）和微孔结构（如黏土砖、石膏制品）。

由本节的简要综述可以看出，建筑材料的性质，就根本来说，取决于其内部（或自身）的组成与结构。一旦材料组成已经确定，无论在什么尺度上的结构，都会在不同方面影响其性能；或者说，材料的内部结构是材料性质的内因，是理解与运用材料的基础。在随后各节有关性能指标的学习，以及各种重要材料的分论中，都要以这个基本观点与方法来作为理解与掌握的基础。

二、建筑材料的基本性质

各种建筑物均由建筑材料构建而成。不同的建筑物有不同的功能要求，即使是同一建筑物，其不同部位所起的作用也会有所不同。实现各种功能要求的基本手段之一是合理运用建筑材料。还需指出，不同的建筑物所处的工作环境不尽相同，而且建筑物还要历经寒暑季节的变化。因此，对建筑材料基本性质的要求是多方面的，如物理性质、力学性质、耐久性、防火性、装饰性等。

本部分将简要介绍这些基本性质及其指标，并对其中最重要的指标的测定与计算作扼要叙述。

（一）建筑材料的物理性质

1. 材料的密度、表观密度与堆积密度

（1）密度

密度是指材料在绝对密实状态下，单位体积的质量，可用下式表示：

$$\rho = \frac{m}{V} \tag{23-1}$$

式中　ρ——密度（g/cm^3）；

　　　m——材料在干燥状态下的质量（g）；

　　　V——干燥材料在绝对密实状态下的体积（cm^3）。

绝对密实状态下的体积是指不包括孔隙在内的体积，在测定有孔材料的绝对密实体积时，须将材料磨成细粉，干燥后用李氏瓶（排液置换法）测定。

（2）表观密度（原称容重，也称体积密度）

表观密度是指材料在自然状态下，单位体积的质量，可用下式表示：

$$\rho_0 = \frac{m}{V_0} \tag{23-2}$$

式中　ρ_0——表观密度（g/cm^3 或 kg/m^3）；

　　　m——材料的质量（g 或 kg）；

　　　V_0——材料在自然状态下的体积，指包含内部孔隙的体积（cm^3 或 m^3）。

材料的表观密度的大小与其含水情况有关，含水情况应予以注明，但通常材料的表观密度是指气干状态下的表观密度。

（3）堆积密度

仅适用于散粒材料（粉状或粒状材料）的一个指标，为在堆积状态下单位体积的质量。可用下式表示：

$$\rho'_0 = \frac{m}{V'_0} \tag{23-3}$$

式中 ρ'_0——堆积密度（kg/m³）；

　　　m——材料的质量（kg）；

　　　V'_0——材料在堆积状态下的体积（m³）。

常用建筑材料的密度、表观密度及堆积密度见表23-2。

常用建筑材料的密度、表观密度及堆积密度　　　　表23-2

材　料	密度 ρ (g/cm³)	表观密度 ρ_0 (kg/m³)	堆积密度 ρ'_0 (kg/m³)
石灰石	2.60	1800～2600	—
花岗石	2.80	2500～2800	—
碎石（石灰石）	2.60	—	1400～1700
砂	2.60	—	1450～1650
黏　土	2.60	—	1600～1800
普通黏土砖	2.50	1600～1800	—
黏土空心砖	2.50	1000～1400	—
水　泥	3.10	—	1200～1300
普通混凝土	—	2000～2800	—
轻骨料混凝土	—	800～1900	—
木　材	1.55	400～800	—
钢　材	7.85	7850	—
泡沫塑料	—	20～50	—

2. 孔隙率与空隙率

（1）孔隙率

孔隙率是指材料中孔隙体积占总体积的比例，可按下式计算：

$$孔隙率\ P = \frac{V_孔}{V_0} = \frac{V_0 - V}{V_0} = 1 - \frac{V}{V_0} = 1 - \frac{\rho_0}{\rho} \qquad (23\text{-}4)$$

材料中固体体积占总体积的比例，称为密实度，密实度 $D = 1 - P$，即材料的密实度＋孔隙率＝1。

材料的孔隙率的大小直接反映了材料的致密程度。孔隙率的大小及孔隙本身的特征（孔隙构造与大小）对材料的性质影响较大。

通常，对于同一种材质的材料，如其孔隙率在一定范围内变化，则这种材料的强度与孔隙率有显著的相关性，即孔隙率越大，则强度越低。

（2）空隙率

空隙率是指散粒材料在某堆积体积中，颗粒之间的空隙体积占总体积的比例。可按下式计算：

$$空隙率\ P' = \frac{V_空}{V'_0} = \frac{V'_0 - V_0}{V'_0} = 1 - \frac{V_0}{V'_0} = 1 - \frac{\rho'_0}{\rho_0} \qquad (23\text{-}5)$$

空隙率的大小反映了散粒材料的颗粒互相填充的致密程度。在混凝土中，空隙率可作为控制砂石级配及计算混凝土砂率的依据。

3. 材料的亲水性与憎水性

材料表面与水或空气中的水汽接触时，产生不同程度的润湿。材料表面吸附水或水汽而被润湿的性质与材料本身的性质有关。材料能被水润湿的性质称为亲水性，材料不能被水润湿的性质称为憎水性，一般可以按润湿边角的大小将材料分为亲水性材料与憎水性材料两类。润湿边角指在材料、水和空气的交点处，沿水滴表面的切线与水和固体接触面所成的夹角（θ）（图 23-2）。

亲水性材料水分子之间的内聚力小于水分子与材料分子间的相互吸引力，表面易被水润湿，且水能通过毛细管作用而被吸入材料内部。建筑材料大多为亲水性材料，如砖、混凝土、木材等；少数材料如沥青、石蜡等为憎水性材料。憎水性材料有较好的防水效果。

4. 材料的吸水性与吸湿性

（1）吸水性

材料在水中能吸收水分的性质称为吸水性，吸水性的大小用吸水率表示。吸水率是指材料吸水饱和后吸入水的质量占材料干燥质量或材料体积的百分率。工程用建筑材料一般均采用质量吸水率。

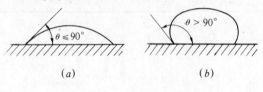

图 23-2 材料润湿示意图
(a) 亲水性材料；(b) 憎水性材料

$$质量吸水率 W_\mathrm{m} = \frac{m_1 - m}{m} \times 100\% \tag{23-6}$$

式中　m_1——材料吸水饱和状态下的质量（g）；
　　　m——材料干燥状态下的质量（g）。

材料的吸水性与材料的亲水性、憎水性有关，还与材料的孔隙率的大小、孔隙特征有关。对于细微连通孔隙、孔隙率越大，则吸水率越大。封闭孔隙，水分不能进入，粗大开口孔隙，水分不能存留，吸水率均较小。因此，具有很多微小开口孔隙的亲水性材料，其吸水性特别强。

（2）吸湿性

材料在潮湿空气中吸收水分的性质称为吸湿性。常用含水率表示，可用下式计算：

$$含水率 W = \frac{m_湿 - m}{m} \times 100\% \tag{23-7}$$

式中　$m_湿$——材料吸收空气中水分后的质量（g）；
　　　m——材料烘干至恒重时的质量（g）。

材料的含水率随空气湿度和环境温度变化而变化，也就是水分可以被吸收，又可向外界扩散，最后与空气湿度达到平衡。与空气湿度达到平衡时的含水率称为材料的平衡含水率。

材料的吸水与吸湿均会导致材料性质的改变，如材料自重增大，绝热性及强度等将产生不同程度的下降等。

5. 材料的耐水性

材料长期在饱和水作用下不破坏，其强度也不显著降低的性质称为耐水性。材料的耐水性用软化系数（K）表示：

$$K = \frac{材料在吸水饱和状态的抗压强度}{材料在干燥状态下的抗压强度} \tag{23-8}$$

软化系数的大小表示材料浸水饱和后强度降低的程度，其波动范围在 0 至 1 之间，软化系数越小，说明材料吸水饱和后的强度降低越多，耐水性则越差。对于经常处于水中或受潮严重的重要结构物的材料，其软化系数不宜小于 0.85；受潮较轻或次要结构物的材料，其软化系数不宜小于0.75。

6. 材料的抗渗性

材料抵抗压力水渗透的性质称为抗渗性（或不透水性）。材料的抗渗性常用渗透系数表示。

$$k = \frac{Qd}{AtH} \tag{23-9}$$

式中　k——材料的渗透系数（cm/h）；

　　　Q——渗水量（cm³）；

　　　d——试件厚度（cm）；

　　　H——静水压力水头（cm）；

　　　t——渗水时间（h）；

　　　A——渗水面积（cm²）。

渗透系数越大，表明材料渗透的水量越多，抗渗性则越差。

抗渗性也可用抗渗等级表示，抗渗等级是以规定的试件在标准试验方法下所能承受的最大水压力来确定，以符号 Pn 表示，其中 n 为该材料所能承受的最大水压力的 0.1MPa 的倍数，如普通混凝土抗渗等级为 P6，即表示混凝土能承受 0.6MPa 的压力水而不渗透。

材料的抗渗性的好坏，与材料的孔隙率及孔隙特征有关。孔隙率较大且是开口连通的孔隙的材料，其抗渗性较差。

抗渗性是决定材料耐久性的主要因素，对于地下建筑及水工构筑物，因常受到压力水的作用，所以要求材料具有一定的抗渗性。对于防水材料，则要求具有更高的抗渗性。材料抵抗其他流体渗透的性质，也属抗渗性。

7. 材料的抗冻性

材料在吸水饱和状态下，能经受多次冻融（冻结与融化）循环作用而不破坏，强度也无显著降低的性质，称为材料的抗冻性。

材料受冻融破坏是由于材料孔隙中的水结冰造成的。水在结冰时体积约增大9%，当材料孔隙中充满水时，由于水结冰对孔壁产生很大的压力，而使孔壁开裂。

材料的抗冻性可用抗冻等级"Fn"和抗冻标号"Dn"表示，n 为最大冻融次数，如 F25、F50 或 D25、D50 等。抗冻等级是采用 100mm×100mm×400mm 的棱柱体试件，经一定快速冻融试验后，质量损失率不超过5%，相对动弹性模量值不小于60%时所承受的最大循环次数。抗冻标号是采用边长 100mm 的立方体试块，进行慢冻试验（冻4h，融4h），质量损失率不超过5%，抗压强度下降不超过25%时所承受的最大冻融循环次数。对于水工及冬季气温在 −15℃ 的地区施工应考虑材料的抗冻性。

材料抗冻性的高低，取决于材料孔隙中被水充满的程度和材料对因水分结冰体积膨胀所产生压力的抵抗能力。

抗冻性良好的材料，对于抵抗大气温度变化、干湿交替等风化作用的能力通常也较强，所以抗冻性常作为考查材料耐久性的一项指标。处于温暖地区的建筑物，虽无冰冻作用，为抵抗大气的作用，确保建筑物的耐久性，有时对材料也提出一定的抗冻性要求。

8. 材料的导热性

在建筑中，除了满足必要的强度及其他性能的要求外，建筑材料还必须具有一定的热工性质，以降低建筑物的使用能耗，创造适宜的生活与生产环境。导热性是建筑材料的一项重要热工性质。

导热性是指当材料两侧存在温度差时，热量从温度高的一侧向温度低的一侧传导的性质。材料的导热性通常用导热系数"λ"表示。匀质材料导热系数的计算公式为：

$$Q = \lambda \frac{(t_1-t_2) \cdot A \cdot Z}{a} \quad 从而 \quad \lambda = \frac{Q \cdot a}{(t_1-t_2) \cdot A \cdot Z} \tag{23-10}$$

式中 λ——材料的导热系数[W/(m·K)]；

Q——总传热量（J）；

a——材料厚度（m）；

(t_1-t_2)——材料两侧绝对温度之差（K）；

A——传热面积（m²）；

Z——传热时间（s）。

导热系数的物理意义是：单位厚度的材料，当两侧温度差为1K时，在单位时间内通过单位面积传导的热量。它是评定材料保温绝热性能好坏的主要指标。λ越小，则材料的保温绝热性能越好。影响建筑材料导热系数的主要因素有：

(1) 材料的组成与结构。通常金属材料、无机材料、晶体材料的导热系数分别大于非金属材料、有机材料、非晶体材料。

(2) 孔隙率。孔隙率大，含空气多，则材料表观密度小，其导热系数也就小。这是由于空气的导热系数小（为0.023）的缘故。

(3) 孔隙特征。在同等孔隙率的情况下，细小孔隙、闭口孔隙组成的材料比粗大孔隙、开口孔隙的材料导热系数小，因为前者避免了对流传热。

(4) 含水情况。当材料含水或含冰时，材料的导热系数会急剧增大，因为水和冰的导热系数分别为0.58和2.20。

（二）建筑材料的力学性质

1. **材料的强度与等级**

材料在外力（荷载）作用下，抵抗破坏的能力称为材料的强度。当材料承受外力作用时，内部就产生应力。外力逐渐增加，应力也相应加大，直到质点间作用力不再能够承受时，材料即破坏，此时的极限应力值就是材料的强度。

根据外力作用方式的不同，材料强度有抗压强度、抗拉强度、抗弯强度及抗剪强度等，如图23-3所示。

材料的抗压强度（f_a）、抗拉强度（f_t）及抗剪强度（f_v）的计算公式如下：

$$f = \frac{F}{A} \tag{23-11}$$

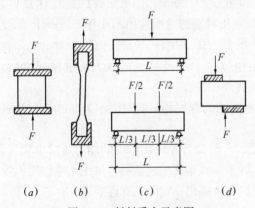

图23-3 材料受力示意图
(a) 压力；(b) 拉力；(c) 弯曲；(d) 剪切

式中 F——材料破坏时最大荷载（N）；

A——材料受力截面面积（mm²）。

材料的抗弯强度与受力情况、截面形状及支承条件等有关，通常将矩形截面条形试件放在两支点上，中间作用一集中荷载，称为三点弯曲，抗弯强度计算式为：

$$f_{tm} = \frac{3FL}{2bh^2} \quad (23-12)$$

也有时在跨度的三分点上作用两个相等的集中荷载，称为四点弯曲，则其抗弯强度计算式为：

$$f_{tm} = \frac{FL}{bh^2} \quad (23-13)$$

式中　f_{tm}——抗弯强度（MPa）；
　　　F——弯曲破坏时最大荷载（N）；
　　　L——两支点间的跨距（mm）；
　　　b、h——试件横截面的宽及高（mm）。

为衡量材料轻质高强方面的属性，还需规定一个相关的性能指标，称为比强度。比强度定义为材料的强度 f 与其表观密度 ρ_0 之比，即 f/ρ_0，它描述了单位质量材料的强度，其值越大，表示该材料具有越好的轻质高强属性。

各种建筑材料的强度特点差异很大，见表23-3。为了使用方便，建筑材料常按其强度高低划分为若干个等级，例如硅酸盐水泥按抗压和抗折强度分为3个强度等级，普通混凝土按其抗压强度分为19个强度等级。

几种常用材料的强度（MPa）　　　　表23-3

材料	抗压	抗拉	抗弯
花岗石	100～250	5～8	10～14
普通黏土砖	5～20	—	1.6～4.0
普通混凝土	10～60	1～9	—
松木（顺纹）	30～50	80～120	60～100
建筑钢材	240～1500	240～1500	—

2. 弹性与塑性

在外力作用下，材料产生变形，外力取消后变形消失，材料能完全恢复原来形状的性质，称为弹性。这种外力去除后即可恢复的变形称为弹性变形，属可逆变形，其数值大小与外力成正比，其比例系数 E 称为材料的弹性模量。在弹性变形范围内，E 为常数，即

$$E = \frac{\sigma}{\varepsilon} \quad (23-14)$$

式中　σ——材料的应力（MPa）；
　　　ε——材料的应变。

弹性模量 E 是衡量材料抵抗变形能力的一个指标，E 越大，材料越不易变形。

材料在外力作用下产生变形，当外力取消后，变形不能恢复，这种性质称为材料的塑性，这种不能恢复的变形称为塑性变形，属不可逆变形。

实际上纯弹性材料是没有的，大部分固体材料在受力不大时，表现出弹性变形，当外力达一定值时，则呈现塑性变形。有的材料受力后，弹性变形和塑性变形同时发生，当卸荷后，弹性变形会恢复，而塑性变形不能消失（如混凝土），这类材料称为"弹—塑"性材料。

3. 材料的脆性与韧性

当外力达到一定限度后,材料突然破坏,而破坏时并无明显的塑性变形,材料的这种性质称为脆性。具有这种性质的材料称为脆性材料,如混凝土、玻璃、砖石等。通常脆性材料的拉压比很小,即抗拉强度明显低于抗压强度,所以脆性材料不能承受振动和冲击荷载,只适于用作承压构件。在冲击、振动荷载作用下,材料能够吸收较大能量,同时还能产生一定的变形而不致破坏的性质称为韧性(冲击韧性)。一般以测定其冲击破坏时试件所吸收的功作为指标。建筑钢材(软钢)、木材等属于韧性材料。

在结构设计中,对于承受动荷载(冲击、振动等)的结构物,所用材料应具有较高的韧性。

4. 硬度

材料的硬度是指材料抵抗较硬物压入其表面的能力,通过硬度可大致推知材料的强度。各种材料硬度的测试方法和表示方法不同。如石料可用刻痕法或磨耗来测定;金属、木材及混凝土等可用压痕法测定;矿物可用刻划法测定(矿物硬度分为 10 个等级,最硬的 10 级为金刚石,最软的 1 级为滑石及白垩石)。

常用的布氏硬度 HB 可用来表示塑料、橡胶及金属等材料的硬度。

(三)材料的化学性质

指材料与它所处外界环境的物质进行化学反应的能力或在所处环境的条件下保持其组成及结构稳定的能力,如胶凝材料与水作用,钢筋的锈蚀,沥青的老化,混凝土及天然石材在侵蚀性介质作用下受到腐蚀等。

(四)材料的耐久性

材料在使用过程中抵抗周围各种介质的侵蚀而不破坏的性能,称为耐久性。耐久性是材料的一种综合性质,诸如抗渗性、抗冻性、抗风化性、抗老化性、耐化学腐蚀性、耐热性、耐光性、耐磨性等均属耐久性的范围。

第二节 气硬性无机胶凝材料

胶凝材料能将散粒材料或块状材料粘结成为整体,并具有所需的强度。胶凝材料按成分分为有机胶凝材料和无机胶凝材料两大类,前者以天然或合成的有机高分子化合物为基本成分,如沥青、树脂等;后者则以无机化合物为主要的成分。无机胶凝材料按硬化条件不同,也可分为气硬性胶凝材料与水硬性胶凝材料两类。气硬性胶凝材料只能在空气中硬化,也只能在空气中继续保持或发展其强度,如建筑石膏、石灰、水玻璃、菱苦土等。水硬性胶凝材料则不仅能在空气中,而且能更好地在水中硬化,保持并发展其强度,如各种水泥。气硬性胶凝材料一般只适用于地上干燥环境,而水硬性胶凝材料则可在地上、地下或水中使用。

一、石灰

包括生石灰(块灰)、磨细生石灰粉与消石灰粉等,技术指标见表 23-4~表 23-6。生产石灰的原料是以 $CaCO_3$ 为主要成分的石灰石等。石灰石经煅烧分解,即得生石灰 (CaO):

$$CaCO_3 \xrightarrow{900\sim1100℃} CaO + CO_2 \uparrow$$

建筑生石灰的技术指标　　　　　　　表 23-4

项　　目	钙质生石灰			镁质生石灰		
	优等品	一等品	合格品	优等品	一等品	合格品
CaO+MgO 含量（%）	≥90	≥85	≥80	≥85	≥80	≥75
未消化残渣含量,5mm 圆孔筛余（%）	≤5	≤10	≤15	≤5	≤10	≤15
CO_2（%）	≤5	≤7	≤9	≤6	≤8	≤10
产浆量（L/kg）	≥2.8	≥2.3	≥2.0	≥2.8	≥2.3	≥2.0

建筑消石灰粉的技术要求　　　　　　　表 23-5

项　　目		钙质消石灰粉			镁质消石灰粉			白云石消石灰粉		
		优等品	一等品	合格品	优等品	一等品	合格品	优等品	一等品	合格品
CaO+MgO 含量（%）		≥70	≥65	≥60	≥65	≥60	≥55	≥65	≥60	≥55
游离水（%）		0.4~2	0.4~2	0.4~2	0.4~2	0.4~2	0.4~2	0.4~2	0.4~2	0.4~2
体积安定性		合格	合格	—	合格	合格	—	合格	合格	—
细度	0.9mm 筛筛余（%）	0	0	≤0.5	0	0	≤0.5	0	0	≤0.5
	0.125mm 筛筛余（%）	≤3	≤10	≤15	≤3	≤10	≤15	≤3	≤10	≤15

建筑生石灰粉技术指标　　　　　　　表 23-6

项　　目		钙质生石灰粉			镁质生石灰粉		
		优等品	一等品	合格品	优等品	一等品	合格品
CaO+MgO 含量（%）		≥85	≥80	≥75	≥80	≥75	≥70
CO_2 含量（%）		≤7	≤9	≤11	≤8	≤10	≤12
细度	0.9mm 筛筛余（%）	≤0.2	≤0.5	≤1.5	≤0.2	≤0.5	≤1.5
	0.125mm 筛筛余（%）	≤7.0	≤12.0	≤18.0	≤7.0	≤12.0	≤18.0

（一）生石灰的熟化（消解）

在使用时，需将生石灰加水消解成熟石灰[$Ca(OH)_2$]：

$$CaO+H_2O \longrightarrow Ca(OH)_2$$

该过程特点是放热量大（64.9kJ）与体积急剧膨胀（体积可增大 1~2.5 倍）。过火石灰熟化慢，为消除过火石灰的危害（使抹灰层表面开裂或隆起），因此必须将石灰浆在贮存坑中放置两周以上的时间（称为"陈伏"），方可使用。袋石灰（生石灰粉）使用前也需"陈伏"。

（二）石灰浆的硬化

石灰浆在空气中逐渐硬化是由以下两个作用过程来完成的：

1. 结晶作用

游离水分蒸发，$Ca(OH)_2$ 逐渐从饱和溶液中结晶。

2. 碳化作用

$Ca(OH)_2$ 与空气中的 CO_2 化合生成 $CaCO_3$ 结晶，释出水分并被蒸发：

$$Ca(OH)_2+CO_2+nH_2O \longrightarrow CaCO_3+(n+1)H_2O$$

由以上过程可以发现石灰浆的硬化过程很慢。硬化石灰浆体的强度一般不高，强度增长慢，受潮后更低。硬化过程中体积收缩大，通常需加入砂子、纸筋等，以防止收缩开裂。

（三）石灰的技术指标

生石灰按氧化镁含量分为钙质生石灰（$MgO \leqslant 5\%$）与镁质生石灰（$MgO > 5\%$）两类。

生石灰与消石灰粉按我国石灰标准（JC/T 479—92 与 JC/T 481—92）均各分为优等品、一等品与合格品三个等级。生石灰分等指标有 $CaO+MgO$ 含量、含渣率、CO_2 含量与产浆量等，消石灰粉分等指标有 $CaO+MgO$ 含量、游离水含量、体积安定性与细度等。

（四）石灰的应用

1. 配制石灰砂浆、石灰乳

石灰砂浆可用于砌筑、抹面，石灰乳可用作涂料。

2. 配制石灰土、三合土

石灰土（石灰＋黏土）和三合土（石灰＋黏土＋砂石或炉渣、碎砖等填料），分层夯实，强度及耐水性均较高，可用作砖基础的垫层等；石灰宜用消石灰粉或磨细生石灰，灰土中石灰用量一般为灰土总重的 $6\%\sim12\%$。

3. 生产灰砂砖、碳化石灰板

灰砂砖的制作：将磨细生石灰或消石灰粉与天然砂配合拌匀，加水搅拌，再经陈伏、加压成型和压蒸处理而成。

碳化石灰板是将磨细生石灰、纤维状填料（如玻璃纤维）或轻质骨料（如矿渣）搅拌成型，然后以 CO_2 进行人工碳化（$12\sim24h$）制成的一种轻质板材。

另外，石灰还可用来配制无熟料水泥及生产多种硅酸盐制品等。

二、建筑石膏

生产建筑石膏的主要原料是天然二水石膏（$CaSO_4 \cdot 2H_2O$）（又称软石膏或生石膏）。二水石膏经煅烧、磨细可得 β 型半水石膏，即建筑石膏（熟石膏）：

$$CaSO_4 \cdot 2H_2O \xrightarrow{107\sim170℃} CaSO_4 \cdot \frac{1}{2}H_2O + 1\frac{1}{2}H_2O$$

若煅烧温度为 190℃，可得模型石膏，其成品细度与白度均比建筑石膏高。若将二水石膏置于具有 0.13MPa、124℃ 的过饱和蒸汽条件下蒸炼，或置于某些盐溶液中沸煮，可获得晶粒较粗、硬化产物较密实从而强度较高的 α 型半水石膏，即为高强石膏。若将生石膏在 $400\sim500℃$ 或高于 800℃ 下煅烧，即得地板石膏，其凝结、硬化较慢，硬化后强度较高，耐磨性及耐水性较好。

（一）建筑石膏的水化、凝结、硬化

建筑石膏加水后，溶解、水化生成二水石膏：$CaSO_4 \cdot \frac{1}{2}H_2O + 1\frac{1}{2}H_2O \longrightarrow CaSO_4 \cdot 2H_2O$。由于二水石膏的溶解度小于半水石膏的溶解度，半水石膏的饱和溶解度对于二水石膏来说是过饱和的，所以二水石膏会结晶。随着浆体中的自由水分因水化和蒸发而逐渐减少，浆体变稠失去可塑性（凝结），其后，随着二水石膏胶粒凝聚成晶核并逐渐长大，相互交错和共生，使浆体产生强度，并不断增长，直至完全干燥。

在建筑石膏的凝结硬化过程中，称浆体开始失去流动性为初凝，称完全失去可塑性为终凝。

（二）建筑石膏的技术指标

建筑石膏按标准 GB/T 9776—2008 分为 3.0、2.0 与 1.6 三个等级，分等指标有抗折强度、抗压强度及细度等。质量指标见表 23-7。

建筑石膏质量指标　　　　　　　　　　　表 23-7

项目	等级		
	3.0	2.0	1.6
抗折强度（MPa）	≥3.0	≥2.0	≥1.6
抗压强度（MPa）	≥6.0	≥4.0	≥3.0
细度，0.2mm 方孔筛余（%）	≤10		

（三）建筑石膏的性质与应用

特性：

1. 凝结硬化快

建筑石膏的凝结，一般初凝时间只有 3~5min，终凝时间只有 20~30min。在室内自然干燥条件下，达到完全硬化的时间约需一星期。

2. 硬化后体积微膨胀（约 1%）

因此，硬化产物外形饱满，不出现裂纹。

3. 硬化后孔隙率大（可达 50%~60%）

因此其强度较低（与水泥比较），表观密度较小，导热性较低，吸声性较强，吸湿性较强。

4. 耐水性与抗冻性较差

建筑石膏硬化后晶体在水中有一定的溶解度，因此耐水性差，软化系数低。吸水后受冻，将因孔隙中水分结冰而崩裂，因此抗冻性差。

5. 硬化后尺寸稳定

最大吸水率时，伸缩率约为 1‰。

6. 硬化后抗火性好

制品本身为不燃材料，同时在遇火灾时，二水石膏中的结晶水蒸发，吸收热量，在表面形成水蒸气幕和脱水物隔离层，并且无有害气体产生。但制品的使用温度最好不超过 65℃，以免水分蒸发影响强度。

应用：室内抹灰、粉刷；生产各种石膏板与多孔石膏制品；制作模型或雕塑；制作吸声板、顶棚、墙面的装饰板；作装饰涂料的填料、人造大理石等。

三、水玻璃（俗称泡花碱）

水玻璃为能溶于水的碱金属硅酸盐，建筑上常用硅酸钠（$Na_2O \cdot nSiO_2$）与硅酸钾（$K_2O \cdot nSiO_2$）等，其中 n 为 SiO_2 与 Na_2O（或 K_2O）之间的摩尔比，称为水玻璃的模数，模数大则水玻璃的黏度大，但较难溶于水，较易分解、硬化。常用水玻璃模数为 2.0~3.5。若液体水玻璃中加入尿素，在不改变黏度的情况下，可提高粘结力 25% 左右。

液体水玻璃在空气中吸收 CO_2，形成无定形硅酸，并逐渐干燥而硬化：

$$Na_2O \cdot nSiO_2 + CO_2 + mH_2O = Na_2CO_3 + nSiO_2 \cdot mH_2O$$

这个过程进行很慢，常加入硬化促进剂氟硅酸钠 Na_2SiF_6，以促使硅酸凝胶加速析出，其适宜掺量为水玻璃质量的 12%～15%，若掺量太少，则硬化慢，强度低，且未经反应的水玻璃易溶于水，因而耐水性差；若掺量过多，凝结过快影响施工，且渗透性大，也影响强度。

水玻璃有良好的粘结能力，硬化时析出的硅酸凝胶有堵塞毛细孔隙而防止水渗透的作用，可涂刷于黏土砖及混凝土等制品表面（石膏制品除外，因反应生成硫酸钠，在制品孔隙中结晶，体积显著膨胀而导致破坏），以提高其表层密实度与抗风化能力。水玻璃硬化后具有良好的耐酸（氢氟酸除外）、耐火性，可用来配制耐酸、耐热砂浆与混凝土。水玻璃也可作为化学注浆材料用来加固地基（模数为 2.5～3 的液体水玻璃与氯化钙溶液轮流压入地层中），配制建筑涂料及防水剂（与水泥浆调和，用来堵漏等，但不宜调配水泥防水砂浆或防水混凝土用作屋面或地面的防水层，因其凝结过速）等。

硬化后的水玻璃耐碱性差，另外，为提高其耐水性，常采用中等浓度的酸对已硬化的水玻璃进行酸洗处理，使水玻璃转变为硅酸凝胶。

四、菱苦土

菱苦土是一种白色或浅黄色的粉末，其主要成分为 MgO。制备菱苦土料浆时不用水拌合（因凝结慢，硬化后强度低），而用氯化镁、硫酸镁及氯化铁等盐的溶液拌合，其中以氯化镁（$MgCl_2 \cdot 6H_2O$）溶液最好，称为氯氧镁水泥，硬化后强度可达 40～60MPa，但吸湿性大，耐水性差。

氯氧镁水泥与植物纤维能很好粘结，且碱性较弱，不会腐蚀植物纤维（但会腐蚀普通玻璃纤维），建筑工程中常用来制造木屑板、木丝板和氯氧镁水泥木屑地面等。制作氯氧镁水泥地面可掺适量磨细碎砖或粉煤灰等活性混合材料，以提高地面的耐水性，也可掺加耐碱矿物颜料将地面着色，氯化镁（$MgCl_2 \cdot 6H_2O$）与氯氧镁水泥的适宜重量比为 0.55～0.60，施工时的气温宜为 10～30℃，气温低将使氯氧镁水泥硬化速度降低，也不得浇水养护。氯氧镁水泥地面保温性好，无噪声、不起灰、弹性良好、防火、耐磨，宜用于纺织车间及民用建筑等，但不适用于经常受潮、遇水和遭受酸类侵蚀的地方。

第三节　水　　泥

水泥属于水硬性胶凝材料，品种很多，按其用途和性能可分为通用水泥、专用水泥与特种水泥三大类。用于一般建筑工程的水泥为通用水泥，如硅酸盐水泥、矿渣硅酸盐水泥等；适应专门用途的水泥称为专用水泥，如道路水泥、砌筑水泥、大坝水泥等；具有比较突出的某种性能的水泥称为特种水泥，如快硬硅酸盐水泥、膨胀水泥等。按主要水硬性物质名称，水泥又可分为硅酸盐水泥、铝酸盐水泥、硫铝酸盐水泥等，建筑工程常用的主要是通用水泥。

一、硅酸盐水泥

由硅酸盐水泥熟料、0～5%石灰石或粒化高炉炉渣、适量石膏磨细制成的水硬性胶凝材料，称为硅酸盐水泥（即国外通称的波特兰水泥）。硅酸盐水泥分两种类型，不掺加混合材料的称Ⅰ型硅酸盐水泥，其代号为P·Ⅰ；在硅酸盐水泥熟料粉磨时掺加不超过水泥质量5%石灰石或粒化高炉矿渣混合材料的称Ⅱ型硅酸盐水泥，其代号为P·Ⅱ。在生产水泥时，需加入适量石膏（$CaSO_4·2H_2O$），其目的是延缓水泥的凝结，便于施工。

（一）硅酸盐水泥熟料的矿物组成

熟料是以适当成分的生料（由石灰质原料与黏土质原料等配成）烧至部分熔融，所得以硅酸钙为主要成分的产物。熟料的主要矿物组成有硅酸三钙、硅酸二钙、铝酸三钙与铁铝酸四钙，其中硅酸钙占绝大部分。各矿物组成的性质见表23-8。若调整熟料中各矿物组成之间的比例，水泥的性质即发生相应的变化。如提高硅酸三钙和铝酸三钙含量，硅酸盐水泥凝结硬化快，早期强度高，可制得快硬水泥；降低硅酸三钙和铝酸三钙的含量，提高硅酸二钙的含量，可制得低热水泥。

各种熟料矿物单独与水作用时的特性　　　　　　表 23-8

名　称	硅酸三钙 $3CaO·SiO_2$ （C_3S）	硅酸二钙 $2CaO·SiO_2$ （C_2S）	铝酸三钙 $3CaO·Al_2O_3$ （C_3A）	铁铝酸四钙 $4CaO·Al_2O_3·Fe_2O_3$ （C_4AF）
凝结硬化速度	快	慢	最快	快
28d 水化放热量	多	少	最多	中
强　度	高	早期低，后期高	低	低

（二）硅酸盐水泥的水化、凝结、硬化

水泥加水拌合后，成为具有可塑性的水泥浆，水泥颗粒开始水化，随着水化反应的进行，水泥浆逐渐变稠，失去可塑性，但尚未具有强度，这一过程称为"凝结"。随后产生明显的强度并逐渐发展而成为坚硬的水泥石，这一过程称为"硬化"。凝结和硬化是人为划分的，实际上是一个连续的复杂的物理化学变化过程。所以，水化是凝结硬化的前提，凝结硬化是水化的结果。

1. 硅酸盐水泥的水化

水泥加水后，在水泥颗粒表面的熟料矿物立即水化，形成水化产物并放出一定热量：

$$2(3CaO·SiO_2)+6H_2O = 3CaO·2SiO_2·3H_2O+3Ca(OH)_2$$
水化硅酸钙

$$2(2CaO·SiO_2)+4H_2O = 3CaO·2SiO_2·3H_2O+Ca(OH)_2$$

$$3CaO·Al_2O_3+6H_2O = 3CaO·Al_2O_3·6H_2O$$
水化铝酸三钙

$$4CaO·Al_2O_3·Fe_2O_3+7H_2O = 3CaO·Al_2O_3·6H_2O+CaO·Fe_2O_3·H_2O$$
水化铁酸一钙

水泥中掺入的石膏与铝酸三钙反应生成高硫型水化硫铝酸钙（钙矾石，$3CaO·Al_2O_3·3CaSO_4·32H_2O$）和单硫型水化硫铝酸钙（$3CaO·Al_2O_3·CaSO_4·12H_2O$），这两种水化物均为难溶于水的针状晶体。

水泥水化后生成的主要水化产物有凝胶与晶体两类。凝胶有水化硅酸钙（C—S—H）与水化铁酸钙（CFH），晶体有氢氧化钙[$Ca(OH)_2$]、水化铝酸钙（C_3AH_6）与水化硫铝酸钙（$3CaO·Al_2O_3·3CaSO_4·32H_2O$）等。在完全水化的水泥石中，水化硅酸钙凝胶约占70％，氢氧化钙约占20％，水化硫铝酸钙约占7％。

2. 硅酸盐水泥的凝结硬化

水泥加水生成的胶体状水化产物聚集在颗粒表面形成凝胶薄膜，使水泥反应减慢，并使水泥浆体具有可塑性，由于生成的胶体状水化产物不断增多并在某些点接触，构成疏松的网状结构，使浆体失去流动性及可塑性，这就是水泥的凝结，此后由于生成的水化产物（凝胶、晶体）不断增多，它们相互接触连接，到一定程度，建立起较紧密的网状结晶结构，并在网状结构内部不断充实水化产物，使水泥具有初步的强度，此后水化产物不断增加，强度不断提高，最后形成具有较高强度的水泥石，这就是水泥的硬化。

硬化后的水泥石是由水泥水化产物、未水化完的水泥颗粒、孔隙与水所组成。

水泥的水化、凝结、硬化，除了与水泥矿物组成有关外，还与水泥的细度、拌合水量（即水灰比）、温度、湿度、养护时间及石膏掺量等有关。

瞬凝与缓凝：如硅酸盐水泥中未掺石膏或石膏掺量不足，则水泥凝结中将出现瞬凝或急凝。这是一种不正常的凝结现象，其特征是：水泥与水拌合后，水泥浆很快凝结，形成一种很粗糙、非塑性的混合物，并放出大量热量。这主要是由于熟料中 C_3A 含量高，水泥中未掺石膏或石膏掺量不足引起的。解决瞬凝问题的方法是缓凝，即掺加石膏。石膏能够与水化铝酸钙反应，生成水化硫铝酸钙，该产物阻止 C_3A 的迅速水化，从而延缓了水泥的凝结，起到了缓凝的作用。

（三）硅酸盐水泥的技术性质

硅酸盐水泥的密度一般为 $3.05\sim3.20g/cm^3$，堆积密度一般为 $1000\sim1600kg/m^3$。

国家标准 GB 175—2007 规定，硅酸盐水泥有不溶物、氧化镁、SO_3、烧失量、细度、凝结时间、安定性、强度、碱含量和氯离子含量共十项技术要求。其中影响水泥性质的主要指标有细度、凝结时间、安定性与强度四项。碱含量 $Na_2O+0.658K_2O$ 不大于 0.6％的水泥为低碱水泥。氯离子含量不大于 0.06％。

1. 细度

水泥的细度是指水泥的粗细程度。水泥颗粒越细，与水起反应的表面积越大，因而水泥颗粒细，水化迅速且完全，早期强度及后期强度均较高，但在空气中的硬化收缩较大，成本也较高。若水泥颗粒过粗，则不利于水泥活性的发挥。国家标准规定，硅酸盐水泥和普通水泥的细度用比表面积表示，应大于 $300m^2/kg$；其他通用水泥 0.08mm 方孔筛筛余不大于10％。

2. 凝结时间

水泥的凝结时间分初凝时间与终凝时间，初凝时间为自加水起至水泥净浆开始失去可塑性所需的时间；终凝时间为自加水起至水泥净浆完全失去可塑性并开始产生强度所需的时间。

水泥的凝结时间以标准稠度的水泥净浆，用标准维卡仪测定。所谓标准稠度的水泥净浆，是指在标准维卡仪上，试杆沉入净浆并距底板 $6mm\pm1mm$ 时的水泥净浆。要配制标准稠度的水泥净浆，需测出达到标准稠度时的所需拌合水量，以占水泥质量的百分率表示即标准稠度用水量。硅酸盐水泥的标准稠度用水量一般在 24％～30％ 之间。

国家标准规定，通用水泥的初凝时间不得早于 45min，硅酸盐水泥的终凝时间不得迟于 6.5h，其他通用水泥的终凝时间不得迟于 10h。

3. 体积安定性

水泥的体积安定性是指水泥加水硬化后体积变化的均匀性。体积安定性不良，是指水泥硬化后，产生不均匀的体积变化。使用体积安定性不良的水泥，会使构件产生膨胀性裂缝，降低建筑物质量，甚至引起严重事故，因此体积安定性不良的水泥，在工程中应严禁使用。

水泥体积安定性不良的主要原因是熟料中所含的游离氧化钙或游离氧化镁过多，或水泥粉磨时掺入的石膏过量。

国家标准规定，由熟料中游离氧化钙引起的安定性不良可用沸煮法检验，沸煮法检验必须合格（观察标准稠度的水泥净浆试饼沸煮后的外形变化）。由于游离氧化镁在压蒸条件下才加速熟化，石膏的危害则需长期在常温水中才能发现，两者均不便于快速检查。因此，国家标准还规定水泥中游离氧化镁含量不得超过 5.0%，三氧化硫含量不得超过 3.5%。

4. 强度

水泥的强度是表征水泥质量的重要指标。国家规定，采用胶砂强度表示水泥的强度，即水泥与中国ISO标准砂以 1∶3（质量比）比例混合，加入规定量的水，按规定的方法制成 40mm×40mm×160mm 的试件，在标准温度（20℃±1℃）的水中养护，分别测定其 3d 与 28d 的抗压强度与抗折强度。国家标准规定，硅酸盐水泥强度等级分为 42.5、42.5R、52.5、52.5R、62.5、62.5R，其中有代号 R 者为早强型水泥，各强度等级硅酸盐水泥的各龄期强度不得低于表 23-9 中的数值。

硅酸盐水泥的强度要求 GB 175—2007 表 23-9

强度等级	抗压强度（MPa）		抗折强度（MPa）	
	3d	28d	3d	28d
42.5	17.0	42.5	3.5	6.5
42.5R	22.0	42.5	4.0	6.5
52.5	23.0	52.5	4.0	7.0
52.5R	27.0	52.5	5.0	7.0
62.5	28.0	62.5	5.0	8.0
62.5R	32.0	62.5	5.5	8.0

（四）硅酸盐水泥石的侵蚀与防止

硅酸盐水泥加水硬化而成的水泥石，在通常使用条件下，有较好的耐久性，但在某些侵蚀性液体或气体（统称侵蚀介质）的作用下，水泥石会逐渐遭受侵蚀，引起强度降低，甚至破坏，这种现象称为水泥石的侵蚀。

1. 引起水泥石侵蚀的原因

（1）水泥石本身一些组分（氢氧化钙、水化铝酸钙）能溶解于水或与其他物质发生化学反应生成或易溶于水，或体积膨胀，或松软无胶凝力的新物质，使水泥石遭受侵蚀；

（2）水泥石本身不密实，有很多毛细孔通道，侵蚀性介质（淡水、酸、硫酸盐与镁盐溶液等）易进入其内部；

（3）腐蚀与通道的相互作用。

2. 防止侵蚀的措施

(1) 根据工程所处的环境，选择适当品种的水泥；
(2) 提高水泥石的密实度；
(3) 当侵蚀作用较强时可在构件表面加做耐侵蚀性高且不透水的保护层，如耐酸石料、塑料、沥青等。

二、掺混合材料的硅酸盐水泥

掺混合材料的硅酸盐水泥包括普通硅酸盐水泥、矿渣硅酸盐水泥、火山灰质硅酸盐水泥、粉煤灰硅酸盐水泥和复合硅酸盐水泥。

在生产水泥时，掺入一定量的混合材料，目的是改善水泥的性能，调节水泥的强度等级，增加水泥品种，提高产量，节约水泥熟料，降低成本。

混合材料为天然的或人工的矿物材料，按其性能不同，可分为活性混合材料与非活性混合材料两大类。常用的活性混合材料有符合GB/T 203—2008的粒化高炉矿渣、符合GB/T 2847—2005的火山灰质混合材料（如火山灰、浮石、硅藻土、烧黏土、煅烧的煤矸石、煤渣等）及符合GB/T 1596—2005的粉煤灰等。非活性混合材料常用的有活性指标低于标准要求的粒化高炉矿渣、火山灰质混合材料与粉煤灰、磨细石英砂、石灰石粉、黏土、磨细的块状高炉矿渣及炉灰等。

（一）普通硅酸盐水泥

普通硅酸盐水泥简称普通水泥，其代号为P·O。是由硅酸盐水泥熟料、6%～20%混合材料、适量石膏磨细制成的水硬性胶凝材料。

掺活性混合材料时，最大掺量不得超过20%，其中允许用不超过水泥质量5%的窑灰或不超过水泥质量10%的非活性混合材料代替；掺非活性混合材料的最大掺量不得超过水泥质量10%。

普通水泥根据3d、28d抗折强度与抗压强度划分强度等级。其强度等级分为42.5、42.5R、52.5、52.5R。各强度等级的普通水泥的各龄期强度不得低于表23-9中的数值。

普通水泥中混合材料掺量少，因此，其性能与硅酸盐水泥相近。与硅酸盐水泥性能相比，硬化稍慢，早期强度稍低，水化热稍小，抗冻性与耐磨性也稍差。在应用范围方面，与硅酸盐水泥也相同，广泛用于各种混凝土或钢筋混凝土工程。由于普通水泥与硅酸盐水泥水化放热量大，且大部分在早期（3～7d）放出，对于大型基础、水坝、桥墩等厚大体积混凝土构筑物，因水化热积聚在内部不易散发，内部温度可达50～60℃以上，内外温度差所引起的应力，可使混凝土产生裂缝，因此，大体积混凝土工程不宜选用这两种水泥。

（二）三种掺加混合材料较多的硅酸盐水泥

1. 矿渣硅酸盐水泥（简称矿渣水泥）

由硅酸盐水泥熟料和粒化高炉矿渣、适量石膏磨细制成的水硬性胶凝材料称为矿渣硅酸盐水泥，代号为P·S。水泥中粒化高炉矿渣掺加量按质量百分比计为20%～70%，并分为A型和B型。A型矿渣掺量大于20%且小于等于50%，代号P·S·A；B型矿渣掺量大于50%且小于等于70%，代号P·S·B。其中允许用不超过水泥质量8%的活性混合材料、非活性混合材料或窑灰中的任一种材料代替。

2. 火山灰质硅酸盐水泥（简称火山灰水泥）

由硅酸盐水泥熟料和火山灰质混合材料、适量石膏磨细制成的水硬性胶凝材料称为火山灰质硅酸盐水泥，代号为P·P。水泥中火山灰质混合材料掺加量按质量百分比计为20%～40%。

3. 粉煤灰硅酸盐水泥（简称粉煤灰水泥）

由硅酸盐水泥熟料和粉煤灰、适量石膏磨细制成的水硬性胶凝材料称为粉煤灰硅酸盐水泥，代号为P·F。水泥中火山灰质混合材料掺加量按质量百分比计为20%～40%。

以上这三种水泥的技术要求基本与普通水泥相同。按3d和28d的抗压、抗折强度划分强度等级。其强度等级有32.5、32.5R、42.5、42.5R、52.5、52.5R。各强度等级水泥的各龄期强度不得低于表23-10中的数值。

矿渣水泥、火山灰水泥及粉煤灰水泥的强度要求 GB 175—2007　　表23-10

标　号	抗压强度（MPa）		抗折强度（MPa）	
	3d	28d	3d	28d
32.5	10.0	32.5	2.5	5.5
32.5R	15.0	32.5	3.5	5.5
42.5	15.0	42.5	3.5	6.5
42.5R	19.0	42.5	4.0	6.5
52.5	21.0	52.5	4.0	7.0
52.5R	23.0	52.5	4.5	7.0

注：R表示早强型水泥。

4. 复合硅酸盐水泥（简称复合水泥）

由硅酸盐水泥熟料、两种或两种以上混合材料、适量石膏磨细而成。掺入的混合料总量为质量百分比的20%～40%。代号为P·C；其强度等级为32.5R、42.5、42.5R、52.5、52.5R。

5. 这四种水泥的性质与硅酸盐水泥、普通硅酸盐水泥相比，它们的共同特点：

（1）早期强度较低，后期强度增长较快；

（2）环境温、湿度对水泥凝结硬化的影响较大，故适于采用蒸汽养护；

（3）水化热较低，放热速度慢；

（4）抗软水及硫酸盐侵蚀的能力较强；

（5）抗冻性、抗碳化性与耐磨性较差。

以上四种水泥与硅酸盐水泥、普通硅酸盐水泥性质上差异的原因，在于这四种水泥中活性混合材料的掺加量较大，熟料矿物的含量相对减少的缘故。另外，活性混合材料中的活性SiO_2和活性Al_2O_3会与熟料水化形成的$Ca(OH)_2$反应，生成水化硅酸钙和水化铝酸钙，所以这四种水泥中$Ca(OH)_2$的含量很少。由于所掺入的主要混合材料的性能不同，这四种水泥又具有各自的特性，例如矿渣水泥的耐热性较强，保水性较差，需水量较大，故抗渗性较差；火山灰水泥保水性好，抗渗性好，硬化干缩更显著；粉煤灰水泥干缩性小，因而抗裂性好；另外粉煤灰水泥流动性较好，因而配制的混凝土拌合物和易性好。这几种水泥的技术要求基本与普通水泥相同，矿渣水泥中三氧化硫含量不得超过4.0%。

（三）常用水泥的选用与贮运

硅酸盐水泥、普通硅酸盐水泥、火山灰质硅酸盐水泥、粉煤灰硅酸盐水泥、矿渣硅酸盐水泥及复合硅酸盐水泥是建筑工程常用的六种水泥（称通用硅酸盐水泥），其主要性能与选用见表23-11及表23-12。

六种通用硅酸盐水泥的特性及强度等级　　　　　　　　表 23-11

项　目	硅酸盐水泥 P·Ⅰ,P·Ⅱ	普通水泥 P·O	矿渣水泥 P·S	火山灰水泥 P·P	粉煤灰水泥 P·F	复合水泥 P·C
主要成分	以硅酸盐水泥熟料为主，0～5%混合材料	在硅酸盐水泥熟料中掺加6%～20%的混合材料	在硅酸盐水泥熟料中掺入占水泥质量20%～70%的粒化高炉矿渣	在硅酸盐水泥熟料中掺入占水泥质量20%～40%的火山灰质混合材料	在硅酸盐水泥熟料中掺入占水泥质量20%～40%的粉煤灰	掺入两种以上混合材料，但总量不超过20%～40%
特　性	1.硬化快，早期强度高；2.水化热大；3.耐冻性好；4.耐腐蚀与耐软水性差	1.早期强度较高；2.水化热较大；3.耐冻性较好；4.耐腐蚀与耐软水性较差	1.早期强度低，后期强度增长快；2.抗渗性差；3.耐冻性差；4.耐硫酸盐侵蚀及耐软水性较好；5.抗碳化能力差 矿渣水泥的独特性能：耐热性、耐磨性均较好	同矿渣水泥 火山灰水泥的独特性能：内表面积大，因而干缩大，抗渗性较好	同火山灰水泥 粉煤灰水泥的独特性能：流动性较好，干缩较小，水化热低，抗裂性较好	1.早期强度低，后期强度增长好；2.抗冻、抗渗性差；3.其他性能因掺入的混合材料不同而略有不同
密度（g/cm³）	3.0～3.15	3.0～3.15	2.8～3.1	2.8～3.1	2.8～3.1	2.8～3.1
堆积密度（kg/m³）	1000～1600	1000～1600	1000～1200	900～1000	900～1000	900～1000
强度等级	42.5、42.5R、52.5、52.5R、62.5、62.5R	42.5、42.5R、52.5、52.5R	32.5、32.5R、42.5、42.5R、52.5、52.5R			32.5R、42.5、42.5R、52.5、52.5R

常 用 水 泥 的 选 用　　　　　　　　表 23-12

混凝土类型		混凝土工程特点及所处环境条件	优先选用	可以选用	不宜选用
普通混凝土	1	在一般气候环境中的混凝土	普通水泥	矿渣水泥、火山灰水泥、粉煤灰水泥、复合水泥	
	2	在干燥环境中的混凝土	普通水泥		火山灰水泥、粉煤灰水泥、矿渣水泥
	3	在高湿度环境中或长期处于水中的混凝土	矿渣水泥、火山灰水泥、粉煤灰水泥、复合水泥	普通水泥	
	4	厚大体积的混凝土	矿渣水泥、火山灰水泥、粉煤灰水泥、复合水泥		硅酸盐水泥、普通水泥
有特殊要求的混凝土	1	要求快硬、高强（>C40）的混凝土	硅酸盐水泥	普通水泥	矿渣水泥、火山灰水泥、粉煤灰水泥、复合水泥
	2	严寒地区的露天混凝土、寒冷地区处于水位升降范围内的混凝土	普通水泥	矿渣水泥（强度等级>32.5）	火山灰水泥、粉煤灰水泥

续表

混凝土类型		混凝土工程特点及所处环境条件	优先选用	可以选用	不宜选用
有特殊要求的混凝土	3	严寒地区处于水位升降范围内的混凝土	普通水泥（强度等级>42.5）		火山灰水泥、矿渣水泥、粉煤灰水泥、复合水泥
	4	有抗渗要求的混凝土	普通水泥、火山灰水泥、粉煤灰水泥		矿渣水泥
	5	有耐磨性要求的混凝土	硅酸盐水泥、普通水泥	矿渣水泥（强度等级>32.5）	火山灰水泥、粉煤灰水泥
	6	受侵蚀性介质作用的混凝土	矿渣水泥、火山灰水泥、粉煤灰水泥、复合水泥		硅酸盐水泥、普通水泥

注：当水泥中掺有黏土质混合材时，则不耐硫酸盐腐蚀。

水泥在运输与保管时，不得受潮和混入杂物，不同品种和强度等级的水泥应分别贮存，水泥贮存期不宜过长，因为水泥会吸收空气中的水分和二氧化碳，使颗粒表面水化甚至碳化，导致胶凝能力降低。在一般贮存条件下，三个月后强度约降低10%～20%。散装水泥应分库存放，袋装水泥（每袋净重50kg±1kg）一般堆放高度不应超过10袋，平均每平方米堆放1t，使用时应先存先用。

三、铝酸盐水泥（原高铝水泥）

铝酸盐水泥是以铝酸钙为主的铝酸盐水泥熟料，经磨细制成的水硬性胶凝材料。代号CA。根据需要，也可在磨制Al_2O_3含量大于68%的水泥时掺加适量的$\alpha\text{-}Al_2O_3$粉。

铝酸盐水泥按Al_2O_3含量百分数分为四类：

CA-50：50%≤Al_2O_3<60%；

CA-60：60%≤Al_2O_3<68%；

CA-70：68%≤Al_2O_3<77%；

CA-80：77%≤Al_2O_3。

（一）铝酸盐水泥的矿物组成与水化产物

铝酸盐水泥的主要矿物组成为铝酸一钙（$CaO \cdot Al_2O_3$，简式CA），其含量约占70%，还有二铝酸一钙（$CaO \cdot 2Al_2O_3$，简式CA_2）以及少量的硅酸二钙（C_2S）和其他铝酸盐。

铝酸一钙（CA）具有很高的水硬活性，凝结不快，但硬化迅速，是铝酸盐水泥强度的主要来源，由于CA是铝酸盐水泥的主要矿物，因此，铝酸盐水泥的水化过程，主要是CA的水化过程。一般认为CA在不同温度下进行水化时，可得到不同的水化产物，当温度低于20℃时，主要水化产物为十水铝酸一钙（CAH_{10}）；温度在20～30℃时，主要水化产物为八水铝酸二钙（C_2AH_8）；当温度大于30℃时，主要水化产物为六水铝酸三钙（C_3AH_6）。此外，还有氢氧化铝凝胶（$Al_2O_3 \cdot 3H_2O$，简式AH_3）。

CAH_{10}和C_2AH_8为片状或针状晶体，能互相交错搭接成坚固的结晶连生体，形成晶体骨架，析出的氢氧化铝凝胶难溶于水，填充于晶体骨架的空隙中，形成较致密的水泥石结构。水化5～7d后，水化物数量很少增长，因此，铝酸盐水泥硬化初期强度增长较快，后期强度则增长不显著。

CAH_{10}和C_2AH_8都是不稳定的水化物，会逐渐转化为较稳定的C_3AH_6。晶体转变的结果使水泥石内析出游离水，增大了孔隙率，同时，又由于C_3AH_6本身强度低，所以水泥石强度将明显下降。在湿热条件下，这种转变更迅速。

（二）铝酸盐水泥的技术性质

铝酸盐水泥常为黄色或褐色，也有呈灰色的。其密度与堆积密度与硅酸盐水泥相近。国家标准GB 201—2000规定：

1. 细度

比表面积不小于300m^2/kg或0.045mm筛余不得超过20%。

2. 凝结时间

CA-50、CA-70、CA-80初凝时间不得早于30min，终凝时间不得迟于6h；CA-60初凝时间不得早于60min，终凝时间不得迟于18h。

3. 强度（胶砂）

各类型水泥各龄期强度不得低于表23-13中数值。

铝酸盐水泥各龄期胶砂强度值 表23-13

水泥类型	抗压强度（MPa）				抗折强度（MPa）			
	6h	1d	3d	28d	6h	1d	3d	28d
CA-50	20*	40	50	—	3.0	5.5	6.5	—
CA-60	—	20	45	85	—	2.5	5.0	10.0
CA-70	—	30	40	—	—	5.0	6.0	—
CA-80	—	25	30	—	—	4.0	5.0	—

* 当用户需要时，生产厂应提供结果。

（三）铝酸盐水泥的特性与应用

(1) 长期强度有降低的趋势，强度降低是由于晶体转化造成，因此，铝酸盐水泥不宜用于长期承重的结构及处在高温高湿环境的工程中。在一般的混凝土工程中应禁止使用。

(2) 早期强度增长快，1d强度可达最高强度的80%以上，故宜用于紧急抢修工程及要求早期强度高的特殊工程。

(3) 水化热大，且放热速度快，一天内即可放出水化热总量的70%～80%，因此，铝酸盐水泥适用于冬季施工的混凝土工程，不宜用于大体积混凝土工程。

(4) 最适宜的硬化温度为15℃左右，一般不得超过25℃。因此铝酸盐水泥不适用于高温季节施工，也不适合采用蒸汽养护。

(5) 耐热性较高，如采用耐火粗细骨料（铬铁矿等）可制成使用温度达1300～1400℃的耐热混凝土。

(6) 抗硫酸盐侵蚀性强，耐酸性好，但抗碱性极差，不得用于接触碱性溶液的工程。

(7) 铝酸盐水泥与硅酸盐水泥或石灰相混不但产生闪凝，而且由于生成高碱性的水化铝酸钙，使混凝土开裂，甚至破坏。因此，施工时除不得与石灰和硅酸盐水泥混合外，也不得与尚未硬化的硅酸盐水泥接触使用。

四、其他品种水泥

（一）白色与彩色硅酸盐水泥

1. 白色硅酸盐水泥（简称白色水泥）

它与硅酸盐水泥的主要区别在于氧化铁含量少，因而色白。生产时原料的铁含量应严加控制，在煅烧、粉磨及运输时均应防止着色物质混入。

白色水泥的技术性质与产品等级：

按国家标准 GB/T 2015—2005 规定，白色水泥细度要求 $80\mu m$ 方孔筛筛余量应不超过 10%；凝结时间初凝时间应不早于 45min，终凝时间应不迟于 10h；安定性用沸煮法检验必须合格，同时熟料中氧化镁含量不宜超过 5.0%，水泥中三氧化硫含量应不超过 3.5%；按 3d、28d 的抗折强度与抗压强度分为 32.5、42.5、52.5 三个强度等级；产品白度值应不低于 87。

2. 彩色硅酸盐水泥（简称彩色水泥）

生产彩色水泥常用方法是将硅酸盐水泥熟料（白色水泥熟料或普通水泥熟料）、适量石膏与碱性矿物颜料共同磨细，也可用颜料与水泥粉直接混合制成，但后一种方法颜料用量大，水泥色泽也不易均匀。所用颜料要求不溶于水，分散性好，耐碱性强，抗大气稳定性好，不影响水泥的水化硬化，着色力强等。

彩色水泥主要用于建筑物内外表面的装饰，如地面、墙、台阶等。

（二）快硬硅酸盐水泥（简称快硬水泥）

凡以适当成分的生料烧至部分熔融，所得的以硅酸钙为主要成分的熟料，加入适量石膏，磨细制成的具有早期强度增进率较快的水硬性胶凝材料，称为快硬硅酸盐水泥。其生产方法与硅酸盐水泥基本相同，提高水泥早期强度增进率的措施有：提高熟料的铝酸三钙与硅酸三钙的含量，适当增加石膏掺量（达 8%）以及提高水泥的粉磨细度等。

快硬水泥各龄期强度数值见表 23-14，由表中可知，快硬水泥是以 3d 抗压强度值划分强度等级的。主要用于配制早强混凝土，适用于紧急抢修工程与低温施工工程。快硬硅酸盐水泥易吸收空气中的水蒸气，存放时应注意防潮，且存放期一般不超过一个月。

快硬水泥各龄期强度数值　　表 23-14

水泥强度等级	抗压强度（MPa）			抗折强度（MPa）		
	1d	3d	28d	1d	3d	28d
32.5	15.0	32.5	52.5	3.5	5.0	7.2
37.5	17.0	37.5	57.5	4.0	6.0	7.6
42.5	19.0	42.5	62.5	4.5	6.4	8.6

（三）膨胀水泥与自应力水泥

这两种水泥特点是在硬化过程中体积不但不收缩，而且有不同程度的膨胀。在钢筋混凝土中应用膨胀水泥，由于混凝土的膨胀将使钢筋产生一定的拉应力，混凝土则受到相应的压应力，这种压应力能使混凝土免于产生内部微裂缝，当其值较大时，还能抵消一部分因外界因素（例如水泥混凝土管道中输送的压力水或压力气体）所产生的拉应力，从而有效地改善混凝土抗拉强度低的缺点。因为这种预先具有的压应力是依靠水泥本身的水化而产生的，所以称为"自应力"，并以自应力值（MPa）表示所产生压应力的大小。自应力值大于或等于 2MPa 的称为自应力水泥，膨胀水泥的自应力值通常为 0.5MPa 左右。膨水泥及自应力水泥的品种有硅酸盐膨胀水泥、硅酸盐自应力水泥（制管用）、低热微膨胀水泥、明矾石膨胀水泥及铝酸盐自应力水泥等。硅酸盐型膨胀水泥及自应力水泥，是由硅酸盐水泥、铝酸盐水泥与石膏按比例磨细而成。而铝酸盐型的，则是以铝酸盐水泥熟料和二水石膏磨细而成。明矾石膨胀水泥由硅酸盐水泥熟料、天然明矾石、石膏和粒化高炉矿渣（或粉煤灰），按比例磨细而成，具有微膨胀性能、高强、补偿收缩、抗裂、抗渗、抗冻、抗蚀（硫酸盐、氯化物），以及与钢筋粘结力较强等特性。

（四）道路硅酸盐水泥

由道路硅酸盐水泥熟料（硅酸盐为主要成分、铁铝酸四钙含量不小于16.0%）、不大于10%的活性混合材料及适量石膏磨细而成。具有较好的耐磨（磨损量不得大于3.00kg/m²）和抗干缩性能（28d干缩率不得大于0.10%），强度等级有32.5、42.5及52.5三种。

（五）砌筑水泥

凡由一种或一种以上的水泥混合材料，加入适量硅酸盐水泥熟料和石膏，经磨细制成的和易性较好的水硬性胶凝材料，称为砌筑水泥。砌筑水泥主要用于砌筑砂浆、抹面砂浆和垫层混凝土，其强度等级分为12.5和22.5。

第四节　混　凝　土

混凝土是由胶凝材料、粗细骨料和水按适当比例配制，再经硬化而成的人工石材。目前使用最多的是以水泥为胶凝材料的混凝土，称为水泥混凝土。按其表观密度，一般可分为重混凝土（干表观密度大于2800kg/m³）、普通混凝土（干表观密度为2000～2800 kg/m³）和轻混凝土（干表观密度小于1950kg/m³）三类。在建筑工程中应用最广泛、用量最大的是普通水泥混凝土，由水泥、砂、石和水组成，成型方便，与钢筋有牢固的粘结力（在钢筋混凝土结构中，钢筋承受拉力，混凝土承受压力，两者膨胀系数大致相同），硬化后抗压强度高，耐久性好，组成材料中砂、石及水占80%以上，成本较低且可就地取材。混凝土主要缺点是抗拉强度低，受拉时变形能力小、易开裂，另外，自重较大。

一般对混凝土质量的基本要求是：具有符合设计要求的强度，与施工条件相适应的施工和易性，以及与工程环境相适应的耐久性。

一、普通混凝土原材料的技术要求

普通混凝土原材料为水泥、水、细骨料（砂）及粗骨料（石子），必要时还可加入各种外加剂及矿物掺合料。在混凝土中，砂与石子主要起骨架作用，称为骨料，还可起到减小混凝土因水泥硬化产生的收缩作用。水泥与水形成水泥浆，包裹在骨料表面并填充在骨料空隙中，在硬化前（称为混凝土拌合物），水泥浆起润滑作用，赋予拌合物一定的流动性，便于施工，水泥浆硬化后，则将骨料胶结成一个坚实的整体（胶结作用）。

（一）水泥

选择水泥要考虑品种与强度等级两个方面：

1. 品种

应根据混凝土工程特点，工程所处环境条件及施工条件，进行合理选择。

2. 强度等级

水泥强度等级的选择,应与混凝土的设计强度相适应。

若用高强度等级水泥配制低强度等级的混凝土,只需用少量水泥就可满足混凝土强度要求,但水泥用量偏少,会影响混凝土拌合物的工作性与密实度,可考虑掺入一定数量的掺合料(如粉煤灰)。若用低强度等级水泥配制高强度等级的混凝土,为满足强度要求,需较多的水泥用量,过多的水泥用量不仅不经济,还会影响混凝土其他技术性质(如硬化收缩增大,会引起混凝土开裂),可以掺各种减水剂,通过降低水灰比来提高强度。

(二)细骨料

粒径在0.16~5mm之间的骨粒为细骨料,一般采用天然砂(河砂、海砂及山砂),也可采用机制砂。

配制混凝土时所采用的细骨料,应满足《建设用砂》GB/T 14684—2011和《普通混凝土用砂、石质量及检验方法标准》JGJ 52—2006的要求,其技术要求有下列几方面:

1. 有害杂质

凡存在于砂或石子中会降低混凝土性质的成分均称为有害杂质。砂中有害杂质包括泥、泥块、云母、轻物质、硫化物与硫酸盐、有机物质及氯化物等。其中泥是指粒径小于0.08mm的黏土、淤泥与岩屑;泥块是指水浸后粒径大于0.63mm的块状黏土。泥、云母、轻物质等能降低骨料与水泥浆的粘结,泥多还增加混凝土的用水量,从而加大混凝土的收缩,降低抗冻性与抗渗性;硫化物与硫酸盐、有机物质等对水泥有侵蚀作用;泥块、轻物质强度较低,会形成混凝土中的薄弱部分。氯盐对钢筋有锈蚀作用。总之,有害杂质会降低混凝土的强度与耐久性,为保证混凝土质量,有害杂质含量应符合表23-15中的规定。

砂中有害杂质限量表   表23-15

项目	指标		
	Ⅰ类	Ⅱ类	Ⅲ类
含泥量(按质量计),%	≤1.0	≤3.0	≤5.0
泥块含量(按质量计),%	0	≤1.0	≤2.0
云母(按质量计),%	≤1.0	≤2.0	≤2.0
轻物质(按质量计),%	≤1.0	≤1.0	≤1.0
有机物(比色法)	合格	合格	合格
硫化物及硫酸盐(按SO_3质量计),%	≤0.5	≤0.5	≤0.5
氯化物(以氯离子质量计),%	≤0.01	≤0.02	≤0.06

注:砂按技术要求分为Ⅰ类、Ⅱ类和Ⅲ类。

对砂中的无定形二氧化硅含量有怀疑时,应根据结构或构件的使用条件,进行专门试验测定其碱—骨料反应的活性即碱活性后,再确定其适用性。

2. 砂的粗细程度与颗粒级配

混凝土用砂的选用,主要应从砂对混凝土的和易性与水泥用量(即混凝土的经济性)的影响这两个方面进行考虑。因此,混凝土用砂的选用,主要考虑砂的粗细程度(细度模数)与级配。砂的颗粒级配是指砂中不同粒径颗粒的搭配情况。级配良好的砂,具有较小的空隙率，用来配制混凝土，不仅所需水泥浆量较少，而且还可提高混凝土的流动性、密实度和强度。

砂的粗细程度是指不同粒径的砂粒混合在一起后的平均粗细程度，通常有粗砂、中砂与细砂之分。在相同用砂量条件下，粗砂的总表面积小，包裹砂粒表面所需的水泥浆少，因此节省水泥。

砂的颗粒级配与粗细程度，常用筛分析的方法进行测定。该法是用一套规定孔径的标准筛，将500g干砂由粗到细依次过筛，计算出各筛上的分计筛余百分率 a_1、a_2、a_3、a_4、a_5、a_6（各筛上的筛余量占砂样重的百分率）与累计筛余百分率 A_1、A_2、A_3、A_4、A_5、A_6（各个筛与比该筛粗的所有筛之分计筛余百分率之和）。

砂的颗粒级配用级配区表示，见表23-16。普通混凝土用砂的颗粒级配，应处于该表中的任何一个级配区以内（除5mm与0.63mm筛，其他筛的累计筛余百分率，允许超出分区界线，其总量不应大于5%）。砂的粗细程度用细度模数（μ_f）表示，其计算式为：

$$\mu_f = \frac{(A_2 + A_3 + A_4 + A_5 + A_6) - 5A_1}{100 - A_1} \tag{23-15}$$

天然砂的颗粒级配区范围　　　　　　表23-16

筛孔尺寸（mm）	累计筛余（%）		
	Ⅰ区	Ⅱ区	Ⅲ区
10.0	0	0	0
4.75	10～0	10～0	10～0
2.36	35～5	25～0	15～0
1.18	65～35	50～10	25～0
0.60	85～71	70～41	40～16
0.30	95～80	92～70	85～55
0.15	100～90	100～90	100～90

细度模数越大，表示砂越粗。其中模数3.7～3.1为粗砂，3.0～2.3为中砂，2.2～1.6为细砂，1.5～0.7为特细砂。

综上分析，混凝土用砂，应优先选用级配良好的中砂，这种砂的空隙率与总表面积均小，不仅水泥用量较少，还保证了混凝土有较高的密实度与强度。

（三）粗骨料

骨料中粒径大于4.75mm的称为粗骨料，混凝土用粗骨料有碎石和卵石两种。碎石表面粗糙，具有棱角，与水泥浆粘结较好，而卵石多为圆形，表面光滑，与水泥浆的粘结较差，在水泥用量和水用量相同的情况下，碎石拌制的混凝土强度较高，但流动性较小。

根据《建设用卵石、碎石》GB/T 14685—2011，混凝土用石子的技术要求有下列几方面：

1. 有害杂质

包括泥、泥块、硫化物与硫酸盐、有机质等，其含量应符合表23-17中的规定。

石子中有害杂质限量表　　　　　　　　　　　　　　　　表23-17

项　　目	指　　标		
	Ⅰ类	Ⅱ类	Ⅲ类
含泥量（按质量计），%	≤0.5	≤1.0	≤1.5
泥块含量（按质量计），%	0	≤0.2	≤0.5
硫化物及硫酸盐（按SO_3质量计），%	≤0.5	≤1.0	≤1.0
有机物（比色法）	合格	合格	合格

注：卵石、碎石按技术要求分为Ⅰ类、Ⅱ类和Ⅲ类。

对重要工程的混凝土所使用的石子，应进行碱活性检验。

2. 针、片状颗粒含量

石子的形状以接近立方体或球形的为好，不应含有较多的针、片状颗粒。针状颗粒是指颗粒长度大于该颗粒所属粒级的平均粒径2.4倍，片状颗粒是指颗粒厚度小于平均粒径0.4倍。平均粒径是指该粒级上、下限粒径的平均值。

针、片状颗粒受力易折断；当含量较多时，会增大粗骨料空隙率，影响混凝土的工作性及强度，因此含量应加以限制。国标《建设用卵石、碎石》规定了具体指标，见表23-18。

石子中针片状颗粒含量　　　　　　　　　　　　　　　　表23-18

项　　目	指　　标		
	Ⅰ类	Ⅱ类	Ⅲ类
针片状颗粒（按质量计），%	≤5	≤10	≤15

3. 强度

碎石的强度用岩石的块体抗压强度或压碎指标表示，卵石的强度用压碎指标表示。

石子的抗压强度，是在母岩中取样制作边长为50mm的立方体试件（或直径与高度均为50mm的圆柱体试件），在水中浸泡48h测强度，要求岩石的抗压强度与混凝土抗压强度之比不小于1.5。而且，火成岩的抗压强度不宜低于80MPa，水成岩不宜低于45MPa，变质岩不宜低于60MPa。

石子的压碎指标限值见表23-19。压碎指标的测定方法为采用一定质量的气干状态下10～20mm的石子，装入一标准圆筒内，在压力机上3～5min内均匀加荷至200kN，卸荷后称取试样质量m_0，再用孔径为2.5mm的筛过筛被压碎的细粒，称出筛余量m_1，则压碎指标Q_a为：

$$Q_a = \frac{m_0 - m_1}{m_0} \times 100\% \tag{23-16}$$

石子压碎指标越大，其强度越低。

4. 颗粒级配与最大粒径

石子级配好坏对节约水泥，保证混凝土具有较高密实度、强度与工作性有很密切的关系。石子的级配也通过筛分试验来确定。普通混凝土用石子的颗粒级配应符合表23-20的规定。

压 碎 指 标 限 值　　　　表 23-19

项　目	指　标		
	Ⅰ类	Ⅱ类	Ⅲ类
碎石压碎指标,%	≤10	≤20	≤30
卵石压碎指标,%	≤12	≤14	≤16

普通混凝土用石子级配范围的规定　　　　表 23-20

级配情况	公称粒级(mm)	累计筛余（%）										
		筛孔尺寸（方孔筛）(mm)										
		2.36	4.75	9.5	16.0	19.0	26.5	31.5	37.5	53.0	63.0	75.0	90.0
连续粒级	5～16	95～100	85～100	30～60	0～10	0	—	—	—	—	—	—	—
	5～20	95～100	90～100	40～80	—	0～10	0	—	—	—	—	—	—
	5～25	95～100	90～100	—	30～70	—	0～5	0	—	—	—	—	—
	5～31.5	95～100	90～100	70～90	—	15～45	—	0～5	0	—	—	—	—
	5～40	—	95～100	70～90	—	30～65	—	—	0～5	0	—	—	—
单粒级	5～10	95～100	80～100	0～15	0	—	—	—	—	—	—	—	—
	10～16	—	95～100	80～100	0～15	—	—	—	—	—	—	—	—
	10～20	—	95～100	85～100	—	0～15	0	—	—	—	—	—	—
	16～25	—	—	95～100	55～70	25～40	0～10	—	—	—	—	—	—
	16～31.5	—	95～100	—	85～100	—	—	0～10	0	—	—	—	—
	20～40	—	—	95～100	—	85～100	—	—	0～10	0	—	—	—
	40～80	—	—	—	—	95～100	—	—	70～100	—	30～60	0～10	0

连续粒级的石子按粒径可分为 5～16mm、5～20mm、5～25mm、5～31.5mm、5～40mm 五种粒级。

单粒级一般不单独使用，可用于组合成具有要求级配的连续粒级，也可与连续粒级的石子混合使用，以改善它们的级配或配成较大粒度的连续粒级。

石子公称粒级的上限，称为石子的最大粒径。随着石子最大粒径增大，在质量相同时，其总表面积减小，因此，在条件许可下，石子的最大粒径应尽可能选得大一些，以节约水泥。

《混凝土结构工程施工质量验收规范》GB 50204—2015 从结构的角度规定，混凝土用石子最大粒径不得超过结构截面最小尺寸的 1/4，同时不得超过钢筋间最小净距的 3/4。对混凝土实心板，石子的最大粒径不宜超过板厚的 1/3，且不得超过 40mm。

5. 坚固性

有抗冻要求的混凝土所用的石子，要测定其坚固性。即用硫酸钠溶液浸渍法检验，试样经五次循环浸渍后，其质量损失应不超过规范的规定。

6. 碱—骨料反应

经碱—骨料反应试验后，由卵石、碎石制备的试件无裂缝、酥裂、胶体外溢等现象，在规定的试验龄期的膨胀率应小于0.10%。

（四）水

在拌制和养护混凝土用的水中，不得含有影响水泥正常凝结与硬化的有害物质。拌制混凝土用水宜优先采用符合国家标准的饮用水。若采用其他水源时，水质要求符合《混凝土用水标准》JGJ 63—2006规定，特别对水的pH值以及不溶物、可溶物、氯化钠、硫化物、硫酸盐等含量均有限制。

（五）外加剂

外加剂是指在混凝土拌合物中掺入不超过胶凝材料质量的5%，且能使混凝土按要求改变性质的物质，并在混凝土配合比设计时，不考虑对混凝土体积或质量的影响。常用的外加剂有减水剂、早强剂、缓凝剂、速凝剂、引气剂、防水剂、防冻剂、膨胀剂等。

1. 减水剂

指在保持混凝土稠度不变的条件下，具有减水增强作用的外加剂。

（1）混凝土中掺入减水剂，可有如下经济技术效果：

1）提高流动性。在配合比不变的情况下，可增大坍落度100~200mm，且不影响强度。

2）提高强度。在保持坍落度不变的情况下，可减少用水量，提高混凝土强度，特别是早期强度提高更显著。

3）节约水泥。保持混凝土强度不变时，可节约水泥用量。

4）改善混凝土某些性能。如减少混凝土拌合物的泌水、离析现象，延缓拌合物凝结，减慢水化放热速度，提高抗渗性及抗冻性等。

（2）常用减水剂品种有：

1）木质素系减水剂：主要品种是木质素磺酸钙（简称木钙粉，又名M型减水剂，简称M剂），适宜掺量为水泥用量的0.2%~0.30%，减水率为10%左右，对混凝土有缓凝作用，一般缓凝1~3h，低温下尤甚。对混凝土有引气效果，一般引气量为1%~2%。M剂常用于一般混凝土工程，尤其适用于夏季混凝土施工、滑模施工、大体积混凝土及泵送混凝土等施工，不宜采用蒸汽养护。

2）萘系减水剂：主要成分为β—萘磺酸盐甲醛缩合物，目前我国主要生产品种有NNO、NF、FDN、UNF、MF、建1、SN—Ⅱ等。萘系减水剂属高效减水剂，掺量为0.5%~1.0%，减水率为10%~25%，缓凝性小，大多为非引气型，适用于所有混凝土工程，更适于配制高强混凝土及流态混凝土。

3）聚羧酸系减水剂：属高效减水剂，坍落度经时损失小，掺量为0.2%~0.3%，减水率为25%~30%，适用于高强高性能混凝土。

4）树脂系减水剂：我国产品有SM，主要成分为三聚氰胺甲醛缩合物，简称密胺树脂，属早强、非引气型高效减水剂，当掺量为0.5%~2%时，减水率为20%~30%。因价贵，适用于特殊要求的混凝土工程。

5）糖蜜系减水剂：为棕色粉状物或糊状物，国内粉剂产品有3FG、TF、ST等。适宜掺量为0.2%~0.3%，减水率6%~10%，能显著降低水化热，缓凝性强，一般缓凝时间大于3h，低温尤甚，通常多作缓凝剂使用，适用于大体积混凝土工程、夏季混凝土施工、水工混凝土工程等。

6）复合减水剂：常采用与其他外加剂进行复合，组成复合减水剂，以满足不同施工要求及降低成本的效果。如 MF 为引气型减水剂，可与消泡剂 GXP—103 复合，可弥补混凝土因引气而导致后期强度降低的缺点。

2. 早强剂

是指能提高混凝土早期强度的外加剂，多在冬季或紧急抢修时采用。

常用的早强剂有：

（1）氯化物系早强剂

如 $CaCl_2$，效果好，除提高混凝土早期强度外，还有促凝、防冻效果，价低，使用方便，一般掺量为 1%～2%，缺点是会使钢筋锈蚀，在钢筋混凝土中 $CaCl_2$ 掺量不得超过水泥用量的 1%，通常与阻锈剂 $NaNO_2$ 复合使用。

（2）硫酸盐系早强剂

如硫酸钠，又名元明粉，为白色粉末，适宜掺量为 0.5%～2%，多为复合使用，如 NC 是硫酸钠、糖钙与青砂混合磨细而成的一种复合早强剂。

（3）三乙醇胺系早强剂

三乙醇胺为无色或淡黄色透明油状液体，易溶于水，一般掺量为 0.02%～0.05%，有缓凝作用，一般不单掺，常与其他早强剂复合使用。

3. 缓凝剂

是指能延缓混凝土的凝结的外加剂。目前常用的有木质素磺酸钙与糖蜜。适用于高温季节施工、大体积混凝土工程、泵送与滑模方法施工及较长时间停放或远距离运送的商品混凝土。

4. 速凝剂

是指能使混凝土迅速凝结硬化的外加剂。我国常用的有红星一型、711 型等品种。主要用于隧道与地下工程、引水涵洞、护坡、加固等工程喷锚支护时的喷射混凝土。

5. 引气剂

是指在搅拌混凝土过程中能引入大量分布均匀稳定而封闭的微小气泡的外加剂。引气剂产生的气泡直径在 0.05～1.25mm 之间，目前常用的引气剂有松香热聚物、松香皂等，适宜掺量为 0.05‰～0.12‰。采用引气剂主要是为了提高混凝土的抗渗、抗冻等耐久性、改善拌合物的工作性（保水性），多用于水工混凝土。引气剂的使用使得混凝土含气量增大，故使混凝土的强度较未掺引气剂者有所下降。

外加剂除上述几种外，还有防水剂（如三氯化铁防水剂、硅酸钠类防水剂等），防冻剂（如亚硝酸钠型防冻剂、硝酸钙型防冻剂、氯盐类防冻剂等）、膨胀剂（如硫铝酸钙类膨胀剂等）、发气剂（如铝粉）等。

（六）掺合料

掺合料一般是为改善混凝土性能、节约水泥而在混凝土拌合物中掺入的矿物材料，一般称矿物掺合料，且在配合比设计时，需要考虑体积或质量变化的外加材料。工程中常采用粉煤灰作为混凝土的掺合料，也可用硅灰、磨细矿渣粉等具有一定活性的工业废渣；其中由于活性很高，价格较贵及其他原因，硅灰只用于 C80 以上的混凝土中。掺合料不仅可以取代部分水泥，降低成本，而且可以改善混凝土性能，如提高强度，改善和易性，降低水化热等。通常掺合料是活性矿物质，如粒化高炉矿渣与粉煤灰等。

二、普通混凝土的主要技术性质

（一）混凝土拌合物的和易性（又称工作性）

1. 和易性的概念及指标

混凝土硬化以前称为混凝土拌合物。和易性是指混凝土拌合物易于施工操作（拌合、运输、浇筑、捣实），并能获得质量均匀、成型密实的混凝土的性能，和易性为一项综合的技术性质，包括流动性、黏聚性和保水性三方面的含义。按《普通混凝土拌合物性能试验方法》GB/T 50080—2002 的规定，混凝土拌合物的流动性以坍落度（cm）或维勃稠度（s）作为指标（图 23-4、图 23-5）。坍落度适用于流动性较大的混凝土拌合物（坍落度值不小于 10mm，骨料最大粒径不大于 40mm），维勃稠度适用于干硬性的混凝土拌合物（坍落度值小于 10mm，骨料最大粒径不超过 40mm，维勃稠度在 5～30s 之间）。黏聚性与保水性无指标，凭直观经验目测评定。

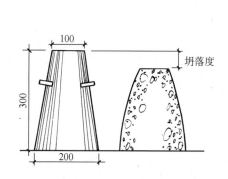 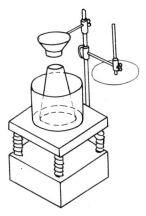

图 23-4　混凝土拌合物坍落度的测定　　图 23-5　维勃稠度仪

按坍落度值不同，可将混凝土拌合物分为大流动性混凝土（坍落度≥160mm）、流动性混凝土（坍落度 100～150mm）、塑性混凝土（坍落度 10～90mm）。

2. 坍落度的选择

施工中选择混凝土拌合物的坍落度，一般依据构件截面的大小，钢筋疏密和捣实方法来确定。当构件截面尺寸较小或钢筋较密或人工插捣时，坍落度可选择大些。总的原则应是在保证能顺利施工的前提下，坍落度尽量选小些为宜。混凝土浇筑时的坍落度可参照表 23-21 选用。

混凝土浇筑时的坍落度　　表 23-21

结 构 种 类	坍落度（mm）
基础或地面等的垫层、无配筋的大体积结构（挡土墙、基础等）或配筋稀疏的结构	10～30
板、梁或大型及中型截面的柱子等	30～50
配筋密列的结构（薄壁、斗仓、筒仓、细柱等）	50～70
配筋特密的结构	70～90

注：1. 本表系指采用机械振捣的坍落度，采用人工捣实时可适当增大；
　　2. 泵送混凝土拌合物坍落度不低于 100mm，应掺用外加剂（如减水剂）。

3. 影响和易性的主要因素

(1) 水泥浆的数量与稠度

无论是水泥浆数量，还是水泥浆的稀稠，实际上对混凝土拌合物和易性起决定作用的是用水量的多少。因为无论是提高水灰比或增加水泥浆用量最终都表现为混凝土用水量的增加。当使用确定的材料拌制混凝土时，水泥用量在一定范围内（$1m^3$ 混凝土水泥用量增减不超过 50～100kg），为达到一定流动性，所需加水量为一常值。在配制混凝土时，根据骨料品种、规格及施工要求的坍落度值，按表 23-22 选择每立方米混凝土的用水量。

塑性和干硬性混凝土的用水量（kg/m^3）　　表 23-22

项目	指标	卵石最大粒径（mm）			碎石最大粒径（mm）		
		10	20	40	16	20	40
坍落度 （mm）	10～30	190	170	150	200	185	165
	30～50	200	180	160	210	195	175
	50～70	210	190	170	220	205	185
	70～90	215	195	175	230	215	195
维勃稠度 （s）	15～20	175	160	145	180	170	155
	10～15	180	165	150	185	175	160
	5～10	185	170	155	190	180	165

注：1. 本表用水量系采用中砂时的平均取值，如采用细砂或粗砂，则 $1m^3$ 混凝土用水量应相应增减 5～10kg；
2. 掺用各种外加剂或掺合料时，可相应增减用水量；
3. 本表不适用于水灰比小于 0.4 或大于 0.8 时的混凝土以及采用特殊工艺的混凝土。

(2) 砂率

砂率是指混凝土中砂的质量占砂、石总质量的百分比。砂率的变动会使骨料的空隙率与总表面积有显著改变，因而对混凝土拌合物的和易性产生显著影响。砂率过大或过小，在水泥浆含量不变的情况下，均会使混凝土拌合物的流动性减小。因此，在配制混凝土时，砂率不能过大，也不能太小，应选用合理砂率值。所谓合理砂率是指在用水量及水泥用量一定的情况下，能使混凝土拌合物获得最大的流动性，且能保持黏聚性及保水性良好时的砂率值，如图 23-6（a）所示。或者，从另一角度考虑，当采用合理砂率时，能使混凝土拌合物获得所要求的流动性及良好的黏聚性与保水性，而水泥用量为最少，如图 23-6（b）所示。

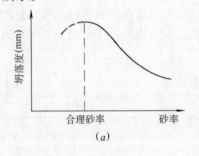 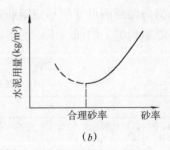

(a)　　　　　　　　　　　　　　　(b)

图 23-6　砂率与坍落度、水泥用量的关系
（a）坍落度与砂率的关系（水和水泥用量一定）；（b）水泥用量与砂率的关系（达到相同坍落度）

确定砂率的方法较多，可参照表 23-23 选用。也可根据砂、石的表观密度与堆积密度

等数据进行计算确定。

混凝土砂率选用表（%） 表 23-23

水胶比 (W/C)	卵石最大粒径			碎石最大粒径		
	10mm	20mm	40mm	16mm	20mm	40mm
0.40	26~32	25~31	24~30	30~35	29~34	27~32
0.50	30~35	29~34	28~33	33~38	32~37	30~35
0.60	33~38	32~37	31~36	36~41	35~40	33~38
0.70	36~41	35~40	34~39	39~44	38~43	36~41

注：1. 表中数值系中砂的选用砂率，对细砂或粗砂，可相应的减少或增加砂率；
  2. 本砂率表适用于坍落度为 10~60mm 的混凝土，坍落度如大于 60mm 或小于 10mm 时，应相应的增加或减少砂率，详见《普通混凝土配合比设计规程》JGJ 55—2011 中的有关条文；
  3. 只用一个单粒级粗骨料配制混凝土时，砂率值应适当增加；
  4. 掺有各种外加剂或掺合料时，其合理砂率值应经试验或参照其他有关规定选用。

（3）水泥品种与骨料品种、性质

如用矿渣水泥时，拌合物的坍落度一般较用普通水泥时为小，泌水性则显著增加，一般卵石拌制的混凝土拌合物比碎石拌制的流动性大，级配好的骨料拌制的混凝土拌合物的流动性也大。

（4）其他因素

除以上所述外，影响混凝土拌合物和易性的因素，还有外加剂、时间、环境的温度与湿度等。

在实际工作中，调整拌合物的和易性（需考虑对混凝土强度、耐久性等的影响），可采取以下措施：

1）尽可能采用合理砂率，以提高混凝土的质量与节约水泥；

2）改善砂、石级配；

3）尽量采用较粗的砂、石；

4）当混凝土的配合比初步确定后，如发现当拌合物坍落度太小时，可保持水灰比不变，增加适量的水泥浆以提高混凝土坍落度，满足施工要求；当坍落度太大时，可增加适量砂、石，从而减小坍落度，达到施工要求，避免出现离析、泌水等不利现象；

5）掺外加剂（减水剂、引气剂），均可提高混凝土的流动性。

（二）混凝土的强度

1. 混凝土立方体抗压强度及强度等级

根据国家标准试验方法规定，将混凝土拌合物制成边长为 150mm 的立方体标准试件，在标准条件（温度 20℃±2℃，相对湿度 95% 以上）下，养护到 28d 龄期，用标准试验方法测得的抗压强度值，称为混凝土立方体抗压强度，用 f_{cu} 表示。在实际施工中，允许采用非标准尺寸的试件，但试件尺寸越大，测得的抗压强度值越小（原因是大试件环箍效应的相对作用小，另外，存在缺陷的概率增大）为了具有可比性，非标准尺寸试件的抗压强度应折算成标准尺寸试件的抗压强度值，换算系数见表 23-24。

按《混凝土强度检验评定标准》GB/T 50107—2010 的规定，混凝土的强度等级应按其立方体抗压强度标准值确定。混凝土强度等级采用"C"与立方体抗压强度标准值 $f_{cu,k}$

表示。混凝土立方体抗压强度标准值系指按标准方法制作养护的边长为150mm的立方体试件在28d龄期，用标准试验方法测得的具有95%保证率的抗压强度，即指混凝土立方体抗压强度测定值的总体分布中，低于该值的百分率不超过5%，普通混凝土按立方体抗压强度标准值划分为C10、C15、C20、C25、C30、C35、C40、C45、C50、C55、C60、C65、C70、C75、C80、C85、C90、C95和C100共19个强度等级。

混凝土立方体试件边长及强度换算系数　　　　　表23-24

试件边长（mm）	抗压强度换算系数
100	0.95
150	1.00
200	1.05

2. 混凝土轴心抗压强度（又称棱柱抗压强度）

实际工程中，混凝土受压构件大部分是棱柱体或圆柱体，为了与实际情况相符，在混凝土结构设计、计算轴心受压构件（如柱子、桁架的腹杆等）时，应采用轴心抗压强度作为设计依据。根据《普通混凝土力学性能试验方法标准》GB/T 50081—2002的规定，轴心抗压强度应采用150mm×150mm×300mm的棱柱体作为标准试件，实验表明，轴心抗压强度为立方体抗压强度的0.7～0.8。在结构设计中，考虑到混凝土强度与试件强度之间的差异，设计采用的轴心抗压强度为立方体抗压强度的0.67倍。

3. 混凝土抗拉强度

混凝土的抗拉强度很低，只有其抗压强度的1/10～1/20，且这个比值随着强度等级的提高而降低。混凝土抗拉强度对于混凝土抗裂性具有重要作用，是结构设计中确定混凝土抗裂度的主要指标，有时也用来间接衡量混凝土与钢筋的粘结强度等。一般采用劈裂法来测定混凝土的抗拉强度，简称劈拉强度。

4. 影响混凝土抗压强度的因素

（1）水泥强度和水灰比

水泥强度和水灰比是影响混凝土强度最主要的因素。实验证明：水泥强度愈高，则混凝土的强度愈高；在水泥品种、强度相同时，混凝土的强度随着水灰比的增大而有规律地降低。水灰比增大，多余的水多（水泥水化所需的结合水，一般只占水泥质量的23%左右），当混凝土硬化后，多余的水分就残留在混凝土中形成水泡或蒸发后形成气孔，大大地减少了混凝土抵抗荷载的实际有效断面，而且可能在孔隙周围产生应力集中，使混凝土强度降低，反之，水灰比越小，水泥浆硬化后强度越高，与骨料表面粘结力也增强，则混凝土强度也越高。

瑞士学者保罗米通过大量试验研究，提出混凝土强度（f_{cu}）与水泥实际强度（f_{ce}）、水灰比（W/C）之间的经验公式如下：

$$f_{cu} = \alpha_a f_{ce}\left(\frac{C}{W} - \alpha_b\right) \tag{23-17}$$

式中，α_a、α_b为回归系数，与骨料的品种、水泥品种等因素有关，其数值通过试验求得。按《普通混凝土配合比设计规程》JGJ 55—2011规定，对碎石混凝土α_a可取0.53，α_b可取 0.20，对卵石混凝土 α_a 可取 0.49，α_b 可取 0.13。

(2) 温度和湿度

混凝土所处环境的温度与湿度，对混凝土强度有很大影响。若温度升高，水泥水化速度加快，混凝土强度发展也就加快；反之，温度降低时，水泥水化速度降低，混凝土强度发展相应迟缓。当温度降至冰点以下时，水泥水化反应停止，混凝土的强度也停止发展，而且还会因混凝土中的水结冰产生体积膨胀导致开裂。所以冬期施工混凝土时，要特别注意保温养护，以免混凝土早期受冻破坏。

周围环境的湿度对混凝土强度也有显著影响。若湿度不够，混凝土会因失水干燥而影响水泥水化作用的正常进行，甚至停止水化。这将严重降低混凝土的强度，且因水化作用不充分，使混凝土结构疏松，或形成干缩裂缝，从而影响混凝土耐久性。

因此，已浇筑完毕的混凝土，必须注意在一定时间内维持周围环境有一定温度和湿度。混凝土在自然条件下养护，称为自然养护，即在混凝土凝结后（一般在 12h 以内），表面加以覆盖和浇水，一般硅酸盐水泥、普通水泥与矿渣水泥配制的混凝土，需浇水保温至少 7d，使用火山灰水泥、粉煤灰水泥或掺用缓凝型外加剂，或有抗渗要求的混凝土，不少于 14d。

(3) 龄期

混凝土在正常养护条件下，其强度随龄期的增加而增长，最初 7~14d 内，强度增长较快，28d 以后增长缓慢，但只要有一定的温度与湿度，强度仍有所增长。可根据混凝土的早期强度大致估计其 28d 的强度。如用普通水泥配制的混凝土，在标准条件养护下，其强度发展有如下关系式：

$$\frac{f_n}{f_{28}} = \frac{\lg n}{\lg 28} \tag{23-18}$$

式中　f_n——nd 混凝土抗压强度（MPa）；

　　　f_{28}——28d 混凝土抗压强度（MPa）；

　　　n——养护龄期（d），$n \geq 3$d。

5. 提高混凝土抗压强度的措施

(1) 采用低水灰比或低水胶比的混凝土

可提高混凝土 28d 的强度或后期强度。

(2) 采用高强度等级水泥或早强类水泥

这类混凝土的特点是用水量少，水灰比小，拌合物中游离水分少，从而硬化后留下的孔隙少，混凝土强度高。

(3) 采用湿热养护——蒸汽养护与蒸压养护

蒸汽养护是将混凝土放在低于 100℃ 的常压蒸汽中养护。目的是提高混凝土的早期强度。一般混凝土经 16h 左右蒸汽养护后，其强度可达正常条件下养护 28d 强度的 70%~80%。蒸汽养护的最适宜温度，用普通水泥或硅酸盐水泥时为 80℃ 左右，用矿渣水泥及火山灰水泥时，则为 90℃ 左右。

蒸压养护是将混凝土放在温度 175℃ 及 8 个大气压的蒸压釜中进行养护。在这样的条件下养护，水泥水化析出的氢氧化钙，不仅能与活性氧化硅结合，而且也能与结晶状态的氧化硅结合，生成结晶较好的水化硅酸钙，使水泥水化、硬化加速，可有效地提高混凝土的强度。

(4) 采用机械搅拌与振捣

可提高混凝土均匀性、密实度与强度，对用水量少、水灰比小的干硬性混凝土，效果显著。

(5) 掺入混凝土外加剂和掺合料

在混凝土中掺入早强剂，可显著提高混凝土早期强度。掺入减水剂，拌合水量减少，降低水胶比，可提高混凝土强度。在混凝土拌合物中，除掺入高效减水剂、复合外加剂外，还同时掺入硅粉、粉煤灰等矿物掺合料，可配制高强度混凝土。

(三) 混凝土的变形性能

1. 化学收缩

混凝土的化学收缩是由于水泥水化引起的。这种收缩是不能恢复的，收缩量随龄期的延长而增加，一般在混凝土成型后 40 多天内增长较快，以后就渐趋稳定。总收缩量一般不大。

2. 干湿变形

干湿变形是指混凝土随周围环境变化而产生的湿胀干缩变形。一般湿胀的变形量很小，无明显破坏作用，而干缩则显著且往往引起混凝土开裂。影响混凝土干缩的因素主要有水泥品种、细度与用量、水灰比、骨料品种与质量及养护条件等。一般来说，水泥用量大，水灰比大；砂石用量少，则干缩值大（水泥用量不宜大于 550kg/m^3）。

在一般工程设计中，通常采用混凝土的线收缩值为 $15\times10^{-5}\sim20\times10^{-5}$，即每 1m 收缩 $0.15\sim0.20\text{mm}$。

3. 温度变形

温度变形即混凝土热胀冷缩的变形，其线胀系数约为 $1\times10^{-5}/\text{℃}$，即温度每升高 1℃，每 1m 膨胀 0.01mm。

温度变形对大体积混凝土极为不利。混凝土中因水泥水化放出的热量聚积造成内部温度升高，而外部混凝土温度则随气温升降，有时内外温差达 $50\sim60\text{℃}$，导致内胀外缩，在混凝土表面产生很大的拉应力，严重的会产生裂缝。因此，大体积混凝土应采用低热水泥，减少水泥用量，人工降温以及对混凝土表层加强养护等措施。对纵长的钢筋混凝土结构应预留伸缩缝，以及在结构物内配置温度钢筋。

4. 在荷载作用下的变形

(1) 在短期荷载作用下的变形

混凝土是一种弹塑性体，在外力作用下，既能产生可以恢复的弹性变形，又能产生不可恢复的塑性变形，其应力—应变关系不是直线而是曲线，如图 23-7 所示。

《普通混凝土力学性能试验方法标准》GB/T 50081—2002 规定，混凝土静力弹性模量（简称弹性模量）的测定，是指应力为 1/3 轴心抗压强度时的割线弹性模量（严格地讲，混凝土的应力与应变的比值称为变形模量）。采用这种方法测定的弹性模量 E_c，可作为混凝土结构设计的依据。当混凝土的强度等级在 C10～C60 之间时，其弹性的模量值为 $1.75\times10^4\sim3.60\times10^4\text{MPa}$。混凝土的弹性模量主要取决于骨料与水泥石的弹性模量，以及它们之间的体积比和混凝土含气量。所以水灰比较小，水泥用量较少，骨料弹性模量较高，养护较好及龄期较长时，混凝土的弹性模量就较大。

(2) 徐变

混凝土在长期荷载作用下随时间而增加的变形称为徐变。混凝土的徐变曲线如图23-8所示。在荷载作用初期，徐变变形增长较快，以后逐渐变慢，一般延续2~3年渐趋于稳定。混凝土的徐变值与水泥品种、水泥用量、水灰比、混凝土的弹性模量、养护条件等因素有关。如水灰比较小或混凝土在水中养护，骨料用量较多时，其徐变较小。徐变变形可达 $3 \times 10^{-4} \sim 15 \times 10^{-4}$，即 0.3~1.5mm/m。

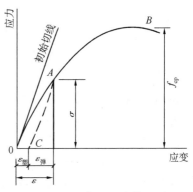

图 23-7 混凝土压力作用下的应力—应变曲线

混凝土的徐变能消除钢筋混凝土内的应力集中，使应力较均匀地重新分布，也可消除一部分大体积

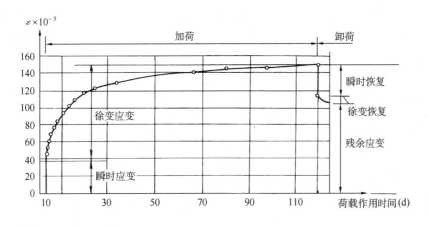

图 23-8 混凝土的徐变曲线

混凝土因温度变形所产生的破坏应力。但会使预应力钢筋混凝土结构中钢筋的预加应力受到损失。

(四) 混凝土的耐久性

混凝土除应具有适当的强度，能安全地承受荷载作用外，还应具有耐久性能，以满足在所处环境及使用条件下的经久耐用要求。耐久性包括抗渗性、抗冻性、抗化学侵蚀性、耐热性、碱—骨料反应、抗碳化性等。

1. 抗渗性

混凝土的抗渗性是指混凝土抵抗压力水（或油等液体）渗透的性能。抗渗性是混凝土的一个重要性质，直接影响混凝土的抗冻性与抗侵蚀性。抗渗性主要取决于混凝土的密实度及内部孔隙的特征（大小、构造）。

混凝土的抗渗性用抗渗等级表示。《普通混凝土长期性能和耐久性能试验方法标准》GB/T 50082—2011规定，抗渗等级是以28d龄期的标准抗渗试件，按规定方法试验，以不渗水时所能承受的最大水压来确定。如抗渗等级为P4、P6、P8、P10、P12分别表示能抵抗 0.4MPa、0.6MPa、0.8MPa、1.0MPa、1.2MPa 的水压而不渗透。抗渗等级等于或大于P6级的混凝土称为抗渗混凝土。通常以提高混凝土的密实度的方法提高混凝土的抗渗性。

2. 抗冻性

混凝土的抗冻性是指混凝土在水饱和状态下,能经受多次冻融循环作用而不破坏,同时也不严重降低强度的性能。

混凝土的抗冻性一般以抗冻等级和抗冻标号表示。按《普通混凝土长期性能和耐久性能试验方法标准》GB/T 50082—2011 的规定,混凝土的抗冻标号是以标准养护 28d 龄期、边长为 100mm 的立方体试件,在吸水饱和后,采用慢冻法进行冻融循环试验($-15℃,+20℃$),以同时满足抗压强度损失率不超过 25%,质量损失率不超过 5% 时的最大循环次数表示。混凝土抗冻标号有 D50、D100、D150、D200 和大于 D200 共五个等级。抗冻等级是 100mm×100mm×400mm 棱柱体试件经快速冻融试验后,质量损失率不超过 5%,相对动弹性模量值不小于 60% 时所承受的最大循环次数。抗冻等级有 F50、F100、F150、F200、F250、F300、F350、F400 和 >F400 等九个等级。

混凝土的抗冻性主要取决于混凝土中孔隙的数量、特征、充水程度、环境的温湿度与经历冻融的次数等。通常以提高混凝土的密实度或掺加引气剂以减小混凝土内孔隙的连通程度等方法提高混凝土的抗冻性。

3. 碱—骨料反应

碱—骨料反应是指混凝土内水泥中的碱性氧化物(Na_2O、K_2O)与骨料中的活性二氧化硅或活性碳酸盐发生化学反应,生成碱—硅酸凝胶或碱—碳酸盐凝胶,该凝胶吸水后会产生很大的体积膨胀,导致混凝土产生膨胀开裂而破坏。这种碱性氧化物和骨料中活性成分之间的化学反应通常称为碱—骨料反应。

为防止碱—骨料反应对混凝土的破坏作用,应严格控制水泥中碱(Na_2O、K_2O)的含量,禁止使用含有活性氧化硅(如蛋白石)或活性碳酸盐的骨料,对骨料应进行碱—骨料反应检验,还可在混凝土配制中加入活性掺合料,以吸收 Na^+、K^+,使反应不集中于骨料表面。

4. 抗碳化性

混凝土的抗碳化性指混凝土抵抗内部的 $Ca(OH)_2$ 与空气中的 CO_2 在有水的条件下反应生成 $CaCO_3$,导致混凝土内部原来的碱性环境变为中性环境的能力。故又可称为抗中性化的能力。抗碳化性的高低主要意味着混凝土抗钢筋锈蚀能力的高低,因为混凝土内部的碱性环境是使钢筋得到保护而免遭锈蚀的环境,而中性环境则使钢筋易于锈蚀从而引起进一步的钢筋混凝土破坏。通常以提高混凝土密实度或增大混凝土内 $Ca(OH)_2$ 数量等方法提高混凝土的抗碳化性。

5. 抗化学侵蚀性

混凝土的抗化学侵蚀性指混凝土抗各种化学介质侵蚀的能力,主要取决于混凝土中水泥的抗化学侵蚀性。凡提高水泥抗化学侵蚀性的方法均可提高混凝土的抗化学侵蚀性,详见第三节"水泥"中的"硅酸盐水泥石的侵蚀与防止"内容。

6. 提高混凝土耐久性的措施

(1) 选择适当品种的水泥。

(2) 严格控制水胶比与胶凝材料用量。

《混凝土结构设计规范》GB 50010—2010 中,规定了与所处环境相应的混凝土最大水胶比和最小胶凝材料用量限值，见表 23-25。

混凝土最大水胶比和最小胶凝材料用量　　　　表 23-25

环境等级	最大水胶比	最小胶凝材料用量（kg/m³）			最低强度等级	最大氯离子含量（%）	最大碱含量（kg/m³）
		素混凝土	钢筋混凝土	预应力混凝土			
一	0.60	250	280	300	C20	0.30	不限制
二 a	0.55	280	300	300	C25	0.20	3.0
二 b	0.50（0.55）	320			C30（C25）	0.15	
三 a	0.45（0.50）	330			C35（C30）	0.15	
三 b	0.40				C40	0.10	

注：1. 环境等级一、二 a、二 b、三 a、三 b 的具体含义，见《混凝土结构设计规范》GB 50010—2010 中的规定。
2. 氯离子含量为其占胶凝材料总量的百分比。
3. 预应力构件混凝土中的最大氯离子含量为 0.06%，其最低混凝土强度等级宜按表中的规定提高两个等级。
4. 素混凝土构件的水胶比及最低强度等级的要求可适当放松。
5. 有可靠工程经验时，二类环境中的最低混凝土强度等级可降低一个等级。
6. 处于严寒和寒冷地区二 a、二 b 环境中的混凝土应采用引气剂，并可采用括号内的有关参数。
7. 当使用非碱活性骨料时，对混凝土中的碱含量可不作限制。

（3）选用质量好的骨料。
（4）掺入减水剂、引气剂等外加剂。
（5）保证混凝土施工质量。

三、普通混凝土配合比设计

混凝土配合比，是指为配制有一定性能要求的混凝土，单位体积的混凝土中各组成材料的用量或其之间的比例关系。混凝土配合比设计的任务，就是在满足混凝土工作性、强度和耐久性等技术要求的条件下，比较经济合理地确定水泥、水、砂和石子四种材料的用量比例关系。混凝土配合比应根据原材料性能及对混凝土的技术要求进行计算，并经实验室试配试验，再进行调整后确定。

（一）混凝土配合比设计计算

进行配合比设计时，应按下列步骤计算出供试配的混凝土配合比。

1. 确定混凝土配制强度（$f_{cu,o}$）

一般按下式计算：

$$f_{cu,o} = f_{cu,k} + 1.645\sigma \quad (23\text{-}19)$$

式中　$f_{cu,o}$——混凝土配制强度（MPa）；
　　　$f_{cu,k}$——混凝土立方体抗压强度标准值（MPa）；
　　　σ——混凝土强度标准差（MPa），这是施工单位混凝土质量控制水平高低的反映。

强度标准差宜根据同类混凝土统计资料计算确定，当无统计资料时，可按《普通混凝土配合比设计规程》JGJ 55—2011 选用。

2. 确定水胶比（W/B）

$$\frac{W}{B} = \frac{\alpha_a f_{ce}}{f_{cu,o} + \alpha_a \alpha_b f_{ce}} \quad (23\text{-}20)$$

其中 α_a、α_b 的取值参见公式 23-17 的说明。

计算所得的水胶比值应符合表 23-25 规定。

3. 确定单位用水量（m_{wo}）

查表 23-22 选定。

4. 确定水泥用量（m_{co}）

$$m_{co} = \frac{m_{wo}}{W/B} \tag{23-21}$$

计算所得的水泥用量应符合表 23-25 规定。

5. 确定砂率（β_s）

可查表 23-23 选取。

6. 确定粗骨料用量（m_{go}）和细骨料用量（m_{so}）

（1）重量法

按下式计算

$$m_{fo} + m_{co} + m_{go} + m_{so} + m_{wo} = m_{cp} \tag{23-22}$$

$$\beta_s = \frac{m_{so}}{m_{so} + m_{go}} \times 100\% \tag{23-23}$$

式中 m_{cp} 为每立方米混凝土拌合物的假定重量（kg），其值可取 2350~2450kg。

（2）体积法

按下式计算

$$\frac{m_{fo}}{\rho_f} + \frac{m_{co}}{\rho_c} + \frac{m_{go}}{\rho_{og}} + \frac{m_{so}}{\rho_{os}} + \frac{m_{wo}}{\rho_w} + 0.01\alpha = 1 \tag{23-24}$$

$$\beta_s = \frac{m_{so}}{m_{so} + m_{go}} \times 100 \tag{23-25}$$

式中 ρ_f——粉煤灰等掺合料密度（kg/m³）；

ρ_c——水泥密度（kg/m³），可取 2900~3100kg/m³；

ρ_{og}——石子的表观密度（kg/m³）；

ρ_{os}——砂子的表观密度（kg/m³）；

ρ_w——水的密度（kg/m³），可取 1000kg/m³；

α——混凝土的含气量百分数，在不使用引气型外加剂时，α 可取为 1。

（二）混凝土配合比的试配、调整与确定

前面计算得出的配合比，配成的混凝土不一定与原设计要求完全相符。因此必须检验其和易性，并加以调整，使之符合设计要求，然后实测拌合物的表观密度，计算出调整后的配合比（基准配合比），再以此配合比复核强度，按《普通混凝土配合比设计规程》JGJ 55—2011 的规定方法确定混凝土设计配合比（通常称实验室配合比）。

（三）混凝土施工配合比换算

混凝土实验室配合比计算用料是以干燥骨料为基准的，实际工地使用的骨料常含有一定的水分，因此需根据工地石子和砂的实际含水率进行换算，施工配合比每 1m³ 混凝土中各材料用量应为：

$$m'_c = m_c \tag{23-26}$$
$$m'_s = m_s(1+a) \tag{23-27}$$
$$m'_g = m_g(1+b) \tag{23-28}$$
$$m'_w = m_w - m_s \times a - m_g \times b \tag{23-29}$$

式中 a——工地砂子含水率（%）；

b——石子含水率（%）。

四、轻混凝土

（一）轻骨料混凝土

按《轻骨料混凝土技术规程》JGJ 51—2002，用轻粗骨料、轻细骨料（或普通砂）、水泥和水配制干表观密度不大于 1950kg/m³ 的混凝土，称为轻骨料混凝土。若粗细骨料均采用轻骨料，则为全轻混凝土；若细骨料为部分或全部采用普通砂，则为砂轻混凝土。按用途，轻骨料混凝土可分为保温轻骨料混凝土、结构保温轻骨料混凝土及结构轻骨料混凝土三类。

1. 轻骨料的种类及技术性质

轻骨料按原材料来源可分为三类：

(1) 天然轻骨料：如浮石、火山渣、轻砂等。

(2) 工业废料轻骨料：如粉煤灰陶粒、膨胀矿渣珠等。

(3) 人工轻骨料：如黏土陶粒、页岩陶粒、膨胀珍珠岩等。

轻粗骨料按粒型可分为圆球型、普通型以及碎石型三类。

轻骨料性质直接影响混凝土的性质，各项技术指标应符合有关规定。主要技术要求有堆积密度、强度（筒压强度或强度标号）、级配及吸水率等。国家标准规定，1h 吸水率粉煤灰陶粒不大于 22%，黏土及页岩陶粒不大于 10%。

2. 轻骨料混凝土的技术性质

轻骨料混凝土按立方体抗压强度标准值分为 LC5.0、LC7.5、LC10、LC15、LC20、LC25、LC30、LC35、LC40、LC45、LC50、LC55、LC60 十三个强度等级。按表观密度可分为 600、700、800、900、1000、1100、1200、1300、1400、1500、1600、1700、1800、1900 共 14 个等级。

影响轻骨料混凝土强度的因素有水泥强度、水灰比及轻骨料的性质与用量等。

轻骨料混凝土按其用途可分为三大类，见表 23-26。

轻骨料混凝土的变形性比普通混凝土大，弹性模量较小，制成构件的刚度较差，但因极限应变大，有利于改善建筑物的抗震性能和抵抗动荷载的能力。

轻骨料混凝土按用途分类（《轻骨料混凝土技术规程》JGJ 51—2002） 表 23-26

类别名称	混凝土强度等级的合理范围	混凝土密度等级的合理范围	用　途
保温轻骨料混凝土	LC5.0	≤800	主要用于保温的围护结构或热工构筑物
结构保温轻骨料混凝土	LC5.0 LC7.5 LC10 LC15	800~1400	主要用于既承重又保温的围护结构

续表

类别名称	混凝土强度等级的合理范围	混凝土密度等级的合理范围	用　　途
结构轻骨料混凝土	LC15 LC20 LC25 LC30 LC35 LC40 LC45 LC50 LC55 LC60	1400～1900	主要用于承重构件或构筑物

轻骨料混凝土的收缩与徐变分别比普通混凝土大20%～50%和30%～60%。

当轻骨料混凝土表观密度小于等于1000kg/m³时，其导热系数小于等于0.28W/(m·K)，具有较好的保温性能。

（二）多孔混凝土

1. 加气混凝土

由硅质材料（砂、粉煤灰、矿渣等）、钙质材料（水泥、石灰等）、加气剂（铝粉等），经搅拌、浇筑、切割、养护而成。

$$2Al + 3Ca(OH)_2 + 6H_2O = 3CaO \cdot Al_2O_3 \cdot 6H_2O + 3H_2 \uparrow$$

反应生成的氢气，在料浆中产生大量的气泡而形成多孔结构。

加气混凝土表观密度为400～700kg/m³，抗压强度一般为0.5～1.5MPa。其制品有砌块与条板两种，条板可配有钢筋。在建筑物中可作屋面板、墙体材料。

2. 泡沫混凝土

由水泥浆与泡沫拌合后硬化而成。泡沫剂常用松香泡沫剂等，在机械搅拌作用下产生大量稳定的气泡。

（三）大孔混凝土（又称无砂混凝土）

由水泥、水、粗集料配制而成。有时也加入少量砂子以提高混凝土强度。水泥用量少，强度较低，保温性能好，可制作小型空心砌块和板材，用于非承重的墙体。

五、防水混凝土

防水混凝土是通过各种方法提高混凝土的抗渗性能，以达到防水要求的混凝土。抗渗性能以抗渗等级表示，应根据最大作用水头（即该处在自由水面以下的垂直深度）与建筑物最小壁厚的比值来选择抗渗等级，通常该比值越大，则混凝土的抗渗等级应该越高。

防水混凝土按配制方法不同可分为以下几种：

（一）骨料级配法防水混凝土

特点是砂石混合级配满足混凝土最大密实度的要求，提高抗渗性能，达到防水目的。

（二）普通防水混凝土（富水泥浆防水混凝土）

特点是密实度高，具体要求是：水泥用量不小于320kg/m³，水泥强度等级不宜小于42.5；水灰比不大于0.60；砂率35%～40%为宜；灰砂比1:2.0～1:2.5为宜；粗骨料最大粒径不宜大于40mm，使用自然级配；坍落度一般为30～50mm等。

（三）外加剂防水混凝土

外加剂防水混凝土是在混凝土中掺入外加剂，用以隔断或堵塞混凝土中各种孔隙、裂缝及渗水通路，以达到抗渗要求。常用的外加剂有引气剂、减水剂、三乙醇胺、氯化铁防水剂及氢氧化铁、密实剂等。

（四）膨胀水泥防水混凝土

由于膨胀水泥在水化过程中形成大量的水化硫铝酸钙，产生一定的膨胀，在有约束的条件下，改善了混凝土的孔结构，降低了孔隙率，从而提高了混凝土的抗渗性。

防水混凝土施工时浇水保湿不应少于14d，测试用28d龄期的圆台体标准试件。

六、聚合物混凝土

可分为聚合物水泥混凝土（PCC）、聚合物浸渍混凝土（PIC）及聚合物胶结混凝土（PC）三种。

聚合物混凝土具有强度高（如聚合物浸渍混凝土抗压强度可达200MPa以上）。抗渗性好，抗冻性好，耐蚀性好，耐磨性好以及抗冲击性好等特点。

七、耐热混凝土

耐热混凝土又称耐火混凝土，是一种能长期经受900℃以上（有的可达1800℃）的高温作用并在高温下保持所需要的物理力学性能的混凝土。同耐火砖相比，具有工艺简单、使用方便、成本低廉等优点，而且具有可塑性和整体性，便于复杂制品的成型，其使用寿命有的与耐火砖相近，有的比耐火砖长。耐热混凝土是由胶凝材料、耐热粗细骨料（有时掺入矿粉）和水按比例配制而成，主要用于工业窑炉上。耐热混凝土可用矿渣硅酸盐水泥、铝酸盐水泥以及水玻璃等胶凝材料配制。

八、耐酸混凝土

耐酸混凝土由水玻璃（加硅氟酸钠促硬剂）、耐酸骨料及耐酸粉料按比例配合而成。能抵抗各种酸（氢氟酸、300℃以上的热磷酸等除外）和大部分腐蚀性气体（氯气、二氧化硫、三氧化硫等）的侵蚀，不耐高级脂肪酸或油酸的侵蚀。

水玻璃耐酸混凝土的施工环境温度应在10℃以上，施工及养护期间，严禁与水或水蒸气直接接触，并防止烈日暴晒；严禁直接铺设在水泥砂浆或普通混凝土的基层上；施工后必须经过养护，养护后还需进行酸化处理。

水玻璃耐酸混凝土抗压强度一般为15～20MPa。

九、纤维混凝土

纤维混凝土以普通混凝土为基体，外掺各种纤维材料而成。掺入纤维的目的是提高混凝土的抗拉强度与降低其脆性。常用的纤维有钢纤维及聚丙烯纤维等，通常最优含纤体积率在0.1%～3%之间。钢纤维混凝土现已用在飞机跑道、高速公路路面、断面较薄的轻型结构及压力管道等处。

第五节 建 筑 砂 浆

建筑砂浆由胶凝材料、细骨料、水等材料配制而成。主要用于砌筑砖石结构或建筑物的内外表面的抹面等。

一、砂浆的技术性质

(一) 新拌砂浆的工作性

1. 流动性 (稠度)

指砂浆在自重或外力作用下是否易于流动的性能。其大小用沉入量（或稠度值）(mm)表示，即砂浆稠度测定仪的圆锥体沉入砂浆深度的毫米数。

砂浆流动性的选择与砌体材料、施工方法及天气情况有关。可参考表 23-27 选用。

砂浆流动性与胶凝材料品种、用量、用水量、砂子粗细及级配等有关。常通过改变胶凝材料的数量与品种来控制砂浆的流动性。

砂浆流动性选择表（稠度：mm） 表 23-27

砌体种类	砌筑砂浆		抹灰砂浆		
	干燥气候或多孔砌块	寒冷气候或密实砌块	抹灰工程	机械施工	手工操作
砖砌体	80～100	60～80	准备层	80～90	110～120
普通毛石砌体	60～70	40～50	底层	70～80	70～80
振捣毛石砌体	20～30	10～20	面层	70～80	90～100
炉渣混凝土砌块	70～90	50～70	含石膏的面层		90～120

2. 保水性

新拌砂浆保存水分的能力称为保水性。保水性也指砂浆中各项组成材料不易分离的性质。保水性差的砂浆会影响胶凝材料的正常硬化，从而降低砌体质量。

砂浆保水性常用分层度 (mm) 表示。将搅拌均匀的砂浆，先测其沉入量，然后装入分层度测定仪，静置 30min 后，取底部 1/3 砂浆再测沉入量，先后两次沉入量的差值称为分层度。分层度大，表明砂浆易产生分层离析，保水性差。砂浆分层度以 10～20mm 为宜。若分层度过小，则砂浆干缩较大，影响粘结力。

为改善砂浆保水性，常掺入石灰膏、粉煤灰或微沫剂、塑化剂等。

(二) 抗压强度与强度等级

按《建筑砂浆基本性能试验方法》JGJ/T 70—2009，以边长为 70.7mm 的 3 个立方体试块，按规定方法成型并养护至 28d 后测定的抗压强度平均值 (MPa)，根据《砌体结构设计规范》GB 50003—2011 规定，普通砂浆强度等级有 M15.0、M10.0、M7.5、M5.0 和 M2.5 五个级别。

影响砂浆抗压强度的主要因素：

(1) 基层为不吸水材料（如致密的石材）时，影响强度的因素主要是水泥强度和水灰比，强度公式如下：

$$f_{m,0} = 0.29 f_{ce}\left(\frac{C}{W} - 0.4\right) \qquad (23-30)$$

式中 $f_{m,0}$——砂浆 28d 抗压强度 (MPa)；

f_{ce}——水泥实测强度 (MPa)。

(2) 基层为吸水材料（如砖）时，因砂浆有一定的保水性，在已吸水的基层上，保留在砂浆中的水分几乎相同，因此影响砂浆强度的因素主要是水泥强度与水泥用量，与水灰比无关。强度公式如下：

$$f_{m,0} = \frac{\alpha \cdot f_{ce} \cdot Q_c}{1000} + \beta \tag{23-31}$$

式中 Q_c——每立方米砂浆的水泥用量（kg）；

α、β——经验系数，参照表 23-28 选用。

α、β 系数选用表　　　　表 23-28

砂浆品种	α	β
水泥混合砂浆	3.03	−15.09

（三）粘结力

由于砖石等砌体是靠砂浆粘结成坚固整体的，因此要求砂浆与基层之间有一定的粘结力。一般，砂浆的抗压强度越高，则其与基层之间的粘结力越强。此外，粘结力也与基层材料的表面状态、清洁程度、润湿状况及施工养护条件等有关。

二、砌筑砂浆的配合比设计

砌筑砂浆用来砌筑砖、石或砌块，使之成为坚固的整体。配合比可为体积比，也可为质量比。其配合比可查阅有关手册或资料选定，也可由计算得到初步配合比，再经试配进行调整。

计算砌筑砖或其他多孔材料的水泥混合砂浆的配合比，应按照《砌筑砂浆配合比设计规程》JGJ/T 98—2010 中的要求进行，步骤如下：

(1) 砂浆的试配强度应按下式计算：

$$f_{m,0} = k f_2 \tag{23-32}$$

式中 $f_{m,0}$——砂浆的试配强度（MPa），应精确至 0.1MPa；

f_2——砂浆强度等级值（MPa），应精确至 0.1MPa；

k——系数，按表 23-29 取值。

砂浆强度标准差 σ 及 k 值　　　　表 23-29

施工水平 \ 强度等级	强度标准差 σ（MPa）							k
	M5	M7.5	M10	M15	M20	M25	M30	
优良	1.00	1.50	2.00	3.00	4.00	5.00	6.00	1.15
一般	1.25	1.88	2.50	3.75	5.00	6.25	7.50	1.20
较差	1.50	2.25	3.00	4.50	6.00	7.50	9.00	1.25

(2) 砂浆强度标准差的确定应符合下列规定：

1) 当有统计资料时，砂浆强度标准差应按下式计算：

$$\sigma = \sqrt{\frac{\sum_{i=1}^{n} f_{m,i}^2 - n\mu_{fm}^2}{n-1}} \tag{23-33}$$

式中 $f_{m,i}$——统计周期内同一品种砂浆第 i 组试件的强度（MPa）；

μ_{fm}——统计周期内同一品种砂浆 n 组试件强度的平均值（MPa）；

n——统计周期内同一品种砂浆试件的总组数，$n \geq 25$。

2）当无统计资料时，砂浆强度标准差可按表 23-29 取值。

（3）水泥用量的计算应符合下列规定

1）每立方米砂浆中的水泥用量，应按下式计算：

$$Q_c = 1000(f_{m,0} - \beta)/(\alpha \cdot f_{ce}) \tag{23-34}$$

式中 Q_c——每立方米砂浆的水泥用量（kg），应精确至 1kg；

f_{ce}——水泥的实测强度（MPa），应精确至 0.1MPa；

α、β——砂浆的特征系数，其中 α 取 3.03，β 取 -15.09。

注：各地区也可用本地区试验资料确定 α、β 值，统计用的试验组数不得少于 30 组。

2）在无法取得水泥的实测强度值时，可按下式计算：

$$f_{ce} = \gamma_c \cdot f_{ce,k} \tag{23-35}$$

式中 $f_{ce,k}$——水泥强度等级值（MPa）；

γ_c——水泥强度等级值的富余系数，宜按实际统计资料确定，无统计资料时可取 1.0。

（4）石灰膏用量应按下式计算

$$Q_D = Q_A - Q_c \tag{23-36}$$

式中 Q_D——每立方米砂浆的石灰膏用量（kg），应精确至 1kg，石灰膏使用时的稠度宜为 120mm±5mm；

Q_c——每立方米砂浆的水泥用量（kg），应精确至 1kg；

Q_A——每立方米砂浆中水泥和石灰膏总量，应精确至 1kg，可为 350kg。

（5）每立方米砂浆中的砂用量，应按干燥状态（含水率小于 0.5%）的堆积密度值作为计算值（kg）。

（6）每立方米砂浆中的用水量，可根据砂浆稠度等要求选用 210～310kg。

注：① 混合砂浆中的用水量，不包括石灰膏中的水；
② 当采用细砂或粗砂时，用水量分别取上限或下限；
③ 稠度小于 70mm 时，用水量可小于下限；
④ 施工现场气候炎热或干燥季节，可酌量增加用水量。

水泥砂浆配合比可从《砌筑砂浆配合比设计规程》JGJ/T 98—2010 直接查表确定。

三、抹面砂浆

抹面砂浆用来涂抹建筑物或构筑物的表面，其主要技术要求是工作性与粘结力。

（一）抹灰砂浆

对建筑物表面起保护作用，提高其耐久性。

通常分为三层进行施工，各层要求（如组成材料、工作性、粘结力等）不同。

底层抹灰主要起与基层的粘结作用，用于砖墙的底层抹灰，多用石灰砂浆；有防水、防潮要求的用水泥砂浆；板条墙及顶棚的底层多用麻刀石灰砂浆；混凝土墙、梁、柱、顶板等底层抹灰多用混合砂浆。

中层抹灰主要为了找平，多用混合砂浆或石灰砂浆。

面层抹灰主要起装饰作用，多用细砂配制的混合砂浆，麻刀石灰砂浆或纸筋石灰砂浆。在容易碰撞或潮湿部位应采用水泥砂浆，如墙裙、地面、窗台及水井等处可用1：2.5水泥砂浆。

（二）防水砂浆

防水砂浆具有防水、抗渗的作用，砂浆防水层又叫刚性防水层。适用于不受振动和具有一定刚度的混凝土或砖石砌体工程。

防水砂浆可以用普通水泥砂浆制作，也可以在水泥砂浆中掺入防水剂提高砂浆的抗渗性。常用的防水剂有氯化物金属盐类防水剂、硅酸钠类防水剂（如二矾、三矾等多种，凝固快）以及金属皂类防水剂等。

防水砂浆的配合比，一般为水泥：砂=1：2.0～1：3.0，水灰比应为0.50～0.55。宜用32.5等级以上的普通水泥与中砂。施工时一般分五层涂抹，每层约5mm，一、三层可用防水水泥净浆。

（三）装饰砂浆

用于室内外装饰。砂浆的面层应选用具有一定颜色的胶凝材料和骨料。其中，常用的胶凝材料有：普通水泥、火山灰质水泥、矿渣水泥与白水泥等，并且在它们中掺入耐碱矿物质颜料，当然，也可直接使用彩色水泥。而骨料则常采用带颜色的细石渣或碎粒（如大理石、陶瓷、花岗石或玻璃等）。

在选材的同时，使用外墙面装饰砂浆时还需实行一些特殊的工艺操作，如喷涂、弹涂、辊压、拉毛（在砂浆尚未凝结时，用抹刀拍拉表面，产生凹凸不平的形状）、水刷石（用5mm左右的石渣拌制砂浆作面层，在初凝时，用水喷刷表面使碎石渣露而不落）、干粘石（在水泥浆表面上粘结粒径小于5mm的彩色小石渣或彩色玻璃碎粒，要求粘结不落）、划痕（表面上压出砖形再刷涂料）。

还有几种常用的表层装饰处理，如水磨石（以普通水泥、白水泥或彩色水泥，拌合按设计色彩选定的大理石碎渣，硬化后喷水磨平抛光而成）、斩假石（与水刷石类似，差别在于水泥硬化后用刀斧将表面剁毛，使石渣露而不落）。

上述选材及工艺可生成不同图案，不同色彩，且具有岩面视觉效果。

（四）其他品种砂浆

主要指具有某种特殊性能的砂浆，如绝热、吸声、耐酸、防辐射、膨胀、自流平等。根据不同要求，选用相应的材料，并配以适合的工艺操作而成，见表23-30。

特 殊 性 能 砂 浆　　　　表23-30

名　称	配　制	用　途
吸声砂浆	水泥、石膏、砂、锯末配合比例为1：1：3：5或石灰、石膏砂浆中掺加玻璃棉、矿棉	室内墙壁及平顶吸声
绝热砂浆	水泥、石灰、石膏等胶凝材料与多孔骨料（膨胀珍珠岩、膨胀蛭石等）按比例制成	屋面、墙壁及供热管道绝热层
耐酸砂浆	水玻璃与氟硅酸钠拌制，还可加入粉状细骨料（石英岩、花岗石、铸石等）	砌衬、耐酸地面、耐酸容器内壁防护

续表

名 称	配 制	用 途
防辐射砂浆	水泥浆中加入重晶石粉、重晶石砂，比例为 1∶0.25∶（4～5），还可加入硼砂、硼酸	射线防护工程
膨胀砂浆	水泥中加入膨胀剂或使用膨胀水泥制成	修补及大板工程中填隙密封
自流平砂浆	掺加合适的化学外加剂，严格控制砂的级配，颗粒形态，含泥量，选用合适的水泥	现代化施工中地坪敷设

第六节 墙体材料与屋面材料

我国目前用于墙体的材料有砖、砌块及板材。用于屋面的材料有各种材质的瓦及一些板材。为了节约能源、保护环境，国务院会同住房和城乡建设部等部门，自20世纪90年代以来不断推出加快墙体材料革新和推广节能建筑的举措，规定在框架结构建筑等工程中限制使用实心黏土砖，推广应用空心砖、多孔砖及其他新型墙体材料，逐步淘汰实心黏土砖。

一、烧结类墙体材料

此类墙体材料通过高温焙烧制成。

（一）烧结普通砖

为无孔洞或孔洞率小于15%的实心砖。包括烧结黏土砖、烧结页岩砖、烧结煤矸石砖及烧结粉煤灰砖，依次用 N、Y、M 及 F 符号表示。

1. 烧结普通砖的技术要求

根据 GB 5101—2003 的规定：抗风化性能合格的砖，根据尺寸偏差、外观质量、泛霜及石灰爆裂分为优等品（A）、一等品（B）和合格品（C）三个产品等级。优等品可用于清水墙和装饰墙建筑，一等品和合格品可用于混水墙建筑。

（1）尺寸偏差与外观质量

砖的标准尺寸为 240mm×115mm×53mm，若加上砌筑灰缝厚约 10mm，则 4 块砖长、8 块砖宽或 16 块砖厚均约 1m，因此，每立方米砖砌体需砖 4×8×16=512（块）。砖的外观尺寸允许有一定偏差。

砖的外观质量包括两条面（240mm×53mm）高度差、弯曲程度、缺棱掉角、裂缝等。产品中不允许有欠火砖、酥砖及螺纹砖，泛霜及石灰爆裂程度也应符合国家标准规定。泛霜由砖原料中的可溶性盐类因水分蒸发而产生，石灰爆裂则由砖中生石灰吸水体积膨胀而引起。

（2）强度等级

根据 10 块砖的抗压强度平均值及强度标准值，分为 MU30、MU25、MU20、MU15 与 MU10 五个强度等级。见表 23-31。

强度标准值可按下式计算，即，

$$f_k = \bar{f} - 1.8s$$

$$s = \sqrt{\frac{1}{9}\sum_{i=1}^{10}(f_i - \overline{f})^2} \qquad (23\text{-}37)$$

$$\delta = \frac{s}{\overline{f}} \qquad (23\text{-}38)$$

式中 f_k——抗压强度标准值（MPa）；

$\overline{f}$——10 块砖样的抗压强度算术平均值（MPa）；

f_i——单块砖样抗压强度的测定值（MPa）；

s——10 块砖样的抗压强度标准差（MPa）；

δ——变异系数。

砖强度等级指标　　　　　　　表 23-31

强度等级	平均值 $\overline{f}$（MPa）	变异系数 $\delta \leqslant 0.21$ 强度标准值 f_k（MPa）	变异系数 $\delta > 0.21$ 单块最小抗压强度值 f_{min}（MPa）
MU30	≥30.0	≥22.0	≥25.0
MU25	≥25.0	≥18.0	≥22.0
MU20	≥20.0	≥14.0	≥16.0
MU15	≥15.0	≥10.0	≥12.0
MU10	≥10.0	≥6.5	≥7.5

（3）抗风化性能

指砖抵抗干湿变化、温度变化、冻融变化等气候对砖作用的性能。国家标准规定，东北、内蒙古及新疆等严重风化区应作冻融试验，其他地区可用沸煮吸水率与饱和系数指标表示其抗风化性能。

砖的产品标记按产品名称、品种、强度等级和标准号顺序编写，如烧结黏土砖 N MU15 B GB/T 5101。

砖的表观密度约为 1600～1800kg/m³，吸水率一般为 6%～18%，导热系数约为 0.55W/(m·K)。

2. 烧结普通砖的应用

砖既具有一定的强度，又因其多孔而具有一定的保温隔热性能，因此大量用来作墙体材料、柱、拱、烟囱、沟道及基础。但其中的实心黏土砖属墙体材料革新中的淘汰产品，正在被多孔砖、空心砖或空心砌块等新型墙体材料所取代。废砖破碎后可作混凝土骨料或碎砖三合土。

（二）烧结多孔砖、空心砖和空心砌块

1. 烧结多孔砖

这种砖的大面有孔，孔多而小，孔洞率在 15%以上，孔洞垂直于受压面。常用于砌筑六层以下的承重墙。砖的外观如图 23-9 所示。砖的强度等级根据抗压与抗折强度，分为 MU30、MU25、MU20、MU15、MU10 五个。

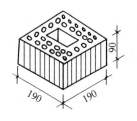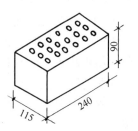

图 23-9　两种烧结多孔砖的外观

根据砖的尺寸偏差、外观、强度等级及物理性能（泛霜等）分为优等品（A）、一等品（B）和合格品（C）三个产品等级。标记如烧结多孔砖 290×140×90 25A GB 13544。烧结多孔砖的表观密度为 1400kg/m³ 左右。

2. 烧结空心砖和空心砌块

也是以黏土、页岩、煤矸石等为主要原料，主要用于建筑物非承重部位。孔洞率一般在 35% 以上，孔大而少，孔洞平行于大面和条面，与砂浆的接合面上有深度为 1mm 以上的凹线槽，如图 23-10 所示。表观密度为 800～1100kg/m³。

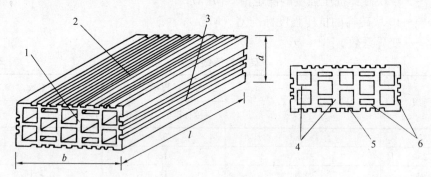

图 23-10 烧结空心砖
1—顶面；2—大面；3—条面；4—肋；5—凹线槽；6—外壁；
l—长度；b—宽度；d—高度

国家标准《烧结空心砖和空心砌块》GB 13545—2003 规定，根据抗压强度分为 MU10.0、MU7.5、MU5.0、MU3.5、MU2.5 五个强度等级；根据表观密度分为 800、900、1000、1100 四个密度级别；每个密度级别根据孔洞及其排数、尺寸偏差、外观质量、强度等级和物理性能分为优等品（A）、一等品（B）和合格品（C）三个质量等级。规格尺寸为（mm）：390、290、240、190、180(175)、140、115、90。

二、非烧结类墙体材料

（一）蒸养（压）砖

以石灰和含硅材料（砂、粉煤灰、煤矸石、炉渣和页岩等）加水拌合，经压制成型、蒸汽养护或蒸压养护而成。

1. 灰砂砖（又称蒸压灰砂砖）

主要原料为石灰与砂子。其规格与烧结普通砖相同。按抗压、抗折强度可分为 MU25、MU20、MU15、MU10 四个强度级别。根据尺寸偏差和外观分为优等品（A）、一等品（B）和合格品（C），产品名称记为 LSB。

MU15 级以上的灰砂砖可用于基础及其他建筑部位；MU10 级灰砂砖可用于防潮层以上的建筑部位。长期受热温度高于 200℃、受急冷、急热或有酸性介质侵蚀的建筑部位应避免使用灰砂砖，也不能用于有流水冲刷之处（因灰砂砖中的组成有水化硅酸钙、氢氧化钙、碳酸钙等）。

灰砂砖表面光滑，与砂浆粘结力差。砌筑时应控制砖含水率（7%～12%），宜用混合砂浆。

2. 粉煤灰砖

主要原料为粉煤灰与石灰。强度等级有MU30、MU25、MU20、MU15、M10五个。根据外观质量、强度、抗冻性和干缩分为优等品（A）、一等品（B）和合格品（C）。其产品名称记为FAB。

粉煤灰砖可用于工业与民用建筑的墙体和基础，但用于基础或用于易受冻融和干湿交替作用的部位必须使用MU15及以上的砖。不得用于长期受热200℃以上部位，受急冷急热和有酸性介质侵蚀的部位。

3. 炉渣砖（又名煤渣砖）

炉渣砖表观密度为1500～2000kg/m³，吸水率8%～19%。呈黑灰色。强度等级有MU20、MU15、MU10三个。可用于一般建筑物的内墙与非承重外墙，其他使用要点同灰砂砖与粉煤灰砖。

（二）砌块

按形态砌块可分为实心和空心两种，按规格大小可分为大型砌块（主规格高度大于980mm）、中型（主规格高度约380～800mm）和小型砌块（高度大于115mm而又小于380mm），按原材料可分为混凝土砌块和硅酸盐砌块。空心砌块的空心率一般为35%～50%。

1. 混凝土小型空心砌块

原材料为水泥、砂、石或轻骨料，加水经搅拌、成型、养护而成。

混凝土小型空心砌块主规格尺寸为390mm×190mm×190mm，其他规格主要是在长度、厚度上的变化，分为承重与非承重两类。按其外观质量和尺寸偏差分为优等品（A）、一等品（B）及合格品（C）。按抗压强度分为MU3.5、MU5.0、MU7.5、MU10、MU15.0、MU20六个等级，按相对含水率分为M和P两级，按其是否要求抗渗性指标分为S和Q两级，Q级表示无抗渗要求。

小型空心砖块可用于低、中层建筑的墙体，使用灵活，砌筑方便。砌筑时一般不宜浇水，采用反砌（即砌块底面朝上）。在寒冷地区，砌块还应有一定的保温性能。

2. 粉煤灰硅酸盐中型砌块（简称粉煤灰砌块）

原材料为粉煤灰、石灰、石膏及骨料，经成型、蒸汽养护而成。为密实砌块。主要规格外形尺寸有880mm×380mm×240mm和880mm×430mm×240mm两种。按立方体抗压强度分为10级和13级两个强度等级，按其外观质量、尺寸偏差和干缩性分为一等品（B）和合格品（C）两个产品等级。产品名称记为FB。粉煤灰砌块可用于一般建筑的墙体与基础，但常处于高温下的建筑部位与有酸性介质侵蚀的部位不宜使用。冬季施工不得浇水湿润砌块。墙体的内外表面宜作粉刷或其他饰面。

3. 蒸压加气混凝土砌块

原材料为含钙材料（水泥或生石灰）、含硅材料（砂、粉煤灰、矿渣等）及加气剂（铝粉）。按原料组成，通常有"水泥—矿渣—砂"、"水泥—石灰—砂"和"水泥—石灰—粉煤灰"三种。

蒸压加气混凝土规格有两个系列，长度均为600mm。a系列高度为200mm、250mm、300mm，宽度为75mm、100mm、125mm……（以25递增）；b系列高度为240mm、300mm，宽度为60mm、120mm、180mm、240mm……（以60递增）。按砌块抗压强度分为A1.0、A2.0、A2.5、A3.5、A5.0、A7.5、A10七个强度等级；按表观密度分为

03、04、05、06、07、08 六个级别；按尺寸偏差、表观密度、外观质量分为优等品（A）、一等品（B）和合格品（C）三个产品等级。

加气混凝土砌块质轻，绝热性能好，隔声性能好。除作墙体材料外，还可用于屋面保温。不得用于建筑物基础和处于浸水、高湿和有化学侵蚀的环境（如强酸、强碱或高浓度二氧化碳）中，也不能用于承重制品表面温度高于80℃的建筑部位。

（三）墙板

1. 石膏板

有纸面石膏板、装饰石膏板、石膏空心条板等。其中纸面石膏板又有普通纸面石膏板、耐水和耐火纸面石膏板三种。

石膏空心条板以天然石膏或化学石膏为原料，加入适量水泥或石灰等辅助胶结料与少量增强纤维，加水成型、抽芯、干燥而成。条板质轻，比强度高，隔热、隔声、防火及加工性好。可用于非承重内隔墙。

2. 纤维增强水泥平板（TK板）

原材料为低碱水泥、中碱玻璃纤维和短石棉，加水经成型、蒸养而成。质轻，强度高，防火性好，防潮性能好，不易变形，加工性能好。

3. 碳化石灰板

以磨细生石灰、纤维状填料或轻质骨料为主要原料，经人工碳化制成。多制成空心板。适用于非承重内隔墙、顶棚等。

4. GRC空心轻质墙板

以低碱水泥、抗碱玻纤网格布、膨胀珍珠岩为主要原料，加入起泡剂和防水剂等，经成型、脱水、养护而成。GRC板质轻，强度高，隔热、隔声性能好，不燃，加工方便。主要用于内隔墙。

5. 混凝土空心墙板

原料有钢绞线、42.5R早强水泥、砂石骨料等。使用时配以泡沫聚苯乙烯保温层、外饰面及防水层等。可用作承重及非承重墙板、楼板、屋面板、阳台板等。

6. 钢丝网水泥夹芯板

是以钢丝制成不同的三维空间结构，内有发泡聚苯乙烯或岩棉等为保温芯材的轻质复合墙板。这类板材的名称很多，如泰柏板、钢丝网架夹芯板、GY板、舒乐合板、三维板、3D板、万力板等。

其他轻质复合墙板还有由外层与芯材组成的板材，外层为各种高强度轻质薄板，如彩色镀锌钢板、铝合金板、不锈钢板、高压水泥板、木质装饰板及塑料装饰板等，用轻质绝热材料作为芯材，如阻燃型发泡聚苯乙烯、发泡聚氨酯、岩棉及玻璃棉等。

三、屋面材料

（一）黏土瓦

以黏土为主要原料，经成型、焙烧而成。黏土瓦按颜色分为红瓦和青瓦两种；按用途分为平瓦和脊瓦两种，平瓦用于屋面，脊瓦用于屋脊。平瓦的规格尺寸有Ⅰ、Ⅱ和Ⅲ三个型号，分别为400mm×240mm、380mm×225mm和360mm×220mm。每15张平瓦铺1m²屋面。平瓦按尺寸偏差、外观质量和物理、力学性能分为优等品、一等品和合格品三个产品等级。单片平瓦最小抗折荷重不得小于680N，覆盖1m²屋面的瓦吸水后重量不得超过55kg，抗冻性要求15次冻融循环合格，抗渗性要求不得出现水滴。脊瓦分为一等品和合格品两个产品等级。单片脊瓦最小抗折荷重不得低于680N。

（二）小青瓦（土瓦、蝴蝶瓦、和合瓦、水青瓦）

小青瓦以黏土制坯焙烧而成。习惯以其每块重量作为规格和品质的标准。共分18两、20两、22两、24两（旧秤：每市斤16两）四种。

（三）琉璃瓦

琉璃瓦是在素烧的瓦坯表面涂以琉璃釉料后再经烧制而成的制品。这种瓦表面光滑，质地坚密，色彩美丽，耐久性好，但成本较高。琉璃瓦的型号，根据《清式营造则例》规定，共分"二样"、"三样"、"四样"、"五样"、"六样"、"七样"、"八样"、"九样"八种，还有"套活"和"号活"两种，型号一般常用"五样"、"六样"、"七样"三种型号。品种有筒瓦、板瓦等，还有"脊"、"吻"等配件。

（四）混凝土平瓦

标准尺寸有400mm×240mm和385mm×235mm两种。单片瓦的抗折荷重不得低于600N。混凝土平瓦耐久性好，成本低，生产时可加入耐碱颜料制成彩色瓦，自重大。

（五）石棉水泥瓦

以水泥与温石棉为原料。分为大波瓦、中波瓦、小波瓦和脊瓦四种。单张面积大，质轻，防火性、防腐性、耐热耐寒性均较好。但石棉对人体健康有害，用耐碱玻璃纤维和有机纤维则较好。

其他屋面材料还有聚氯乙烯波纹瓦（亦称塑料瓦楞板）、钢丝网水泥大波瓦、玻璃钢波形瓦、铝合金波纹瓦、沥青瓦及木质纤维波形瓦等。

第七节 建筑钢材

建筑钢材是指在建筑工程中使用的各种钢质板、管、型材，以及在钢筋混凝土中使用的钢筋、钢丝等。钢的主要元素是铁与碳，含碳量在2%以下。

一、钢的分类

按化学成分，钢可分为碳素钢与合金钢两大类。根据含碳量又可将碳素钢分为低碳钢（含碳小于0.25%）、中碳钢（含碳量0.25%～0.60%）与高碳钢（含碳大于0.6%）。根据合金元素总量又可将合金钢分为低合金钢（合金元素总量小于5%）、中合金钢（5%～10%）与高合金钢（大于10%）。

按钢在冶炼（主要为氧气转炉）过程中脱氧程度可将钢分为沸腾钢（F）、半镇静钢（b）、镇静钢（Z）及特殊镇静钢（TZ）。沸腾钢在冶炼过程中脱氧不完全，组织不够致密，气泡较多，化学偏析严重，故质量较差，但成本较低。

按钢中有害杂质含量，钢可分为普通钢、优质钢和高级优质钢。

按用途，钢可分为结构钢、工具钢和特殊性能钢。

二、建筑钢材的主要力学性能

（一）抗拉性能

1. 屈服点（σ_s）

以低碳钢为例,试件被拉伸进入塑性变形屈服段 BC(图 23-11),屈服下限 $C_下$ 所对应的应力 σ_s 称为屈服强度或屈服点。钢材受力达到屈服点后,由于变形迅速发展,尽管尚未破坏,但已不能满足使用要求,故设计中,一般采用 σ_s 作为强度取值的依据。

但对于屈服现象不明显的钢,如中碳钢或高碳钢(硬钢),其应力—应变曲线与低碳钢的明显不同(图 23-12),其抗拉强度高,塑性变形小,屈服现象不明显。对这类钢材难以测得屈服点,故规范规定以产生 0.2% 残余变形时的应力值作为名义屈服点,以 $\sigma_{0.2}$ 表示。

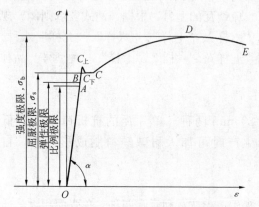

图 23-11　低碳钢受拉的应力—应变曲线

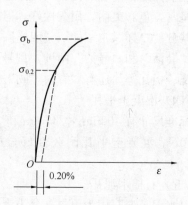

图 23-12　中碳钢或高碳钢受拉的应力—应变曲线

2. 抗拉强度

应力—应变图(图 23-11)中,曲线最高点 D 对应的应力 σ_b 称为抗拉强度。在设计中,屈强比 σ_s/σ_b 有参考价值。在一定范围内,屈强比小则表明钢材在超过屈服点工作时可靠性较高,较为安全。但屈强比太小,反映钢材不能有效地被利用。Q235钢的屈强比为 0.56~0.63,低合金结构钢的屈强比一般为 0.65~0.75。

3. 伸长率

设试件拉断后标距部分的长度 L_1,原标距长度为 L_0,则伸长率 δ 规定为:

$$\delta = \frac{L_1 - L_0}{L_0} \times 100\% \tag{23-39}$$

δ 表征了钢材的塑性变形能力。δ 的值还与试件的 L_1/d_0 值有关(d_0 为试件直径)。常用 $L_0/d_0=5$ 及 $L_0/d_0=10$ 两种试件,相应的 δ 分别记作 δ_5 与 δ_{10}。对同一种钢材,$\delta_5 > \delta_{10}$。

(二)冷弯性能

冷弯性能指钢材在常温下承受弯曲变形的能力,它表征在恶劣变形条件下钢材的塑性,是建筑钢材一项重要的工艺性能(焊接性能也是钢材的工艺性能)。冷弯性能指标以试件被弯曲的角度(90°,180°)及弯心直径 d 与试件厚度(或直径)a 的比值(d/a)来表示。

(三)冲击韧性

冲击韧性指钢材抵抗冲击载荷的能力,按《金属材料夏比摆锤冲击试验方法》GB/T 229—2007 的规定,将带有 V 形或 U 形缺口的试件,进行冲击试验。试件在冲击荷载作用下折断时所吸收的能量,称为冲击吸收功(或 V 形冲击功)A_{kV}(J)。钢材的化学成分、组成状态、内在缺陷及环境等都是影响冲击韧性的重要因素。A_{kV} 值随试验温度的下降而减小,当温度降低达到某一范围时,A_{kV} 急剧下降而呈现脆性断裂,这种现象称为冷脆性。发生冷脆时的温度称为脆性临界温度，其数值越低，说明钢材的低温冲击韧性越好。因此，对直接承受动荷载而且可能在负温下工作的重要结构，必须进行冲击韧性检验。

（四）硬度

硬度指表面层局部体积抵抗其他较硬物体压入产生塑性变形的能力。表征值常用布氏硬度 HB（还有洛氏硬度、维氏硬度），用专门试验测得。硬度与强度有一定关系，故可在结构上通过测量钢材硬度来推算近似的强度值。

（五）耐疲劳性

材料在交变应力作用下，在远低于抗拉强度时突然发生断裂，称为疲劳破坏。疲劳破坏的危险应力用疲劳极限表示，其含义是：试件在交变应力下工作，在规定的周期基数内不发生断裂的最大应力。

三、影响建筑钢材力学性能的主要因素

（一）建筑钢材的晶体组织

钢中的铁与碳可以由固溶体（Fe 中固溶着微量的 C）、化合物（Fe_3C）及它们的混合物的形式构成一定形态的聚合体，称为钢的组织。常温下，钢中的基本组织主要有：

1. 铁素体

它是 C 在 α—Fe 中的固溶体。铁素体中含 C 很少（<0.02%），故其塑性、韧性良好，而强度与硬度较差。

2. 渗碳体

是铁碳化合物 Fe_3C，结构复杂硬脆，强度低，塑性差。

3. 珠光体

它是铁素体与渗碳体的机械混合物。含碳量较低（0.8%），具有层状结构，故塑性较好，强度与硬度均较高。

建筑钢材的含碳量不大于 0.8%，其基本组织为铁素体与珠光体，含碳量增大时，珠光体的相对含量随之增大，铁素体则相应减少。因此，钢的强度随之提高，而塑性与韧性则相应下降。

（二）化学成分

建筑钢材中除铁元素外，还包含碳（C）、硅（Si）、锰（Mn）、磷（P）、硫（S）、氧（O）等元素，在许多情况下还要考虑各种合金元素。它们对钢材会产生有利或不利的影响，分述如下：

1. 碳（C）

当含碳量小于等于 0.8% 时，C 含量的增加将提高钢的抗拉强度与硬度，但使塑性与韧性降低，焊接性能、耐腐蚀性能也随之下降（图 23-13）。当含碳量大于 1.0% 时，钢的强度反而下降。含碳量超过 0.3% 时，钢的可焊性显著降低。建筑结构

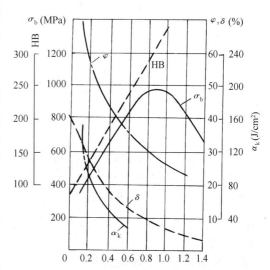

图 23-13 含碳量对碳素钢性能的影响

σ_b—抗拉强度；α_k—冲击韧性；

δ—伸长率；φ—断面收缩率；HB—硬度

用的钢材多为含碳 0.25% 以下的低碳钢及含碳 0.52% 以下的低合金钢。

2. 硅（Si）

当含硅量小于 1% 时，Si 含量的增加可以显著提高钢材的强度及硬度，且对塑性及韧性无显著影响，其原因在于，此时大部分 Si 溶于铁素体中，使铁素体得以强化。正是由于适量的 Si 可以多方面改善钢的力学性能，所以它是钢材的主加合金元素之一。

3. 锰（Mn）

锰可起脱氧去硫作用，故可有效消减因硫引起的热脆性，还可显著改善耐腐及耐磨性，增强钢材的强度及硬度。锰的这些作用的机理在于：锰原子溶于铁素体中使其强化，而且还将珠光体细化，从而提高了强度。

4. 硫（S）

为有害元素。它引发热脆性，使各种力学性能降低，在热加工过程中易断裂。建筑钢材要求含硫量低于 0.045%。

5. 磷（P）

为有害元素。它能引起冷脆性。造成塑性、韧性显著下降，可焊性、冷弯性也变差。其原因在于：磷在钢中的偏析与富集使铁素体晶格严重畸变所致。但磷可使钢的耐磨性及耐腐蚀性提高。

其他如氧也是钢中有害元素；氮对钢材性质的影响与碳、磷相似，在有铝、铌、钒等的配合下，氮可作为低合金钢的合金元素。合金元素还有钛、钒、铌等。

（三）冶炼过程

钢的冶炼过程对钢材的性能有直接的影响。钢在冶炼过程中，使化学成分得以严格控制，其中要特别指出的是要进行脱氧。通过加入脱氧剂（铝、锰、硅等）将氧化铁还原。按脱氧程度分为沸腾钢（脱氧不充分，铸锭时大量 CO 气体逸出）、镇静钢（脱氧充分），以及介于二者之间的半镇静钢。沸腾钢中 S、P、N 等有害夹杂偏析严重，氧化夹杂物较多，因而可焊性、冲击韧性等性能均较差。镇静钢与之相反，因而性能良好，半镇静钢则介于二者之间。

（四）加工处理

建筑钢材的加工处理亦对其性能产生影响，施工中，利用变形强化原理，通过冷拉、冷拔、冷轧等加工手段可提高钢材的屈服强度。其原理为增加晶格缺陷，因而加大了晶格间滑移阻力。冷加工可提高钢材的屈服点，使塑性、韧性下降，但抗拉强度维持不变。

时效处理是指经过冷加工的钢材，在常温下存放 15d 左右，或加热到 100～200℃ 并保持一定的时间。经这样处理可使屈服点进一步提高，抗拉强度也有增长，塑性、韧性继续下降，还可使冷加工产生的内应力消除。时效处理效果的内在原因是使钢中 C、N 原子向缺陷处移动与富集，使钢中缺陷增加，位错阻力增大。钢材的弹性模量在时效处理后基本维持不变。

四、建筑钢材的标准与选用

（一）建筑钢材的主要钢种

1. 碳素结构钢

包括热轧钢板、钢带、型钢和棒钢等制品。

按《碳素结构钢》GB/T 700—2006 的规定，碳素结构钢共有五个牌号，牌号由屈服点字母、屈服点数值、质量等级符号与脱氧方法符号组成。例如 Q235—A·F，表示屈服点为 235MPa 的 A 级沸腾钢。各牌号钢的化学成分、力学性质及工艺性质应符合表 23-32～表 23-34 的规定。

选用钢材时，应考虑荷载类型、焊接情况及环境温度等条件。通常下列几种情况限制使用沸腾钢：

(1) 直接承受动荷载的焊接结构；

(2) 非焊接结构而计算温度等于或低于－20℃时；

(3) 受静荷载及间接动荷载作用，而计算温度等于或低于－30℃时的焊接结构。

建筑工程中应用最多的碳素钢是 Q235 号钢。

2. 低合金高强度结构钢

在碳素结构钢的基础上加入总量小于 5% 的合金元素（如硅、锰、钒等）即得低合金高强度结构钢。

碳素结构钢的化学成分（GB/T 700—2006） 表 23-32

牌号	统一数字代号[①]	等级	厚度（或直径）(mm)	脱氧方法	化学成分（质量分数）(%)				
					C	Si	Mn	P	S
Q195	U11952	—	—	F、Z	≤0.12	≤0.30	≤0.50	≤0.035	≤0.040
Q215	U12152	A	—	F、Z	≤0.15	≤0.35	≤1.20	≤0.045	≤0.050
	U12155	B							≤0.045
Q235	U12352	A		F、Z	≤0.22	≤0.35	≤1.40	≤0.045	≤0.050
	U12355	B			≤0.20[②]			≤0.045	≤0.045
	U12358	C		Z	≤0.17			≤0.040	≤0.040
	U12359	D		TZ	≤0.17			≤0.035	≤0.035
Q275	U12752	A	—	F、Z	≤0.24	≤0.35	≤1.50	≤0.045	≤0.050
	U12755	B	≤40	Z	≤0.21			≤0.045	≤0.045
			>40		≤0.22				
	U12758	C		Z	≤0.20			≤0.040	≤0.040
	U12759	D		TZ				≤0.035	≤0.035

① 表中为镇静钢、特殊镇静钢牌号的统一数字，沸腾钢牌号的统一数字代号如下：

Q195F——U11950；

Q215AF——U12150，Q215BF——U12153；

Q235AF——U12350，Q235BF——U12353；

Q275AF——U12750。

② 经需方同意，Q235B 的碳含量可不大于 0.22%。

碳素结构钢的力学性能指标（GB/T 700—2006） 表 23-33

牌号	等级	屈服强度[①] R_{eH} (N/mm²)						抗拉强度[②] R_m (N/mm²)	断后伸长率 A (%)						冲击试验(V形缺口)	
		厚度（或直径）(mm)							厚度（或直径）(mm)						温度 (℃)	冲击吸收功（纵向）(J)
		≤16	>16~40	>40~60	>60~100	>100~150	>150~200		≤40	>40~60	>60~100	>100~150	>150~200			
Q195	—	≥195	≥185	—	—	—	—	315~430	≥33							
Q215	A	≥215	≥205	≥195	≥185	≥175	≥165	335~450	≥31	≥30	≥29	≥27	≥26		—	—
	B														+20	≥27

续表

牌号	等级	屈服强度① R_{eH}（N/mm²）						抗拉强度② R_m (N/mm²)	断后伸长率 A（%）						冲击试验(V形缺口)	
		厚度（或直径）(mm)							厚度（或直径）(mm)						温度(℃)	冲击吸收功（纵向）(J)
		≤16	>16~40	>40~60	>60~100	>100~150	>150~200		≤40	>40~60	>60~100	>100~150	>150~200			
Q235	A	≥235	≥225	≥215	≥215	≥195	≥185	370~500	≥26	≥25	≥24	≥22	≥21	—	—
	B													+20	≥27③
	C													0	
	D													-20	
Q275	A	≥275	≥265	≥255	≥245	≥225	≥215	410~540	≥22	≥21	≥20	≥18	≥17	—	—
	B													+20	≥27
	C													0	
	D													-20	

① Q195 的屈服强度值仅供参考，不作交货条件。
② 厚度大于 100mm 的钢材，抗拉强度下限允许降低 20N/mm²。宽带钢（包括剪切钢板）抗拉强度上限不作交货条件。
③ 厚度小于 25mm 的 Q235B 级钢材，如供方能保证冲击吸收功值合理，经需方同意，可不作检验。

碳素结构钢的冷弯试验指标（GB/T 700—2006） 表 23-34

牌号	试样方向	冷弯试验 180° B=2a①	
		钢材厚度（或直径）(mm)②	
		≤60	>60~100
		弯心直径 d	
Q195	纵	0	—
	横	0.5a	
Q215	纵	0.5a	1.5a
	横	a	2a
Q235	纵	a	2a
	横	1.5a	2.5a
Q275	纵	1.5a	2.5a
	横	2a	3a

① B 为试样宽度，a 为试样厚度（或直径）。
② 钢材厚度（或直径）大于 100mm 时，弯曲试验由双方协商确定。

根据《低合金高强度结构钢》GB/T 1591—2008 的规定，共分 8 个牌号，每个牌号各分有若干个质量等级。低合金钢强度较高，塑性、韧性及可焊性等均较好，且成本不高。

低合金钢的化学成分与力学性能规定见表 23-35～表 23-38。

低合金高强度结构钢的化学成分(引自 GB/T 1591—2008)

表 23-35

化学成分①②(质量分数)(%)

牌号	质量等级	C	Si	Mn	P	S	Nb	V	Ti	Cr	Ni	Cu	N	Mo	B	Als
Q345	A	≤0.20	≤0.50	≤1.70	≤0.035	≤0.035	≤0.07	≤0.15	≤0.20	≤0.30	≤0.50	≤0.30	≤0.012	≤0.10	—	—
	B	≤0.20	≤0.50	≤1.70	≤0.035	≤0.035	≤0.07	≤0.15	≤0.20	≤0.30	≤0.50	≤0.30	≤0.012	≤0.10	—	—
	C	≤0.20	≤0.50	≤1.70	≤0.030	≤0.030	≤0.07	≤0.15	≤0.20	≤0.30	≤0.50	≤0.30	≤0.012	≤0.10	—	≥0.015
	D	≤0.18	≤0.50	≤1.70	≤0.030	≤0.025	≤0.07	≤0.15	≤0.20	≤0.30	≤0.50	≤0.30	≤0.012	≤0.10	—	≥0.015
	E	≤0.18	≤0.50	≤1.70	≤0.025	≤0.020	≤0.07	≤0.15	≤0.20	≤0.30	≤0.50	≤0.30	≤0.012	≤0.10	—	≥0.015
Q390	A	≤0.20	≤0.50	≤1.70	≤0.035	≤0.035	≤0.07	≤0.20	≤0.20	≤0.30	≤0.50	≤0.30	≤0.015	≤0.10	—	—
	B	≤0.20	≤0.50	≤1.70	≤0.035	≤0.035	≤0.07	≤0.20	≤0.20	≤0.30	≤0.50	≤0.30	≤0.015	≤0.10	—	—
	C	≤0.20	≤0.50	≤1.70	≤0.030	≤0.030	≤0.07	≤0.20	≤0.20	≤0.30	≤0.50	≤0.30	≤0.015	≤0.10	—	≥0.015
	D	≤0.20	≤0.50	≤1.70	≤0.030	≤0.025	≤0.07	≤0.20	≤0.20	≤0.30	≤0.50	≤0.30	≤0.015	≤0.10	—	≥0.015
	E	≤0.20	≤0.50	≤1.70	≤0.025	≤0.020	≤0.07	≤0.20	≤0.20	≤0.30	≤0.50	≤0.30	≤0.015	≤0.10	—	≥0.015
Q420	A	≤0.20	≤0.60	≤1.70	≤0.035	≤0.035	≤0.07	≤0.20	≤0.20	≤0.30	≤0.80	≤0.30	≤0.015	≤0.20	—	—
	B	≤0.20	≤0.60	≤1.70	≤0.035	≤0.035	≤0.07	≤0.20	≤0.20	≤0.30	≤0.80	≤0.30	≤0.015	≤0.20	—	—
	C	≤0.20	≤0.60	≤1.70	≤0.030	≤0.030	≤0.07	≤0.20	≤0.20	≤0.30	≤0.80	≤0.30	≤0.015	≤0.20	—	≥0.015
	D	≤0.20	≤0.60	≤1.70	≤0.030	≤0.025	≤0.07	≤0.20	≤0.20	≤0.30	≤0.80	≤0.30	≤0.015	≤0.20	—	≥0.015
	E	≤0.20	≤0.60	≤1.70	≤0.025	≤0.020	≤0.07	≤0.20	≤0.20	≤0.30	≤0.80	≤0.30	≤0.015	≤0.20	—	≥0.015
Q460	C	≤0.20	≤0.60	≤1.80	≤0.030	≤0.030	≤0.11	≤0.20	≤0.20	≤0.30	≤0.80	≤0.55	≤0.015	≤0.20	≤0.004	≥0.015
	D	≤0.20	≤0.60	≤1.80	≤0.030	≤0.025	≤0.11	≤0.20	≤0.20	≤0.30	≤0.80	≤0.55	≤0.015	≤0.20	≤0.004	≥0.015
	E	≤0.20	≤0.60	≤1.80	≤0.025	≤0.020	≤0.11	≤0.20	≤0.20	≤0.30	≤0.80	≤0.55	≤0.015	≤0.20	≤0.004	≥0.015
Q500	C	≤0.18	≤0.60	≤1.80	≤0.030	≤0.030	≤0.11	≤0.12	≤0.20	≤0.60	≤0.80	≤0.55	≤0.015	≤0.20	≤0.004	≥0.015
	D	≤0.18	≤0.60	≤1.80	≤0.030	≤0.025	≤0.11	≤0.12	≤0.20	≤0.60	≤0.80	≤0.55	≤0.015	≤0.20	≤0.004	≥0.015
	E	≤0.18	≤0.60	≤1.80	≤0.025	≤0.020	≤0.11	≤0.12	≤0.20	≤0.60	≤0.80	≤0.55	≤0.015	≤0.20	≤0.004	≥0.015
Q550	C	≤0.18	≤0.60	≤2.00	≤0.030	≤0.030	≤0.11	≤0.12	≤0.20	≤0.80	≤0.80	≤0.80	≤0.015	≤0.30	≤0.004	≥0.015
	D	≤0.18	≤0.60	≤2.00	≤0.030	≤0.025	≤0.11	≤0.12	≤0.20	≤0.80	≤0.80	≤0.80	≤0.015	≤0.30	≤0.004	≥0.015
	E	≤0.18	≤0.60	≤2.00	≤0.025	≤0.020	≤0.11	≤0.12	≤0.20	≤0.80	≤0.80	≤0.80	≤0.015	≤0.30	≤0.004	≥0.015
Q620	C	≤0.18	≤0.60	≤2.00	≤0.030	≤0.030	≤0.11	≤0.12	≤0.20	≤1.00	≤0.80	≤0.80	≤0.015	≤0.30	≤0.004	≥0.015
	D	≤0.18	≤0.60	≤2.00	≤0.030	≤0.025	≤0.11	≤0.12	≤0.20	≤1.00	≤0.80	≤0.80	≤0.015	≤0.30	≤0.004	≥0.015
	E	≤0.18	≤0.60	≤2.00	≤0.025	≤0.020	≤0.11	≤0.12	≤0.20	≤1.00	≤0.80	≤0.80	≤0.015	≤0.30	≤0.004	≥0.015
Q690	C	≤0.18	≤0.60	≤2.00	≤0.030	≤0.030	≤0.11	≤0.12	≤0.20	≤1.00	≤0.80	≤0.80	≤0.015	≤0.30	≤0.004	≥0.015
	D	≤0.18	≤0.60	≤2.00	≤0.030	≤0.025	≤0.11	≤0.12	≤0.20	≤1.00	≤0.80	≤0.80	≤0.015	≤0.30	≤0.004	≥0.015
	E	≤0.18	≤0.60	≤2.00	≤0.025	≤0.020	≤0.11	≤0.12	≤0.20	≤1.00	≤0.80	≤0.80	≤0.015	≤0.30	≤0.004	≥0.015

① 型材及棒材 P，S 含量可提高 0.005%，其中 A 级钢上限可为 0.045%。
② 当细化晶粒元素组合加入时，20(Nb+V+Ti)≤0.22%，20(Mo+Cr)≤0.30%。

低合金高强度结构钢的拉伸性能（引自 GB/T 1591—2008）   表23-36

牌号	质量等级	拉伸试验①②③																					
		以下公称厚度（直径，边长）下屈服强度 R_{eL} (MPa)									以下公称厚度（直径，边长）抗拉强度 R_m (MPa)							断后伸长率 $A(\%)$ 公称厚度（直径，边长）					
		≤16mm	>16~40mm	>40~63mm	>63~80mm	>80~100mm	>100~150mm	>150~200mm	>200~250mm	>250~400mm	≤40mm	>40~63mm	>63~80mm	>80~100mm	>100~150mm	>150~250mm	>250~400mm	≤40mm	>40~63mm	>63~100mm	>100~150mm	>150~250mm	>250~400mm
Q345	A	≥345	≥335	≥325	≥315	≥305	≥285	≥275	≥265	—	470~630	470~630	470~630	470~630	450~600	450~600	—	≥20	≥19	≥19	≥18	≥17	—
	B																						
	C									≥265							450~600	≥21	≥20	≥20	≥19	≥18	≥17
	D																						
	E																						
Q390	A	≥390	≥370	≥350	≥330	≥330	≥310	—	—	—	490~650	490~650	490~650	490~650	470~620	—	—	≥20	≥19	≥19	≥19	≥18	—
	B																						
	C																						
	D																						
	E																						
Q420	A	≥420	≥400	≥380	≥360	≥360	≥340	—	—	—	520~680	520~680	520~680	520~680	500~650	—	—	≥19	≥18	≥18	≥18	≥18	—
	B																						
	C																						
	D																						
	E																						

续表

牌号	质量等级	拉伸试验①②③														
		以下公称厚度(直径、边长)下屈服强度 R_{eL} (MPa)								以下公称厚度(直径、边长)抗拉强度 R_m (MPa)						断后伸长率 A(%) 公称厚度(直径、边长)			
		≤16mm	>16 ~40mm	>40 ~63mm	>63 ~80mm	>80 ~100mm	>100 ~150mm	>150 ~200mm	>200 ~250mm	>250 ~400mm	≤40mm	>40 ~63mm	>63 ~80mm	>80 ~100mm	>100 ~150mm	>150 ~250mm	>250 ~400mm	≤40mm	>40 ~63mm	>63 ~100mm	>100 ~150mm	>150 ~250mm
Q460	C	≥460	≥440	≥420	≥400	≥380	—	—	—	—	550~720	550~720	550~720	550~720	530~700	—	—	≥17	≥16	≥16	—	—
	D																					
	E																					
Q500	C	≥500	≥480	≥470	≥440	—	—	—	—	—	610~770	600~760	590~750	540~730	—	—	—	≥17	≥17	≥17	—	—
	D																					
	E																					
Q550	C	≥550	≥530	≥520	≥490	—	—	—	—	—	670~830	620~810	600~790	590~780	—	—	—	≥16	≥16	≥16	—	—
	D																					
	E																					
Q620	C	≥620	≥600	≥590	—	—	—	—	—	—	710~880	690~880	670~860	—	—	—	—	≥15	≥15	—	—	—
	D																					
	E																					
Q690	C	≥690	≥670	≥660	—	—	—	—	—	—	770~940	750~920	730~900	—	—	—	—	≥14	≥14	≥14	—	—
	D																					
	E																					

① 当屈服不明显时，可测量 $R_{p0.2}$ 代替下屈服强度。
② 宽度不小于600mm的扁平材，拉伸试验取横向试样；宽度小于600mm的扁平材、型材及棒材取纵向试样，断后伸长率最小值相应提高1%（绝对值）。
③ 厚度大于250～400mm的只适用于扁平材。

低合金高强度结构钢的冲击吸收能量（夏比 V 形缺口试件）（引自 GB/T 1591—2008） 表 23-37

牌 号	质量等级	试验温度（℃）	冲击吸收能量 KV_2* （J）		
			公称厚度（直径，边长）		
			120～150mm	>150～250mm	>250～400mm
Q345	B	20	≥34	≥27	—
	C	0			
	D	−20			27
	E	−40			
Q390	B	20	≥34		
	C	0			
	D	−20			
	E	−40			
Q420	B	20	≥34		
	C	0			
	D	−20			
	E	−40			
Q460	C	0	≥34	—	—
	D	−20			
	E	−40			
Q500、Q550、Q620、Q690	C	0	≥55		
	D	−20	≥47		
	E	−40	≥31		

* 冲击试验取纵向试样。

低合金高强度结构钢的弯曲性能（引自 GB/T 1591—2008） 表 23-38

牌 号	试样方向	180°弯曲试验 [d=弯心直径，a=试样厚度（直径）]	
		钢材厚度（直径，边长）	
		≤16mm	>16～100mm
Q345 Q390 Q420 Q460	宽度不小于 600mm 的扁平材，拉伸试验取横向试样；宽度小于 600mm 的扁平材、型材及棒材取纵向试样	2a	3a

3．优质碳素结构钢

特点是生产过程中对硫、磷等有害杂质控制较严（S<0.035％，P<0.035％），其性能主要取决于含碳量。优质碳素钢的钢号用两位数字表示，它表示平均含碳量的万分数。根据其含锰量不同，可分为普通含锰量（含 Mn<0.8％，共 20 个钢号）和较高含锰量（含 Mn0.7％～1.2％，共 11 个钢号）。例如 45Mn 即表示含碳量为 0.42％～0.52％，含

锰量为0.70%～1.00%的优质碳素结构钢。

优质碳素结构钢可用于重要结构的钢铸件、碳素钢丝及钢绞线等。

(二) 常用建筑钢材

1. 钢筋

(1) 热轧钢筋

按力学性能热轧钢筋可分为四级，见表23-39。

Ⅰ级钢筋用Q235轧制而成，强度较低，塑性好，容易焊接，主要用作非预应力钢筋。Ⅱ、Ⅲ、Ⅳ级钢筋均用低合金轧制，Ⅱ、Ⅲ级可作预应力或非预应力钢筋，预应力钢筋应优先选用Ⅳ级钢筋。

热轧钢筋的力学性能和工艺性能(GB 1499.1—2008、GB 1499.2—2007) 表23-39

表面形状	钢筋级别	强度等级代号	公称直径 (mm)	屈服点 σ_s (MPa)	抗拉强度 σ_b (MPa)	伸长率 A (%)	冷 弯 d—弯心直径 a—钢筋直径
光 圆	Ⅰ	HPB300	6～22	≥300	≥370	≥25	180° $d=a$
月牙肋	Ⅱ	HRB335	6～25 28～50	≥335	≥490	≥17	180° $d=3a$ 180° $d=4a$
月牙肋	Ⅲ	HRB400	6～25 28～50	≥400	≥570	≥16	180° $d=4a$ 180° $d=5a$
等高肋	Ⅳ	HRB500	6～25 28～50	≥500	≥630	≥15	180° $d=6a$ 180° $d=7a$

(2) 冷拉热轧钢筋与冷拔低碳钢丝

将Ⅰ～Ⅳ级热轧钢筋，在常温下拉伸至超过屈服点（小于抗拉强度）的某一应力，然后卸荷即得冷拉钢筋，冷拉可使屈服点提高17%～27%，但伸长率降低。冷拉后不得有裂纹、起层等现象。冷拉钢筋分为四个等级，冷拉Ⅰ级钢筋适用于钢筋混凝土结构中的受拉钢筋，冷拉Ⅱ、Ⅲ、Ⅳ级钢筋可用作预应力混凝土结构中的预应力筋，但在负温及冲击或重复荷载下易脆断。

将直径为6.6～8mm的Q235（或Q215）热轧盘条，在常温下通过截面小于钢筋截面的拔丝模，经一次或多次拔制即得冷拔低碳钢丝。冷拔可提高屈服强度40%～60%。材质硬脆，属硬钢类钢丝。其级别可分为甲级及乙级，甲级为预应力钢丝，乙级为非预应力钢丝。凡伸长率不合格者，不得用于预应力混凝土构件中。

(3) 冷轧带肋钢筋

冷轧带肋钢筋是用热轧盘条经冷轧或冷拔减径后，在其表面冷轧成三面有肋的钢筋。其强度较热轧钢筋明显提高，塑性较好，与混凝土的握裹力较好。其级别有三个，LL550可用于非预应力混凝土的受力主筋，LL650及LL800可用于中、小型预应力混凝土的受力主筋。

(4) 热处理钢筋

热处理钢筋是钢厂将热轧中碳低合金钢筋经淬火和回火调质热处理而成。强度显著提高，韧性高，而塑性降低不大，综合性能较好。通常有直径为6mm、8.2mm、10mm三种规格。表面常轧有通长的纵筋与均布的横肋。使用时不能用电焊切割，也不能焊接。可用于预应力混凝土工程中。

（5）冷轧扭钢筋

采用直径为 6.5~10mm 的低碳热轧盘条钢筋（Q235 钢），经冷轧扁和冷扭转而成的具有一定螺距的钢筋。冷轧扭钢筋屈服强度高，与混凝土的握裹力大，因此无需预应力和弯钩即可用于普通混凝土工程，可节约钢材 30%。可用于预应力及承重荷载较大的建筑部位如梁、柱等。

（6）预应力混凝土用钢丝及钢绞线

为钢厂用优质碳素结构钢经冷加工、再回火、冷轧或绞捻等加工而成，又称优质碳素钢丝及钢绞线。若将预应力钢丝经辊压出规律性凹痕，即成刻痕钢丝。钢绞线以一根钢丝为芯，6 根钢丝围绕其周围绞合而成七股的钢绞线。

钢丝与钢绞线适用于大荷载、大跨度及曲线配筋的预应力混凝土结构。

2. 型钢

（1）热轧型钢

常用的有角钢、工字钢等，我国建筑用热轧型钢主要采用Q235-A钢。

（2）冷弯薄壁型钢

通常用 2~6mm 的薄钢板冷弯或模压而成，可用于轻型钢结构。

（3）钢板和压型钢板

用光面轧辊轧制而成的扁平钢材，以平板状态供货的称钢板；以卷状供货的称钢带。主要用碳素结构钢经热轧或冷轧而成。按厚度可分为中厚板和薄板。

薄钢板经冷压或冷轧成波形、双曲形、V 形等形状，称为压型钢板。可采用有机涂层薄钢板（即彩色钢板）、镀锌薄钢板等生产。压型钢板主要用于围护结构、楼板、屋面等。

（4）轻钢龙骨

由镀锌钢带或薄钢板轧制而成，具有强度高、自重轻、通用性强、耐火性好、安装简易等优点。可装配各种类型的石膏板、钙塑板、吸声板等，用作墙体和吊顶的龙骨支架。

五、建筑钢材的防锈与防火

（一）钢材的防锈

当钢材表面与环境介质发生各种形式的化学作用时，就有可能遭到腐蚀，例如，因受 O_2、SO_2、H_2S 等腐蚀性气体作用而被氧化，当环境潮湿或与含有电解质的溶液接触时，也可能因形成微电池效应而遭电化学腐蚀。

防止钢结构锈蚀的常用方法是表面涂刷防锈漆。常用底漆有红丹、环氧富锌漆、铁红环氧底漆等。面漆有灰铅油、醇酸磁漆、酚醛磁漆等。薄壁钢材也可进行表面镀锌或涂塑，但费用较高。

埋于混凝土中的钢筋具有一层碱性保护膜，故在碱性介质中不致锈蚀。但氯等卤素的离子可加速锈蚀反应，甚至破坏保护膜，造成锈蚀迅速发展。因此，混凝土配筋的防锈措施应考虑：限制水灰比和水泥用量；限制氯盐外加剂的使用；采取措施保证混凝土的密实性；还可以采用掺加防锈剂（如重铬酸盐等）的方法。

（二）钢材的防火

钢结构具有良好的机械性能，尤其是很高的强度，但容易忽视的是在高温时，情况会发生很大的变化。裸露的未作处理的钢结构，耐火极限仅 15min 左右，在温升 500℃ 的环境下，强度迅速降低，其至会垮塌。因此，对于钢结构，尤其是有可能经历高温环境的钢结构，需要作必要的防火处理。钢结构防火的主要方法是涂敷防火隔热涂层。

第八节 木 材

一、木材的分类与构造

从木材树叶的外观形状可将木材树分为针叶树和阔叶树两大类：

（一）针叶树

树干通直高大，纹理平顺，材质均匀，表观密度和胀缩变形小，耐腐蚀性较强，易加工，多数质地较软，故又称为软木树，为建筑工程中主要用材，多用作承重构件。常用的有红松（也叫东北松）、白松（也叫臭松或臭冷杉）、樟子松（海拉尔松）、鱼鳞松（也叫鱼鳞云杉）、马尾松（也叫本松或宁国松，纹理不匀，多松脂，干燥时有翘裂倾向，不耐腐，易受白蚁侵害。一般只可做小屋架及临时建筑等，不宜用于做门窗）及杉木（又叫沙木）等。

（二）阔叶树

质地一般较硬，故又称硬木树。一般强度较高，胀缩、翘曲变形较大，易开裂，较难加工，有些树种具有美丽的纹理，适于作室内装修、制作家具等。常用的有水曲柳、榆木、柞木（又叫麻栎或蒙古栎）、桦木、枪木（又叫槭木或枫树）、椴木（又叫紫椴或籽椴，质较软）、黄菠萝（又叫黄檗或黄柏）及柚木、樟木、榉木等，其中榆木、黄菠萝及柚木等多用作高级木装修等。

木材由树皮、木质部和髓心等部分组成，木质部是木材的主要使用部分。在靠近髓心的部分颜色较深，称为心材；外面颜色较浅的部分称为边材。边材含水量较大，易翘曲变形，抗腐蚀性较差。从横切面上可看到深浅相间的同心圆，称为年轮，其中深色较密实部分是夏秋季生长的，称为夏材；浅色较疏松部分是春季生长的，故称春材。夏材部分越多，木材强度越高，质量越好。

从显微镜下可以看到木材的组织。木材是由无数管状细胞紧密结合而成的，每个细胞都有细胞壁与细胞腔两部分，细胞壁由若干细纤维组成，其纵向联结较横向牢固，细纤维间具有极小的空隙，能吸附与渗透水分。

二、木材的主要性质

（一）含水率

木材中所含的水可分为自由水与吸附水两类。自由水为存在于细胞腔与细胞间隙中的水；吸附水为被吸附在细胞壁内的水。当木材中细胞壁内被吸附水充满，而细胞腔与细胞间隙中没有自由水时，该木材的含水率被称为纤维饱和点，它一般为 20%～35%。纤维饱和点是木材物理力学性质发生改变的转折点，它是木材含水率是否影响其强度和干缩湿胀的临界值。

木材具有较强的吸湿性。当木材的含水率与周围空气相对湿度达到平衡时，此含水率称为平衡含水率。我国各地的年平均平衡含水率一般在10%～18%之间。木材使用前，须干燥至使用环境长年平均平衡含水率，以免制品变形、干裂。

（二）湿胀干缩

木材的湿胀干缩变形是由于细胞壁内吸附水量的变化引起的。当木材由潮湿状态干燥至纤维饱和点时，其尺寸不变，而继续干燥到其细胞壁中的吸附水开始蒸发时，则木材开始发生体积收缩（干缩）。在逆过程中，即干燥木材吸湿时，随着吸附水的增加，木材将发生体积膨胀（湿胀），直到含水率到达纤维饱和点为止，此后，尽管木材含水量会继续增加，即自由水增加，但体积不再发生膨胀。木材的胀缩性随树种而有差异，一般体积密度大的、夏材含量多的，胀缩较大；另外各方向胀缩也不一样，顺纹方向最小，径向较大，弦向最大。胀缩会使木材构件接头松弛或凸起。

（三）强度

木材的组织结构决定了它的许多性质为各向异性，在强度方面尤为突出。同一木材，以顺纹抗拉强度为最大，抗弯、抗压、抗剪强度，依次递减，横纹抗拉、抗压强度比顺纹小得多，见表23-40。

木材理论上各强度大小关系　　　　　　　　　　　　　表23-40

抗　压		抗　拉		抗　弯	抗　剪	
顺纹	横纹	顺纹	横纹		顺纹	横纹切断
1	$\frac{1}{10}\sim\frac{1}{3}$	2～3	$\frac{1}{20}\sim\frac{1}{3}$	$1\frac{1}{2}\sim 2$	$\frac{1}{7}\sim\frac{1}{3}$	$\frac{1}{2}\sim 1$

影响木材强度的主要因素：

1. 含水率

当木材含水率在纤维饱和点以下时，其强度随含水率增加而降低，这是由于吸附水的增加使细胞壁逐渐软化所致。当木材含水率在纤维饱和点以上时，木材的强度等性能基本稳定，不随含水率的变化而变化。含水率对木材的顺纹抗压及抗弯强度影响较大，而对顺纹抗拉强度几乎无影响。

我国标准规定，以含水率为15%时的强度值作为标准，其他含水率时的强度可通过公式换算。

2. 负荷时间、温度及木材缺陷

木材长期负荷下的强度，一般仅为极限强度的50%～60%。木材如果使用环境温度长期超过50℃时，强度会因木材缓慢炭化而明显下降，故这种环境下不应采用木结构。

木材的缺陷有木节、斜纹、裂纹、腐朽及虫害等，一般讲，缺陷越多，木材强度越低。木节主要使顺纹抗拉强度显著降低，而对顺纹抗压强度影响较小。

三、木材的干燥、防腐与防火

（一）木材的干燥

其目的是防止木材腐蚀、虫蛀、翘曲与开裂，保持尺寸及形状的稳定性，便于作进一步的防腐与防火处理。干燥方法有自然干燥与人工干燥两种方法。为防止造成木门窗等细木制品在使用中开裂、变形，应将木材采用窑干法进行干燥，含水率不应大于12%；当受条件限制，除东北落叶松、云南松、马尾松、桦木等易变形的树种外，可采用气干木材，其制作时含水率不应大于当地的平衡含水率。

（二）木材的防腐

木材的腐朽是由真菌中的腐朽菌寄生引起的，腐朽菌在木材中生存与繁殖必须同时具备水分、空气与温度三个条件。当木材含水率在15%～50%，温度在25～30℃，又有足够空气时，腐朽菌最适宜繁殖。另外，木材还会受到白蚁、天牛等昆虫蛀蚀。防腐方法有：

（1）将木材置于通风干燥的环境中或表面涂油漆等；

（2）用化学防腐剂处理，如氟化钠、杂酚油等，可喷淋、浸泡或注入木材。

（三）木材的防火

常用方法是：

（1）在木材表面涂刷或覆盖难燃材料（如金属），常用的防火涂料有膨胀型丙烯酸乳胶防火涂料等；

（2）溶液浸注法，可用磷—氮系列及硼化物系列防火剂或磷酸铵和硫酸铵的混合物等浸注。

四、木材的应用

（一）木材的种类与规格

按加工程度和用途的不同，木材可分为原条、原木、锯材和枕木四种，见表23-41。建筑工程中多用锯材。按缺陷可将锯材分为特等锯材和普通锯材两个级别。普通锯材又可分为一等、二等、三等三个等级。原木的径级以原木的小头直径来衡量，并统一按2cm晋级。

木材的分类　　　　　表23-41

分类名称	说　　明	主　要　用　途
原条	系指除去皮、根、树梢的木料，但尚未按一定尺寸加工成规定直径和长度的材料	建筑工程的脚手架、建筑用材、家具等
原木	系指已经除去皮、根、树梢的木料，并已按一定尺寸加工成规定直径和长度的材料	1. 直接使用的原木：用于建筑工程（如屋架、檩、椽等）、桩木、电杆、坑木等 2. 加工原木：用于胶合板、造船、车辆、机械模型及一般加工用材等
锯材	系指已经加工锯解成材的木料。凡宽度为厚度三倍或三倍以上的，称为板材，不是三倍的称为枋材	建筑工程、桥梁、家具、造船、车辆、包装箱板等
枕木	系指按枕木断面和长度加工而成的成材	铁道工程

（二）人造板材

以木材或其他含有一定量纤维的植物为原料加工而成。

1. 胶合板

用数张（一般为3～13层，层数为奇数）由原木沿年轮方向旋切的薄片，使其纤维方向互相垂直叠放，经热压而成。胶合板克服了木材各向异性的缺点，木材缺陷可剔除。可分为普通胶合板与特种胶合板两类，普通胶合板按特性分为Ⅰ类（耐气候，耐沸水）、Ⅱ类（耐水）、Ⅲ类（耐潮）以及Ⅳ类（不耐潮）。

2. 纤维板

以树皮、刨花、树枝等为原料的研磨成木浆加工而成。纤维板材质均匀，各向强度一致，不易翘曲开裂与胀缩。

3. 刨花板

以木质刨花或木质纤维材料（如木片、锯屑、亚麻等）为原料压制而成。

4. 热固性树脂装饰层压板（标记 ZC）

以专用纸浸渍氨基树脂、酚醛树脂为原料，经热压而成。用于室内装饰。

5. 旋切微薄木

由桤木、桦木或树根瘤多的木段软化后旋切成厚 0.1mm 左右的薄片，胶合在坚韧的薄纸上制成，多为卷状材。可压贴在胶合板等表面，作墙、门等的面板。

第九节 建筑塑料

与传统的建筑材料相比，建筑塑料具有密度小、比强度高、耐油浸、耐腐蚀、耐磨、隔声、绝缘、绝热等优点。用不同原料制成的塑料，具有各种不同的特点。但塑料受温度、时间影响较大，具有较大的蠕变性，会老化，热膨胀系数大，耐热性差，易燃烧，刚度较差，因此在使用中应予以注意并采取相应的措施。

一、塑料的组成

（一）合成树脂

是用人工合成的高分子聚合物。合成树脂在塑料中起胶粘剂作用，是塑料的基本组成材料。合成树脂按合成方法的不同，可分为加聚树脂和缩聚树脂两类；按受热时所发生的变化不同，又可分为热塑性树脂与热固性树脂。热塑性树脂受热时软化，冷却时凝固，不起化学变化，其密度、强度及熔点都较低。热固性树脂坚硬、脆性大。热固性树脂在加工过程中的前阶段受热可以软化，但后阶段则发生固化反应，固化后再加热也不能使其软化。

（二）填充料（填料）

可降低塑料成本，提高塑料强度、耐热性及化学稳定性等。常使用云母、滑石粉、各类纤维材料、木粉、纸屑等。

（三）增塑剂

可提高树脂的可塑性与流动性，便于加工成型，也可提高塑料制品在使用条件下的弹性与韧性，并改善低温脆性。常用的增塑剂有樟脑等。

（四）其他

还有固化剂（硬化剂）、稳定剂（如抗氧剂、光稳定剂等）、着色剂及阻燃剂等。如环氧树脂常用乙二胺、己二胺等作固化剂。

二、常用建筑塑料

目前，已用于建筑工程的热塑性塑料有：聚氯乙烯、聚乙烯、聚丙烯、聚苯乙烯、聚醋酸乙烯（PVAC）、聚偏二氯乙烯（PVDC）、聚甲基丙烯酸甲酯（即有机玻璃，PMMA）、丙烯腈—丁二烯—苯乙烯共聚物（ABS）、聚碳酸酯（PC）等；已用于建筑工程的热固性塑料有：酚醛、脲醛（UF）、环氧、不饱和聚酯、聚酯（PBT）、聚氨酯、有机硅（SI）、聚酰胺（即尼龙，PA）、三聚氰胺甲醛树脂（密胺树脂，MF）等。

几种常用建筑塑料的特性与用途见表 23-42。

常用建筑塑料的特性与用途 表 23-42

名　称	特　性	用　途
聚乙烯 (PE)	柔韧性好，介电性能和耐化学腐蚀性能优良，成型工艺性好，但刚性差，燃烧时少烟，低压聚乙烯使用温度可达 100℃	主要用于防水材料、给排水管和绝缘材料等
聚丙烯 (PP)	耐腐蚀性能优良，力学性能和刚性超过聚乙烯，耐疲劳和耐应力开裂性好，可在 100℃ 以上使用，但收缩率较大，低温脆性大	管材、卫生洁具、模板等
聚氯乙烯 (PVC)	耐化学腐蚀性和电绝缘性优良，力学性能较好，具有难燃性，具有自熄性，但耐热性差，升高温度时易发生降解，使用温度低（<60℃）	有软质、硬质、轻质发泡制品，是应用最广泛的一种塑料，如塑料地板、吊顶板、装饰板、塑料门窗等
聚苯乙烯 (PS)	树脂透明，有一定的机械强度，电绝缘性能好，耐辐射，成型工艺性好，但脆性大，耐冲击性和耐热性差，抗溶剂性较差	主要以泡沫塑料形式作为隔热材料，也用来制造灯具平顶板等
ABS 塑料	具有韧、硬、刚相均衡的优良力学特性，电绝缘性与耐化学腐蚀性好，尺寸稳定性好，表面光泽性好，易涂装和着色，但耐热性不太好，耐候性较差	用于生产建筑五金和各种管材、模板、异型板等
酚醛树脂 (PF)	电绝缘性能和力学性能良好，耐水性、耐酸性和耐烧蚀性能优良。酚醛塑料坚固耐用、尺寸稳定、不易变形	生产各种层压板、玻璃钢制品、涂料和胶粘剂等
环氧树脂 (EP)	粘接性和力学性能优良，耐化学药品性（尤其是耐碱性）良好，电绝缘性能好，固化收缩率低，可在室温、接触压力下固化成型	主要用于生产玻璃钢、胶粘剂和涂料等产品
不饱和聚酯树脂 (UP)	可在低压下固化成型，用玻璃纤维增强后具有优良的力学性能，良好的耐化学腐蚀性和电绝缘性能，但固化收缩率较大	主要用于玻璃钢、涂料和聚酯装饰板、人造石材等
聚氨酯 (PUR)	强度高，耐化学腐蚀性优良，耐热、耐油、耐溶剂性好，粘接性和弹性优良	主要以泡沫塑料形式作为隔热材料及优质涂料、胶粘剂、防水涂料和弹性嵌缝材料等

三、塑料的燃烧性能

材料的燃烧性能可用多种方法测定，其中试验简单，复演性好，可用于许多材料燃烧性能测定的是氧指数法。即氮气和氧气的混合气体中，以维持某个燃烧时间或达到燃烧规定位置所需的最低氧气含量的体积百分数，为氧指数。氧指数越大越不易燃烧，阻燃性越好。

判断塑料的燃烧性能还可用直接燃烧法。即，塑料遇火燃烧，离火即灭，为难燃，如 PVC；如果遇火燃烧，离火后继续燃烧，为易燃，如 PE、PS、PP、PMMA 等。

四、胶粘剂（又称粘合剂、粘接剂或粘结剂等）

能直接将两种材料牢固地粘结在一起的物质通称胶粘剂。传统的有机胶粘剂如皮胶、骨胶、淀粉等，强度不高，耐热、耐水及耐老化等性能也差。目前建筑上广泛使用由合成高分子材料配制的胶粘剂。

（一）胶粘剂的组成与分类

1. 组成

（1）粘料。是胶粘剂的基本组分，决定胶粘剂的性能。常用的粘料有天然高分子化合物（如淀粉、动物的皮胶等）、合成高分子化合物（如环氧树脂等）以及无机化合物（如水玻璃等）三类，现在主要采用合成高分子化合物。

(2) 溶剂。其作用为溶解粘料，调节胶粘剂的黏度使之便于施工。常用的溶剂有二甲苯、丁醇及水等。

(3) 固化剂与催化剂。固化剂能使线形分子形成网状体形结构，从而使胶粘剂固化。加入催化剂是为了加速高分子化合物的硬化过程。

(4) 填料。可改善胶粘剂的性能（如提高强度，减少收缩等），并可降低胶粘剂成本。常用石棉粉、石英粉、氧化铝粉、金属粉等。

胶粘剂必须具备下列条件：足够的流动性，保证被粘物表面能充分浸润，不易老化，易调节粘结性与硬化速度，胀缩变形小，粘结强度高。

2. 分类

(1) 按强度特性分类：可分为以下三种：

结构胶：对强度、耐热、耐油和耐水等有较高要求。使用于金属的结构胶，其室温剪切强度要求在 10~30MPa，10^6 次循环剪切疲劳后强度为 4~8MPa。

非结构胶：不承重较大载荷，只起定位作用。

次结构胶：介于结构胶与非结构胶之间。

(2) 按固化形式分类：可分为溶剂挥发型、乳液型、反应型和热熔型四种。

(3) 按主要成分分类：可分为无机与有机两大类。

1) 无机类：某些硅酸盐及磷酸盐等。

2) 有机类：有天然类与合成树脂类两大类。

$$\begin{cases} 天然类 \begin{cases} 葡萄糖衍生物（如淀粉、糊精等）\\ 氨基酸衍生物（如骨胶、鱼胶等）\\ 天然树脂（如松香、虫胶等）\\ 沥青类 \end{cases} \\ 合成树脂类 \begin{cases} 树脂类 \begin{cases} 热固性（环氧树脂、酚醛树脂等）\\ 热塑性（聚醋酸乙烯、丙烯酸酯等）\end{cases}\\ 橡胶类（丁苯橡胶、氯丁橡胶、聚氨酯橡胶、硅橡胶、聚硫橡胶等）\end{cases} \end{cases}$$

(4) 按外观分类：可分为液态、膏状和固态三类。

(二) 建筑常用胶粘剂

建筑常用胶粘剂的粘料类型有热固性树脂、热塑性树脂、合成橡胶及混合型粘料。

建筑用胶粘剂必须具备下列条件：

(1) 有将被粘物表面充分浸润的流动性；

(2) 不易老化，性质不易变化；

(3) 硬化速度与黏性易调整；

(4) 胀缩小；

(5) 粘结强度高。

属结构胶粘剂的有：环氧树脂类、聚氨酯类、有机硅类、聚酰亚胺类等热固性胶粘剂，聚丙烯酸酯类、聚甲基丙烯酸酯类、甲醇类等热塑性胶粘剂，还有如酚醛—环氧型、酚醛—丁腈橡胶型等改性的多组分胶粘剂。

属非结构胶粘剂的有：动（植）物胶等天然胶粘剂，酚醛树脂类、脲醛树脂类、聚酯树脂类、呋喃树脂类、间苯二酚甲醛等热固性胶粘剂，聚酰胺类、聚醋酸乙烯酯类、聚乙烯醇缩醛类、过氯乙烯树脂类等热塑性胶粘剂，还有苯乙烯—丁二烯（SBR）等合成橡胶类胶粘剂以及酚醛—氯丁橡胶类等改性的多组分胶粘剂。

环氧树脂胶粘剂俗称万能胶，其固化剂常用各种脂肪族胺类（如乙二胺等），增塑剂常用邻苯二甲酸二丁酯等；在环氧树脂胶中加入其他高分子化合物如酚醛树脂等，可提高胶粘剂的耐热及粘结性能。

建筑上几种常用胶粘剂性能与应用见表23-43。

建筑上常用胶粘剂性能与应用　　　　表 23-43

种类		特　性	主　要　用　途
热塑性树脂胶粘剂	聚乙烯醇缩甲醛胶粘剂（商品名108胶）	108胶粘结强度高，抗老化，成本低，施工方便，但会释放甲醛等有害气体	粘贴塑胶壁纸、瓷砖、墙布等。加入水泥砂浆中改善砂浆性能，也可配成地面涂料
	聚醋酸乙烯乳胶（俗称白胶水）	粘附力好，水中溶解度高，常温固化快，稳定性好，成本低。耐水性、耐热性差	粘结各种非金属材料、玻璃、陶瓷、塑料、纤维织物、木材等
	聚乙烯醇胶粘剂	水溶性聚合物，耐热性、耐水性差	适合胶结木材、纸张、织物等。与热固性胶粘剂并用
热固性树脂胶粘剂	环氧树脂胶粘剂	万能胶，固化速度快，粘结强度高，耐热、耐水、耐冷热冲击性能好，使用方便，但能导电	粘结混凝土、砖石、玻璃、木材、皮革、橡胶、金属等，多种材料的自身粘结与相互粘结。适应于各种材料的快速胶接、固定和修补
	酚醛树脂胶粘剂	黏附性好，柔韧性好，耐疲劳	粘结各种金属、塑料和其他非金属材料
	聚氨酯胶粘剂	较强粘结力，胶膜柔软良好的耐低温性与耐冲击性。耐热性差，耐溶剂、耐油、耐水	适于胶接软质材料和热膨胀系数相差较大的两种材料
合成橡胶胶粘剂	丁腈橡胶胶粘剂	弹性及耐候性良好，耐疲劳、耐油、耐溶剂性好，耐热，有良好的混溶性。黏附性差，成膜缓慢	适用于耐油部件中橡胶与橡胶、橡胶与金属、织物等的胶接。尤其适用于粘结软质聚氯乙烯材料
	氯丁橡胶胶粘剂	黏附力、内聚强度高、耐燃、耐油、耐溶液性好。贮存稳定性差	用于结构粘结或不同材料的粘结。如橡胶、木材、陶瓷、金属石棉等不同材料的粘结
	聚硫橡胶胶粘剂	很好的弹性、黏附性。耐油耐候性好，对气体和蒸汽不渗透，防老化性好	作密封胶及用于路面、地坪、混凝土的修补、表面密封和防滑。用于海港、码头及水下建筑物的密封
	硅橡胶胶粘剂	良好的耐紫外线耐老化性，耐热耐腐蚀性、黏附性好，防水防震	用于金属陶瓷、混凝土、部分塑料的粘结。尤其适用于门窗玻璃的安装以及隧道、地铁等地下建筑中瓷砖、岩石接缝间的密封

第十节　防　水　材　料

防水材料是建筑工程上不可缺少的主要建筑材料之一。包括沥青基（及改性沥青基）防水材料、树脂基防水材料以及橡胶基防水材料。

一、沥青基防水材料

沥青属有机胶凝材料，是由很多高分子化合物组成的复杂的混合物，常温下呈固态、半固态或黏稠液态。

按产源，沥青分为地沥青，俗称松香柏油（包括天然沥青和石油沥青）与焦油沥青，俗称煤沥青、柏油、臭柏油（包括煤沥青和页岩沥青等）两大类。建筑工程中主要使用石油沥青，煤沥青也有少量应用。

（一）石油沥青

1. 石油沥青的组成

石油沥青为石油经提炼和加工后所得的副产品。由很多高分子碳氢化合物及其非金属（氧、氮、硫等）衍生物混合而成，成分复杂且差异较大，因此一般不作化学分析。通常，从使用的角度出发，按其中的化学成分及物理力学成分相近者划分为若干组，这些组称为"组丛"。石油沥青的组丛及其主要特性如下：

（1）油分。淡黄色液体，占总量的40%～60%，赋予沥青以流动性。

（2）树脂（脂胶）。黄色到黑褐色的半固体，占总量15%～30%，赋予沥青以黏性与塑性。

（3）地沥青质。黑色固体，占总量的10%～30%，是决定石油沥青热稳定性与黏性的重要组丛。

此外，还含有少量的沥青碳、似碳物及蜡。沥青碳与似碳物均为黑色粉末，会降低沥青的粘结力；蜡会降低沥青的黏性与塑性，增大沥青对温度的敏感性。

石油沥青属胶体结构，以地沥青固体颗粒为核心，在其周围吸附树脂与油分的互溶物，形成胶团，无数的胶团分散在油分中，从而形成了胶体结构。由于各组丛间相对比例的不同，胶体结构可划分为溶胶型、凝胶型和溶凝胶型三种类型。在建筑工程中使用较多的氧化沥青多属凝胶型胶体结构。

2. 石油沥青的主要技术性质

（1）黏性（黏滞性）。石油沥青的黏性是反映沥青内部阻碍其相对流动的一种特性，工程上常用相对黏度（条件黏度）表示。黏稠沥青的相对黏度常用针入度表示，针入度是指在规定温度（25℃）下，以规定重量（100g）的标准针，在规定时间（5s）内贯入试样中的深度（按1/10mm计），它反映石油沥青抵抗剪切变形的能力，如图23-14所示。针入度小，表明沥青黏度大。液体石油沥青的相对黏度可用标准黏度表示，它是指在规定温度 t（25℃等）、规定直径 d（3、5或10mm）的孔口流出50ml沥青所需的时间（秒数）。

（2）塑性。是指沥青在外力作用下变形能力的大小，也反映了沥青开裂后的自愈能力。

沥青的塑性以延度表示。将"8"字形的标准试件放入延度仪25℃的水中，以5cm/min的速度拉伸至拉断，拉断时的长度（cm）称为延度，如图23-15所示。延度是石油沥青的重要技术指标之一，延度越大，塑性越好。

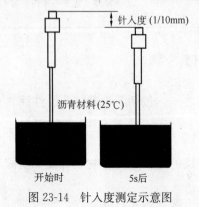

图23-14 针入度测定示意图

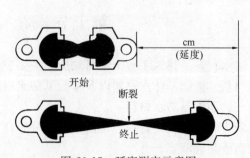

图23-15 延度测定示意图

(3) 温度稳定性。是指沥青的黏性和塑性随温度升降而变化的性能。温度稳定性用软化点表示，一般用环球法测定。将沥青试样置于规定的铜环内，上置一个规定质量钢球，在水或甘油中逐渐升温，试件受热软化下垂，测得与底板接触时的温度（℃）即软化点，如图23-16所示。软化点高表示沥青的耐热性或温度稳定性好（即温度敏感性小）。

(4) 大气稳定性。在大气因素下，沥青抵抗老化的性能称为大气稳定性（耐久性），一般用蒸发试验（160℃，5h）测定。其指标为蒸发损失率和蒸发后针入度比（蒸发后针入度与原先针入度之比）。前者小而后者大则表示沥青的大气稳定性好，即老化慢。

主要依据上述指标，已制定了石油沥青的部颁标准及国家标准见表23-44。黏稠石油沥青分为道路石油沥青、建筑石油沥青和普通石油沥青三个品种，每种又分为若干牌号。牌号主要依据针入度来划分，但延度与软化点等也需符合规定。同一品种中，牌号越小则针入度越小（黏性增大），延度越小（塑性越差），软化点增高（温度稳定性越好）。应根据工程性质、气候条件及工作环境来选择沥青的品种与牌号，如一般屋面用沥青材料

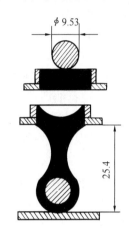

图 23-16 软化点测定示意图

的软化点应比本地区屋面最高温度高20℃以上。在满足使用要求的前提下，应尽量选用牌号较大者为好。

石油沥青技术标准　　　　　　　　　　　　表23-44

品种 牌号 项目	道路石油沥青 (NB/SH/T 0522—2010)					建筑石油沥青 (GB/T 494—1998)		
	200	180	140	100	60	40	30	10
(1) 针入度(25℃,100g),$\frac{1}{10}$mm	200～300	150～200	110～150	80～110	50～80	36～50	26～35	10～25
(2) 延度(25℃)(cm)	≥120	≥100	≥100	≥90	≥70	≥3.5	≥2.5	≥1.5
(3) 软化点(℃)	30～45	35～45	38～48	42～52	45～55	≥60	≥75	≥95
(4) 溶解度(三氯甲烷、四氯化碳或苯)(%)	≥99.0					≥99.5		
(5) 蒸发减量(160℃,5h)(%)	≤1	≤1	≤1	—	—	≤1		
(6) 蒸发后,针入度比(%)	≥50	≥60	≥60	—	—	≥65		
(7) 闪点(开口)(℃)	≥180	≥200	≥230	≥230	≥230	≥230		

建筑石油沥青多用于屋面与地下防水工程，还可用作建筑防腐蚀材料。道路石油沥青多用于路桥工程、车间地坪及地下防水工程等。

还有一种防水防潮石油沥青，牌号分为3号、4号、5号、6号，按针入度指数划分。其针入度与30号建筑沥青相近，但软化点高，质量好，它特别适宜作为油毡的涂敷材料，

也可作为屋面及地下防水的粘结材料。

（二）煤沥青

煤沥青是煤焦厂或煤气厂的副产品，烟煤干馏时得到煤焦油，煤焦油有高温和低温两种，多用高温煤焦油，煤焦油分馏加工提取各种油类（其中重油为常用的木材防腐油）后所剩残渣即为煤沥青。根据蒸馏程度的不同，划分为低温、中温、高温煤沥青三类。建筑工程中多使用低温煤沥青。

与石油沥青相比，煤沥青塑性较差，受力时易开裂，温度稳定性及大气稳定性均较差。但与矿料的表面粘附性较好，防腐性较好。这些优缺点由其组丛特性决定。

（三）改性石油沥青

石油加工厂生产的沥青通常只控制耐热性指标（软化点），其他的性能，如塑性、大气稳定性、低温抗裂性等则很难全面达到要求，从而影响了使用效果。为解决这个问题而采用的方法之一是：在石油沥青中加入某些矿物填充料等改性材料，得到改性石油沥青，或进而生产各种防水制品。

常用的改性材料有橡胶、树脂及矿物填充料等。

在石油沥青中加入矿物填充料（粉状，如滑石粉等；纤维状，如石棉绒），可提高沥青的黏性与耐热性，减少沥青对温度的敏感性。

橡胶是沥青的重要改性材料。橡胶能在$-50\sim+150℃$温度范围内保持显著的高弹性能，此外，还具有良好的扯断强力、定伸强力、撕裂强力、耐疲劳强力、不透水性、不透气性、耐酸碱性及电绝缘性等。按来源，橡胶可分为天然橡胶与合成橡胶（以石油、天然气和煤作为主要原料）两大类。常用氯丁橡胶、丁基橡胶，再生橡胶与耐热性丁苯橡胶（SBS）等作为石油沥青的改性材料。它们与沥青间有较好的混溶性，并可使改性沥青具有橡胶的许多优点，如高温变形性小，低温柔性好等。

树脂作为改性材料可使得到的改性沥青提高耐寒性、耐热性、黏性及不透气性。但由于树脂与石油沥青的相溶性较差，故可用的树脂品种较少，常用的有：古马隆树脂，聚乙烯、聚丙烯树脂，酚醛树脂及天然松香等。

由于树脂与橡胶之间有较好的相溶性，故也可同时加入树脂与橡胶来改善石油沥青的性质，使沥青兼具树脂与橡胶的优点与特性。

（四）沥青的应用

1. 冷底子油

冷底子油是一种沥青涂料，将建筑石油沥青（30%～40%）与汽油或其他有机溶剂（60%～70%）相溶合而成。冷底子油实际上是常温下的沥青溶液。其黏度小，渗透性好。在常温下将冷底子油刷涂或喷到混凝土、砂浆或木材等材料表面后，即逐渐渗入毛细孔中，待溶剂挥发后，便形成一层牢固的沥青膜，使在其上做的防水层与基层得以牢固粘贴。对基面，要求洁净、干燥，水泥砂浆找平层的含水率≤10%。

2. 沥青胶（玛琋脂）

沥青胶为沥青与矿质填充料的均匀混合物。填充料可为粉状的，如滑石粉、石灰石粉；也可为纤维状的，如石棉屑、木纤维等。

沥青胶分热用与冷用两种。在热用沥青胶中，粉状填充料掺量一般为沥青重量的10%～25%，纤维状填充料一般为5%～10%；而冷用沥青胶的配比一般是：沥青

40%～50%，绿油 25%～30%，矿粉 10%～30%，有时还加入 5%以下的石棉。

沥青胶可用来粘贴防水卷材，用作接缝材料等。厚度 1～1.5mm，不超过 2mm。

沥青胶的标号主要按耐热度划分，对柔韧性和粘结力也作了规定。应根据工程性质、屋面坡度和当地历年最高气温来选择标号。

沥青胶的技术性质及选用见表 23-45、表 23-46。

沥青胶的技术性质　　　　　　　　　　表 23-45

指标＼名称＼标号	石油沥青胶						焦油沥青胶		
	S—60	S—65	S—70	S—75	S—80	S—85	J—55	J—60	J—65
耐热度	用 2mm 厚的沥青胶粘合两张油纸，不低于下列温度（℃）时在 45°角的坡板上停放 5h，沥青胶不应流出，油纸不滑动								
	60	65	70	75	80	85	55	60	65
柔韧性	涂在沥青油毡上的 2mm 的沥青胶层，在 18℃±2℃时，围绕下列直径（mm）的圆棒以 5s 均衡的速度弯曲成半周，沥青胶结材料不应有裂纹								
	10	15	15	20	25	30	25	30	35
粘结力	将两张用沥青胶粘贴在一起的沥青油纸揭开时，若被撕开的面积超过粘贴面积的 1/2 时，则认为粘结力不合格，否则为合格								

沥青胶标号选用表　　　　　　　　　　表 23-46

沥青胶类别	屋面坡度	历年室外极端最高温度	沥青胶标号
石油沥青胶	1%～3%	低于 38℃	S—60
		38～41℃	S—65
		41℃以上～45℃	S—70
	3%以上～15%	低于 38℃	S—65
		38～41℃	S—70
		41℃以上～45℃	S—75
	15%以上～25%	低于 38℃	S—75
		38～41℃	S—80
		41℃以上～45℃	S—85
焦油沥青胶	1%～3%	低于 38℃	J—55
		38～41℃	J—60
		41℃以上～45℃	J—65
	3%以上～10%	低于 38℃	J—60
		38～41℃	J—65

3. 乳化沥青

乳化沥青是一种冷施工的防水涂料，是沥青微粒（粒径 1μm 左右）分散在有乳化剂的水中而成的乳胶体。乳化剂可分为阴离子乳化剂（如肥皂、洗衣粉等）、阳离子乳化剂（如双甲基十八烷溴胺等）、非离子乳化剂（如石灰膏、膨润土等）以及胶体乳化剂（建筑工程不宜用）四大类。常用的乳化沥青有：

(1) 皂液乳化沥青。其组成材料为沥青、皂类复合乳化剂及水。可与玻璃纤维布等配合使用。

(2) 石灰乳化沥青。其组成材料为沥青、石灰膏乳化剂与水，属厚质防水涂料。

其他还有膨润土乳化沥青、石棉乳化沥青等。

4. 建筑防水沥青嵌缝油膏

这是一种冷用膏状材料，它以石油沥青为基料，加入改性材料（如废橡胶粉或硫化鱼油）、稀释剂（如松节油等）及填充剂（石棉绒、滑石粉等）等混合而成。主要在屋面、墙面、沟槽等处作防水层的嵌缝材料。

嵌缝油膏的标号主要按照耐热度与低温柔性来划分，其标号与技术性能见表23-47。

油膏的技术性能要求 表23-47

指标名称		标 号					
		701	702	703	801	802	803
耐热度	温 度（℃）	70			80		
	下垂值（mm）	≤4					
保油性	粘结性（mm）	≥15					
	渗油幅度（mm）	≤5					
	渗油张数（张）	≤4					
	挥发率（%）	≤2.8					
	施工度（mm）	≥22					
低温柔性	温 度（℃）	−10	−20	−30	−10	−20	−30
	粘结状况	合 格					
	浸水后粘结性（mm）	≥15					

施工时，应注意基层表面的清洁与干燥，用冷底子油打底并干燥后，再用油膏嵌缝。油膏表面可加覆盖层（如油毡塑料等）。

5. 沥青防水卷材

沥青防水卷材必须具备良好的耐水性、温度稳定性、强度、延展性、抗断裂性、柔韧性及大气稳定性等性质。

（1）常用油毡。常用油毡指用低软化点沥青浸渍原纸，然后以高软化点沥青涂盖两面，再涂刷或撒布隔离材料（粉状或片状）而制成的纸胎防水卷材。分为石油沥青油毡与煤沥青油毡两类。

石油沥青油毡分为200、350、500三种标号，它们是按所用原纸每平方米的质量克数（g/m^2）来划分的，各标号油毡的性能应符合表23-48规定。

各种油毡的物理性能（GB 326—2007） 表23-48

指标名称		标 号								
		200 号			350 号			500 号		
	等级	合格	一等	优等	合格	一等	优等	合格	一等	优等
单位面积浸涂材料总量（g/m^2）		≥600	≥700	≥800	≥1000	≥1050	≥1110	≥1400	≥1450	≥1500
不透水性	压力（MPa）	≥0.05			≥0.10			≥0.15		
	保持时间（min）	≥15	≥20	≥30	≥30	≥45		≥30		
吸水率（真空法）（%）	粉毡	≤1.0			≤1.0			≤1.5		
	片毡	≤3.0			≤3.0			≤3.0		
耐热度（℃）		85±2	90±2		85±2	90±2		85±2	90±2	
		受热2h涂盖层应无滑动和集中性气泡								
(25±2)℃时纵向拉力（N）		≥240	≥270		≥340	≥370		≥440	≥470	
柔 度		(18±2)℃			(18±2)℃	(16±2)℃	(14±2)℃	(18±2)℃	(14±2)℃	
		绕φ20mm圆棒或弯板无裂纹						绕φ25mm圆棒或弯板无裂纹		

每卷油毡总面积为 (20±0.3) m²,幅宽有 915mm 与 1000mm 两种。每卷油毡中允许有一处接头,其中较短的一段长度不应少于 2500mm,接头处应剪切整齐,并加长 150mm 备作搭接。优等品中有接头的油毡数不得超过批量的 3%。

每卷油毡的重量应符合表 23-49 的规定。

石油沥青油毡每卷重量 表 23-49

标 号	200 号		350 号		500 号	
品 种	粉 毡	片 毡	粉 毡	片 毡	粉 毡	片 毡
重 量 (kg)	≥17.5	≥20.5	≥28.5	≥31.5	≥39.5	≥42.5

需注意的是:在施工时,石油沥青油毡要用石油沥青胶粘结,煤沥青油毡则用煤沥青胶粘结。

纸胎的抗拉能力低,易腐烂,耐久性差,可用玻璃纤维毡、黄麻织物、铝箔等作为胎体制作油毡。

储运时,油毡应在 45~50℃ 以下立放,堆高不超过两层,自生产之日起产品保存期为一年。

(2) 沥青再生胶油毡。这是一种无胎防水卷材,由再生橡胶、10 号石油沥青及碳酸钙填充料,经混炼、压延而成。沥青再生胶油毡具有较好的弹性,不透水性与低温柔韧性,以及较高的延伸性、抗拉强度与热稳定性。这些优点使之适用于水工、桥梁、地下建筑物管道等重要防水工程,以及建筑物变形缝的防水处理。

(3) SBS 改性沥青。SBS 改性沥青防水卷材属弹性体沥青防水卷材,以聚酯纤维无纺布等为胎体,以 SBS 橡胶改性沥青为面层,表面带有砂粒或覆盖 PE 膜。具有较高的耐热性、低温柔性、弹性及耐疲劳性等,施工时可以冷粘贴(氯丁粘合剂),也可以热熔粘贴。适合于寒冷地区和结构变形频繁的建筑。

(4) APP 改性沥青防水卷材。这一类卷材属塑性体沥青防水卷材,以无规聚丙烯(APP)等为沥青的改性材料,卷材具有良好的强度、延伸性、耐热性、耐紫外线照射及耐老化性能,单层铺设,适合于紫外线辐射强烈及炎热地区屋面使用。

以上两种改性沥青防水卷材均以 10m² 卷材的标称重量 (kg) 作为卷材的标号。玻纤毡胎基的卷材分为 25 号、35 号和 45 号三种标号;聚酯毡胎基的卷材分为 25 号、35 号、45 号和 55 号四种标号。厚度有 2mm、3mm、4mm、5mm 等规格。

二、合成高分子防水材料

合成高分子防水材料主要有以合成橡胶、合成树脂或它们两者的共混体为基料的防水材料。

(一) 防水卷材

目前国内这一类卷材每卷长大多为 20m。

1. 三元乙丙橡胶防水卷材

这是一种以三元乙丙橡胶为主体制成的无胎卷材,是目前耐老化性最好的一种防水卷材,在 -60~120℃ 的温度范围下使用,寿命可长达 20 年以上。它具有良好的耐候性、耐臭氧性、耐酸碱腐蚀性、耐热性与耐寒性。它的抗拉强度高达 7.5MPa 以上,延伸率超过 450%,其施工方法主要是用合成橡胶类胶粘剂,如 CX—404BN2 等,进行粘结,易于操作。因此,这种防水卷材堪称当前最先进、最具发展前途的一个新品种。这种新型防水卷材的缺点是遇到机油时将产生溶胀，以及一次支付造价较高（但相对其性能及寿命，总体效益仍然合算）。施工时，基层处理剂可用聚氨酯底胶，基层胶粘剂可用CX—404胶，用银色着色剂作保护涂层。

2. 聚氯乙烯防水卷材

这是一种树脂基的无胎防水卷材，分为两大类：S型（以煤焦油与PVC，即聚氯乙烯树脂，为基料）和P型（以增塑聚氯乙烯树脂为基料），它的抗拉强度在14～17.5MPa，伸长率可高达300％，且具有良好的尺寸稳定性与耐腐蚀性；其低温柔性与耐老化性也较好，故在建筑防水工程中广泛使用。

3. 氯丁橡胶卷材

这种防水卷材是以氯丁橡胶为主要原料制成的。其性能与三元乙丙橡胶卷材相比，多数指标虽稍逊但相仿，而耐低温性能要差一些。这种防水卷材已广泛用于地下室混凝土结构、屋面、桥面及蓄水池的防水层。

4. 氯化聚乙烯—橡胶共混型防水卷材

这类防水卷材不但具有氯化聚乙烯特有的高强度和优异的耐臭氧、耐老化性能，而且具有橡胶所特有的高弹性、高延伸性以及良好的低温柔性。

（二）密封材料

密封材料应首先考虑其粘结性与使用部位。

1. 聚氨酯密封膏

聚氨酯密封膏是性能最好的密封材料之一。一般用双组分配制，甲乙两组分按比例混合，经固化反应成弹性体。具有高的弹性、粘结力与防水性，良好的耐油性、耐候性、耐久性及耐磨性。与混凝土的粘结性良好，且不需打底，故可用于屋面、墙面的水平与垂直接缝，公路及机场跑道的外缝、接缝，还可用于玻璃与金属材料的嵌缝以及游泳池工程等。

2. 硅酮密封膏

硅酮密封膏具有优异的耐热、耐寒性和良好的耐候性，分为F类和G类两类。F类为建筑接缝用，G类为镶嵌玻璃用。目前大多用单组分（聚硅氧烷）配制，施工后与空气中的水分进行交联反应，形成橡胶弹性体。

3. 聚氯乙烯嵌缝接缝膏和塑料油膏（即聚氯乙烯胶泥和塑料油膏）

聚氯乙烯嵌缝接缝膏以煤焦油和聚氯乙烯（PVC）树脂粉为基料，配以增塑剂、稳定剂及填充料在140℃下塑化而成的热施工防水材料。目前另有一种PVC—SR型胶泥，为冷施工型防水材料。

塑料油膏则以废旧聚氯乙烯（PVC）塑料代替PVC树脂粉，其余不变，来生产聚氯乙烯嵌缝接缝膏，因此成本较低，有较大发展前途。宜热施工，并可冷用。

这两种密封膏均具有良好的粘结性、防水性、弹塑性，还有良好的耐热、耐寒、耐腐蚀和耐老化性。因而适于屋面嵌缝，也可用于输供水系统及大型墙板嵌缝，效果良好。

4. 丙烯酸类密封膏

通常为水乳型。这类密封膏在一般基底上不产生污渍，有良好的抗紫外线性能及延伸性能，但耐水性不算很好。

（三）防水涂料

防水涂料按液态类型也可分为溶剂型、水乳型及反应型三类。大多采用冷施工。

1. 聚氨酯防水涂料

属双组分反应型涂料。固化的体积收缩小，可形成较厚的防水涂膜，具有弹性高，延伸率大，耐高低温性好，耐油、耐化学药品等优点。为高档防水涂料，价格较高。施工时双组分需准确称量拌合，使用较麻烦，且有一定的毒性和可燃性。

2. 硅橡胶防水涂料

硅橡胶防水涂料具有良好的防水性、渗透性、成膜性、弹性、粘结性、耐水性和耐湿热低温性。适应基层复形的能力强，可渗入基底，与基底牢固粘结。成膜速度快，可在潮湿基层上施工，无毒、无味、不燃，可配成各种颜色。适用于地下工程、屋面等防水、防渗及渗漏修补工程，也是冷藏库优良的隔汽材料，但价格较高。这种涂料有1号和2号两种，1号用于表层和底层，2号用于中间作为加强层。

其他防水材料还有防水剂、粉末状防水材料、防水注浆堵漏材料等。

第十一节 绝热材料与吸声材料

一、绝热材料

（一）材料绝热性能的衡量指标

导热系数 λ 是评定材料导热性能的重要指标，绝大多数建筑材料的导热系数介于 $0.023 \sim 3.49 W/(m·K)$ 之间，λ 值越小，说明材料越不易导热。通常把导热系数小于 $0.23 W/(m·K)$ 的材料称为绝热材料。

在建筑热工中常把材料厚度与导热系数的比（a/λ）称为材料层的热阻，它也是材料绝热性能好坏的评定指标。

（二）绝热材料的选用

选用时，应考虑其主要性能达到以下指标：

导热系数不宜大于 $0.23 W/(m·K)$，表观密度不宜大于 $600 kg/m^3$，块状材料的抗压强度不低于 $0.3 MPa$，同时还应考虑材料的耐久性等。

大多数绝热材料都具有一定的吸湿、吸水能力，实际使用时，表面应做防水层或隔气层，强度低的绝热材料常与承重材料复合使用。

（三）常用绝热材料

绝热材料按其化学成分可分为无机与有机绝热材料两类；有机绝热材料绝热性能好，但耐火性、耐热性较差，易腐朽。按外形可分为纤维材料、粒状材料及多孔材料三类。常用绝热材料性质及应用见表23-50。

常用绝热材料性质及应用　　　　　表23-50

化学	形状	名称	原料与生产	特性 最高使用温度 T_m	导热系数 [W/(m·K)]	体(堆)积密度(kg/m³)	强度(MPa)	应用
无机材料	纤维材料	矿棉\岩棉\矿渣棉	玄武岩、高炉矿渣熔融体以压缩空气或蒸汽喷成	不燃，吸声，耐火，价格低，$T_m=600℃$，吸水性大，弹性小	<0.052	80~110		填充用料

79

续表

化学	形状	名称	原料与生产	特性 最高使用温度 T_m	导热系数 [W/(m·K)]	体(堆)积密度(kg/m³)	强 度 (MPa)	应 用
无机材料	纤维材料	矿棉毡	将熔化沥青喷在纤维表面，经加压而成	$T_m=250℃$	0.048~0.052	135~160		墙、屋顶保温冷库隔热
		矿棉板	以酚醛树脂粘结而成		>0.046	<150	$R_{折}=0.2$	冷库、建筑隔热
		玻璃棉	玻璃熔融物制成的纤维同矿棉一样也可制成制品	含碱 $T_m=300℃$ 无碱 $T_m=600℃$	>0.035	80~200		围护结构
	粒状材料	膨胀蛭石	天然蛭石在850~1000℃煅烧而成	$T_m=1000℃$，不蛀，不腐，吸水大，耐久性差	0.046~0.070	80~200		填充墙壁、楼板
		蛭石制品	以水泥、水玻璃、沥青胶结而成	$T_m=600~900℃$	0.079~0.1	300~400	$R_{压}=0.2~1$	砖、板、管、围护结构
		膨胀珍珠岩	天然珍珠岩煅烧而成	$T_m=800℃$（最低使用温度为-200℃）	0.025~0.048	140~300		绝热填充料
		珍珠岩制品	以水泥、水玻璃、沥青胶结而成		0.058~0.87	300~400	$R_{压}=0.5~0.1$	同蛭石制品
	多孔材料	泡沫混凝土	原料、生产参见第四节	$T_m=600℃$	0.082~0.186	300~500	$R_{压}<0.40$	围护结构
		加气混凝土			0.093~0.164	400~900		
		微孔硅酸钙	硅藻土、石灰等拌合、成型、压蒸、烘干而成	$T_m=650℃$	0.047	250	$R_{压}=0.5$	管道、围护结构
		泡沫玻璃	碎玻璃、发泡剂等在800℃烧成	不透水、气、防火、抗冻、易加工，$T_m=400℃$	0.06~0.13	150~600	$R_{压}=0.8~1.5$	冷库隔热
有机材料	泡沫塑料	聚苯乙烯	以各种合成树脂，加入一定量的发泡剂、催化剂、稳定剂等辅助材料，经加热发泡而成	吸水小、耐低温、耐酸、碱、油等，$T_m=80℃$	0.031~0.047	21~51	$R_{压}=0.14~0.36$	屋面、墙面保温，冷库、隔热、复合板、夹层等
		硬质聚氯乙烯		不吸水，耐酸、碱、油等，$T_m=80℃$	≤0.043	≤45	$R_{压}≥0.18$	
		硬质聚氨酯		透气、吸尘，$T_m=120℃$	0.037~0.055	30~40	$R_{压}≥0.2$	
		脲醛		最轻，吸水强	0.028~0.041	≤15	$R_{压}=0.015~0.025$	
	多孔板	软木板	黄菠萝树皮经加工而成	抗渗、防腐，$T_m=120℃$	0.052~0.70	150~350	$R_{折}>0.25$	冷库隔热
		木丝板	木材下脚料、水玻璃、水泥经加工而成		0.11~0.26	300~600	$R_{折}=0.4~0.5$	顶棚护墙板
		蜂窝板	用牛皮纸、玻璃布、铝片经加工而成	强度比大、导热低、抗震好				结构、非结构保温、隔声

表 23-50 中膨胀蛭石为天然蛭石经高温煅烧而成，体积膨胀可达 20～30 倍。膨胀蛭石可直接用于填充材料，也可用胶凝材料胶结在一起使用，例如，采用 1:12 左右的水泥（一般以用强度等级 42.5 普通水泥或早期强度高的水泥为宜，夏季应选用粉煤灰水泥）：膨胀蛭石（体积比）配制成的现浇水泥蛭石绝热保温层，一般现浇用于屋面或夹壁之间，膨胀珍珠岩（珠光砂）的原材料为珍珠岩或松脂岩、黑曜岩，令其快速通过煅烧带，可使体积膨胀约 20 倍。使用温度为 -200～800℃，也可配制水泥膨胀珍珠岩保温层（约 1:12）等。其他绝热材料还有：硅藻土（λ 约 0.060，最高使用温度约 900℃作填充料或制作硅藻土砖等）、发泡黏土（λ 约 0.105，可用作填充料或混凝土轻骨料）、陶瓷纤维（λ 为 0.044～0.049，最高使用温度 1100～1350℃，可制成毡、毯等，也可用作高温下的吸声材料）、吸热玻璃、热反射玻璃、中空玻璃、窗用绝热薄膜、碳化软化板（λ 为 0.044～0.079，最高使用温度为 130℃，低温下长期使用其性质变化不显著，常用作保冷材料）等。

二、吸声材料

（一）吸声材料的评定指标及影响因素

评定材料吸声性能好坏的主要指标是吸声系数，即声波遇到材料表面时，被材料吸收的声能（E）与入射声能（E_0）之比。吸声系数用 α 表示，即

$$\alpha = \frac{E}{E_0} \tag{23-40}$$

吸声系数与声波的频率和入射方向有关，通常取 125、250、500、1000、2000、4000Hz 六个频率的平均吸声系数作为吸声性能的指标，凡六个频率的平均吸声系数 $\alpha > 0.2$ 的材料称为吸声材料。当门窗开启时，吸声系数相当于 1。悬挂的空间吸声体，因有效吸声面积大于计算面积，故吸声系数大于 1。

吸声材料大多为疏松多孔的材料，其吸声系数一般从低频到高频逐渐增大，故对高频和中频的声音吸收效果较好。若用多孔板的罩面，则仍以吸收高频声音为主，穿孔板的孔隙率一般不宜小于 20%。

对于同一种多孔材料，其吸声系数还与以下因素有关：

1. 材料的厚度

增加多孔材料的厚度，可提高低频的吸声效果，但对高频没有多大影响。吸声材料装修时周边固定在龙骨上，安装在离墙面 5～15mm 处，材料背后空气层的作用相当于增加了材料的厚度。

2. 材料的孔隙率与孔结构

材料的孔隙率降低时，对低频的吸声效果有所提高，对高、中频的吸声效果则降低。

一般孔隙越多，越细小，吸声效果越好。若材料的孔隙为单独的封闭的气泡，则因声波不能进入而降低吸声效果。

（二）吸声材料的类型及其结构形式

常用吸声材料及几种吸声结构形式见表 23-51 及表 23-52。

薄板振动吸声结构的特点是具有低频吸声特性，同时还有助于声波的扩散。共振吸声

建 筑 常 用 吸 声 材 料　　　　　　　表 23-51

序号	名　称	厚度(cm)	表观密度(kg/m³)	各频率下的吸声系数						装置情况
				125Hz	250Hz	500Hz	1000Hz	2000Hz	4000Hz	
1	石膏砂浆（掺有水泥、玻璃纤维）	2.2	—	0.24	0.12	0.09	0.03	0.32	0.83	粉刷在墙上
*2	石膏砂浆（掺有水泥、石棉纤维）	1.3		0.25	0.78	0.97	0.81	0.82	0.85	喷射在钢丝网板条上，表面滚平后有 15cm 空气层
3	水泥膨胀珍珠岩板	2	350	0.16	0.46	0.64	0.48	0.56	0.56	贴实
4	矿渣棉	3.13 8.0	210 240	0.10 0.35	0.21 0.65	0.60 0.65	0.95 0.75	0.85 0.88	0.72 0.92	贴实
5	沥青矿渣棉毡	6.0	200	0.19	0.51	0.67	0.70	0.85	0.86	贴实
6	玻璃棉 超细玻璃棉	5.0 5.0 5.0 15.0	80 130 20 20	0.06 0.10 0.10 0.50	0.08 0.12 0.35 0.80	0.18 0.31 0.85 0.85	0.44 0.76 0.85 0.85	0.72 0.85 0.86 0.86	0.82 0.99 0.86 0.80	贴实
7	酚醛玻璃纤维板（去除表面硬皮层）	8.0	100	0.25	0.55	0.80	0.92	0.98	0.95	贴实
8	泡沫玻璃	4.0	1260	0.11	0.32	0.52	0.44	0.52	0.33	贴实
9	脲醛泡沫塑料	5.0	20	0.22	0.29	0.40	0.68	0.95	0.94	贴实
10	软木板	2.5	260	0.05	0.11	0.25	0.63	0.70	0.70	贴实
*11	*木丝板	3.0	—	0.10	0.36	0.62	0.53	0.71	0.90	钉在木龙骨上，后留 10cm 空气层
*12	穿孔纤维板（穿孔率 5%，孔径 5mm）	1.6		0.13	0.38	0.72	0.89	0.82	0.66	钉在木龙骨上，后留 5cm 空气层
*13	*胶合板（三夹板）	0.3		0.21	0.73	0.21	0.19	0.08	0.12	钉在木龙骨上，后留 5cm 空气层
*14	*胶合板（三夹板）	0.3	—	0.60	0.38	0.18	0.05	0.05	0.08	钉在木龙骨上，后留 10cm 空气层
*15	*穿孔胶合板（五夹板）（孔径 5mm，孔心距 25mm）	0.5		0.01	0.25	0.55	0.30	0.16	0.19	钉在木龙骨上，后留 5cm 空气层
*16	*穿孔胶合板（五夹板）（孔径 5mm，孔心距 25mm）	0.5	—	0.23	0.69	0.86	0.47	0.26	0.27	钉在木龙骨上，后留 5cm 空气层，但在空气层内填充矿物棉

续表

序号	名 称	厚度(cm)	表观密度(kg/m³)	各频率下的吸声系数						装置情况
				125Hz	250Hz	500Hz	1000Hz	2000Hz	4000Hz	
*17	*穿孔胶合板（五夹板）（孔径5mm，孔心距25mm）	0.5		0.20	0.95	0.61	0.32	0.23	0.55	钉在木龙骨上，后留10cm空气层，填充矿物棉
18	工业毛毡	3	370	0.10	0.28	0.55	0.60	0.60	0.59	张贴在墙上
19	地毯	厚		0.20		0.30		0.50		铺于木搁栅楼板上
20	帷幕	厚		0.10		0.50		0.60		有折叠、靠墙装置
*21	木条子			0.25		0.65		0.65		4cm木条，钉在木龙骨上，木条之间空开0.5cm，后填2.5cm矿物棉

注：1. 表中名称前有*者表示系用混响室法测得的结果，无*者系驻波管法测得的结果，混响室法测得的数据比驻波管法约大0.20；
2. 穿孔板吸声结构，以穿孔率为0.5%～5%，板厚为1.5～10mm，孔径为2～15mm，后面留有孔腔深度为100～250mm时，可得较好效果；
3. 序号前有*者为吸声结构。

吸声材料结构的构造图例　　　　　　　　　　　　　　　表23-52

类 别	多孔吸声材料	薄板振动吸声结构	共振吸声结构	穿孔板组合吸声结构	特殊吸声结构
构造图例					
举例	玻璃棉 矿棉 木丝板 半穿孔纤维板	胶合板 硬质纤维板 石棉水泥板 石膏板	共振吸声器	穿孔胶合板 穿孔铝板 微穿孔板 （穿孔板穿孔率一般≥20%）	空间吸声体帘幕体

结构具有封闭的空腔和较小的开口，为了获得较宽频带的吸声性能，常采用组合共振吸声结构或穿孔板组合共振吸声结构（具有适合中频的吸声特性）。空间吸声体多用玻璃棉制作，吸声效果好。帘幕吸声体为具有通气性能的纺织品，背后设置空气层，对中、高频声音有一定吸声效果。还有柔性吸声材料，为具有密闭气孔和一定弹性的材料，如 PVC 泡沫塑料。这种材料的吸声（因振动引起声波衰减）性能特点是：在一定的频率范围内出现一个或多个吸收频率。

三、隔声材料

空气声（由于空气振动）的传声大小取决于其单位面积质量，材料质量越大，其隔声效果越好，一般墙体单位面积质量增加一倍，则墙体的隔声量增加 6dB。对固体声（由于固体撞击或振动）隔声的最有效措施是采用不连续的结构处理，即在墙壁和承重梁之间、房屋的框架和墙板之间加弹性衬垫（如毛毡等）或在楼板上加弹性地毯。

第十二节 装 饰 材 料

一、基本要求与选用

装饰材料是铺设或涂刷在建筑物表面起装饰效果的材料。它对主体结构材料起保护作用，还可补充主体结构材料某些功能上的不足，如调节湿度、吸声等功能。

选用装饰材料在外观上应有下列一些基本要求：颜色、光泽、透明性、表面组织、形状尺寸及立体造型等，此外，还应考虑材料的物理、化学和力学方面的基本性能，如一定的强度、耐水性、抗火性、耐磨性等，以提高建筑物的耐火性，降低维修费用。

对于室外装饰材料，要选用耐大气侵蚀性好、不易褪色、不易玷污、不泛霜的材料；对室内装饰，应优先选用环保型材料和不燃烧或难燃烧的材料。在施工、使用过程中会挥发有毒成分和在火灾发生时会产生大量浓烟或有毒气体的材料，应尽量避免使用。

按主要用途，装饰材料可分为地面、外墙、内墙及顶棚装饰材料四大类。

二、常用装饰材料

（一）天然石材

天然石材是从天然岩体中开采出来，经加工成块状或板状材料的总称。天然岩石根据生成条件，可分为岩浆岩（即火成岩，例如花岗岩、正长岩、玄武岩、辉绿岩等）、沉积岩（即水成岩，例如砂岩、页岩、石灰岩、石膏等）以及变质岩（例如大理岩、片麻岩、石英岩等）。用于建筑装饰用的主要有大理石和花岗石两类。岩石是矿物的集合体，岩石的性质取决于矿物的性质、含量以及岩石的结构、构造特征等。岩石按其化学组成及结构致密程度，可以分为耐酸岩石（SiO_2 含量不低于 55%）及耐碱岩石（CaO、MgO 含量愈高愈耐碱）两大类。

砌筑用石材按三个边长为 70mm 的立方体抗压强度的平均值，将岩石分为 MU100、MU80、MU60、MU50、MU40、MU30、MU20、MU15 和 MU10 共九个强度等级（装饰用石材用边长为 50mm 的立方体试件测抗压强度）。

天然石材制品有毛石、料石（可分为毛料石、粗料石、半细料石及细料石等）、板材以及颗粒状石料四大类。颗粒状石料包括碎石、卵石（即砾石）及石渣（即石米、米石、米粒石）。石渣规格俗称有大二分（粒径约 20mm）、一分半（粒径约 15mm）、大八厘（粒径约 8mm）、中八厘（粒径约 6mm）、小八厘（粒径约 4mm）以及米粒石（粒径 2～4mm）。

1. 花岗石（俗称豆渣石）

花岗岩由长石、石英和少量云母等矿物组成，主要化学成分为 SiO_2（70%左右），强度高、吸水率小、耐酸性耐磨性及耐久性好（不耐氢氟酸及氟硅酸），但耐火性差，属硬石材（硬度常用摩氏硬度表征），使用寿命为 75～200 年，常用于室内外墙面及地面装饰。板材按形状可分为毛光板（MG）、普型板（PX）、圆弧板（HM）、异型板（YX）四种。按表面加工程度可分为细面板材（YG）、镜面板材（JM）及粗面板材（CM）三种。

2. 大理石

大理石由石灰岩、白云岩等沉积岩经变质而成，其主要矿物成分是方解石和白云石，属中硬石材，比花岗石易加工。大理石主要化学成分为碳酸钙，易被酸腐蚀，若用于室外，在空气中遇 CO_2、SO_2、水汽以及酸性介质作用，容易风化与溶蚀，使表面失去光泽、粗糙多孔，降低装饰效果，因此除少数质纯、杂质少的品种如汉白玉、艾叶青等外，一般不宜用于室外装饰。板材也分为普型板（PX）与圆弧板（HM）两种。

其他天然石材如石灰石（俗称青石，青石吸水率大）、砂石（俗称青条石）等也可作装饰用石材。古建筑中所用石材，主要为大理石、花岗石、砂石三种。

3. 石材的放射性

放射性对人体的危害来自两方面：体外辐射（即外照射）和体内放射性元素所导致的内照射。其中内照射危险最大，内照射主要是由人体内的放射性元素在衰变过程中产生的"氡"引起的。

石材的放射性来源于地壳岩石所含的天然放射性核素。对人体产生内照射的主要是铀系、钍系中氡的同位素及其短寿命子体。

放射性核素在岩石中的含量有很大差异，一般在碳酸盐岩石中含量较低，在岩浆岩岩石中随氧化硅含量的增加，岩石酸性增加，其放射性核素含量也有规律地增加。

按照放射性比活度把石材分为 A、B、C 三类：A 类适用范围不受限制；B 类不能用于居室内装修，C 类只能用于建筑物的外饰面。

（二）人造石材

常用的人造石材有人造大理石、人造花岗石和水磨石三种。人造石材具有天然石材的质感，重量轻、强度高、耐腐蚀、耐污染、施工方便，且花色、品种、形状等多样化，但色泽、纹理不及天然石材自然、柔和。按生产所用的材料，人造石材可分为树脂型人造石材（以不饱和树脂为胶粘剂，石英砂、大理石碎粒或粉等作集料）、水泥型人造石材（水泥、砂、大理石或花岗石碎粒等为原料，如水磨石制品，其耐腐蚀性较差，且表面易出现微小龟裂和泛霜，不宜用作卫生洁具与外墙装饰）、复合型人造石材（胶结料为树脂与水泥，板的基层一般用性能较稳定的水泥砂浆）以及烧结型人造石材（以高岭土、石英等原料经焙烧而成）四类。

（三）建筑陶瓷

建筑陶瓷包括釉面砖、墙地砖、卫生陶瓷、园林陶瓷和耐酸陶瓷五大类。按坯体的性质不同，常将陶瓷材料分为瓷质（坯体致密，不吸水，白色半透明）、陶质（多孔、吸水率大，有色或白色不透明）以及炻质（介于瓷质与陶质之间，一般吸水率较小，有色不透明）三种。

1. 釉面砖

釉面砖又称内墙贴面砖、瓷砖、瓷片，只能用于室内，属精陶类制品。以黏土、长石、石英、颜料及助熔剂等为原料烧成。其表面的釉性质与玻璃相类似。

釉面砖要求吸水率不应大于21%；经耐急冷急热性试验，釉面无裂纹；平均弯曲强度不小于16MPa。

2. 墙地砖

墙地砖又称陶瓷面砖、外墙贴面砖，简称面砖。仅能作铺地材料而不能作外墙贴面的称为铺地砖或地砖。墙地砖多为粗炻器。基本上分为无釉面砖及釉面砖两大类。墙地砖要求吸水率不大于10%，经三次急冷急热循环不应出现炸裂或裂纹，经20次冻融不出现破裂、剥落或裂纹，弯曲强度平均值应不小于24.5MPa。

3. 陶瓷锦砖

俗称马赛克，又称纸皮石、纸皮砖。以优质瓷土为原料，经压制烧成的片状小瓷砖，表面一般不上釉，属瓷质类产品。可用作内外墙及地面装饰。反贴在牛皮纸上贴好的锦砖称为一"联"，每联尺寸一般长宽各约305.5mm（面积为1平方英尺）。单块砖边长不大于50mm。每40联为一箱，每箱可铺贴面积约3.7m^2。

陶瓷锦砖要求吸水率不大于0.2%，耐急冷急热性试验不开裂，与铺贴纸结合牢固、不脱落。脱纸时间不大于40min。使用温度为-20～100℃。

4. 彩胎砖

彩胎砖是一种本色无釉瓷质饰面砖，是采用仿天然花岗石的彩色颗粒土原料混合配料，压制成多彩坯体后，经高温一次烧成的陶瓷制品。表面花纹细腻柔和，质地坚硬，耐腐蚀。分为麻面砖、磨光彩胎砖、抛光砖或玻化砖等。

5. 卫生陶瓷

多用耐火黏土或难熔黏土上釉烧成。

（四）建筑玻璃

以石英砂、纯碱、长石及石灰石等为原料，在1500～1600℃高温下烧至熔融，再经急冷而成，为无定形硅酸盐物质，化学成分为SiO_2、Na_2O、CaO及MgO，有的还有K_2O。玻璃具有透光、透视、隔声、绝热及装饰等作用，化学稳定性好，耐酸（氢氟酸除外）性强，缺点是性脆、耐急冷急热性差、碱液和金属碳酸盐能溶蚀玻璃等。

建筑玻璃按性能与用途，可分为平板玻璃（表23-53）、安全玻璃（表23-54）、绝热玻璃（表23-55）及玻璃制品（表23-56）等几类。

普通平板玻璃（也称单光玻璃、窗玻璃、净片玻璃，简称玻璃）可分为引拉法玻璃与浮法玻璃两种。产量以标准箱计，厚度为2mm的平板玻璃，10m^2为一标准箱（重约50kg）。一个木箱或一个集装架包装的玻璃叫作一实际箱或者一包装箱。

平板玻璃的特点和用途　　　　　表23-53

品　种	工艺过程	特　点	用　途
普通平板玻璃	未经研磨加工	透明度好、板面平整	用于建筑门窗装配
磨砂玻璃（即毛玻璃）	用机械喷砂和研磨方法进行处理	表面粗糙，使光产生漫射，有透光不透视的特点	用于卫生间、厕所、浴室的门窗，安装时毛面向室内

续表

品　　种		工艺过程	特　点	用　途
压花玻璃 （即花纹玻璃、滚花玻璃）		在玻璃硬化前用刻纹的滚筒面压出花纹	折射光线不规则，透光不透视，有使用功能又有装饰功能	用于宾馆、办公楼、会议室的门窗，安装时花纹向室内
彩色玻璃	透明彩色玻璃	在玻璃原料中加入金属氧化物而带色	耐腐蚀，抗冲击，易清洗，装饰美观	用于建筑物内外墙面、门窗及对光波作特殊要求的采光部位
	不透明彩色玻璃	在一面喷以色釉，再经烘制而成		
镭射玻璃 （又称光栅玻璃）		经特殊处理，背面出现全息或其他光栅	光照时会出现绚丽色彩，且可随照射及观察角度的不同，显现不同的变化，典雅华贵，形成梦幻般的视觉氛围	宾馆、商业与娱乐建筑等的内外墙、屏风、装饰画、灯饰等

安全玻璃的特点和用途　　　　　　　　　　　　　　　　　表 23-54

品　　种	工艺过程	特　点	用　途
钢化玻璃（平面钢化玻璃、弯钢化玻璃、半钢化玻璃、区域钢化玻璃）	加热到一定温度后迅速冷却或用化学方法进行钢化处理的玻璃	强度比普通玻璃大 3～5 倍，抗冲击性及抗弯性好，耐酸碱侵蚀	用于建筑的门窗、隔墙、幕墙、汽车窗玻璃、汽车挡风玻璃、暖房，安装时不能切割磨削
夹丝玻璃（又称防碎玻璃、钢丝玻璃）	将预先编好的钢丝网压入软化的玻璃中	破碎时，玻璃碎片附在金属网上，具有一定防火性能	用于厂房天窗、仓库门窗、地下采光窗及防火门窗
夹层玻璃	两片或多片平板玻璃中嵌夹透明塑料薄片，经加热压粘而成的复合玻璃	透明度好、抗冲击机械强度高，碎后安全，耐火、耐热、耐湿、耐寒	用于汽车、飞机的挡风玻璃、防弹玻璃和有特殊要求的门窗、工厂厂房的天窗及一些水下工程

绝热玻璃的特点和用途　　　　　　　　　　　　　　　　　表 23-55

品　　种	工艺过程	特　点	用　途
热反射玻璃 （又称镀膜玻璃）	在玻璃表面涂以金属或金属氧化膜、有机物薄膜	具有较高的热反射性能而又保持良好透光性能	多用于制造中空玻璃或夹层玻璃，用于门窗、幕墙等
吸热玻璃	在玻璃中引入有着色和吸热作用的氧化物	能吸收大量红外线辐射而又能保持良好可见光透过率	适用于需要隔热又需要采光的部位，如商品陈列窗、冷库、计算机房等
光致变色玻璃	在玻璃中加入卤化银，或在玻璃夹层中加入钼和钨的感光化合物	在太阳或其他光线照射时，玻璃的颜色随光线增强渐渐变暗，当停止照射又恢复原来颜色	主要用于汽车和建筑物上
中空玻璃	用两层或两层以上的平板玻璃，四周封严，中间充入干燥气体	具有良好的保温、隔热、隔声性能	用于需要采暖、空调、防止噪声及无直射光的建筑，广泛用于高级住宅、饭店、办公楼、学校，也用于汽车、火车、轮船的门窗

玻璃制品的特点和用途　　　　　　　　　　　表23-56

品　种	工艺过程	特　点	用　途
玻璃空心砖	由两块压铸成凹形的玻璃经熔接或胶接而成的空心玻璃制品	具有较高的强度、绝热隔声、透明度高、耐火等优点	用来砌筑透光的内外墙壁、分隔墙、地下室、采光舞厅地面及装有灯光设备的音乐舞台等
玻璃锦砖（玻璃马赛克）	由乳浊状半透明玻璃质材料制成的小尺寸玻璃制品拼贴于纸上成联	具有色彩柔和、朴实典雅、美观大方、化学稳定性好、热稳定好、耐风化、易洗涤等优点	适于宾馆、医院、办公楼、住宅等外墙饰面

其他品种还有喷砂玻璃（透光不透视）、磨花玻璃及喷花玻璃（部分透光透视、部分不透视）、冰花玻璃与刻花玻璃（骨胶水溶液剥落造成冰花或雕刻酸蚀形成图案）等。

目前，我国镀膜玻璃有热反射膜镀膜玻璃（又名阳光控制玻璃或遮阳玻璃，有单向透视特性，适用于温、热带气候，作幕墙玻璃、门窗玻璃以及中空玻璃等原片）、低辐射膜镀膜玻璃（又名吸热玻璃或茶色玻璃，适用于寒冷地区、作门窗玻璃及作中空玻璃原片等）、导电膜镀膜玻璃（又名防霜玻璃，适用于严寒地区的门窗玻璃、车辆的挡风玻璃等）以及镜面膜镀膜玻璃（又名镜面玻璃，适用作镜面、墙面装饰等用）四种。

（五）石膏装饰制品

有纸面石膏板、装饰石膏板、石膏花饰及石膏装饰品等。石膏板具有质轻、绝热、吸声、不燃、可钉可锯等性能，质地细腻，表面平整，颜色洁白，还具有调湿、隔声等性能，用于室内装饰。

（六）建筑塑料装饰制品

塑料轻质高强、绝热绝缘性好，耐腐蚀性及装饰性好，易加工。制品有塑料壁纸（如PVC塑料壁纸、弹性壁布）、塑料地板（按材质可分为硬质、半硬质与弹性地板；按外形可分为块状与卷材两种）、塑料地毯及塑料装饰板等。

（七）金属材料

装饰用的金属材料有不锈钢制品（常加工成板、管、型材）、彩色涂层钢板（钢板上辊涂或压制一层树脂层，常用来制作门窗或制成压型钢板作为外墙、屋面等装饰）以及铝合金和铜合金制品（合金元素为锰、镁等如铝合金花纹板、压型板及建筑门窗等）。

1. 不锈钢

含铬12%以上、具有耐腐蚀性能的合金钢，其耐腐蚀性好，表面光泽度高。

2. 铜合金

铜合金分为黄铜（铜锌合金）和青铜（铜锡合金），主要用于各种装饰板、卫生洁具、锁具等。纯铜又称为紫铜或红铜。

（八）装饰涂料

1. 主要组成材料

（1）成膜物质。在涂料中起决定性作用，成膜物常用油料及树脂等。

油料类成膜物质有干性油（如桐油、亚麻籽油、梓油、菜籽油等）、半干性油（如向日葵油、大豆油、菜籽油、芝麻油及棉籽油等）以及不干性油（如花生油、蓖麻油、椰子油、牛油、猪油、柴油等）。

树脂类成膜物质有天然树脂（如虫胶、松香及天然沥青等）与合成树脂（如酚醛树脂、醇酸树脂、硝酸纤维、环氧树脂等）两类。

（2）溶剂。挥发性有机溶剂与水。常用有机溶剂如松香水、香蕉水、汽油、苯、乙醇等。

（3）散粒材料。常用的有着色颜料（如钛白、铬黄等）与体质颜料（即填料，常用滑石粉、碳酸钙等）。

（4）助剂。如催干剂、增塑剂等。

2. 油漆涂料

指用于木材及金属表面的传统涂料。其命名原则为：全名＝颜料或颜色名称＋成膜物质名称＋基本名称。如红醇酸磁漆、锌黄酚醛防锈漆。

（1）天然漆（又名国漆、大漆）

有生漆、熟漆之分。天然漆漆膜坚韧，耐久性好，耐酸耐热，光泽度好。

（2）油料类油漆涂料

1）清油（俗名熟油、鱼油）。由精制的干性油加入催干剂制成。常用作防水或防潮涂层以及用来调制原漆与调和漆等。

2）油性厚漆。俗称铅油，由清油与颜料配制而成，属最低级油漆涂料。使用时需用清油配置适宜稠度。涂膜较软，干燥慢，耐久性差。

3）油性调合漆。可直接使用，由清油、颜料及溶剂等配制而成。漆膜附着力好，有一定的耐久性，施工方便。

（3）树脂类油漆涂料

1）清漆（树脂漆）。由树脂加入汽油、酒精等挥发性溶剂制成。主要用来调制磁漆与磁性调合漆。清漆分为醇质清漆（俗名泡立水）与油质清漆（俗名凡立水）两种。

2）磁漆。由清漆中加入颜料制得。按树脂种类不同可分为酚醛树脂漆（价较低，具有良好的耐水、耐热、耐化学及绝缘性能）、醇酸树脂漆（耐水性较差）与硝基漆等。

3）光漆（俗名腊克）。（又名硝基木质清漆）由硝化棉、天然树脂、溶剂等组成。

4）喷漆（硝基漆）。由硝化棉、合成树脂、颜料（或染料）、溶剂、柔韧剂等组成（漆膜坚硬、光亮、耐磨、耐久。）

5）调合漆。由干性油料、颜料、溶剂、催干剂等调合而成。

3. 建筑涂料

按主要成膜物质的化学成分可分为有机涂料、无机涂料及复合涂料。

（1）有机涂料

有机涂料常用的有三种类型：

1）溶剂型涂料。由高分子合成树脂加入有机溶剂、颜料、填料等制成的涂料。涂膜细而坚韧，有较好的耐水性、耐候性及气密性，但易燃，溶剂挥发后对人体有害，施工时要求基层干燥且价较贵。常用的有过氯乙烯内墙（地面）涂料、氯化橡胶外墙涂料、聚氨酯系外墙涂料、丙烯酸酯外墙涂料、苯乙烯焦油外墙涂料及聚乙烯醇缩丁醛外墙涂料等。

2）水溶性涂料。以溶于水的合成树脂、水、少量颜料及填料等配制而成。耐水性、耐候性较差，一般只用于内墙涂料。常用的有聚乙烯醇水玻璃内墙涂料等。

3）乳胶涂料。又称乳胶漆。极微细的合成树脂粒子分散在有乳化剂的水中构成乳液，加入颜料、填料等制成。这类涂料无毒、不燃、价低，有一定的透气性，涂膜耐水、耐擦洗性较好，可作为内外墙涂料。常用的如聚醋酸乙烯乳胶内墙涂料、苯丙乳液外墙涂料及丙烯酸乳液外墙涂料（又名丙烯酸外墙乳胶漆）等。

（2）无机涂料。我国20世纪80年代末才开始研制、生产，主要有碱金属硅酸盐系（JH 80—1）和胶态二氧化硅系（JH 80—2）两种，用于内外墙装饰。无机涂料粘结力、遮盖力强，耐久性好，装饰效果好，不燃、无毒，成本较低。

（3）复合涂料。可使有机涂料、无机涂料两者取长补短，如以硅溶胶、丙烯酸系复合的外墙涂料在涂膜的柔韧性及耐候性方面更好。

（九）木材、竹材及其他植物质材料

可用杉木、红松、水曲柳、柞木、栎木、色木、楠木、黄杨木等树种。胶合板及旋切微薄木等制品可用于墙面、柱面等建筑部位。竹材也可用于装饰，如用于地面。其他如麻草壁纸等可用于内墙贴面。

（十）装饰混凝土

有彩色装饰混凝土、清水装饰混凝土（如利用模板在构件表面做出凹凸花纹等方法）与露骨料装饰混凝土（水冲法、缓凝法或酸洗法）等。

（十一）织物性装饰材料

1. 各种纤维

（1）羊毛：羊毛纤维弹性好，不易变形，不易污染，易于染色，主要用于生产高级地毯。

（2）聚丙烯腈纤维（腈纶）：比羊毛纤维轻，柔软保暖，弹性好，为羊毛代用品，其耐晒性为化学纤维中最好的，但其耐磨性很差且易起静电。

（3）聚酰胺纤维（尼龙或锦纶）：纤维坚固柔韧，耐磨性是最好的，但其弹性差且容易吸尘。

（4）聚丙烯纤维（丙纶）：纤维质量轻，弹性好，耐磨性好，阻燃性好。

（5）聚酯纤维（涤纶）：纤维不易皱缩，耐热、耐晒、耐磨性较好，尤其在湿润状态下同干燥时一样耐磨，但纤维染色较困难。

2. 地毯

地毯具有隔热、保温、隔声、防滑和减轻碰撞等作用，分为6个使用等级。地毯按照材质分，可分为纯毛地毯、混纺地毯、化纤地毯、塑料地毯、橡胶地毯等。按照编织方法分，可分为手工编织地毯、机织地毯（把经纱和纬纱相互交织编织而成）和簇绒地毯（把毛纱穿入第一层背衬，并在其上面将毛纱穿插成毛圈而拉紧背面）等。

（十二）建筑装饰时有害物质的限量控制

为了保证室内环境质量，国家标准规定了室内装修材料的选择和有害物质限量。

1. 油漆涂料

《民用建筑工程室内环境污染控制规范》GB 50325—2010规定，民用建筑工程室内装修所采用的稀释剂和溶剂，严禁使用苯、工业苯、石油苯、重质苯及混苯；民用建筑工程室内装修时，不应采用聚乙烯醇水玻璃内墙涂料、聚乙烯醇缩甲醛内墙涂料和树脂以硝化纤维素为主、溶剂以二甲苯为主的水包油型多彩内墙涂料。

2. 有害物质限量

《民用建筑工程室内环境污染控制规范》GB 50325—2010 对各种有害物质限量的规定见表 23-57。

民用建筑工程室内环境污染物限量　　　　　　　　　　　　表 23-57

污染物	Ⅰ类民用建筑工程	Ⅱ类民用建筑工程
氡（Bq/m^3）	≤200	≤400
甲醛（mg/m^3）	≤0.08	≤0.10
苯（mg/m^3）	≤0.09	≤0.09
氨（mg/m^3）	≤0.2	≤0.2
TVOC（mg/m^3）	≤0.5	≤0.6

《室内装饰装修材料人造板及其制品中甲醛释放限量》GB 18580—2001 规定见表 23-58。

人造板及其制品中甲醛释放量试验方法及限量值　　　　　　　表 23-58

产品名称	试验方法	限量值	使用范围	限量标志[②]
中密度纤维板、高密度纤维板、刨花板、定向刨花板等	穿孔萃取法	≤9mg/100g	可直接用于室内	E1
		≤30mg/100g	必须饰面处理后可允许用于室内	E2
胶合板、装饰单板贴面胶合板、细木工板等	干燥器法	≤1.5mg/L	可直接用于室内	E1
		≤5.0mg/L	必须饰面处理后可允许用于室内	E2
饰面人造板（包括浸渍纸层压木质地板、实木复合地板、竹地板、浸渍胶膜纸饰面人造板等）	气候箱法[①]	≤0.12mg/m^3	可直接用于室内	E1
	干燥器法	≤1.5mg/L		

① 仲裁时采用气候箱法；
② E1 为可直接用于室内的人造板，E2 为必须饰面处理后允许用于室内的人造板。

习 题

23-1 在下列材料中，何者不属于脆性材料？（　　）
  A 砖　　　　B 石材　　　　C 木材　　　　D 普通水泥混凝土

23-2 下列有关胶凝材料内容中，正确的一项是（　　）。
  A 建筑石膏凝固时收缩大
  B 氯氧镁水泥加水调拌时需掺入促硬剂
  C 建筑石膏使用前需陈伏，否则因凝结过快而影响施工
  D 水玻璃硬化后耐碱性差，但耐酸性好（氢氟酸除外）

23-3 下列有关水泥内容中，错误的一项是（　　）。
  A 矿渣水泥适用于大体积混凝土工程
  B 粉煤灰水泥干缩性较火山灰水泥小
  C 火山灰水泥的耐磨性较普通水泥好
  D 普通水泥耐热性较矿渣水泥差

23-4 在生产硅酸盐水泥时，需掺入混合材料，以下哪种水泥混合材料不是活性混合材料？（　　）
  A 粒化高炉矿渣　　　　B 火山灰质混合材料
  C 粉煤灰　　　　D 石灰石

23-5 以下哪种因素会使水泥凝结速度减缓？（　　）
  A 石膏掺量不足　　　　B 水泥的细度越细
  C 水灰比越小　　　　D 水泥的颗粒过粗

23-6 指出下列四项中哪一项是错误的？（　　）
  A 轻混凝土的干表观密度不大于 1950kg/m³
  B 碱—骨料反应是指混凝土中水泥的水化物 $Ca(OH)_2$ 与骨料中 SiO_2 之间的反应
  C 影响普通混凝土抗压强度的主要因素是水泥强度与水灰比
  D 普通混凝土中的骨料要求空隙率小、总表面积小

23-7 无损检测中的回弹法可以检验混凝土的哪种性质？（　　）
  A 和易性　　　　B 流动性　　　　C 保水性　　　　D 强度

23-8 普通室内抹面砂浆工程中，建筑物砖墙的底层抹灰多用以下哪种砂浆？（　　）
  A 混合砂浆　　　　B 纯石灰砂浆
  C 高强度等级水泥砂浆　　　　D 纸筋石灰砂浆

23-9 玻璃瓦二样至九样八个型号中，一般常用哪三种？（　　）
  A 三、四、五样　　　　B 四、五、六样
  C 五、六、七样　　　　D 六、七、八样

23-10 以下哪种砖是经蒸压养护而制成的？（　　）
  A 黏土砖　　　　B 页岩砖　　　　C 煤矸石砖　　　　D 灰砂砖

23-11 钢是含碳量小于 2%的铁碳合金，其中碳元素对钢的性能起主要作用，提高钢的含碳量，会对下列哪种性质有提高？（　　）
  A 屈服强度　　　　B 冲击韧性　　　　C 耐腐蚀性　　　　D 焊接性能

23-12 建筑钢材中含以下哪种成分是有害无利的？（　　）
  A 碳　　　　B 锰　　　　C 硫　　　　D 磷

23-13 硫酸铵和磷酸铵的混合物用于木材的（　　）。
  A 防腐处理　　　　B 防虫处理　　　　C 防火处理　　　　D 防水处理

23-14 木材在下列哪种状态下的受力强度最高？（　　）

A 顺纹抗压强度　　　　　　　　B 顺纹抗拉强度
C 抗弯强度　　　　　　　　　　D 顺纹剪切强度

23-15 环境温度可能长期超过50℃时，房屋建筑不应该采用（　　）。
A 石结构　　B 砖结构　　C 混凝土结构　　D 木结构

23-16 有关塑料的几项内容中，哪一项不正确？（　　）
A 常说的PVC指的是聚氯乙烯塑料
B 聚氨酯塑料属于热塑性塑料
C 聚氯乙烯塑料具有自熄性质，但耐热性较差
D 环氧树脂常用乙二胺等作为固化剂

23-17 以下哪种塑料具有防X射线功能？（　　）
A 聚苯乙烯塑料　　　　　　　　B 聚丙烯塑料
C 硬质聚氯乙烯　　　　　　　　D 低压聚乙烯塑料

23-18 下列建筑防水材料中，哪种是以胎基（纸）g/m² 作为标号的？（　　）
A 石油沥青防水卷材　　　　　　B APP改性沥青防水卷材
C SBS改性沥青防水卷材　　　　 D 合成高分子防水卷材

23-19 制作防水材料的石油沥青，其哪种成分是有害的？（　　）
A 油分　　B 树脂　　C 地沥青质　　D 蜡

23-20 沥青"老化"的性能指标，是表示沥青的哪种性能？（　　）
A 塑性　　B 稠度　　C 温度稳定性　　D 大气稳定性

23-21 玻璃幕墙采用中空玻璃，应采用双道密封，当幕墙为隐框幕墙时，中空玻璃的密封胶应采用以下哪种密封胶？（　　）
A 酚醛树脂胶　　　　　　　　　B 环氧树脂胶
C 结构硅酮密封胶　　　　　　　D 聚氨酯胶

23-22 建筑工程顶棚装修中，不应采用以下哪种板材？（　　）
A 纸面石膏板　　　　　　　　　B 矿棉装饰吸声板
C 水泥石棉板　　　　　　　　　D 珍珠岩装饰吸声板

23-23 玻璃棉的燃烧性能是以下哪个等级？（　　）
A 不燃　　B 难燃　　C 可燃　　D 易燃

23-24 古建中的油漆彩画用的是以下哪种漆？（　　）
A 浅色酯胶磁漆　　　　　　　　B 虫胶清漆
C 钙酯清漆　　　　　　　　　　D 熟漆

23-25 采用环境测试舱法，能测定室内装修材料中哪种污染物的释放量？（　　）
A 氡　　B 苯　　C 游离甲醛　　D 氨

23-26 天然大理石板材不宜用于外装修，是由于空气中主要含有下列哪种物质时，大理石面层将变成石膏，致使表面逐渐变暗而终至破损？（　　）
A 二氧化碳　　B 二氧化硫　　C 一氧化碳　　D 二氧化氮

23-27 室内隔断所用玻璃，必须采用以下哪种玻璃？（　　）
A 浮法玻璃　　　　　　　　　　B 夹层玻璃
C 镀膜玻璃　　　　　　　　　　D LOW-E玻璃

23-28 黄铜比纯铜强度高，价格低，更耐磨，不易锈蚀。黄铜是铜和以下哪种金属的合金？（　　）
A 铝　　B 锰　　C 铬　　D 锌

23-29 以下哪种地毯阻燃性比较好？（　　）
A 丙纶地毯　　B 腈纶地毯　　C 涤纶地毯　　D 尼龙地毯

23-30 燃烧性能属于 B2 等级的是以下哪种材料？（　　）
　　A　纸面石膏板　　B　酚醛树脂　　C　矿棉板　　D　聚氨酯装饰板

参 考 答 案

23-1	C	23-2	D	23-3	C	23-4	D	23-5	D	23-6	B
23-7	D	23-8	B	23-9	C	23-10	D	23-11	A	23-12	C
23-13	C	23-14	B	23-15	D	23-16	B	23-17	D	23-18	A
23-19	D	23-20	D	23-21	C	23-22	C	23-23	A	23-24	D
23-25	C	23-26	B	23-27	B	23-28	D	23-29	A	23-30	D

第二十四章 建 筑 构 造

建筑构造是研究建筑物构成、组合原理和构造方法的学科。它包括结构构造和建筑构造两大部分，涉及建筑材料、工程力学、建筑结构、建筑施工、建筑制图、建筑设计、建筑物理等诸多领域，是一门综合学科。

本章以砌体结构为主，并涉及民用建筑的其他结构类型。

第一节 建筑物的分类和建筑等级

一、建筑物的分类

建筑物可以从多方面进行分类，常见的分类方法有以下四种。

（一）按使用性质分

建筑物的使用性质又称为功能要求，具体分为以下几种类型：

1. 民用建筑

指的是供人们工作、学习、生活、居住等类型的建筑。

（1）居住建筑：如住宅、单身宿舍、招待所等。

（2）公共建筑：如办公、科教、文体、商业、医疗、邮电、广播、交通和其他建筑等。

2. 工业建筑

指的是各类厂房和为生产服务的附属用房。

（1）单层工业厂房：这类厂房主要用于重工业类的生产企业。

（2）多层工业厂房：这类厂房主要用于轻工业类的生产企业。

（3）层次混合的工业厂房：这类厂房主要用于化工类的生产企业。

3. 农业建筑

指各类供农业生产使用的房屋，如种子库、拖拉机站等。

（二）按结构类型分

结构类型是以承重构件的选用材料与制作方式、传力方法的不同而划分，一般分为以下几种。

1. 砌体结构

这种结构的竖向承重构件是以烧结砖（普通砖、多孔砖）、蒸压砖（灰砂砖、粉煤灰砖）、混凝土砖或混凝土小型空心砌块砌筑的墙体，水平承重构件是钢筋混凝土楼板及屋面板，主要用于多层建筑中。《建筑抗震设计规范》GB 50011—2010 中规定的允许建造层数和建造高度见表 24-1。

房屋的层数和总高度限值（m） 表 24-1

房屋类别		最小抗震墙厚度（mm）	烈度和设计基本地震加速度									
			6		7				8			9
			0.05g		0.10g		0.15g		0.20g		0.30g	0.40g
			高度	层数	高度	层数	高度	层数	高度	层数	高度	层数	高度	层数
多层砌体房屋	普通砖	240	21	7	21	7	21	7	18	6	15	5	12	4
	多孔砖	240	21	7	21	7	18	6	18	6	15	5	9	3
	多孔砖	190	21	7	18	6	15	5	15	5	12	4	—	—
	小砌块	190	21	7	21	7	18	6	18	6	15	5	9	3
底部框架—抗震墙砌体房屋	普通砖 多孔砖	240	22	7	22	7	19	6	16	5	—	—	—	—
	多孔砖	190	22	7	19	6	16	5	13	4	—	—	—	—
	小砌块	190	22	7	22	7	19	6	16	5	—	—	—	—

注：1. 房屋的总高度指室外地面到主要屋面板板顶或檐口的高度，半地下室从地下室室内地面算起，全地下室和嵌固条件好的半地下室应允许从室外地面算起；对带阁楼的坡屋面应算到山尖墙的1/2高度处。
2. 室内外高差大于0.6m时，房屋总高度应允许比表中的数据适当增加，但增加量应少于1.0m。
3. 乙类的多层砌体房屋仍按本地区设防烈度查表，其层数应减少一层且总高度应降低3m；不应采用底部框架—抗震墙砌体房屋。
4. 本表小砌块砌体房屋不包括配筋混凝土小型空心砌块砌体房屋。
5. 表中所列"g"指设计基本地震加速度。以北京地区为例：抗震设防烈度为8度，设计基本地震加速度值为0.20g的有东城、西城、朝阳、丰台、石景山、海淀、房山、通州、顺义、大兴、平谷和延庆；抗震设防烈度为7度，设计基本地震加速度值为0.15g的有昌平、门头沟、怀柔和密云。
6. 乙类房屋是重点设防类建筑，指地震时使用功能不能中断或需要尽快恢复的生命线相关建筑，以及地震时可能导致大量人员伤亡等重大灾害后果，需要提高设防标准的建筑，简称"乙类"。

其他构造要求：

（1）横墙较少的多层砌体房屋，总高度应比表24-1的规定降低3m，层数相应减少一层；各层横墙很少的多层砌体房屋，还应再减少一层。

注：横墙较少是指同一楼层内开间大于4.2m的房间占该楼层总面积的40%以上；其中，开间不大于4.2m的房间占该楼层总面积不到20%且开间大于4.8m的房间占该楼层总面积的50%以上为横墙很少。此种情况多出现在医院、教学楼等建筑中。

（2）6、7度时，横墙较少的丙类多层砌体房屋，当按规定采取加强措施并满足抗震承载力要求时，其高度和层数允许按表24-1的规定采用。

注：丙类房屋是标准设防类建筑，指遭遇地震后，损失较少的一般性房屋，简称"丙类"。

（3）采用蒸压灰砂砖和蒸压粉煤灰砖砌体的房屋，当砌体的抗剪强度仅达到烧结普通砖（黏土砖）砌体的70%时，房屋的层数应比普通砖房屋减少一层，高度应减少3m。当砌体的抗剪强度达到烧结普通砖（黏土砖）砌体的取值时，房屋层数和总高度的要求同普通砖房屋。

（4）多层砌体房屋的层高，不应超过3.6m，底部框架—抗震墙房屋的底部，层高不应超过4.5m；当底层采用约束砌体抗震墙时，底部的层高不应超过4.2m。

注：当使用功能确有需要时，采用约束砌体等加强措施的普通砖房屋，层高不应超过3.9m。

(5) 抗震设防烈度和设计基本地震加速度值的对应关系见表24-2。

抗震设防烈度和设计基本地震加速度值的对应关系 表24-2

抗震设防烈度	6	7	8	9
设计基本地震加速度值	0.05g	0.10(0.15)g	0.20(0.30)g	0.40g

注：g 为重力加速度。

2. 框架结构

这种结构的承重部分是由钢筋混凝土或钢材制作的梁、板、柱形成的骨架承担，外部墙体起围护作用，内部墙体起分隔作用。这种结构可以用于多层建筑和高层建筑中。现浇钢筋混凝土结构的允许建造高度见表24-3。

3. 钢筋混凝土板墙结构

这种结构的竖向承重构件和水平承重构件均采用钢筋混凝土制作，施工时可以在现场浇筑或在加工厂预制，现场进行吊装。这种结构可以用于多层建筑和高层建筑中。《建筑抗震设计规范》GB 50011—2010 中规定了现浇钢筋混凝土结构的允许建造高度（表24-3）。

现浇钢筋混凝土房屋适用的最大高度（m） 表24-3

结构类型		烈 度				
		6	7	8（0.2g）	8（0.3g）	9
框架		60	50	40	35	24
框架—抗震墙		130	120	100	80	50
抗震墙		140	120	100	80	60
部分框支抗震墙		120	100	80	50	不应采用
筒体	框架—核心筒	150	130	100	90	70
	筒中筒	180	150	120	100	80
板柱—抗震墙		80	70	55	40	不应采用

注：1. 房屋高度指室外地面到主要屋面板板顶的高度（不包括局部突出屋顶部分）；
2. 框架—核心筒结构指周边稀柱框架与核心筒组成的结构；
3. 部分框支抗震墙结构指首层或底部两层为框支层的结构，不包括仅个别框支墙的情况；
4. 表中框架结构，不包括异形柱结构；
5. 板柱—抗震墙结构指板柱、框架和抗震墙组成的抗侧力体系的结构；
6. 乙类建筑可按本地区抗震设防烈度确定其适用的最大高度；
7. 超过表内高度的房屋，应进行专门研究和论证，采取有效的加强措施。

现浇钢筋混凝土房屋的抗震等级与建筑物的设防类别、烈度、结构类型和房屋高度有关，丙类建筑的抗震等级应按表24-4确定。

现浇钢筋混凝土房屋的抗震等级 表24-4

结构类型		设 防 烈 度						
		6		7		8		9
	高度（m）	≤24	>24	≤24	>24	≤24	>24	≤24
框架结构	框架	四	三	三	二	二	一	一
	大跨度框架	三		二		一		一

续表

结构类型			设防烈度								
			6		7			8			9
框架—抗震墙结构		高度(m)	≤60	>60	≤24	25~60	>60	≤24	25~60	>60	≤24	25~50
		框架	四	三	四	三	二	三	二	一	二	一
		抗震墙	三		三	二		二	一		一	
抗震墙结构		高度(m)	≤80	>80	≤24	25~80	>80	≤24	25~80	>80	≤24	25~60
		抗震墙	四	三	四	三	二	三	二	一	二	一
部分框支抗震墙结构	抗震墙	高度(m)	≤80	>80	≤24	25~80	>80	≤24	25~80			
		一般部位	四	三	四	三	二	三	二			
		加强部位	三	二	三	二	一	二	一			
	框支层框架		二		二		一	一				
框架核心筒结构		框架	三		二			一			一	
		核心筒	二		二			一			一	
筒中筒结构		外筒	三		二			一			一	
		内筒	三		二			一			一	
板柱—抗震墙结构		高度(m)	≤35	>35	≤35	>35		≤35	35			
		框架、板柱的柱	三	二	二	二		一	二			
		抗震墙	二	三	二	三		二	一			

注：1. 建筑场地为Ⅰ类时，除6度外应允许按表内降低一度所对应的抗震等级采取抗震构造措施，但相应的计算要求不应降低；
2. 接近或等于高度分界时，应允许结合房屋不规则程度及场地、地基条件确定抗震等级；
3. 大跨度框架指跨度不小于18m的框架；
4. 高度不超过60m的框架—核心筒结构按框架—抗震墙的要求设计时，应按表中框架—抗震墙结构的规定确定其抗震等级。

4. 特种结构

这种结构又称为空间结构。它包括悬索、网架、拱、壳体等结构形式。这种结构多用于大跨度的公共建筑中。大跨度空间结构为30m以上跨度的大型空间结构。

5. 建筑高度的计算方法

(1)《民用建筑设计术语标准》GB/T 50504—2009 中规定：建筑高度指的是建筑物室外地面到建筑物屋面、檐口或女儿墙的高度。

注：檐口指屋面与外墙墙身的交接部位，又称"屋檐"。

(2)《建筑抗震设计规范》GB 50011—2010 中规定：多层砌体房屋和底部框架砌体房屋的总高度是指室外地面到主要屋面板板顶或檐口的高度，半地下室从地下室室内地面算起，全地下室和嵌固条件好的半地下室应允许从室外地面算起；对带阁楼的坡屋面应算到山尖墙的1/2高度处。多层和高层钢筋混凝土房屋、多层和高层钢结构房屋的高度是指室外地面到主要屋面板板顶的高度（不包括局部突出屋顶部分）。

(3)《建筑设计防火规范》GB 50016—2014 对建筑高度的规定为：

1）建筑屋面为坡屋面时，建筑高度应为建筑室外设计地面至其檐口与屋脊的平均高度。

2）建筑屋面为平屋面（包括有女儿墙的平屋面）时，建筑高度应为建筑室外设计地面至其屋面面层的高度。

3）同一座建筑有多种形式的屋面时，建筑高度应按上述方法分别计算后，取其中最大值。

4）对于台阶式地坪，当位于不同高程地坪上的同一建筑之间有防火墙分隔，各自有符合规定的安全出口，且可沿建筑的两个长边设置贯通式或尽端式消防车道时，可分别计算各自的建筑高度。否则，应按其中建筑高度最大者确定该建筑的建筑高度。

5）局部突出屋顶的瞭望塔、冷却塔、水箱间、微波天线间或设施、电梯机房、排风和排烟机房以及楼梯出口小间等辅助用房占屋面面积不大于 1/4 者，可不计入建筑高度。

6）对于住宅建筑，设置在底部且室内高度不大于 2.20m 的自行车库、储藏室、敞开空间，室内外高差或建筑的地下或半地下室的顶板面高出室外设计地面的高度不大于 1.50m 的部分，可不计入建筑高度。

(4)《民用建筑设计通则》GB 50352—2005 指出，决定建筑高度时应先区分是控制区还是非控制区，具体规定是：

1）控制区：建筑高度应按建筑物室外地面至建筑物和构筑物最高点的高度计算。

注：1. 控制区是指：①机场、电台、电信、微波通信、气象台、卫星地面站、军事要塞工程等周围的建筑，当其处在各种技术作业控制区范围内时，应按净空要求控制建筑高度；②在国家或地方公布的各级历史名城、历史文化保护区、文物保护单位和风景名胜区的各项建设。

2.《民用建筑设计术语标准》GB/T 50504—2009 规定：构筑物指的是为某种使用目的而建造的、人们一般不直接在其内部进行生产和生活活动的工程实体或附属建筑设施。

2）非控制区：平屋顶应按建筑物室外地面至其屋面面层或女儿墙顶点的高度计算；坡屋顶应按建筑物室外地面至屋檐和屋脊的平均高度计算；下列突出物不计入建筑高度内：

① 局部突出屋面的楼梯间、电梯机房、水箱间等辅助用房占屋顶平面面积不超过 1/4 者；

② 突出屋面的通风道、烟囱、装饰构件、花架、通信设施等；

③ 空调冷却塔等设备。

(5)《高层建筑混凝土结构技术规程》JGJ 3—2010 规定：房屋高度是指自室外地面至房屋主要屋面的高度，不包括突出屋面的电梯机房、水箱、构架等的高度。

(6)《高层民用建筑钢结构技术规程》JGJ 99—2015 规定：建筑高度是指自室外地面至房屋主要屋面的高度，不包括突出屋面的电梯机房、水箱、构架等高度。

6. 建筑层数的计算方法

《建筑设计防火规范》GB 50016—2014 规定：建筑层数是建筑物的自然楼层数，但下列空间可不计入建筑层数：

(1) 室内顶板面高出室外设计地面的高度不大于 1.50m 的地下或半地下室；

(2) 设置在建筑底部且室内高度不大于 2.20m 的自行车库、储藏室、敞开空间；

(3) 建筑屋顶上突出的局部设备用房、出屋面的楼梯间等。

（三）按建筑层数或总高度分

（1）《民用建筑设计通则》GB 50352—2005 规定：

1）住宅建筑1～3层为低层，4～6层为多层，7～9层为中高层，10层和10层以上为高层。

2）除住宅外的其他民用建筑：高度大于24m的为高层，小于或等于24m的为单层和多层。

3）建筑高度超过100m的民用建筑为超高层。

（2）《智能建筑设计标准》GB 50314—2015 规定：建筑高度为100m或35层及以上的住宅建筑为超高层住宅建筑。

（3）《建筑设计防火规范》GB 50016—2014 规定：

1）建筑高度大于27m的住宅建筑和建筑高度大于24m的非单层厂房、仓库和其他民用建筑称为高层建筑。

2）民用建筑根据其建筑高度和层数可分为单层民用建筑、多层民用建筑和高层民用建筑；高层民用建筑根据其建筑高度、使用功能和楼层建筑面积，可分为一类高层建筑和二类高层建筑；具体划分见表24-5。

民用建筑的分类　　　　　　　　　　　　　表24-5

名称	高层民用建筑		单、多层民用建筑
	一类	二类	
住宅建筑	建筑高度大于54m的住宅建筑（包括设置商业服务网点的住宅建筑）	建筑高度大于27m，但不大于54m的住宅建筑（包括设置商业服务网点的住宅建筑）	建筑高度不大于27m的住宅建筑（包括设置商业服务网点的住宅建筑）
公共建筑	1. 建筑高度大于50m的公共建筑； 2. 建筑高度24m以上部分任一楼层建筑面积大于$1000m^2$的商店、展览、电信、邮政、财贸金融建筑和其他多种功能组合的建筑； 3. 医疗建筑、重要公共建筑； 4. 省级及以上的广播电视和防灾指挥调度建筑、网局级和省级电力调度建筑； 5. 藏书超过100万册的图书馆、书库	除一类高层公共建筑外的其他高层公共建筑	1. 建筑高度大于24m的单层公共建筑； 2. 建筑高度不大于24m的其他公共建筑

注：1. 宿舍、公寓等非住宅类居住建筑的防火要求，应符合相关公共建筑的规定。
2. 在高层建筑主体投影范围外，与建筑主体相连且建筑高度不大于24m的附属建筑称为裙房。裙房的防火要求应符合高层民用建筑的规定。
3. 商业服务网点指的是设置在住宅建筑的首层或首层及二层，每个分隔单元建筑面积不大于$300m^2$的商店、邮政所、储蓄所、理发店等小型营业性用房。
4. 重要公共建筑指的是发生火灾可能造成重大人员伤亡、财产损失和严重社会影响的公共建筑。

（4）《高层建筑混凝土结构技术规程》JGJ 3—2010 规定：10层及10层以上或房屋高度大于28m的住宅建筑以及房屋高度大于24m的其他民用建筑属于高层建筑。

（四）按施工方法分

施工方法是指建造房屋时所采用的方法，它分为以下几类：

1. 现浇、现砌式

这种施工方法是指主要构件均在施工现场砌筑（如砖墙等）或浇筑（如钢筋混凝土构件等）。

2. 预制、装配式

这种施工方法是指主要构件在加工厂预制，施工现场进行装配。

3. 部分现浇现砌、部分装配式

这种施工方法是一部分构件在现场浇筑或砌筑（大多为竖向构件），一部分构件为预制吊装（大多为水平构件）。

二、建筑物的等级

建筑物的等级包括耐久等级和耐火等级两大部分。

(一) 耐久等级

建筑物耐久等级的指标是设计使用年限。设计使用年限的长短是依据建筑物的性质决定的。影响建筑设计使用年限的因素主要是结构构件的选材和结构体系。

《民用建筑设计通则》GB 50352—2005 中对建筑物的设计使用年限作了如下规定：

一类：设计使用年限为 5 年，适用于临时性建筑；

二类：设计使用年限为 25 年，适用于易于替换结构构件的建筑；

三类：设计使用年限为 50 年，适用于普通建筑物和构筑物；

四类：设计使用年限为 100 年，适用于纪念性建筑和特别重要的建筑。

(二) 耐火等级

1. 基本规定

(1) 建筑结构材料的防火分类

1) 不燃材料：指在空气中受到火烧或高温作用时，不起火、不燃烧、不炭化的材料，如砖、石、金属材料和其他无机材料。用不燃烧性材料制作的建筑构件通常称为"不燃性构件"。

2) 难燃材料：指在空气中受到火烧或高温作用时，难起火、难燃烧、难炭化的材料，当火源移走后，燃烧或微燃立即停止的材料。如刨花板和经过防火处理的有机材料。用难燃性材料制作的建筑构件通常称为"难燃性构件"。

3) 可燃材料：指在空气中受到火烧或高温作用时，立即起火燃烧且火源移走后仍能继续燃烧或微燃的材料，如木材、纸张等材料。用可燃性材料制作的建筑构件通常称为"可燃性构件"。

(2) 耐火极限：耐火极限指的是在标准耐火试验条件下，建筑构件、配件或结构从受到火的作用时起，至失去承载能力、完整性或隔热性时止所用时间，用小时表示。

2. 民用建筑的耐火等级

《建筑设计防火规范》GB 50016—2014 规定：民用建筑的耐火等级应根据其建筑高度、使用功能、重要性和火灾扑救难度等确定，分为一级、二级、三级和四级。

(1) 地下、半地下建筑（室）和一类高层建筑的耐火等级不应低于一级；

(2) 单层、多层重要公共建筑和二类高层建筑的耐火等级不应低于二级。

3. 民用建筑构件（非木结构）的燃烧性能和耐火极限

民用建筑构件（非木结构）不同耐火等级建筑相应构件的燃烧性能和耐火极限不应低

于表 24-6 的规定。

民用建筑构件（非木结构）不同耐火等级构件的燃烧性能和耐火极限　　表 24-6

构件名称		耐火等级			
		一级	二级	三级	四级
墙	防火墙	不燃性 3.00	不燃性 3.00	不燃性 3.00	不燃性 3.00
	承重墙	不燃性 3.00	不燃性 2.50	不燃性 2.00	难燃性 0.50
	非承重外墙	不燃性 1.00	不燃性 1.00	不燃性 0.50	可燃性
	楼梯间和前室的墙、电梯井的墙、住宅建筑单元之间的墙和分户墙	不燃性 2.00	不燃性 2.00	不燃性 1.50	难燃性 0.50
	疏散走道两侧的隔墙	不燃性 1.00	不燃性 1.00	不燃性 0.50	难燃性 0.25
	房间隔墙	不燃性 0.75	不燃性 0.50	不燃性 0.50	难燃性 0.25
柱		不燃性 3.00	不燃性 2.50	不燃性 2.00	难燃性 0.50
梁		不燃性 2.00	不燃性 1.50	不燃性 1.00	难燃性 0.50
楼板		不燃性 1.50	不燃性 1.00	不燃性 0.50	可燃性
屋顶承重构件		不燃性 1.50	不燃性 1.00	不燃性 0.50	可燃性
疏散楼梯		不燃性 1.50	不燃性 1.00	不燃性 0.50	可燃性
吊顶（包括吊顶格栅）		不燃性 0.25	难燃性 0.25	难燃性 0.15	可燃性

注：1. 以木柱承重且墙体采用不燃材料的建筑，其耐火等级应按四级确定。
　　2. 住宅建筑构件的耐火极限和燃烧性能可按国家标准《住宅建筑规范》GB 50368—2005 的规定执行。

4. 特定的民用建筑构件的耐火极限

（1）楼板

1）建筑高度大于 100m 的民用建筑，其楼板的耐火极限不应低于 2.00h。

2）二级耐火等级多层住宅建筑内采用预应力混凝土的楼板，其耐火极限不应低于 0.75h。

（2）屋面板

1）一级耐火等级建筑的上人平屋顶，其屋面板的耐火极限不应低于 1.50h；

2) 二级耐火等级建筑的上人平屋顶,其屋面板的耐火极限不应低于1.00h;

3) 一、二级耐火等级建筑的屋面板应采用不燃材料。

(3) 房间隔墙:二级耐火等级建筑内采用难燃性墙体的房间隔墙,其耐火极限不应低于0.75h;当房间的建筑面积不大于100m²时,房间隔墙可采用耐火极限不低于0.50h的难燃性墙体或耐火极限不低于0.30h的不燃性墙体。

(4) 夹芯板:建筑中的非承重外墙、房间隔墙和屋面板采用的金属夹芯板材,其芯材应为不燃材料。

(5) 吊顶

1) 二级耐火等级建筑内采用不燃材料的吊顶,其耐火极限不限。

2) 三级耐火等级的医疗建筑、中小学校的教学建筑、老年人建筑及托儿所、幼儿园的儿童用房和儿童游乐厅等儿童活动场所的吊顶,其耐火极限不应低于0.25h。

3) 二、三级耐火等级建筑内门厅、走道的吊顶应采用不燃材料。

5. 《建筑设计防火规范》GB 50016—2014规定的各类非木结构构件的燃烧性能和耐火极限(摘编)见表24-7。

各类非木结构构件的燃烧性能和耐火极限 表24-7

序号	构件名称		构件厚度或截面最小尺寸(mm)	耐火极限(h)	燃烧性能
一 承重墙					
1	普通黏土砖、硅酸盐砖、混凝土、钢筋混凝土实体墙		120	2.50	不燃性
			180	3.50	不燃性
			240	5.50	不燃性
			370	10.50	不燃性
2	加气混凝土砌块墙		100	2.00	不燃性
3	轻质混凝土砌块、天然石材的墙		120	1.50	不燃性
			240	3.50	不燃性
			370	5.50	不燃性
二 非承重墙					
1. 普通黏土砖墙	不包括双面抹灰		60	1.50	不燃性
			120	3.00	不燃性
	包括两面抹灰(每侧15mm厚)		150	4.50	不燃性
			180	5.00	不燃性
			240	8.00	不燃性
2. 轻质混凝土墙	加气混凝土砌块墙		75	2.50	不燃性
			100	6.00	不燃性
			200	8.00	不燃性
	钢筋加气混凝土垂直墙板墙		150	3.00	不燃性
	粉煤灰加气混凝土砌块墙		100	3.40	不燃性
	充气混凝土砌块墙		150	7.50	不燃性

103

续表

序号	构件名称	构件厚度或截面最小尺寸（mm）	耐火极限（h）	燃烧性能
3. 钢筋混凝土墙	大板墙（C20）	60	1.00	不燃性
		120	2.60	不燃性
4. 钢龙骨两面钉纸面石膏板隔墙，单位（mm）	20+46(空)+12	78	0.33	不燃性
	2×12+70(空)+2×12	118	1.20	不燃性
	2×12+70(空)+3×12	130	1.25	不燃性
	2×12+75(填岩棉，表观密度为 100 kg/m³)+2×12	123	1.50	不燃性
	12+75(填50玻璃棉)+12	99	0.50	不燃性
	2×12+75(填50玻璃棉)+2×12	123	1.00	不燃性
	3×12+75(填50玻璃棉)+3×12	147	1.50	不燃性
	12+75(空)+12	99	0.52	不燃性
	12+75(其中5.0%厚岩棉)+12	99	0.90	不燃性
	15+9.5+75+15	123	1.50	不燃性
5. 钢龙骨两面钉双层石膏板隔墙，单位(mm)	2×12+75(空)+2×12	123	1.10	不燃性
	18+70(空)+18	106	1.35	不燃性
	2×12+75(空)+2×12	123	1.35	不燃性
	2×12+75(填岩棉，表观密度为100kg/m³)+2×12	123	2.10	不燃性
6. 轻钢龙骨两面钉耐火纸面石膏板隔墙，单位(mm)	3×12+100(岩棉)+2×12	160	2.00	不燃性
	3×15+100(50厚岩棉)+2×12	169	2.95	不燃性
	3×15+100(80厚岩棉)+2×15	175	2.82	不燃性
	3×15+150(100厚岩棉)+3×15	240	4.00	不燃性
	9.5+3×12+100(空)+100(80厚岩棉)+2×12+9.5+12	291	3.00	不燃性
7. 混凝土砌块墙	(1) 轻骨料小型空心砌块	规格尺寸为 330mm×140mm	1.98	不燃性
		规格尺寸为 330mm×190mm	1.25	不燃性
	(2) 轻骨料(陶粒)混凝土砌块	规格尺寸为 330mm×240mm	2.92	不燃性
		规格尺寸为 330mm×290mm	4.00	不燃性
	(3) 轻骨料小型空心砌块(实体墙体)	规格尺寸为 330mm×190mm	4.00	不燃性
	(4) 普通混凝土承重空心砌块	规格尺寸为 330mm×140mm	1.65	不燃性
		规格尺寸为 330mm×190mm	1.93	不燃性
		规格尺寸为 330mm×290mm	4.00	不燃性
8. 轻骨料混凝土条板隔墙	板厚(mm)	90	1.50	不燃性
		120	2.00	不燃性

续表

序号	构件名称	构件厚度或截面最小尺寸（mm）		耐火极限（h）	燃烧性能
三 柱					
1. 钢筋混凝土矩形柱	截面尺寸（mm²）	180×240		1.20	不燃性
		200×200		1.40	不燃性
		200×300		2.50	不燃性
		240×240		2.00	不燃性
		300×300		3.00	不燃性
		200×400		2.70	不燃性
		200×500		3.00	不燃性
		300×500		3.50	不燃性
		370×370		5.00	不燃性
2. 普通黏土砖柱	截面尺寸（mm²）	370×370		5.00	不燃性
3. 钢筋混凝土圆柱	直径（mm）	300		3.00	不燃性
		450		4.00	不燃性
4. 有保护层的钢柱	保护层为金属网抹M5砂浆，厚度（mm）	25		0.80	不燃性
		50		1.30	不燃性
	保护层为加气混凝土，厚度（mm）	40		1.00	不燃性
		50		1.40	不燃性
		70		2.00	不燃性
		80		2.33	不燃性
	保护层为C20混凝土，厚度（mm）	25		0.80	不燃性
		50		2.00	不燃性
		100		2.85	不燃性
	保护层为普通黏土砖，厚度（mm）	120		2.85	不燃性
	保护层为陶粒混凝土，厚度（mm）	80		3.00	不燃性
	保护层为薄涂型钢结构防火涂料，厚度（mm）	5.5		1.00	不燃性
		7.0		1.50	不燃性
	保护层为厚涂型钢结构防火涂料，厚度（mm）	15		1.00	不燃性
		20		1.50	不燃性
		30		2.00	不燃性
		40		2.50	不燃性
		50		3.00	不燃性

续表

序号	构件名称		构件厚度或截面最小尺寸（mm）	耐火极限（h）	燃烧性能
四 梁					
简支的钢筋混凝土梁	非预应力钢筋，保护层厚度（mm）		10	1.20	不燃性
			20	1.75	不燃性
			25	2.00	不燃性
			30	2.30	不燃性
			40	2.90	不燃性
			50	3.50	不燃性
	预应力钢筋或高强度钢丝，保护层厚度（mm）		25	1.00	不燃性
			30	1.20	不燃性
			40	1.50	不燃性
			50	2.00	不燃性
	有保护层的钢梁		15mm厚LG防火隔热涂料保护层	1.50	不燃性
			20mm厚LY防火隔热涂料保护层	2.30	不燃性
五 楼板和屋顶承重构件					
1. 非预应力简支钢筋混凝土圆孔空心楼板	保护层厚度（mm）		10	0.90	不燃性
			20	1.25	不燃性
			30	1.50	不燃性
2. 预应力简支钢筋混凝土圆孔空心楼板	保护层厚度（mm）		10	0.40	不燃性
			20	0.70	不燃性
			30	0.85	不燃性
3. 四边简支的钢筋混凝土楼板	保护层厚度、板厚（mm）		10、70	1.40	不燃性
			15、80	1.45	不燃性
			20、80	1.50	不燃性
			30、90	1.85	不燃性
4. 现浇的整体式梁板	保护层厚度、板厚（mm）		10、100	2.00	不燃性
			15、100	2.00	不燃性
			20、100	2.10	不燃性
			30、100	2.15	不燃性
5. 屋面板	钢筋加气混凝土屋面板，保护层厚度10mm		—	1.25	不燃性
	钢筋充气混凝土屋面板，保护层厚度10mm		—	1.60	不燃性
	钢筋混凝土方孔屋面板，保护层厚度10mm		—	1.20	不燃性

续表

序号	构件名称	构件厚度或截面最小尺寸（mm）	耐火极限（h）	燃烧性能
5. 屋面板	预应力混凝土槽形屋面板，保护层厚度10mm	—	0.50	不燃性
	预应力混凝土槽瓦，保护层厚度10mm	—	0.50	不燃性
	轻型纤维石膏板屋面板	—	0.60	不燃性
六　吊顶				
1. 钢吊顶格栅	钢丝网（板）抹灰	15	0.25	不燃性
	钉石棉板	10	0.85	不燃性
	钉双层石膏板	10	0.30	不燃性
	挂石棉型硅酸钙板	10	0.30	不燃性
	两侧挂0.5mm厚薄钢板，内填密度为100 kg/m³的陶瓷棉复合板	40	0.40	不燃性
2. 夹芯板	双面单层彩钢面岩棉夹芯板，中间填密度为120kg/m³的岩棉	50	0.30	不燃性
		100	0.50	不燃性
3. 钢龙骨，单面钉防火板，填密度100kg/m³的岩棉，(mm)	9＋75（岩棉）	84	0.50	不燃性
	12＋100（岩棉）	112	0.75	不燃性
	2×9＋100（岩棉）	118	0.90	不燃性
4. 钢龙骨单面钉纸面石膏板(mm)，填充材料同上	12＋2填缝料＋60（空）	74	0.10	不燃性
	12＋1填缝料＋12＋1填缝料＋60（空）	86	0.40	不燃性
5. 钢龙骨单面钉防火纸面石膏板(mm)，填充材料同上	12＋50（填60kg/m³的岩棉）	62	0.20	不燃性
	15＋1填缝料＋15＋1填缝料＋60（空）	92	0.50	不燃性
七　防火门				
1. 木质防火门	木质面板或木质面板内设防火板 1. 门扇内填充珍珠岩 2. 门扇内填充氯化镁、氧化镁	（丙级）40～50厚	0.50	难燃性
		（乙级）45～50厚	1.00	难燃性
		（甲级）50～90厚	1.50	难燃性
2. 钢木质防火门	1. 木质面板 1）钢质或钢木质复合门框、木质骨架，迎（背）火面一面或两面设防火板，或不设防火板；门扇内填充珍珠岩，或氯化镁、氧化镁	（丙级）40～50厚	0.50	难燃性
	2）木质门框、木质骨架，迎（背）火面一面或两面设防火板，或钢板；门扇内填充珍珠岩，或氯化镁、氧化镁 2. 钢质面板 钢质或钢木质复合门框、钢质或木质骨架，迎（背）火面一面或两面设防火板，或不设防火板；门扇内填充珍珠岩，或氯化镁、氧化镁	（乙级）45～50	1.00	难燃性
		（甲级）50～90	1.50	难燃性

续表

序号	构件名称	构件厚度或截面最小尺寸(mm)	耐火极限(h)	燃烧性能
3. 钢质防火门	钢质门框、钢质面板、钢质骨架；迎（背）火面一面或两面设防火板，或不设防火板；门扇内填充珍珠岩或氯化镁、氧化镁	（丙级）40~50	0.50	不燃性
		（乙级）45~70	1.00	不燃性
		（甲级）50~90	1.50	不燃性
八 防火窗				
1. 钢质防火窗	窗框钢质，窗扇钢质，窗框填充水泥砂浆，窗扇内填充珍珠岩，或氧化镁、氯化镁，或防火板；复合防火玻璃	25~30	1.00	不燃性
		30~38	1.50	不燃性
2. 木质防火窗	窗框、窗扇均为木质，或均为防火板和木质复合；窗框无填充材料，窗扇迎（背）火面外设防火板和木质面板，或为阻燃实木；复合防火玻璃	25~30	1.00	难燃性
		30~38	1.50	难燃性
3. 钢木复合防火窗	窗框钢质，窗扇木质，窗框填充水泥砂浆，窗扇迎（背）火面外设防火板和木质面板，或为阻燃实木；复合防火玻璃	25~30	1.00	难燃性
		30~38	1.50	难燃性
九 防火卷帘				
1	钢质普通型防火卷帘（帘板为单层）	—	1.50~3.00	不燃性
2	钢制复合型防火卷帘（帘板为双层）	—	2.00~4.00	不燃性
3	无机复合防火卷帘（采用多种无机材料复合而成）	—	3.00~4.00	不燃性
4	无机复合轻质防火卷帘（双层、不需水幕保护）	—	4.00	不燃性

注：（删去结构计算部分）
  1. 确定墙体的耐火极限不考虑墙上有无洞孔。
  2. 墙的总厚度包括抹灰粉刷层。
  3. 中间尺寸的构件，其耐火极限建议经试验确定，亦可按插入法计算。
  4. 计算保护层时，应包括抹灰粉刷层在内。
  5. 现浇的无梁楼板按简支板数据采用。
  6. 无防火保护层的钢梁、钢柱、钢楼板和钢屋架，其耐火极限可按0.25h确定。
  7. 人孔盖板的耐火极限可参照防火门确定。
  8. 防火门和防火窗中的"木质"均为经阻燃处理。

阅读上表时应注意以下的一些规律：
（1）总体规律：
竖向构件强于水平构件，水平构件强于平面构件（如一级耐火，柱、墙为3.00h，梁为2.00h，楼板为1.50h），与结构设计"强柱弱梁"、"强剪弱弯"的要求基本相同。
（2）选用结构材料的规律：
1）能满足结构要求的，防火基本没有问题（如一级耐火墙的要求是3.00h，而

240mm 墙的耐火极限 5.50h）；

2）重型材料优于轻型材料（如 120mm 砖墙的耐火极限 2.50h，120mm 轻骨料混凝土条板隔墙的耐火极限 2.00h）；

3）非预应力构件优于预应力构件（如非预应力圆孔板的耐火极限是 0.90～1.50h，而预应力圆孔板的耐火极限是 0.40～0.85h）；

4）同一种材料、同一种厚度在承重构件时与非承重构件时的区别，如 100mm 厚的加气混凝土砌块，在承重构件时的耐火极限是 2.00h，在非承重构件时是 6.00h。

(3) 常用构件的耐火极限

1）轻钢龙骨纸面石膏板隔墙：12mm+46（空）mm+12mm 的构造，其耐火极限只有 0.33h；提高耐火极限的途径可以选用双层石膏板或在空气层中填矿棉等防火材料。

2）钢筋混凝土结构：钢筋混凝土结构的耐火极限与保护层的厚度有关，如：100mm 的现浇钢筋混凝土结构的耐火极限，保护层为 10mm 时耐火极限 2.00h；20mm 时为 2.10h；30mm 时为 2.15h。

3）钢结构：无保护层的钢结构耐火极限只有 0.25h，要提高耐火极限必须加设保护层（如：选用防火涂料、M5 砂浆、C20 混凝土、加气混凝土、普通砖等）。

4）防火门：防火门分为甲级（A1.50）、乙级（A1.00）、丙级（A0.50）三种。材质有木质防火门、钢木质防火门、钢质防火门等类型。

5）防火窗：防火窗分为甲级（A1.50）、乙级（A1.00）和丙级（A0.50）三种。材质有钢质防火窗、木质防火窗、钢木复合防火窗等类型。

6. 特殊房间的防火要求

（1）除为满足民用建筑使用功能所设置的附属库房外，民用建筑内不应设置生产车间和其他库房。

（2）经营、存放和使用甲、乙类火灾危险性物品的商店、作坊和储藏间，严禁附设在民用建筑内。

（3）燃油或燃气锅炉、油浸变压器、充有可燃油的高压电容器和多油开关的布置要求：

1）宜设置在建筑外的专用房间内；

2）确需贴邻民用建筑布置时，应采用防火墙与所贴邻的建筑分隔，且不应贴邻人员密集场所，该专用房间的耐火等级不应低于二级；

3）确需布置在民用建筑内时，不应布置在人员密集场所的上一层、下一层或贴邻，并应符合下列规定：

① 燃油或燃气锅炉房、变压器室应设置在首层或地下一层靠外墙部位，但常（负）压燃油或燃气锅炉可设置在地下二层或屋顶上；设置在屋顶上的常（负）压燃气锅炉距离通向屋面的安全出口不应小于 6m。采用相对密度（与空气密度的比值）不小于 0.75 的可燃气体为燃料的锅炉，不得设置在地下或半地下。

② 锅炉房、变压器室的疏散门均应直通室外或安全出口。

③ 锅炉房、变压器室与其他部位之间应采用耐火极限不低于 2.00h 的防火隔墙和 1.50h 的不燃性楼板分隔，在隔墙和楼板上不应开设洞口，确需在隔墙上设置门、窗时，应采用甲级防火门、窗。

④当锅炉房内设置储油间时，其总储量不应大于 $1.00m^3$，且储油间应采用耐火极限不低于 3.00h 的防火隔墙与锅炉间分隔；确需在防火隔墙上设置门时，应采用甲级防火门。

⑤变压器室之间、变压器室与配电室之间，应设置耐火极限不低于 2.00h 的防火隔墙。

⑥应设置火灾报警装置。

（4）柴油发电机房的布置要求

1）宜布置在建筑物的首层或地下一、二层。

2）不应布置在人员密集场所的上一层、下一层或贴邻。

3）应采用耐火极限不低于 2.00h 的防火隔墙和 1.50h 的不燃性楼板与其他部位分隔，应设置甲级防火门。

4）机房内设置储油间时，其总储存量不应大于 $1.00m^3$，储油间应采用耐火极限不低于 3.00h 的防火隔墙与发电机间分隔；确需在防火隔墙上开门时，应设置甲级防火门。

5）应设置火灾报警装置。

7. 地下室、半地下室的耐火等级与防火要求

（1）耐火等级

地下、半地下建筑（室）的耐火等级不应低于一级。

（2）防火要求

1）室内地面与室外出入口地坪高差大于 10m 或 3 层及以上的地下、半地下建筑（室），其疏散楼梯应采用防烟楼梯间；其他地下或半地下建筑（室），其疏散楼梯应采用封闭楼梯间。

2）应在首层采用耐火极限不低于 2.00h 的防火隔墙与其他部位分隔并应直通室外，确需在隔墙上开门时，应采用乙级防火门。

3）建筑的地下或半地下部分与地上部分不应共用楼梯间，确需共用楼梯间时，应在首层采用耐火极限不低于 2.00h 的防火隔墙和乙级防火门将地下或半地下部分与地上部分的连通部位完全分隔，并应设置明显的标志。

8. 建筑防火构造

《建筑设计防火规范》GB 50016—2014 规定：

（1）防火墙

1）防火墙应直接设置在建筑的基础或框架、梁等承重结构上，框架、梁等承重结构的耐火极限不应低于防火墙的耐火极限。

2）防火墙应从楼地面基层阻隔至梁、楼板或屋面板的底面基层。当建筑屋顶承重结构和屋面板的耐火极限低于 0.50h 时，防火墙应高出屋面 0.50m 以上。

3）建筑外墙为难燃性或可燃性墙体时，防火墙应凸出墙的外表面 0.40m 以上，且防火墙两侧的外墙均应为宽度均不小于 2.00m 的不燃性墙体，其耐火极限不应低于外墙的耐火极限。

4）建筑外墙为不燃性墙体时，防火墙可不凸出墙的外表面。紧靠防火墙两侧的门、窗、洞口之间最近边缘的水平距离不应小于 2.00m；采取设置乙级防火窗等防止火灾水平蔓延的措施时，该距离不限。

5）防火墙上不应开设门、窗、洞口，确需开设时，应设置不可开启或火灾时能自行关闭的甲级防火门、窗。

6）建筑内的防火墙不宜设置在转角处，确需设置在转角处时，内转角两侧墙上的门、窗、洞口之间最近边缘的水平距离不应小于4.00m；采取设置乙级防火窗等防止火灾水平蔓延的措施时，该距离不限。

7）可燃性气体和甲、乙、丙类液体的管道严禁穿过防火墙。防火墙内不应设置排气道。

8）防火墙的构造应能在防火墙任意一侧的屋架、梁、楼板等受到火灾的影响而破坏时，不会导致防火墙倒塌。

（2）建筑构件和管道井

1）防火隔墙与楼板

①剧场等建筑的舞台与观众厅之间的隔墙应采用耐火极限不低于3.00h的防火隔墙。

②附设在建筑内的托儿所、幼儿园的儿童活动用房和儿童游乐厅等儿童活动场所、老年人活动场所，应采用耐火极限不低于2.00h的防火隔墙和1.00h的楼板与其他场所或部位分隔，墙上必须设置的门、窗应采用乙级防火门、窗。

③民用建筑内的附属库房、宿舍、公寓建筑的公共厨房和其他建筑内的厨房（居住建筑中套内的厨房除外）、附设在住宅建筑内的机动车库应采用耐火极限不低于2.00h的防火隔墙与其他部位分隔，墙上的门、窗应采用乙级防火门、窗，确有困难时，可采用防火卷帘。

④建筑内的防火隔墙应从楼地面基层阻隔至梁、楼板或屋面板的底面基层，屋面板的耐火极限不应低于0.50h。

⑤建筑外墙上、下层开口之间应设置高度不小于1.20m的实体墙或挑出宽度不小于1.00m，长度不小于开口宽度的防火挑檐。

⑥住宅建筑外墙上相邻户开口之间的墙体宽度不应小于1.00m；小于1.00m时，应在开口之间设置突出外墙不小于0.60m的隔板。

⑦附设在建筑内的消防控制室、通风空气调节机房、变配电室等房间，应采用耐火极限不低于2.00h的防火隔墙和1.50h的楼板与其他部位分隔。通风空气调节机房和变配电室开向建筑内的门应采用甲级防火门。消防控制室开向建筑内的门应采用乙级防火门。

2）管道井

①电梯井应独立设置，井内严禁敷设可燃气体和甲、乙、丙液体管道，不应敷设与电梯无关的电缆、电线等。电梯井的井壁除应设置电梯门、安全逃生门和通气孔洞外，不应设置其他洞口。

②电缆井、管道井、排烟道、排气道、垃圾道等竖向井道，应分别独立设置。井壁的耐火极限不应低于1.00h，井壁上的检查门应采用丙级防火门。

③建筑内的电缆井、管道井与房间、走道等相连通的空隙应采用防火材料封堵。

④建筑内的垃圾道宜靠外墙设置，垃圾道的排气口应直接开向室外，垃圾斗应采用不燃材料制作，并应能自行关闭。

⑤电梯层门的耐火极限不应低于1.00h。

(3) 屋顶、闷顶和建筑缝隙

1) 屋顶

① 在三、四级耐火等级建筑的闷顶内采用可燃材料（锯末、稻壳等）作绝热层时，屋顶不应采用冷摊瓦（无屋面基层的做法）。

② 闷顶内的非金属烟囱周围 0.50m、金属烟囱 0.70m 范围内，应采用不燃材料作绝热层。

③ 建筑屋顶上的开口部位与邻近建筑和设施之间，应采取防止火灾蔓延的措施。

2) 闷顶

① 层数超过 2 层的三级耐火等级建筑内的闷顶，应在每个防火隔断范围内设置老虎窗，且老虎窗的间距不宜大于 50m。

② 内有可燃物的闷顶，应在每个防火隔断范围内设置净宽度和净高度不小于 0.70m 的闷顶入口，每个防火隔断范围内的闷顶入口不宜少于 2 个。闷顶入口宜布置在走廊中靠近楼梯间的部位。

3) 建筑缝隙

① 变形缝内的填充材料和变形缝的构造基层应采用不燃材料。

② 电线、电缆、可燃气体等的管道不宜穿过建筑内的变形缝；确需穿过时，应在穿过处加设不燃材料制作的套管或采取其他防变形措施，并应采用防火封堵材料封堵。

③ 防烟、排烟、供暖、通风和空气调节系统中的管道及建筑内的其他管道，在穿越防火隔墙、楼板和防火墙处的孔隙应采用防火封堵材料封堵。

(4) 疏散楼梯间、疏散走道和疏散门

1) 疏散楼梯间的设置要求

① 建筑内的疏散楼梯在各层的平面位置不应改变（通向避难层的疏散楼梯除外）。

② 楼梯间应能自然采光和自然通风，并宜靠外墙设置。靠外墙设置时，楼梯间、前室及合用前室外墙上的窗口与两侧门、窗、洞口最近边缘的水平距离不应小于 1.00m。

③ 楼梯间内不应设置烧水间、可燃材料储藏室、垃圾道。

④ 楼梯间内不应有影响疏散的凸出物或其他障碍物。

⑤ 封闭楼梯间、防烟楼梯间及其前室，不应设置卷帘。（关于封闭楼梯间、防烟楼梯间和室外楼梯的构造要求见本章第五节所述）

⑥ 楼梯间内不应设置甲、乙、丙类液体管道。

⑦ 封闭楼梯间、防烟楼梯间及其前室内禁止穿过或设置可燃性气体管道。敞开楼梯间内不应设置可燃性气体管道，当住宅建筑的敞开楼梯间内确需设置可燃性气体管道和可燃性气体计量表时，应采用金属管和设置切断气源的阀门。

2) 疏散走道

疏散走道在防火分区处应设置常开甲级防火门。

3) 疏散门

① 民用建筑的疏散门，应采用向疏散方向开启的平开门，不应采用推拉门、卷帘门、吊门、转门和折叠门。人数不超过 60 人且每樘门的平均疏散人数不超过 30 人的房间，其疏散门的开启方向不限。

② 开向疏散楼梯或疏散楼梯间的门，当其完全开启时，不应减少楼梯平台的有效

宽度。

③ 人员密集场所内平时需要控制人员随意出入的疏散门和设置门禁系统的住宅、宿舍、公寓建筑的外门，应保证火灾时不需使用钥匙等任何工具既能从内部易于打开，并应在显著位置设置具有使用提示的标识。

(5) 防火门、防火窗和防火卷帘

1) 防火门

① 设置在建筑内经常有人通行处的防火门宜采用常开防火门。常开防火门应能在火灾时自行关闭，并应具有信号反馈的功能。

② 除允许设置常开防火门的位置外，其他位置的防火门均应采用常闭防火门。常闭防火门应在其明显位置设置"保持防火门关闭"等提示标识。

③ 除管井检修门和住宅户门外，防火门应具有自行关闭的功能。双扇防火门，应具有按顺序关闭的功能。

④ 防火门应能在其内外侧手动开启。

⑤ 设置在建筑变形缝处附近时，防火门应设置在楼层数较多的一侧，并应保证防火门开启时门扇不跨越变形缝。

⑥ 防火门关闭后应具有防烟功能。

⑦ 防火门的等级应符合现行国家标准《防火门》GB 12955—2008 的规定。该规范将防火门分为隔热防火门（A类）、部分隔热防火门（B类）和非隔热防火门（C类）。隔热防火门（A类）的耐火性能分为 A3.00、A2.00、A1.50（甲级）、A1.00（乙级）、A0.50（丙级）。

2) 防火窗

① 设置在防火墙、防火隔墙上的防火窗，应采用不可开启的窗扇或具有火灾时能自行关闭的功能。

② 防火窗的等级应符合现行国家标准《防火窗》GB 16809—2008 的规定。该规范将防火窗分为隔热防火门（A类）和非隔热防火窗（C类）。隔热防火窗（A类）的耐火性能分为 A3.00、A2.00、A1.50（甲级）、A1.00（乙级）、A0.50（丙级）。

3) 防火卷帘

① 除中庭外，当防火分隔部位的宽度不大于 30m 时，防火卷帘的宽度不应大于 10m；当防火分隔部位的宽度大于 30m 时，防火卷帘的宽度不应大于该部位宽度的 1/3，且不应大于 20m。

② 防火卷帘应具有火灾时靠自重自动关闭的功能。

③ 防火卷帘的耐火极限不应低于所设置部位墙体的耐火极限的要求。

④ 防火卷帘应具有防烟功能，与楼板、梁、墙、柱之间的空隙应采用防火封堵材料封堵。

⑤ 需在火灾时自动降落的防火卷帘，应具有信号反馈功能。

⑥ 其他要求应符合国家标准《防火卷帘》GB 14102—2005 的规定。

(6) 天桥

1) 天桥应采用不燃材料制作。

2) 封闭天桥与建筑物连接处的门洞宜采取防止火灾蔓延的措施。

3）连接两座建筑物的天桥、连廊，应采取防止火灾在两座建筑间蔓延的措施。当仅供通行的天桥、连廊采用不燃材料，且建筑物通行的天桥、连廊的出口符合安全出口要求时，该出口可作为安全出口。

三、建筑模数协调标准

《建筑模数协调标准》GB/T 50002—2013 是为了实现建筑设计、制造、施工安装的互相协调；合理地对建筑各部位尺寸进行分割，确定各部位的尺寸和边界条件；优选某种类型的标准化方式，使得标准化部件的种类最优；有利于部件的互换性；有利于建筑部件的定位和安装，协调建筑部件与功能空间之间的尺寸关系而制定的标准。它包括以下主要内容：

（一）基本模数和导出模数

1. 基本模数：基本模数的数值为 100mm，用 M 表示（即 1M＝100mm）。整个建筑物和建筑物的一部分以及建筑部件的模数化尺寸，应是基本模数的倍数。

2. 导出模数：导出模数应分为扩大模数和分模数，其基数应符合下列规定：

（1）扩大模数基数应为 2M、3M、6M、9M、12M……。

（2）分模数基数应为 M/10、M/5、M/2。

（二）模数数列

1. 建筑物的开间或柱距，进深或跨度，梁、板、隔墙和门窗洞口宽度等分部件的截面尺寸宜采用水平基本模数和水平扩大模数数列，且水平扩大模数数列宜采用 $n\times 2M$、$n\times 3M$（n 为自然数）。

2. 建筑物的高度、层高和门窗洞口高度宜采用竖向基本模数和竖向扩大模数数列，且竖向扩大模数数列宜采用 nM（n 为自然数）。

3. 构造节点和分部件的接口尺寸等宜采用分模数数列，且分模数数列宜采用 M/10、M/5、M/2。

（注：分部件指的是独立单位的建筑制品，是部件的组成单元，在长、宽、高三个方向有规定尺寸。在一个及以上方向的协调尺寸符合模数的分部件称为模数分部件）

（三）优先尺寸

1. 部件的尺寸在设计、加工和安装过程中的关系应符合下列规定：

（1）部件的标志尺寸应符合模数数列的规定，应根据部件安装的互换性确定，并应采用优先尺寸系列；

（2）部件的制作尺寸应由标志尺寸和安装公差决定；

（3）部件的实际尺寸与制作尺寸之间应满足制作公差的要求。

2. 部件优先尺寸的确定应符合下列规定：

（1）部件的优先尺寸应由部件中通用性强的尺寸系列确定，并应指定其中若干尺寸作为优先尺寸系列；

（2）部件基准面之间的尺寸应选用优先尺寸；

（3）优先尺寸可分解和组合，分解和组合后的尺寸可作为优先尺寸；

（4）承重墙和外围护墙厚度的优先尺寸系列宜根据基本模数的倍数或 1M 与 M/2 的组合确定，宜为 150mm、200mm、250mm、300mm。

（5）内隔墙和管道井墙厚度的优先尺寸系列宜根据分模数或 1M 与分模数的组合确

定，宜为 50mm、100mm、150mm。

(6) 层高和室内净高的优先尺寸系列宜为 $n \times M$（n 为自然数）。

(7) 柱、梁截面的优先尺寸系列宜根据 1M 的倍数与 M/2 的组合确定。（如 200mm、250mm、300mm、350mm 等）

(8) 门窗洞口的水平、垂直方向定位优先尺寸系列宜为 $n \times M$（n 为自然数）。

第二节 建筑物的地基、基础和地下室构造

一、地基

(一) 建筑地基土层分类

《建筑地基基础设计规范》GB 50007—2011 中规定，作为建筑地基的土层分为岩石、碎石土、砂土、粉土、黏性土和人工填土。

1. 岩石

岩石为颗粒间牢固联结，呈整体或具有节理裂隙的岩体。岩石根据其坚固性可分为硬质岩石（花岗岩、玄武岩等）和软质岩石（页岩、黏土岩等）；根据其风化程度可分为微风化岩石、中等风化岩石和强风化岩石等。岩石承载力的标准值 f_k 为 200~4000kPa。

2. 碎石土

碎石土为粒径大于 2mm 的颗粒含量超过全重 50% 的土。碎石土根据颗粒形状和粒组含量又分漂石、块石（粒径大于 200mm），卵石、碎石（粒径大于 20mm），圆砾、角砾（粒径大于 2mm）。碎石土承载力的标准值 f_k 为 200~1000kPa。

3. 砂土

砂土为粒径大于 2mm 的颗粒含量不超过全重的 50%，粒径大于 0.075mm 的颗粒超过全重 50% 的土。砂土根据其粒组含量又分为砾砂（粒径大于 2mm 的颗粒占 25%~50%）、粗砂（粒径大于 0.5mm 的颗粒超过全重的 50%）、中砂（粒径大于 0.25mm 的颗粒超过全重的 50%）、细砂（粒径大于 0.075mm 的颗粒超过全重的 85%）、粉砂（粒径大于 0.075mm 的颗粒超过全重的 50%）。砂土的承载力为（标准值）f_k 为 140~500kPa。

4. 粉土

粉土为塑性指数 $I_p \leqslant 10$ 的土。其性质介于砂土与黏性土之间。粉土的承载力为（标准值）f_k 为 105~410kPa。

5. 黏性土

黏性土为塑性指数 I_p 大于 10 的土，按其塑性指数 I_p 值的大小又分为黏土（$I_p > 17$）和粉质黏土（$10 < I_p \leqslant 17$）两大类。黏性土的承载力为（标准值）f_k 为 105~475kPa。

6. 人工填土

人工填土根据其组成和成因可分为素填土、杂填土、冲填土。素填土为碎石土、砂土、粉土、黏性土等组成的填土；杂填土为含有建筑垃圾、工业废料、生活垃圾等杂物的填土；冲填土为水力冲填泥砂形成的填土。人工填土的承载力为（标准值）f_k 为 65~160kPa。

7. 其他土层

(1) 淤泥

淤泥为在静水或缓慢的流水中沉积，并经生物化学作用形成，其天然含水量大于液限，天然孔隙比大于等于1.5的黏性土。当天然含水量大于液限，天然孔隙比小于1.5但大于等于1.0的黏性土或粉土为淤泥质土。含有大量未分解的腐殖质，有机质含量大于60%的土为泥炭，有机质含量大于等于10%且小于等于60%的土为泥炭质土。

(2) 红黏土

红黏土为碳酸盐系的岩石经红土化作用形成的高塑性黏土，其液限一般大于50%。红黏土经再搬运后仍保留其基本特征。其液限大于45%的土为次生红黏土。

(3) 膨胀土

膨胀土为土中黏粒成分主要由亲水性矿物组成，同时具有显著的吸水膨胀和失水收缩特性，其自由膨胀率大于等于40%的黏性土。

(4) 湿陷性土

湿陷性土为在一定压力下浸水后产生附加沉降，其湿陷系数大于等于0.015的土。

(二) 地基应满足的几点要求

1. 强度方面的要求

即要求地基有足够的承载力。应优先考虑采用天然地基。

2. 变形方面的要求

即要求地基有均匀的压缩量，以保证有均匀的下沉。若地基下沉不均匀时，建筑物上部会产生开裂变形。

3. 稳定方面的要求

即要求地基有防止产生滑坡、倾斜方面的能力。必要时（特别是较大的高度差时）应加设挡土墙，以防止滑坡变形的出现。

(三) 天然地基与人工地基

1. 天然地基

凡天然土层具有足够的承载能力，不需经过人工加固，可直接在其上部建造房屋的土层。天然地基的土层分布及承载力大小由勘测部门实测提供。

2. 人工地基

当土层的承载力较差或虽然土层质地较好，但上部荷载过大时，为使地基具有足够的承载能力，应对土层进行加固。这种经过人工处理的土层叫人工地基。

人工地基的加固处理方法有以下几种：

(1) 压实法。利用重锤（夯）、碾压（压路机）和振动法将土层压实。这种方法简单易行，对提高地基承载力收效较大。

(2) 换土法。当地基土为淤泥、冲填土、杂填土及其他高压缩性土时，应采用换土法。换土所用材料宜选用中砂、粗砂、碎石或级配石等空隙大、压缩性低、无侵蚀性的材料。换土范围由计算确定。

(3) 桩基。在建筑物荷载大、层数多、高度高、地基土又较松软时，一般应采用桩基。常见的桩基有以下几种：

1) 支承桩（柱桩）。这种桩为钢筋混凝土预制桩，借助打桩机打入土中。这种桩的断面尺寸为300mm×300mm～600mm×600mm，其长度视需要而定，一般在6～12m之间，桩端应有桩靴，以保证支承桩能顺利地打入土层中。

2）钻孔桩。这种桩是先用钻孔机钻孔。然后放入钢筋骨架，浇筑混凝土而成。钻孔直径一般为300～500mm，桩长不超过12m。

3）振动桩。这种桩是先利用打桩机把钢管打入地下，然后将钢管取出，最后放入钢筋骨架，并浇筑混凝土而成。其直径、桩长与钻孔桩相同。

4）爆扩性。这种桩由钻孔、引爆、浇筑混凝土而成。引爆的作用是将桩端扩大，以提高承载力。

5）其他类型桩。除上述桩的类型外，还有砂桩、碎石桩、灰土桩、扩孔墩等。

采用桩基时，应在桩顶加做承台梁或承台板，以承托墙柱。

（四）地基特殊问题的处理

1. 地基中遇有坟坑如何处理

在基础施工中，若遇有坟坑，应全部挖出，并沿坟坑四周多挖300mm。然后夯实并回填3∶7灰土，遇潮湿土壤应回填级配砂石。最后按正规基础做法施工。

2. 基槽中遇有枯井怎么处理

在基槽转角部位遇有枯井，可以采用挑梁法，即两个方向的横梁越过井口，上部可继续做基础墙，井内可以回填级配砂石。

3. 基槽中遇有沉降缝应怎样过渡

新旧基础连接并遇有沉降缝时，应在新基础上加做挑梁，使墙体靠近旧基础，通过挑梁解决不均匀下沉问题。

4. 基槽中遇有橡皮土应如何处理

基槽中的土层含水量过多，饱和度达到0.8以上时，土壤中的孔隙几乎全充满水，出现软弹现象，这种土层叫橡皮土。遇有这种土层，要避免直接在土层上用夯打。处理方法应先晾槽，也可以掺入石灰末来降低含水量。或将碎石、卵石压入土中，将土层挤实。

5. 不同基础埋深不一

标高相差很小的情况下，基础可作斜坡处理。如倾斜度较大时，应设踏步形基础，踏步高 H 应不大于500mm，踏步长度应大于或等于 $2H$。

6. 如何防止不均匀的下沉

当建筑物中部下沉较大，两端下沉较小时，建筑物墙体出现八字裂缝。若两端下沉较大，中部下沉较小时，建筑物墙体则出现倒八字裂缝。上述两种下沉均属不均匀下沉。

解决不均匀下沉的方法有以下几种：

（1）做刚性墙基础。即采用一定高度和厚度的钢筋混凝土墙与基础共同作用，能均匀地传递荷载，调整不均匀沉降。

（2）加高基础圈梁。在条形基础的上部做连续的、封闭的圈梁，可以保证建筑物的整体性，防止不均匀下沉。基础圈梁的高度不应小于180mm，内放 $4\phi12$ 主筋，箍筋 $\phi8$，间距200mm。

（3）设置沉降缝。

二、基础埋深的确定原则

《建筑地基基础设计规范》GB 50007—2011中规定：

1. 基础埋深由以下原则决定

（1）建筑物的用途，有无地下室、设备基础和地下设施，基础的形式和构造；

(2) 作用在地基上的荷载大小和性质；

(3) 工程地质和水文地质条件；

(4) 相邻建筑物的基础埋深；

(5) 地基土冻胀和融陷的影响。

2. 在满足地基稳定和变形要求的前提下，基础宜浅埋，当上层地基的承载力大于下层土时，宜利用上层土作持力层。除岩石地基外，基础埋深不宜小于 0.5m。

3. 高层建筑筏形和箱形基础的埋置深度应满足地基承载力、变形和稳定性要求。在抗震设防区，除岩石地基外，天然地基上的箱形和筏形基础其埋置深度不宜小于建筑物高度的 1/15；桩箱或桩筏基础的埋置深度（不计桩长）不宜小于建筑物高度的 1/18～1/20。位于岩石地基上的高层建筑，其基础埋深应满足抗滑要求。多层建筑的埋深一般不小于建筑物高度的 1/10。

4. 基础宜埋置在地下水位以上，当必须埋在地下水位以下时，应采取地基土在施工时不受扰动的措施。

当基础埋置在易风化的岩层上，施工时应在基坑开挖后立即铺筑垫层。

5. 当存在相邻建筑物时，新建建筑物的基础埋深不宜大于原有建筑基础。当埋深大于原有建筑基础时，两基础间应保持一定净距，其数值应根据原有建筑荷载大小、基础形式和土质情况确定。当上述要求不能满足时，应采取分段施工，设临时加固支撑、打板桩、地下连续墙等施工措施或加固原有建筑物地基。

当基础埋深大于等于 5m 或基础埋深大于等于基础宽度的 4 倍时，叫深基础；基础埋深小于 5m 或基础埋深小于基础宽度的 4 倍时，叫浅基础。

三、基础的种类

基础的类型很多，划分方法也不尽相同。从基础的材料及受力来划分，可分为刚性基础（指用砖、灰土、混凝土、三合土等受压强度大、而受拉强度小的刚性材料做成的基础）、柔性基础（指用钢筋混凝土制成的受压和受拉均较强的基础）。从基础的构造形式可分为条形基础、独立基础、筏形基础、箱形基础、桩基础等。下面介绍几种常用基础的构造特点。

（一）刚性基础（无筋扩展基础）

由于刚性材料的特点，这种基础只适合于受压而不适合受弯、拉、剪力，因此基础剖面尺寸必须满足刚性条件的要求。一般砌体结构房屋的基础常采用刚性基础。图 24-1 为刚性（无筋扩展）基础的构造，其台阶宽高比的允许值见表 24-8。

刚性（无筋扩展）基础台阶宽高比的允许值　　　　　表 24-8

基础种类	质量要求	台阶宽高比的允许值		
		$P_k \leqslant 100$	$100 < P_k \leqslant 200$	$200 < P_k \leqslant 300$
混凝土基础	C15 混凝土	1∶1.00	1∶1.00	1∶1.25
毛石混凝土基础	C15 混凝土	1∶1.00	1∶1.25	1∶1.50
砖基础	砖不低于 MU10，砂浆不低于 M5	1∶1.50	1∶1.50	1∶1.50

续表

基础种类	质量要求	台阶宽高比的允许值		
		$P_k \leqslant 100$	$100 < P_k \leqslant 200$	$200 < P_k \leqslant 300$
毛石基础	砂浆不低于 M5	1:1.25	1:1.50	—
灰土基础	体积比为 3:7 或 2:8 的灰土，其最小干密度：粉土 1.55t/m³，粉质黏土 1.50t/m³，黏土 1.45t/m³	1:1.25	1:1.50	—
三合土基础	体积比 1:2:4~1:3:6（石灰：砂：骨料），每层约虚铺 220mm，夯至 150mm	1:1.50	1:2.00	

注：1. P_k 为荷载效应标准组合时基础底面处的平均压力值（kPa）；
2. 阶梯形毛石基础的每个阶梯伸出宽度，不宜大于 200mm；
3. 当基础由不同材料叠合组成时，应对接触部分作抗压验算；
4. 基础底面处的平均压力值超过 300kPa 的混凝土基础，尚应进行抗剪验算。对基底反力集中于立柱附近的岩石地基，应进行局部受压承载力验算。

1. 灰土基础

灰土是经过消解后的生石灰和黏性土按一定的比例拌合而成，其配合比常用石灰：黏性土＝3:7，俗称"三七"灰土。

灰土基础适合于 6 层和 6 层以下、地下水位较低的砌体结构房屋和墙体承重的工业厂房。灰土基础的厚度与建筑层数有关。4 层及 4 层以上的建筑物，一般采用 450mm；3 层及 3 层以下的建筑物，一般采用 300mm，夯实后的灰土厚度每 150mm 称"一步"，300mm 厚的灰土可称为"两步"灰土。

灰土基础的优点是施工简便，造价较低，就地取材，可以节省水泥、砖石等材料。缺点是它的抗冻、耐水性能差，在地下水位线以下或很潮湿的地基上不宜采用。

2. 实心砖基础

用作基础的实心砖，其强度等级必须在 MU10 及以上，砂浆强度等级一般不低于 M5。基础墙的下部要做成阶梯形，以使上部的荷载能均匀传到地基上。阶梯放大的部分一般叫作"大放脚"。

砖基础施工简便，适应面广。

为了节省"大放脚"的材料，可在砖基础下部做灰土垫层，形成灰土砖基础（亦叫灰土基础）。

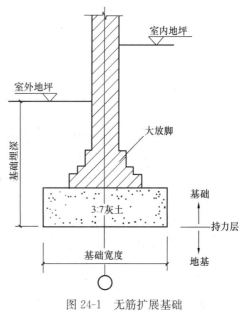

图 24-1 无筋扩展基础

3. 毛石基础

毛石是指开采下来未经雕琢成形的石块，采用强度等级不小于 M5 砂浆砌筑的基础。毛石形状不规则，其质量与码石块的技术和砌筑方法关系很大，一般应搭板满槽砌筑。毛石基础厚度和台阶高度均不小于 100mm，当台阶多于两阶时，每个台阶伸出宽度不宜大于 200mm。为便于砌筑上部砖墙，可在毛石基础的顶面浇铺一层 60mm 厚，强度等级为 C10 的混凝土找平层。毛石基础的优点是可以就地取材，但整体性欠佳，故有振动的房屋很少采用。

4. 三合土基础

这种基础是石灰、砂、骨料等三种材料，按 1∶2∶4～1∶3∶6 的体积比进行配合，然后在基槽内分层夯实，每层夯实前虚铺 220mm，夯实后净剩 150mm。三合土铺筑至设计标高后，在最后一遍夯打时，宜浇筑石灰浆，待表面灰浆略为风干后，再铺上一层砂子，最后整平夯实。这种基础在我国南方地区应用很广。它的造价低廉，施工简单，但强度较低，所以只能用于 4 层以下房屋的基础。

5. 混凝土基础

这是指用混凝土制作的基础。混凝土基础的优点是强度高，整体性好，不怕水。它适用于潮湿的地基或有水的基槽中。有阶梯形和锥形两种。

混凝土基础的厚度一般为 300～500mm，混凝土强度等级为 C20。混凝土基础的宽高比为 1∶1。

6. 毛石混凝土基础

为了节约水泥用量，对于体积较大的混凝土基础，可以在浇筑混凝土时加入 20%～30% 的毛石，这种基础叫毛石混凝土基础。毛石的尺寸不宜超过 300mm。当基础埋深较大时，也可用毛石混凝土做成台阶形，每阶宽度不应小于 400mm。如果地下水对普通水泥有侵蚀作用时，应采用矿渣水泥或火山灰水泥拌制混凝土。

（二）扩展基础（柔性基础）

扩展基础采用钢筋混凝土制作，图 24-2 为阶梯形扩展基础的构造。《建筑地基基础设计规范》GB 50007—2011 中规定：

1. 扩展基础包括柱下独立基础和墙下条形基础两种类型。
2. 扩展基础的截面有阶梯形和锥形两种形式。
3. 锥形扩展基础的边缘高度不宜小于 200mm，且两个方向的坡度不宜大于 1∶3；阶梯形扩展基础的每阶高度，宜为 300～500mm。
4. 扩展基础混凝土垫层的厚度不宜小于 70mm，垫层混凝土强度等级不宜小于 C10。
5. 柱下扩展基础受力钢筋的最小直径不应小于 10mm，间距应在 100～200mm 之间。墙下扩展基础纵向分布钢筋的直径不应小于 8mm，间距不应大于 300mm。
6. 扩展基础的钢筋保护层：有垫层时不应小于 40mm，无垫层时不应小于 70mm。
7. 扩展基础的混凝土强度等级不应低于 C20。

（三）其他类型的基础

1. 筏形基础

筏形基础有梁板式和平板式两种类型。这是连片的钢筋混凝土基础，一般用于荷载集中、地基承载力差的情况下（图 24-3）。

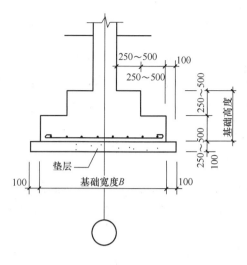

图 24-2 阶梯形扩展基础

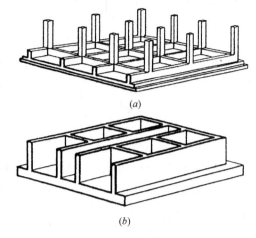

图 24-3 筏形基础

（a）柱下基础；（b）墙下基础

2. 箱形基础

当筏形基础埋深较深，并有地下室时，一般采用箱形基础。箱形基础由底板、顶板和侧墙组成。这种基础的整体性强，能承受很大的弯矩（图 24-4）。

（四）基础的应用

1. 条形基础

这种基础多用于承重墙和自承重墙下部设置的基础，做法采用刚性基础。

2. 独立基础

这种基础多用于柱下基础，其构造做法多为柔性基础。

3. 筏形基础和箱形基础

这些基础多用于高层建筑。

四、地下室的有关问题

建筑物下部的空间叫地下室。

（一）地下室的分类

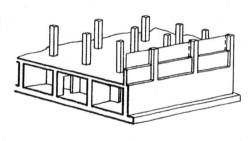

图 24-4 箱形基础

1. 按使用性质分

（1）普通地下室。普通的地下空间。一般按地下楼层进行设计。

（2）防空地下室。有防空要求的地下空间。防空地下室应妥善解决紧急状态下的人员隐蔽与疏散，应有保证人身安全的技术措施。

2. 按埋入地下深度分

（1）地下室。地下室是指地下室地平面低于室外地坪的高度超过该房间净高1/2者。

（2）半地下室。半地下室是指地下室地面低于室外地坪面高度超过该房间净高 1/3，且不超过 1/2 者。

3. 按建造方式分

（1）单建式：单独建造的地下空间，构造组成包括顶板、侧墙和底板三部分。如地下车库等；

(2) 附建式：附件在建筑物下部的地下空间，构造组成只有侧墙和底板两部分。

(二) 防空地下室的等级

防空地下室按其重要性分为甲类（以预防核武器为主）和乙类（以预防常规武器为主）防空地下室及居住小区内结合民用建筑异地修建的甲、乙类单建掘开式人防工程设计。《人民防空地下室设计规范》GB 50038—2005 中对防空地下室的抗力分级作了如下规定：

(1) 甲类：4 级（核 4 级）、4B 级（核 4B 级）、5 级（核 5 级）、6 级（核 6 级）、6B 级（核 6B 级）。

(2) 乙类：5 级（常 5 级）、6 级（常 6 级）。

防空地下室用以预防现代战争对人员造成的杀伤。主要预防核武器、常规武器、化学武器、生物武器以及次生灾害和由上部建筑倒塌所产生的倒塌荷载。对于冲击波和倒塌荷载主要通过结构厚度来解决。对于早期核辐射应通过结构厚度及相应的密闭措施来解决。对于化学毒气应通过密闭措施及通风、滤毒来解决。

为解决上述问题，防空地下室的平面中应有防护室、防毒通道（前室）、通风滤毒室、洗消间及厕所等。为保证疏散，地下室的房间出口应不设门，而以空门洞为主。与外界联系的出入口应设置密闭门或防护密闭门。地下室的出入口至少应有两个。其具体做法是一个与地上楼梯连通，另一个与防空通道或专用出口连接。为兼顾平时利用，做到平战结合，可以在外墙上开采光窗并设置采光井。

(三) 地下室的组成及有关要求

1. 地下室的组成

地下室属于箱形基础的范围。其组成部分有顶板、底板、侧墙、门窗及楼梯等。

2. 地下室的空间高度

用作人员掩蔽的防空地下室的掩蔽面积标准应按每人 $1.0m^2$ 计算。室内地面至顶板底面高度不应低于 2.4m，梁下净高不应低于 2.0m。《住宅建筑规范》GB 50368—2005 规定，地下机动车库走道净高不应低于 2.20m，车位净高不应低于 2.00m。住宅地下自行车库净高不应低于 2.00m。

3. 人防地下室的材料选择和厚度决定

人防地下室各组成部分所用材料、强度等级及厚度详见表 24-9、表 24-10。

材料强度等级　　　　　　　　　　　　　　表 24-9

构件类别	混凝土		砌体			
	现浇	预制	砖	料石	混凝土砌块	砂浆
基础	C25	—	—	—	—	—
梁、楼板	C25	C25	—	—	—	—
柱	C30	C30	—	—	—	—
内墙	C25	C25	MU10	MU30	MU15	M5
外墙	C25	C25	MU15	MU30	MU15	M7.5

注：1. 防空地下室结构不得采用硅酸盐砖和硅酸盐砌块；
2. 严寒地区，饱和土中砖的强度等级不得低于 MU20；
3. 装配填缝砂浆的强度等级不应低于 M10；
4. 防水混凝土基础底板的混凝土垫层，其强度等级不应低于 C25。

结构构件最小厚度（mm） 表 24-10

构件类别	材料种类			
	钢筋混凝土	砖砌体	料石砌体	混凝土砌块
顶板、中间楼板	200	—	—	—
承重外墙	250	490(370)	300	250
承重内墙	200	370(240)	300	250
临空墙	250	—	—	—
防护密闭门门框墙	300	—	—	—
密闭门门框墙	250	—	—	—

注：1. 表中最小厚度不包括甲类防空地下室防早期核辐射对结构厚度的要求。
　　2. 表中顶板、中间楼板最小厚度系指实心楼面，如为密肋板，其实心截面不宜小于 100mm；如为现浇空心板，其板顶厚度不宜小于 100mm，且其折合厚度均不应小于 200mm。
　　3. 砖砌体项括号内最小厚度适用于乙类防空地下室和核 6 级、核 6B 级甲类防空地下室。
　　4. 砖砌体包括烧结普通砖、烧结多孔砖以及非黏土砖砌体。

（四）地下室的防潮与防水做法

地下室的防潮、防水做法取决于地下室地坪与地下水位的关系。

当设计最高地下水位低于地下室底板 500mm，且基地范围内的土壤及回填土无形成上层滞水的可能时，采用防潮做法。

当设计最高地下水位高于地下室底板标高且地面水可能下渗时，应采用防水做法。

防潮的具体做法是：砌体必须用水泥砂浆砌筑，墙外侧在做好水泥砂浆抹面后，涂冷底子油及热沥青两道，然后回填低渗透性的土，如黏土、灰土等。此外，在墙身与地下室地坪及室内外地坪之间设墙身水平防潮层，以防止土中潮气和地面雨水因毛细管作用沿墙体上升而影响结构。

1. 防水方案的选择

（1）地下室防水工程设计方案，应该遵循以防为主，以排为辅的基本原则，因地制宜，设计先进，防水可靠，经济合理。可按地下室防水工程设防的要求进行设计（表 24-11、表 24-12）。

（2）一般地下室防水工程设计，外墙主要抗水压或自防水作用，再做卷材外防水（即迎水面处理）。卷材防水做法，遵照国家有关规定施工。

（3）地下工程比较复杂，设计时必须了解地下土质、水质及地下水位情况，设计时采取有效设防，保证防水质量。

地下工程防水等级标准（GB 50108—2008） 表 24-11

防水等级	标准
一级	不允许渗水，结构表面无湿渍
二级	不允许漏水，结构表面可有少量湿渍。 工业与民用建筑：总湿渍面积不应大于总防水面积（包括顶板、墙面、地面）的 1/1000；任意 100m² 防水面积上的湿渍不超过 1 处，单个湿渍的最大面积不大于 0.1m²。 其他地下工程：总湿渍面积不应大于总防水面积的 6/1000；任意 100m² 防水面积上的湿渍不超过 4 处，单个湿渍的最大面积不大于 0.2m²

续表

防水等级	标 准
三级	有少量漏水点,不得有线流和漏泥沙; 任意 100m² 防水面积上的漏水点数不超过 7 处,单个漏水点的最大漏水量不大于 2.5L/d,单个湿渍的最大面积不大于 0.3m²
四级	有漏水点,不得有线流和漏泥沙; 整个工程平均漏水量不大于 2L/(m²·d),任意 100m² 防水面积的平均漏水量不大于 4L/(m²·d)

不同防水等级的适用范围　　　　　　　　　　表 24-12

防水等级	适 用 范 围
一级	人员长期停留的场所,因有少量湿渍会使物品变质、失效的贮物场所及严重影响设备正常运转和危及工程安全运营的部位,极重要的战备工程
二级	人员经常活动的场所,在有少量湿渍的情况下不会使物品变质、失效的贮物场所及基本不影响设备正常运转和工程安全运营的部位,重要的战备工程
三级	人员临时活动的场所,一般战备工程
四级	对渗漏水无严格要求的工程

(4) 地下室最高水位高于地下室地面时,地下室设计应该考虑整体钢筋混凝土结构,保证防水效果。

(5) 地下室设防标高的确定,根据勘测资料提供的最高水位标高,再加上 500mm 为设防标高,上部可以作防潮处理,有地表水按全防水地下室设计。

(6) 地下室防水,根据实际情况,可采用柔性防水或刚性防水,必要时可以采用刚柔结合防水方案。在特殊要求下,可以采用架空、夹壁墙等多道设防方案。

(7) 地下室外防水无工作面时,可采用外防内贴法,有条件转为外防外贴法施工。

(8) 地下室外防水层的保护,可以采取软保护层,如聚苯板等;亦可采用水泥砂浆做保护层。

(9) 对于特殊部位,如变形缝、施工缝、穿墙管、埋件等薄弱环节要精心设计,按要求作细部处理。

(10) 地下工程的钢筋混凝土结构,应采用防水混凝土,并根据防水等级采取其他防水措施。

(11) 附建式地下室、半地下室工程的防水设防高度应高出室外地坪 500mm 以上。

2. 防水做法

(1) 防水混凝土

1) 防水混凝土可通过调整配合比,或掺加外加剂、掺合料等措施配制而成,其抗渗等级不得小于 P6。

2) 防水混凝土的施工配合比应通过试验确定,试配混凝土的抗渗等级应比设计要求高 0.2MPa。

3) 防水混凝土应满足抗渗等级要求,并应根据地下工程所处的环境和工作条件,满足抗压、抗冻和抗侵蚀性等耐久性要求。

4）防水混凝土的设计抗渗等级，应符合表 24-13 的规定。

防水混凝土设计抗渗等级　　　　表 24-13

工程埋置深度 H (m)	设计抗渗等级
$H<10$	P6
$10 \leqslant H<20$	P8
$20 \leqslant H<30$	P10
$H \geqslant 30$	P12

注：1. 本表适用于Ⅰ、Ⅱ、Ⅲ类围岩（土层及软弱围岩）；
　　2. 山岭隧道防水混凝土的抗渗等级可按国家现行有关标准执行。

5）防水混凝土的环境温度不得高于 80℃，处于侵蚀性介质中防水混凝土的耐侵蚀要求应根据介质的性质按有关标准执行。

6）防水混凝土结构底板的混凝土垫层，强度等级不应小于 C15，厚度不应小于 100mm，在软弱土层中不应小于 150mm。

7）防水混凝土结构，应符合下列规定：

①结构厚度不应小于 250mm（附建式地下室为侧墙和底板；单建式地下室为侧墙、底板和顶板）；

②裂缝宽度不得大于 0.2mm，并不得贯通；

③钢筋保护层厚度应根据结构的耐久性和工程环境选用，迎水面钢筋保护层厚度不应小于 50mm。

8）防水混凝土应连续浇筑，宜少留施工缝。当留设施工缝时，应符合下列规定：

① 墙体水平施工缝不应留在剪力最大处或底板与侧墙的交接处，应留在高出底板表面不小于 300mm 的墙体上。拱（板）墙结合的水平施工缝，宜留在拱（板）墙接缝线以下 150～300mm 处。墙体有预留孔洞时，施工缝距孔洞边缘不应小于 300mm。

② 垂直施工缝应避开地下水和裂隙水较多的地段，并宜与变形缝相结合。

9）施工缝防水构造形式宜按图 24-5～图 24-8 选用，当采用两种以上构造措施时可进行有效组合。

（2）水泥砂浆防水层

1）水泥砂浆应包括聚合物水泥防水砂浆、掺外加剂或掺合料的防水砂浆，宜采用多层抹压法施工。

2）水泥砂浆防水层可用于地下工程主体结构的迎水面或背水面，不应用于受持续振动或温度高于 80℃的地下工程防水。

3）水泥砂浆防水层应在基础垫层、初期支护、围护结构及内衬结构验收合格后施工。

4）水泥砂浆的品种和配合比设计应根据防水工程要求确定。

5）聚合物水泥防水砂浆厚度：单层施工宜为 6～8mm，双层施工宜为 10～12mm；掺外加剂或掺合料的水泥砂浆厚度宜为 18～20mm。

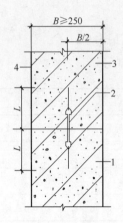 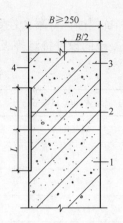

图24-5 施工缝防水构造（一）
钢板止水带 $L \geq 150$，橡胶止水带
$L \geq 200$，钢边橡胶止水带 $L \geq 120$
1—先浇混凝土；2—中埋止水带；
3—后浇混凝土；4—结构迎水面

图24-6 施工缝防水构造（二）
外贴止水带 $L \geq 150$，外涂防水
涂料 $L = 200$，外抹防水砂浆 $L = 200$
1—先浇混凝土；2—外贴止水带；
3—后浇混凝土；4—结构迎水面

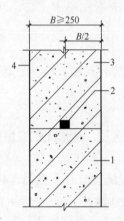 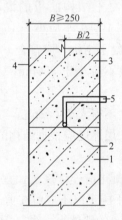

图24-7 施工缝防水构造（三）
1—先浇混凝土；2—遇水膨胀止水条（胶）；
3—后浇混凝土；4—结构迎水面

图24-8 施工缝防水构造（四）
1—先浇混凝土；2—预埋注浆管；3—后浇混凝土；4—结构迎水面；5—注浆导管

6）水泥砂浆防水层的基层混凝土强度或砌体用的砂浆强度均不应低于设计值的80%。

7）水泥砂浆防水层各层应紧密粘合，每层宜连续施工；必须留设施工缝时，应采用阶梯坡形槎，但离阴阳角处的距离不得小于200mm。

8）水泥砂浆防水层不得在雨天、五级及以上大风中施工。冬期施工时，气温不应低于5℃。夏季不宜在30℃以上或烈日照射下施工。

9）水泥砂浆防水层终凝后，应及时进行养护，养护温度不宜低于5℃，并应保持砂浆表面湿润，养护时间不得少于14d。

(3) 卷材防水层

1）卷材防水层宜用于经常处在地下水环境，且受侵蚀性介质作用或受振动作用的地下工程。

2）卷材防水层应铺设在混凝土结构的迎水面。

3）卷材防水层用于建筑物地下室时，应铺设在结构底板垫层至墙体防水设防高度的结构基面上；用于单建式的地下工程时，应从结构底板垫层铺设至顶板基面，并应在外围形成封闭的防水层。

4）防水卷材的品种规格和层数，应根据地下工程防水等级、地下水位高低及水压力作用状况、结构构造形式和施工工艺等因素确定。

5）卷材防水层的卷材品种可按表24-14选用，并应符合下列规定：

① 卷材外观质量、品种规格应符合国家现行有关标准的规定；

② 卷材及其胶粘剂应具有良好的耐水性、耐久性、耐刺穿性、耐腐蚀性和耐菌性。

卷材防水层的卷材品种　　　　　　　　　　　　表24-14

类　别	品种名称
高聚物改性沥青类防水卷材	弹性体改性沥青防水卷材
	改性沥青聚乙烯胎防水卷材
	自粘聚合物改性沥青防水卷材
合成高分子类防水卷材	三元乙丙橡胶防水卷材
	聚氯乙烯防水卷材
	聚乙烯丙纶复合防水卷材
	高分子自粘胶膜防水卷材

6）卷材防水层的厚度应符合表24-15的规定。

不同品种卷材的厚度　　　　　　　　　　　　表24-15

卷材品种	高聚物改性沥青类防水卷材			合成高分子类防水卷材			
	弹性体改性沥青防水卷材、改性沥青聚乙烯胎防水卷材	自粘聚合物改性沥青防水卷材		三元乙丙橡胶防水卷材	聚氯乙烯防水卷材	聚乙烯丙纶复合防水卷材	高分子自粘胶膜防水卷材
		聚酯毡胎体	无胎体				
单层厚度(mm)	≥4	≥3	≥1.5	≥1.5	≥1.5	卷材≥0.9 粘结料≥1.3 芯材厚度≥0.6	≥1.2
双层总厚度(mm)	≥(4+3)	≥(3+3)	≥(1.5+1.5)	≥(1.2+1.2)	≥(1.2+1.2)	卷材≥(0.7+0.7) 粘结料≥(1.3+1.3) 芯材厚度≥0.5	—

注：自粘聚合物改性沥青防水卷材应执行国家现行标准《自粘聚合物改性沥青防水卷材》GB 23441—2009。

7）阴阳角处应做成圆弧或45°坡角，其尺寸应根据卷材品种确定。在阴阳角等特殊部位，应增做卷材加强层，加强层宽度宜为300～500mm。

8）铺贴卷材严禁在雨天、雪天、五级及以上大风中施工；冷粘法、自粘法施工的环境气温不宜低于5℃，热熔法、焊接法施工的环境气温不宜低于−10℃。施工过程中下雨或下雪时，应做好已铺卷材的防护工作。

9) 不同品种防水卷材的搭接宽度，应符合表 24-16 的要求。

防水卷材搭接宽度　　　　　　　　　　　　　　　　　表 24-16

卷 材 品 种	搭 接 宽 度（mm）
弹性体改性沥青防水卷材	100
改性沥青聚乙烯胎防水卷材	100
自粘聚合物改性沥青防水卷材	80
三元乙丙橡胶防水卷材	100/60（胶粘剂/胶粘带）
聚氯乙烯防水卷材	60/80（单焊缝/双焊缝）
	100（胶粘剂）
聚乙烯丙纶复合防水卷材	100（粘结料）
高分子自粘胶膜防水卷材	70/80（自粘胶/胶粘带）

10) 防水卷材施工前，基面应干净、干燥，并应涂刷基层处理剂；当基面潮湿时，应涂刷湿固化型胶粘剂或潮湿界面隔离剂。基层处理剂的配制与施工应符合下列要求：

① 基层处理剂应与卷材及其粘结材料的材性相容；

② 基层处理剂喷涂或刷涂应均匀一致，不应露底，表面干燥后方可铺贴卷材。

11) 铺贴各类防水卷材应符合下列规定：

① 应铺设卷材加强层。

② 结构底板垫层混凝土部位的卷材可采用空铺法或点粘法施工，其粘结位置、点粘面积应按设计要求确定；侧墙采用外防外贴法的卷材及顶板部位的卷材应采用满粘法施工。

③ 卷材与基面、卷材与卷材间的粘结应紧密、牢固；铺贴完成的卷材应平整顺直，搭接尺寸应准确，不得产生扭曲和皱褶。

④ 卷材搭接处和接头部位应粘贴牢固，接缝口应封严或采用材性相容的密封材料封缝。

⑤ 铺贴立面卷材防水层时，应采取防止卷材下滑的措施。

⑥ 铺贴双层卷材时，上下两层和相邻两幅卷材的接缝应错开 1/3~1/2 幅宽，且两层卷材不得相互垂直铺贴。

12) 卷材防水层经检查合格后，应及时做保护层，保护层应符合下列规定：

① 顶板卷材防水层上的细石混凝土保护层，应符合下列规定：

a. 采用机械碾压回填土时，保护层厚度不宜小于 70mm；

b. 采用人工回填土时，保护层厚度不宜小于 50mm；

c. 防水层与保护层之间宜设置隔离层。

② 底板卷材防水层上的细石混凝土保护层厚度不应小于 50mm。

③ 侧墙卷材防水层宜采用软质保护材料或铺抹 20mm 厚 1:2.5 水泥砂浆层。

(4) 涂料防水层

1) 涂料防水层应包括无机防水涂料和有机防水涂料。无机防水涂料可选用掺外加剂、掺合料的水泥基防水涂料、水泥基渗透结晶型防水涂料。有机防水涂料可选用反应型、水乳型、聚合物水泥等涂料。

2）无机防水涂料宜用于结构主体的背水面，有机防水涂料宜用于地下工程主体结构的迎水面，用于背水面的有机防水涂料应具有较高的抗渗性，且与基层有较好的粘结性。

3）防水涂料品种的选择应符合下列规定：

① 潮湿基层宜选用与潮湿基面粘结力大的无机防水涂料或有机防水涂料，也可采用先涂无机防水涂料而后再涂有机防水涂料构成复合防水涂层；

② 冬期施工宜选用反应型涂料；

③ 埋置深度较深的重要工程，有振动或有较大变形的工程，宜选用高弹性防水涂料；

④ 有腐蚀性的地下环境宜选用耐腐蚀性较好的有机防水涂料，并应做刚性保护层；

⑤ 聚合物水泥防水涂料应选用Ⅱ型产品。

4）采用有机防水涂料时，基层阴阳角应做成圆弧形，阴角直径宜大于50mm，阳角直径宜大于10mm，在底板转角部位应增加胎体增强材料，并应增涂防水涂料。

5）防水涂料宜采用外防外涂或外防内涂（图24-9、图24-10）。

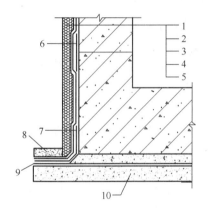

图 24-9 防水涂料外防外涂构造
1—保护墙；2—砂浆保护层；3—涂料防水层；
4—砂浆找平层；5—结构墙体；6—涂料防水层加强层；7—涂料防水加强层；8—涂料防水层搭接部位保护层；9—涂料防水层搭接部位；
10—混凝土垫层

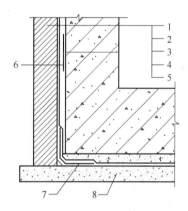

图 24-10 防水涂料外防内涂构造
1—保护墙；2—涂料保护层；3—涂料防水层；
4—找平层；5—结构墙体；6—涂料防水层加强层；7—涂料防水加强层；8—混凝土垫层

6）掺外加剂、掺合料的水泥基防水涂料厚度不得小于3.0mm；水泥基渗透结晶型防水涂料的用量不应小于1.5kg/m²，且厚度不应小于1.0mm；有机防水涂料的厚度不得小于1.2mm。

7）无机防水涂料基层表面应干净、平整、无浮浆和明显积水。

8）有机防水涂料基层表面应基本干燥，不应有气孔、凹凸不平、蜂窝麻面等缺陷。涂料施工前，基层阴阳角应做成圆弧形。

9）涂料防水层严禁在雨天、雾天、五级及以上大风时施工，不得在施工环境温度低于5℃及高于35℃或烈日暴晒时施工。涂膜固化前如有降雨可能时，应及时做好已完涂层的保护工作。

10）防水涂料的配制应按涂料的技术要求进行。

11）防水涂料应分层刷涂或喷涂，涂层应均匀，不得漏刷漏涂；接槎宽度不应小于100mm。

12）铺贴胎体增强材料时，应使胎体层充分浸透防水涂料，不得有露槎及褶皱。

13）有机防水涂料施工完后应及时做保护层，保护层应符合下列规定：

① 底板、顶板应采用20mm厚1:2.5水泥砂浆层和40～50mm厚的细石混凝土保护层，防水层与保护层之间宜设置隔离层；

② 侧墙背水面保护层应采用20mm厚1:2.5水泥砂浆；

③ 侧墙迎水面保护层宜选用软质保护材料或20mm厚1:2.5水泥砂浆。

（5）塑料防水板防水层

1）塑料防水板防水层宜用于经常受水压、侵蚀性介质或受振动作用的地下工程防水。

2）塑料防水板防水层宜铺设在复合式衬砌的初期支护和二次衬砌之间。

3）塑料防水板防水层宜在初期支护结构趋于基本稳定后铺设。

4）塑料防水板防水层应由塑料防水板与缓冲层组成。

5）塑料防水板防水层可根据工程地质、水文地质条件和工程防水要求，采用全封闭、半封闭或局部封闭铺设。

6）塑料防水板防水层应牢固地固定在基面上，固定点的间距应根据基面平整情况确定，拱部宜为0.5～0.8m，边墙宜为1.0～1.5m，底部宜为1.5～2.0m。局部凹凸较大时，应在凹处加密固定点。

7）塑料防水板可选用乙烯—醋酸乙烯共聚物、乙烯—沥青共混聚合物、聚氯乙烯、高密度聚乙烯类或其他性能相近的材料。

8）塑料防水板应符合下列规定：

① 幅宽宜为2～4m；

② 厚度不得小于1.2mm；

③ 应具有良好的耐刺穿性、耐久性、耐水性、耐腐蚀性、耐菌性；

④ 塑料防水板主要性能指标应符合表24-17的规定。

9）缓冲层宜采用无纺布或聚乙烯泡沫塑料，缓冲层材料的性能指标应符合表24-18的规定。

10）暗钉圈应采用与塑料防水板相容的材料制作，直径不应小于80mm。

塑料防水板主要性能指标　　　　表24-17

项　目	性能指标			
	乙烯-醋酸乙烯共聚物	乙烯-沥青共混聚合物	聚氯乙烯	高密度聚乙烯
拉伸强度（MPa）	≥16	≥14	≥10	≥16
断裂延伸率（%）	≥550	≥500	≥200	≥550
不透水性，120min（MPa）	≥0.3	≥0.3	≥0.3	≥0.3
低温弯折性	−35℃无裂纹	−35℃无裂纹	−20℃无裂纹	−35℃无裂纹
热处理尺寸变化率（%）	≤2.0	≤2.5	≤2.0	≤2.0

缓冲层材料性能指标   表 24-18

性能指标 材料名称	抗拉强度 (N/50mm)	伸长率（%）	质量 (g/m²)	顶破强度 (kN)	厚度 (mm)
聚乙烯泡沫塑料	≥0.4	≥100	—	≥5	≥5
无纺布	纵横向≥700	纵横向≥50	＞300	—	—

11）塑料防水板防水层的基面应平整、无尖锐突出物；基面平整度 D/L 不应大于 1/6（D 为初期支护基面相邻两凸面间凹进去的深度，L 为初期支护基面相邻两凸面间的距离）。

12）铺设塑料防水板前应先铺缓冲层，缓冲层应采用暗钉圈固定在基面上（图 24-11）。钉距应符合规范的规定。

13）塑料防水板的铺设应符合下列规定：

① 铺设塑料防水板时，宜由拱顶向两侧展铺，并应边铺边用压焊机将塑料板与暗钉圈焊接牢靠，不得有漏焊、假焊和焊穿现象。两幅塑料防水板的搭接宽度不应小于 100mm。搭接缝应为热熔双焊缝，每条焊缝的有效宽度不应小于 10mm。

② 环向铺设时，应先拱后墙，下部防水板应压住上部防水板。

③ 塑料防水板铺设时宜设置分区预埋注浆系统。

④ 分段设置塑料防水板防水层时，两端应采取封闭措施。

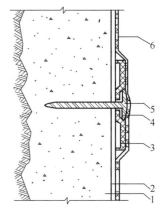

图 24-11 暗钉圈固定缓冲层
1—初期支护；2—缓冲层；3—热塑性暗钉圈；4—金属垫圈；5—射钉；6—塑料防水板

14）接缝焊接时，塑料板的搭接层数不得超过 3 层。

15）塑料防水板铺设时应少留或不留接头，当留设接头时，应对接头进行保护。再次焊接时应将接头处的塑料防水板擦拭干净。

16）铺设塑料防水板时，不应绷得太紧，宜根据基面的平整度留有充分的余地。

17）防水板的铺设应超前混凝土施工，超前距离宜为 5～20m，并应设临时挡板防止机械损伤和电火花灼伤防水板。

18）二次衬砌混凝土施工时应符合下列规定：

① 绑扎、焊接钢筋时应采取防刺穿、灼伤防水板的措施；

② 混凝土出料口和振捣棒不得直接接触塑料防水板。

19）塑料防水板防水层铺设完毕后，应进行质量检查，并应在验收合格后进行下道工序的施工。

（6）金属板防水层

1）金属板防水层可用于长期浸水、水压较大的水工及过水隧道，所用的金属板和焊条的规格及材料性能，应符合设计要求。

2）金属板的拼接应采用焊接，拼接焊缝应严密。竖向金属板的垂直接缝，应相互错开。

3) 主体结构内侧设置金属板防水层时，金属板应与结构内的钢筋焊牢，也可在金属板防水层上焊接一定数量的锚固件（图 24-12）。

4) 主体结构外侧设置金属板防水层时，金属板应焊在混凝土结构的预埋件上。金属板经焊缝检查合格后，应将其与结构间的空隙用水泥砂浆灌实（图 24-13）。

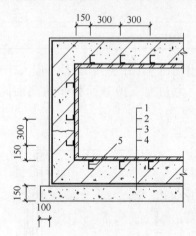

图 24-12 主体结构内侧设置
金属板防水层
1—金属板；2—主体结构；
3—防水砂浆；4—垫层；5—锚固筋

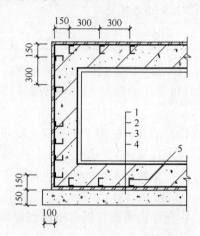

图 24-13 主体结构外侧设置
金属板防水层
1—防水砂浆；2—主体结构；
3—金属板；4—垫层；5—锚固筋

5) 金属板防水层应用临时支撑加固。金属板防水层底板上应预留浇捣孔，并应保证混凝土浇筑密实，待底板混凝土浇筑完后应补焊严密。

6) 金属板防水层如先焊成箱体，再整体吊装就位时，应在其内部加设临时支撑。

7) 金属板防水层应采取防锈措施。

(7) 膨润土防水材料防水层

1) 膨润土防水材料包括膨润土防水毯和膨润土防水板及其配套材料，采用机械固定法铺设。

2) 膨润土防水材料防水层应用于 pH 值为 4～10 的地下环境，含盐量较高的地下环境应采用经过改性处理的膨润土，并应经检测合格后使用。

3) 膨润土防水材料防水层应用于地下工程主体结构的迎水面，防水层两侧应具有一定的夹持力。

4) 铺设膨润土防水材料防水层的基层混凝土强度等级不得小于 C15，水泥砂浆强度等级不得低于 M7.5。

5) 阴、阳角部位应做成直径不小于 30mm 的圆弧或 30mm×30mm 的坡角。

6) 变形缝、后浇带等接缝部位应设置宽度不小于 500mm 的加强层，加强层应设置在防水层与结构外表面之间。

7) 穿墙管件部位宜采用膨润土橡胶止水条、膨润土密封膏或膨润土粉进行加强处理。

8) 膨润土防水材料应符合下列规定：

① 膨润土防水材料中的膨润土颗粒应采用钠基膨润土，不应采用钙基膨润土；

② 膨润土防水材料应具有良好的不透水性、耐久性、耐腐蚀性和耐菌性；

③ 膨润土防水毯非织布外表面宜附加一层高密度聚乙烯膜；

④ 膨润土防水毯的织布层和非织布层之间应联结紧密、牢固，膨润土颗粒应分布均匀；

⑤ 膨润土防水板的膨润土颗粒应分布均匀、粘贴牢固，基材应采用厚度为0.6～1.0mm的高密度聚乙烯片材。

9）膨润土防水材料的性能指标应符合表24-19的要求。

膨润土防水材料性能指标 表24-19

项 目		性 能 指 标		
		针刺法钠基膨润土防水毯	刺覆膜法钠基膨润土防水毯	胶粘法钠基膨润土防水毯
单位面积质量（g/m², 干重）		≥4000		
膨润土膨胀指数（ml/2g）		≥24		
拉伸强度（N/100mm）		≥600	≥700	≥600
最大负荷下伸长率（%）		≥10	≥10	≥8
剥离强度	非制造布—编织布（N/10cm）	≥40	≥40	—
	PE膜—非制造布（N/10cm）	—	≥30	—
渗透系数（cm/s）		≤5×10⁻¹¹	≤5×10⁻¹²	≤1×10⁻¹³
滤失量（mL）		≤18		
膨润土耐久性/（mL/2g）		≥20		

10）基层应坚实、清洁，不得有明水和积水。平整度应符合塑料防水板基层的规定。

11）膨润土防水材料应采用水泥钉和垫片固定。立面和斜面上的固定间距宜为400～500mm，平面上应在搭接缝处固定。

12）膨润土防水毯的织布面应与结构外表面或底板垫层混凝土密贴，膨润土防水板的膨润土面应与结构外表面或底板垫层密贴。

13）膨润土防水材料应采用搭接法连接，搭接宽度应大于100mm。搭接部位的固定位置距搭接边缘的距离宜为25～30mm，搭接处应涂膨润土密封膏。平面搭接缝可干撒膨润土颗粒，用量宜为0.3～0.5kg/m。

14）立面和斜面铺设膨润土防水材料时，应上层压着下层，卷材与基层、卷材与卷材之间应密贴，并应平整无褶皱。

15）膨润土防水材料分段铺设时，应采取临时防护措施。

16）甩槎与下幅防水材料连接时，应将收口压板、临时保护膜等去掉，并应将搭接部位清理干净，涂抹膨润土密封膏，然后搭接固定。

17）膨润土防水材料的永久收口部位应用收口压条和水泥钉固定，并应用膨润土密封膏覆盖。

18）膨润土防水材料与其他防水材料过渡时，过渡搭接宽度应大于400mm，搭接范围内应涂抹膨润土密封膏或铺撒膨润土粉。

19）破损部位应采用与防水层相同的材料进行修补，补丁边缘与破损部位边缘的距离不应小于100mm；膨润土防水板表面膨润土颗粒损失严重时应涂抹膨润土密封膏。

（8）地下工程种植顶板防水

1）地下工程种植顶板的防水等级应为一级。

2）种植土与周边自然土体不相连，且高于周边地坪时，应按种植屋面要求设计。

3）地下工程种植顶板结构应符合下列规定：

① 种植顶板应为现浇防水混凝土，结构找坡，坡度宜为1%～2%；

② 种植顶板厚度不应小于250mm，最大裂缝宽度不应大于0.2mm，并不得贯通；

③ 种植顶板的结构荷载设计应按国家现行标准《种植屋面工程技术规程》JGJ 155—2007的有关规定执行。

4）地下室顶板面积较大时，应设计蓄水装置；寒冷地区的设计，冬秋季时宜将种植土中的积水排出。

5）种植顶板防水设计应包括主体结构防水、管线、花池、排水沟、通风井和亭、台、架、柱等构配件的防排水、泛水设计。

6）地下室顶板为车道或硬铺地面时，应根据工程所在地区现行建筑节能标准进行绝热（保温）层的设计。

7）少雨地区的地下工程顶板种植土宜与大于1/2周边的自然土体相连，若低于周边土体时，宜设置蓄排水层。

8）种植土中的积水宜通过盲沟排至周边土体或建筑排水系统。

9）地下工程种植顶板的防排水构造应符合下列要求：

① 耐根穿刺防水层应铺设在普通防水层上面。

② 耐根穿刺防水层表面应设置保护层，保护层与防水层之间应设置隔离层。

③ 排（蓄）水层应根据渗水性、储水量、稳定性、抗生物性和碳酸盐含量等因素进行设计；排（蓄）水层应设置在保护层上面，并应结合排水沟分区设置。

④ 排（蓄）水层上应设置过滤层，过滤层材料的搭接宽度不应小于200mm。

⑤ 种植土层与植被层应符合国家现行标准《种植屋面工程技术规程》JGJ 155—2007的有关规定。

10）地下工程种植顶板防水材料应符合下列要求：

① 绝热（保温）层应选用密度小、压缩强度大、吸水率低的绝热材料，不得选用散状绝热材料；

② 耐根穿刺层防水材料的选用应符合国家相关标准的规定或具有相关权威检测机构出具的材料性能检测报告；

③ 排（蓄）水层应选用抗压强度大且耐久性好的塑料排水板、网状交织排水板或陶粒等轻质材料。

11）已建地下工程顶板的绿化改造应经结构验算，在安全允许的范围内进行。

12）种植顶板应根据原有结构体系合理布置绿化。

13）原有建筑不能满足绿化防水要求时，应进行防水改造。加设的绿化工程不得破坏原有防水层及其保护层。

14）防水层下不得埋设水平管线。垂直穿越的管线应预埋套管，套管超过种植土的高度应大于150mm。

15）变形缝应作为种植分区边界，不得跨缝种植。

16）种植顶板的泛水部位应采用现浇钢筋混凝土，泛水处防水层高出种植土应大于250mm。

17）泛水部位、水落口及穿顶板管道四周宜设置200～300mm宽的卵石隔离带。

3. 防水层的保护

（1）防水做法应用于外侧（迎水面）时，俗称"外包防水"；只有在修缮工程中才用于内侧（背水面），俗称"内包防水"。

（2）采用外包防水卷材做法时，应在卷材外侧砌筑120mm厚保护墙一道或采用50mm厚聚苯板作软保护，亦可采用20mm厚1∶2.5水泥砂浆，并回填2∶8灰土作隔水层，见图24-14。

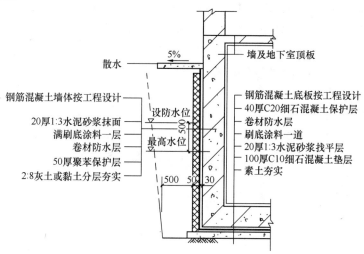

图24-14 软保护的做法

4. 窗井

窗井又称为采光井。它是考虑地下室的平时利用，在外墙的外侧设置的采光竖井。窗井可以在每个窗户的外侧单独设置，也可以将若干个窗井连在一起，中间用墙体分开。

窗井的宽度应不小于1000mm，它由底板和侧墙构成，侧墙可以采用砖墙或钢筋混凝土墙，底板则采用钢筋混凝土板，并应有坡向外侧、1%～3%的坡度。

窗井的上部应有铸铁箅子或用聚碳酸酯板（阳光板）覆盖，以防物体掉入或人员坠入。

《地下工程防水技术规范》GB 50108—2008中规定窗井应满足以下要求：

（1）窗井的底部在最高地下水位以上时，窗井的底板和墙应做防水处理，并宜与主体结构断开（图24-15）。

（2）窗井或窗井的一部分在最高地下水位以下时，窗井应与主体结构连成整体，其防水层也应连成整体，并应在窗井内侧设置集水井（图24-16）。

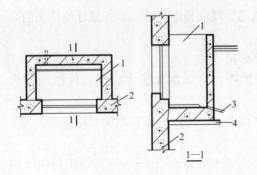 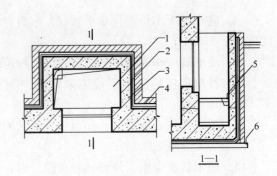

图 24-15 窗井防水构造(一)
1—窗井;2—主体结构;
3—排水管;4—垫层

图 24-16 窗井防水构造(二)
1—窗井;2—防水层;3—主体结构;4—防水
层保护层;5—集水井;6—垫层

(3) 无论地下水位高低,窗台下部的墙体和底板均应做防水层。

(4) 窗井内的底板,应低于窗下缘300mm,窗井墙应高出地面不得小于500mm。窗井外地面应做散水,散水与墙面间应采用密封材料嵌填。

5. 地下工程混凝土结构细部构造防水

(1) 变形缝

1) 一般规定:

① 变形缝应满足密封防水、适应变形、施工方便、检修容易等要求。

② 用于伸缩的变形缝宜少设,可根据不同的工程结构类别、工程地质情况采用后浇带、加强带、诱导缝等替代措施。

③ 变形缝处混凝土结构的厚度不应小于300mm。

2) 设计要点:

① 用于沉降的变形缝最大允许沉降差值不应大于30mm。

② 变形缝的宽度宜为20~30mm。

③ 变形缝的防水措施可根据工程开挖方法、防水等级确定。变形缝的几种复合防水构造形式,见图24-17~图24-19。

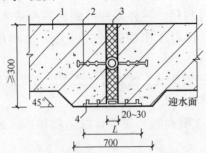 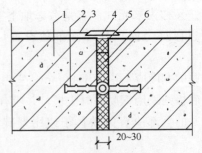

图 24-17 中埋式止水带与外贴
防水层复合使用
外贴式止水带 $L \geqslant 300$
外贴防水卷材 $L \geqslant 400$
外涂防水涂层 $L \geqslant 400$
1—混凝土结构;2—中埋式止水带;
3—填缝材料;4—外贴式止水带

图 24-18 中埋式止水带与嵌缝
材料复合使用
1—混凝土结构;2—中埋式止水带;
3—防水层;4—隔离层;5—密封
材料;6—填缝材料

④ 环境温度高于50℃处的变形缝，中埋式止水带可采用金属制作（图24-20）。

（2）后浇带

1) 一般规定：

① 后浇带宜用于不允许留设变形缝的工程部位。

② 后浇带应在其两侧混凝土龄期达到42d后再施工，高层建筑的后浇带施工应按规定时间进行。

③ 后浇带应采用补偿收缩混凝土浇筑，其抗渗和抗压强度等级不应低于两侧混凝土。

2) 设计要点：

① 后浇带应设在受力和变形较小的部位，其间距和位置应按结构设计要求确定，通常宜为30~60m。宽度宜为700~1000mm。

② 后浇带两侧可做成平直缝或阶梯缝，其防水构造形式宜采用图24-21~图24-23。

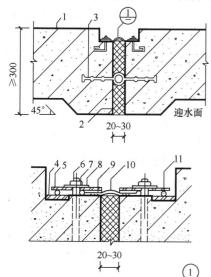

图24-19 中埋式止水带与可卸式止水带复合使用
1—混凝土结构；2—填缝材料；3—中埋式止水带；4—预埋钢板；5—紧固件压板；6—预埋螺栓；7—螺母；8—垫圈；9—紧固件压块；10—Ω形止水带；11—紧固件圆钢

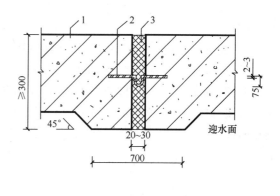

图24-20 中埋式金属止水带
1—混凝土结构；2—金属止水带；3—填缝材料

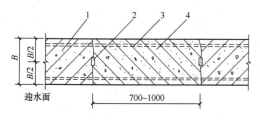

图24-21 后浇带防水构造（一）
1—先浇混凝土；2—遇水膨胀止水条（胶）；3—结构主筋；4—后浇补偿收缩混凝土

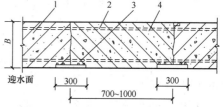

图24-22 后浇带防水构造（二）
1—先浇混凝土；2—结构主筋；3—外贴式止水带；4—后浇补偿收缩混凝土

③ 采用掺膨胀剂的补偿收缩混凝土，水中养护 14d 后的限制膨胀率不应小于 0.015%，膨胀剂的掺量应根据不同部位的限制膨胀率设定值经试验确定。

④ 后浇带混凝土应一次浇筑，不得留设施工缝；混凝土浇筑后应及时养护，养护时间不得少于 28d。

⑤ 后浇带需超前止水时，后浇带部位的混凝土应局部加厚，并应增设外贴式或中埋式止水带（图 24-24）。

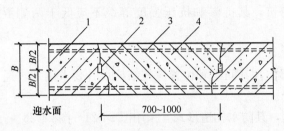 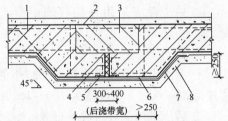

图 24-23 后浇带防水构造（三）
1—先浇混凝土；2—遇水膨胀止水条（胶）；
3—结构主筋；4—后浇补偿收缩混凝土

图 24-24 后浇带超前止水构造
1—混凝土结构；2—钢丝网片；3—后浇带；4—填缝材料；5—外贴式止水带；6—细石混凝土保护层；
7—卷材防水层；8—垫层混凝土

（3）穿墙管

1) 穿墙管（盒）应在浇筑混凝土前预埋。

2) 穿墙管与内墙角、凹凸部位的距离应大于 250mm。

3) 结构变形或管道伸缩量较小时，穿墙管可采用主管直接埋入混凝土内的固定式防水法，主管应加焊止水环或环绕遇水膨胀止水圈，并应在迎水面预留凹槽，槽内应采用密封材料嵌填密实。其防水构造形式宜采用图 24-25 和图 24-26。

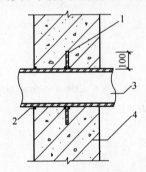 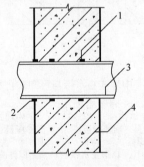

图 24-25 固定式穿墙管防水构造（一）
1—止水环；2—密封材料；3—主管；
4—混凝土结构

图 24-26 固定式穿墙管防水构造（二）
1—遇水膨胀止水圈；2—密封材料；3—主管；
4—混凝土结构

4) 结构变形或管道伸缩量较大或有更换要求时，应采用套管式防水法，套管应加焊止水环（图 24-27）。

5) 穿墙管防水施工时应符合下列要求：

① 金属止水环应与主管或套管满焊密实，采用套管式穿墙防水构造时，翼环与套管应满焊密实，并应在施工前将套管内表面清理干净；

② 相邻穿墙管间的间距应大于 300mm；

③ 采用遇水膨胀止水圈的穿墙管,管径宜小于50mm,止水圈应采用胶粘剂满粘固定于管上,并应涂缓胀剂或采用缓胀型遇水膨胀止水圈。

6) 穿墙管线较多时,宜相对集中,并应采用穿墙盒方法。穿墙盒的封口钢板应与墙上的预埋角钢焊严,并应从钢板上的预留浇筑孔注入柔性密封材料或细石混凝土(图24-28)。

7) 当工程有防护要求时,穿墙管除应采取防水措施外,尚应采取满足防护要求的措施。

8) 穿墙管伸出外墙的部位,应采取防止回填时将管体损坏的措施。

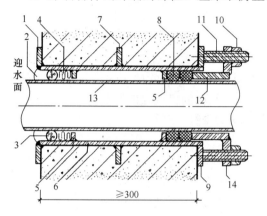

图24-27 套管式穿墙管防水构造
1—翼环;2—密封材料;3—背衬材料;4—充填材料;5—挡圈;6—套管;7—止水环;8—橡胶圈;9—翼盘;10—螺母;11—双头螺栓;12—短管;13—主管;14—法兰盘

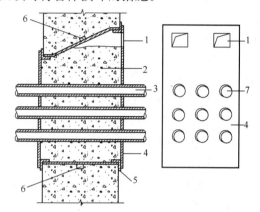

图24-28 穿墙群管防水构造
1—浇筑孔;2—柔性材料或细石混凝土;3—穿墙管;4—封口钢板;5—固定角钢;6—遇水膨胀止水条;7—预留孔

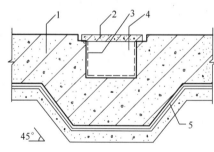

图24-29 底板下坑、池的防水构造
1—底板;2—盖板;3—坑、池防水层;4—坑、池;5—主体结构防水层

(4) 孔口

1) 地下工程通向地面的各种孔口应采取防地面水倒灌的措施。人员出入口高出地面的高度宜为500mm,汽车出入口设置明沟排水时,其高度宜为150mm,并应采取防雨措施。

2) 通风口应与窗井同样处理,竖井窗下缘离室外地面高度不得小于500mm。

(5) 坑、池

1) 坑、池、储水库宜采用防水混凝土整体浇筑,内部应设防水层。受振动作用时应设柔性防水层。

2) 底板以下的坑、池,其局部底板应相应降低,并应使防水层保持连续(图24-29)。

第三节 墙体的构造

一、墙体的分类

墙体的分类方法很多,大体有按材料分类,按所在位置分类和按受力特点分类等,下边分别进行介绍。

(一) 按材料分类

1. 砖墙

《砌体结构设计规范》GB 50003—2011 中规定的墙体材料有：

(1) 烧结普通砖、烧结多孔砖

1) 烧结普通砖：由煤矸石、页岩、粉煤灰或黏土为主要原料，经过焙烧而成的无孔洞的实心砖。分为烧结煤矸石砖、烧结页岩砖、烧结粉煤灰砖或烧结黏土砖等。基本尺寸为 240mm×115mm×53mm。强度等级有 MU30、MU25、MU20、MU15 和 MU10 等几种。用于砌体结构的最低强度等级为 MU10。

2) 烧结多孔砖：由煤矸石、页岩、粉煤灰或黏土为主要原料，经过焙烧而成的。孔洞率不少于 35%，孔的尺寸小而数量多，主要用于承重部位的砖。强度等级有 MU30、MU25、MU20、MU15 和 MU10 等几种。用于砌体结构的最低强度等级为 MU10。

注：北京市规定这些砖若使用黏土，其掺加量不得超过总量的 25%。

(2) 蒸压灰砂普通砖、蒸压粉煤灰普通砖

1) 蒸压灰砂普通砖：以石灰等钙质材料和砂等硅质材料为主要原料，经坯料制备、压制排汽成型、高压蒸汽养护而成的无孔洞的实心砖。基本尺寸为 240mm×115mm×53mm。强度等级有 MU25、MU20、MU15。用于砌体结构的最低强度等级为 MU15。

2) 蒸压粉煤灰普通砖：以石灰、消石灰（如电石渣）和水泥等钙质材料与粉煤灰等硅质材料及集料（砂等）为主要原料，掺加适量石膏，经坯料制备、压制排汽成型、高压蒸汽养护而成的无孔洞的实心砖。基本尺寸为 240mm×115mm×53mm。强度等级有 MU25、MU20、MU15。用于砌体结构的最低强度等级为 MU15。

(3) 混凝土普通砖、混凝土多孔砖

1) 混凝土普通砖：以水泥为胶凝材料，以砂、石等为主要集料，加水搅拌、养护制成的实心砖。强度等级有 MU30、MU25、MU20、MU15。主规格尺寸为 240mm×115mm×53mm 或 240mm×115mm×90mm。用于砌体结构的最低强度等级为 MU15。

2) 混凝土多孔砖：以水泥为胶凝材料，以砂、石等为主要集料，加水搅拌、养护制成的一种多孔的混凝土半盲孔砖。主规格尺寸为 240mm×115mm×90mm、240mm×190mm×90mm 或 190mm×190mm×90mm。强度等级有 MU30、MU25、MU20、MU15。用于砌体结构的最低强度等级为 MU15。

(4) 混凝土小型空心砌块（简称混凝土砌块或砌块）

由普通混凝土或轻集料混凝土制成，主要规格尺寸为 390mm×190mm×190mm，空心率为 25%～50% 的空心砌块。强度等级有 MU20、MU15、MU10、MU7.5 和 MU5。用于砌体结构的最低强度等级为 MU7.5。

(5) 石材

石材的强度等级有 MU100、MU80、MU60、MU50、MU40、MU30 和 MU20 等。用于砌体结构的最低强度等级为 MU30。

(6) 砌筑砂浆

1) 烧结普通砖、烧结多孔砖、蒸压灰砂普通砖和蒸压粉煤灰普通砖砌体采用的普通砂浆强度等级：M15、M10、M7.5、M5.0 和 M2.5，砌筑砂浆最低强度等级为 M5.0；蒸压灰砂普通砖和蒸压粉煤灰普通砖砌体采用的专用砂浆强度等级：Ms15、Ms10、

Ms7.5、Ms5.0,砌筑砂浆最低强度等级为 Ms5.0。

2) 混凝土普通砖、混凝土多孔砖、单排孔混凝土砌块和煤矸石混凝土砌块采用的砂浆强度等级:Mb20、Mb15、Mb10、Mb7.5 和 Mb5,砌筑砂浆最低强度等级为 Mb5.0。

3) 双排孔或多排孔轻集料混凝土砌块砌体采用的砂浆强度等级:Mb10、Mb7.5 和 Mb5.0,砌筑砂浆最低强度等级为 Mb5.0。

4) 毛料石、毛石砌体采用的砂浆强度等级:M7.5、M5 和 M2.5,砌筑砂浆最低强度等级为 M5.0。

(7) 自承重墙体材料

1) 空心砖:空心砖的强度等级:MU10、MU7.5、MU5 和 MU3.5。最低强度等级为 MU7.5。

2) 轻集料混凝土砌块:轻集料混凝土砌块的强度等级为 MU10、MU7.5、MU5 和 MU3.5。最低强度等级为 MU3.5。

3) 砌筑砂浆:砌筑砂浆用于地上部位时,应采用混合砂浆;用于地下部位时,应采用水泥砂浆。上述砂浆的代号为 M。砌筑空心砖的砂浆强度等级有 M15、M10、M7.5、M5 和 M2.5 等几种,最低强度等级为 M5。用于轻集料混凝土砌块的砂浆的代号为 Mb,有 Mb15、Mb10、Mb7.5、Mb5 等几种。

2. 加气混凝土墙

《蒸压加气混凝土建筑应用技术规程》JGJ/T 17—2008 中指出:

(1) 蒸压加气混凝土有砌块和板材两类。

(2) 蒸压加气混凝土砌块可用作承重墙体、非承重墙体和保温隔热材料。

(3) 蒸压加气混凝土配筋板材除用于隔墙板外,还可做成屋面板、外墙板和楼板。

(4) 加气混凝土强度等级的代号为 A,用于承重墙时的强度等级不应低于 A5。

(5) 蒸压加气混凝土砌块应采用专用砂浆砌筑,砂浆代号为 Ma。

(6) 地震区加气混凝土砌块横墙承重房屋总层数和总高度见表 24-20。

加气混凝土砌块横墙承重房屋总层数和总高度　　　　　表 24-20

强度等级	抗震设防烈度		
	6	7	8
A5	5 层(16m)	5 层(16m)	4 层(13m)
A7.5	6 层(19m)	6 层(19m)	5 层(16m)

注:房屋承重砌块的最小厚度不宜小于 250mm。

(7) 下列部位不得采用加气混凝土制品:

1) 建筑物防潮层以下的外墙;

2) 长期处于浸水和化学侵蚀环境;

3) 承重制品表面温度经常处于 80℃以上的部位。

(8) 其他技术资料表明,蒸压加气混凝土砌块的密度级别与强度级别的关系见表 24-21。

3. 普通混凝土空心小型砌块墙

蒸压加气混凝土砌块的密度级别与强度级别的关系 表24-21

干体积密度级别		B03	B04	B05	B06	B07	B08
干体积密度（kg/m³）	优等品≤	300	400	500	600	700	800
	合格品≤	325	425	525	625	725	825
强度级别	优等品≥	A1.0	A2.0	A3.5	A5.0	A7.5	A10.0
	合格品≥			A2.5	A3.5	A5.0	A7.5

注：1. 用于非承重墙，宜以B05级、B06级、A2.5级、A3.5级为主；

2. 用于承重墙，宜以A5.0级为主；

3. 作为砌体保温砌块材料使用时，宜采用低密度级别的产品，如B03级、B04级。

普通混凝土空心小型砌块是以水泥、矿物掺合料、轻骨料（或部分轻骨料）、水等为原材料，经搅拌、压振成型、养护等工艺制成的主规格尺寸为390mm×190mm×190mm的小型空心砌块。《混凝土小型空心砌块建筑技术规程》JGJ/T 14—2011中指出：普通混凝土小型空心砌块的强度等级应不低于MU7.5，砌筑砂浆的强度等级应不低于Mb7.5。8度设防时允许建造高度为18m，建造层数为6层。

4. 其他材料墙体

用于墙体的材料还有轻骨料混凝土小型空心砌块、石材、钢筋混凝土板材、蒸压普通砖（专用砂浆代号Ms）等。

（二）按所在位置分类

墙体按所在位置一般分为外墙及内墙两大部分，每部分又各有纵、横两个方向，这样共形成四种墙体，即纵向外墙（又称檐墙）、横向外墙（又称山墙）、纵向内墙、横向内墙。

当楼板支承在横向墙上时，叫横墙承重，这种做法多用于横墙较多的建筑中，如住宅、宿舍、办公楼等。当楼板支承在纵向墙上时，叫纵墙承重。这种做法多用于纵墙较多的建筑中，如中小学等。当一部分楼板支承在纵向墙上，另一部分楼板支承在横向墙上时，叫混合承重。这种做法多用于中间有走廊或一侧有走廊的办公楼中。

（三）按受力特点分类

1. 承重墙

它承受屋顶和楼板等构件传下来的垂直荷载和风力、地震力等水平荷载。由于承重墙所处的位置不同，又分为承重内墙和承重外墙。墙下有条形基础。

2. 承自重墙

只承受墙体自身重量而不承受屋顶，楼板等竖直荷载。墙下亦有条形基础。

3. 围护墙

它起着防风、雪、雨的侵袭，并起着保温、隔热、隔声、防水等作用。它对保证房间内具有良好的生活环境和工作条件关系很大。墙体重量由梁承托并传给柱子或基础。

4. 隔墙

它起着分隔大房间为若干小房间的作用。隔墙应满足隔声的要求。这种墙不做基础。

（四）墙体按构造做法分类

1. 实心墙

单一材料（多孔砖、普通砖、石块、混凝土和钢筋混凝土等）和复合材料（钢筋混凝土与加气混凝土分层复合、实心砖与焦渣分层复合等）砌筑的不留空隙的墙体。

2. 多孔砖、空心砖墙

这种墙体使用的多孔砖，其竖向孔洞虽然减少了砖的承压面积，但是砖的厚度增加，砖的承重能力与普通砖相比还略有增加。表观密度为 1350kg/m³（普通砖的表观密度为 1800kg/m³）。由于有竖向孔隙，所以保温能力有提高。这是由于空隙是静止的空气层所致。试验证明，190mm 的多孔砖墙，相当于 240mm 的普通砖墙的保温能力。空心砖主要用于框架结构的外围护墙和内分隔墙。目前在工程中广泛采用的陶粒空心砖，就是一种较好的围护墙和内隔墙材料。

3. 空斗墙

空斗墙在我国民间流传很久。这种墙体的材料是普通砖。它的砌筑方法分斗砖与眠砖，砖竖放叫斗砖，平放叫眠砖。

空斗墙不应在抗震设防地区中使用。

4. 复合墙

这种墙体多用于居住建筑，也可用于托儿所、幼儿园、医疗等小型公共建筑。这种墙体的主体结构为普通砖（多孔砖）或钢筋混凝土板材。在其内侧（称为内保温）或外侧（称为外保温）复合轻质保温材料。常用的保温材料有膨胀型聚苯乙烯板（EPS 板）、挤塑型聚苯乙烯板（XPS 板）、胶粉聚苯颗粒、硬泡聚氨酯（PU）等。

主体结构采用普通砖或多孔砖墙时，其厚度为 200~240mm；采用钢筋混凝土板墙时，其厚度应不小于 180mm。保温材料的厚度随地区而改变，北京地区为 50~110mm，若作空气间层时，其厚度为 20mm。

5. 集热蓄热墙

集热蓄热墙多用于被动式太阳房的墙体构造，一般在我国北方地区的建筑中采用，有实体式、花格式等，实体式是主导形式。实体式集热蓄热墙，一般为建筑平面中的南向墙，构造特点是采用热容小、导热系数也小的材料制作，在墙体的上、下部各预留通风口，并在其外侧涂敷吸热材料（一般可以涂黑），为增加集热效果，可在南向墙体的正前方加做玻璃墙（玻璃墙也应预留上、下通风口），与南向墙之间形成空气间层。冬季白天通过集热蓄热墙体的导热和空气间层中的空气对流换热，利用通风口向室内传递热量。夜间则关闭通风口，利用集热蓄热墙的热惰性和空气间层的热阻来减少室内的热损失；夏季可以通过调节玻璃墙上的外风口和北墙（或屋顶）上的调节窗，利用"烟囱效应"实现自然通风降温和墙体冷却。

集热蓄热墙的厚度，严寒地区宜为 370mm，寒冷地区宜为 240mm；空气间层宜为 50~100mm；通风口宜占墙体面积的 1%~2%。

二、墙体的保温与节能构造

墙体的保温因素，主要表现在墙体阻止热量传出的能力和防止在墙体表面和内部产生凝结水的能力两大方面。在建筑物理学上属于建筑热工设计部分，一般应以《民用建筑设计通则》GB 50352—2005 为准，这里介绍一些基本知识。

（一）建筑气候分区对建筑的基本要求

建筑气候分区对建筑的基本要求应符合表 24-22 的规定。

不同分区对建筑的基本要求　　　　　　　　　表 24-22

分区名称		热工分区名称	气候主要指标	建筑基本要求
Ⅰ	ⅠA ⅠB ⅠC ⅠD	严寒地区	1月平均气温≤－10℃ 7月平均气温≤25℃ 7月平均相对湿度≥50%	1. 建筑物必须满足冬季保温、防寒、防冻等要求 2. ⅠA、ⅠB区应防止冻土、积雪对建筑物的危害 3. ⅠB、ⅠC、ⅠD区的西部，建筑物应防冰雹、防风沙
Ⅱ	ⅡA ⅡB	寒冷地区	1月平均气温－10～0℃ 7月平均气温 18～28℃	1. 建筑物应满足冬季保温、防寒、防冻等要求，夏季部分地区应兼顾防热 2. ⅡA区建筑物应防热、防潮、防暴风雨，沿海地带应防盐雾侵蚀
Ⅲ	ⅢA ⅢB ⅢC	夏热冬冷地区	1月平均气温 0～10℃ 7月平均气温 25～30℃	1. 建筑物必须满足夏季防热、遮阳、通风降温要求，冬季应兼顾防寒 2. 建筑物应防雨、防潮、防洪、防雷电 3. ⅢA区应防台风、暴雨袭击及盐雾侵蚀
Ⅳ	ⅣA ⅣB	夏热冬暖地区	1月平均气温≥10℃ 7月平均气温 25～29℃	1. 建筑物必须满足夏季防热、遮阳、通风、防雨要求 2. 建筑物应防暴雨、防潮、防洪、防雷电 3. ⅣA区应防台风、暴雨袭击及盐雾侵蚀
Ⅴ	ⅤA ⅤB	温和地区	7月平均气温 18～25℃ 1月平均气温 0～13℃	1. 建筑物应满足防雨和通风要求 2. ⅤA区建筑物应注意防寒，ⅤB区应特别注意防雷电
Ⅵ	ⅥA ⅥB	严寒地区	7月平均气温＜18℃ 1月平均气温 0～－22℃	1. 热工应符合严寒和寒冷地区相关要求 2. ⅥA、ⅥB应防冻土对建筑物地基及地下管道的影响，并应特别注意防风沙 3. ⅥC区的东部，建筑物应防雷电
	ⅥC	寒冷地区		
Ⅶ	ⅦA ⅦB ⅦC	严寒地区	7月平均气温≥18℃ 1月平均气温－5～ －20℃ 7月平均相对湿度＜50%	1. 热工应符合严寒和寒冷地区相关要求 2. 除ⅦD区外，应防冻土对建筑物地基及地下管道的危害 3. ⅦB区建筑物应特别注意积雪的危害 4. ⅦC区建筑物应特别注意防风沙，夏季兼顾防热 5. ⅦD区建筑物应注意夏季防热，吐鲁番盆地应特别注意隔热、降温
	ⅦD	寒冷地区		

(二) 冬季保温设计要求

《民用建筑热工设计规范》GB 50176—93 中指出：

1. 建筑物宜设在避风、向阳地段、尽量争取主要房间有较多日照。

2. 建筑物的外表面积与其包围的体积之比应尽可能地小。平、立面不宜出现过多的凹凸面。

3. 室温要求相近的房间宜集中布置。

4. 严寒地区居住建筑不应设冷外廊和开敞式楼梯间，公共建筑主入口处应设置转门、热风幕等避风设施。寒冷地区居住建筑和公共建筑宜设置门斗。

5. 严寒和寒冷地区北向窗户的面积应予控制，其他朝向的窗户面积也不宜过大，应尽量减少窗户缝隙长度，并加强窗户的密闭性。

6. 严寒和寒冷地区的外墙和屋顶应进行保温验算，保证不低于所在地区要求的总热阻值。

7. 热桥部分（主要传热渠道）应通过保温验算，并作适当的保温处理。

（三）夏季防热设计要求

《民用建筑热工设计规范》GB 50176—93 中指出：

1. 建筑物的夏季防热应采取环境绿化、自然通风、建筑遮阳和围护结构隔热等综合性措施。

2. 建筑物的总体布置，单体的平、剖面设计和门窗的设置，应有利于自然通风，并尽量避免主要房间受东、西日晒。

3. 南向房间可利用上层阳台、凹廊、外廊等达到遮阳目的。东、西向房间可适当采用固定或活动式遮阳设施。

4. 屋顶、东西外墙的内表面温度应通过验算，保证满足隔热设计标准要求。

5. 为防止潮霉季节地面泛潮，底层地面宜采用架空做法。地面面层宜选用微孔吸湿材料。

6. 该规范还提出了围护结构的隔热措施：

（1）外表面做浅色饰面。

（2）设置通风间层，如通风屋顶、通风墙（空气间层厚 20～50mm）等。

（3）采用空心墙体，如多孔混凝土、轻骨料空心砌块等。

（4）复合墙体的内侧宜采用砖或混凝土等重质材料。

（5）设置带铝箔的封闭空气间层（可以减少辐射传热）。当为单面铝箔空气间层时，铝箔宜设置在温度较高的一侧。

（6）采用 150～200mm 的蓄水屋顶、屋顶绿化、墙面垂直绿化等。

（7）为防止霉潮季节湿空气在地面冷凝泛潮，地面下部宜采用保温措施或架空做法，地面面层宜采用微孔吸湿材料。

（四）严寒和寒冷地区的设计要求

《严寒和寒冷地区居住建筑节能设计标准》JGJ 26—2010 中规定严寒和寒冷地区居住建筑达到节能，在建筑构造方面主要有如下几点。

1. 依据不同的采暖度日数（HDD18）和空调度日数（CDD26）范围，将严寒地区和寒冷地区进一步划分成为表 24-23 所示的五个气候子区。

严寒和寒冷地区居住建筑节能设计气候子区 表 24-23

气 候 子 区		分 区 依 据
严寒地区 （Ⅰ区）	严寒（A）区（冬季异常寒冷、夏季凉爽）	6000≤HDD18
	严寒（B）区（冬季非常寒冷、夏季凉爽）	5000≤HDD18＜6000
	严寒（C）区（冬季很寒冷、夏季凉爽）	3800≤HDD18＜5000
寒冷地区 （Ⅱ区）	寒冷（A）区（冬季寒冷、夏季凉爽）	2000≤HDD18＜3800，CDD26≤90
	寒冷（B）区（冬季寒冷、夏季热）	2000≤HDD18＜3800，CDD26＞90

注：北京地区属于寒冷（B）区（HDD 为 2699，CDD 为 94）。

2. 建筑群的总体布置，单体建筑的平、立面设计和门窗的设置，应考虑冬季利用日照并避开冬季主导风向。

3. 建筑物宜朝向南北或接近朝向南北。建筑物不宜设有三面外墙的房间，一个房间不宜在不同方向的墙面上设置两个或更多的窗。

4. 居住建筑的体形系数不应大于表24-24规定的限值，当体形系数大于其规定的限值时，则必须进行围护结构热工性能的权衡判断。

严寒和寒冷地区居住建筑的体形系数限值　　　　　　　　　　表24-24

	建筑层数			
	≤3层	4～8层	9～13层	≥14层
严寒地区	0.50	0.30	0.28	0.25
寒冷地区	0.52	0.33	0.30	0.26

5. 建筑物的窗墙面积比不应大于表24-25的规定，当窗墙面积比大于其规定的限值时，则必须进行围护结构热工性能的权衡判断。在权衡判断时，各朝向窗墙面积比最大也只能比表24-25中的对应值大0.1。

严寒和寒冷地区居住建筑的窗墙面积比限值　　　　　　　　　　表24-25

朝　向	窗墙面积比	
	严寒地区	寒冷地区
北	0.25	0.30
东、西	0.30	0.35
南	0.45	0.50

注：1. 敞开式阳台的阳台门上部透明部分计入窗户面积，下部不透明部分不计入窗户面积。
　　2. 表中的窗墙面积比按开间计算。表中的"北"代表从北偏东小于60°至北偏西小于60°的范围，"东、西"代表从东或西偏北小于等于30°至偏南小于60°的范围，"南"代表从南偏东小于等于30°至偏西小于等于30°的范围。

6. 楼梯间及外走廊与室外连接的开口处应设置窗或门，且该窗或门应能密闭。严寒（A）区和严寒（B）区的楼梯间宜采暖，设置采暖的楼梯间的外墙和外窗应采取保温措施。

7. 寒冷（B）区建筑的南向外窗（包括阳台的透明部分）宜设置水平遮阳或活动遮阳。东、西向的外窗宜设置活动遮阳。

8. 居住建筑不宜设置凸窗。严寒地区除南向外不应设置凸窗，寒冷地区北向的卧室、起居室不得设置凸窗。

当设置凸窗时，凸窗突出（从外墙面至凸窗外表面）不应大于400mm。凸窗的传热系数限值应比普通窗降低15%，且其不透明的顶部、底部、侧面的传热系数应小于或等于外墙的传热系数。当计算窗墙面积比时，凸窗的窗面积和凸窗所占的墙面积应按窗洞口面积计算。

9. 外窗及敞开式阳台门应具有良好的密闭性能。严寒地区外窗及敞开式阳台门的气密性等级不应低于国家标准《建筑外门窗气密、水密、抗风压性能分级及检测方法》GB/T 7106—2008中规定的6级。寒冷地区1~6层的外窗及敞开式阳台门的气密性等级不应低于国家标准《建筑外门窗气密、水密、抗风压性能分级及检测方法》GB/T 7106—2008中规定的4级，7层及7层以上不应低于6级。

10. 封闭式阳台的保温应符合下列规定：

(1) 阳台和直接连通的房间之间应设置隔墙和门、窗。

(2) 当阳台和直接连通的房间之间不设置隔墙和门、窗时，应将阳台作为所连通房间的一部分。阳台与室外空气接触的墙板、顶板、地板的传热系数必须符合围护结构热工性能的相关要求，阳台的窗墙面积比也应符合围护结构热工性能的相关要求。

(3) 当阳台和直接连通的房间之间设置隔墙和门、窗，且所设隔墙、门、窗的传热系数不大于相关限值，窗墙面积比不超过规定的限值时，可不对阳台外表面作特殊热工要求。

(4) 当阳台和直接连通的房间之间设置隔墙和门、窗，且所设隔墙、门、窗的传热系数大于相关规定时，阳台与室外空气接触的墙板、顶板、地板的传热系数不应大于规定数值的120%，严寒地区阳台窗的传热系数不应大于2.5W/(m^2·K)，寒冷地区阳台窗的传热系数不应大于3.1W/(m^2·K)，阳台外表面的窗墙面积比不应大于60%。阳台和直接连通房间隔墙的窗墙面积比不应超过规范规定的限值，当阳台的面宽小于直接连通房间的开间宽度时，可按房间的开间计算隔墙的窗墙面积比。

11. 外窗（门）框与墙体之间的缝隙，应采用高效保温材料填堵，不应采用普通水泥砂浆补缝。

12. 外窗（门）洞口室外部分的侧墙面应作保温处理，并应保证窗（门）洞口室内部分的侧墙面的内表面温度不低于室内空气设计温、湿度条件下的露点温度，减少附加热损失。

13. 外墙与屋面的热桥部位均应进行保温处理，以保证热桥部位的内表面温度不低于室内空气设计温、湿度条件下的露点温度，减小附加热损失。

14. 地下室外墙应根据地下室的不同用途，采取合理的保温措施。

（五）夏热冬冷地区的设计要求

夏热冬冷地区指的是我国长江流域及其周围地区。涉及16个省、直辖市、自治区。代表城市有上海、南京、杭州、长沙、重庆、南昌、成都、贵阳等。

《夏热冬冷地区居住建筑节能设计标准》JGJ 134—2010中指出：

1. 建筑群的总体布置、单体建筑的平面布置与立面设计应有利于自然通风。

2. 建筑物宜朝向南北或接近朝向南北。

3. 建筑物的体形系数应符合表24-26的规定，当体形系数不满足其规定，则必须进行建筑围护结构热工性能的综合判断。

夏热冬冷地区居住建筑的体形系数限值　　　　表24-26

建筑层数	≤3层	(4~11)层	≥12层
建筑的体形系数	0.55	0.40	0.35

4. 围护结构各部分的传热系数和热惰性指标应符合表 24-27 的规定。当设计建筑的围护结构的屋面、外墙、架空或外挑楼板、外窗不符合表 24-27 的规定时，必须进行建筑围护结构热工性能的综合判断。

建筑围护结构各部分的传热系数（K）和热惰性指标（D）的限值　　　表 24-27

围护结构部位		传热系数 $K[W/(m^2·K)]$	
		热惰性指标 $D \leqslant 2.5$	热惰性指标 $D > 2.5$
体形系数≤0.40	屋面	0.8	1.0
	外墙	1.0	1.5
	底面接触室外空气的架空或外挑楼板	1.5	
	分户墙、楼板、楼梯间隔墙、外走廊隔墙	2.0	
	户门	3.0（通往封闭空间） 2.0（通往非封闭空间或户外）	
	外窗（含阳台门的透明部分）	按符合表 24-32 和表 24-33 的规定	
体形系数>0.40	屋面	0.5	0.6
	外墙	0.8	1.0
	底面接触室外空气的架空或外挑楼板	1.0	
	分户墙、楼板、楼梯间隔墙、外走廊隔墙	2.0	
	户门	3.0（通往封闭空间） 2.0（通往非封闭空间或户外）	
	外窗（含阳台门的透明部分）	应符合表 24-32 和表 24-33 的规定	

5. 不同朝向的外窗（包括阳台门的透明部分）的窗墙面积比不应超过表 24-28 的规定。不同朝向、不同窗墙面积比的外窗传热系数不应大于表 24-29 规定的限值。综合遮阳系数应符合表 24-29 的规定。当外窗为凸窗时，凸窗的传热系数应比表 24-29 规定的限值小 10%。计算窗墙面积比时，凸窗的面积按洞口面积计算。当设计建筑的窗墙面积比或传热系数、遮阳系数不符合表 24-28 和表 24-29 的规定时，必须进行建筑围护结构热工性能的综合判断。

不同朝向外窗的窗墙面积比限值　　　表 24-28

朝向	窗墙面积比	朝向	窗墙面积比
北	0.40	南	0.45
东、西	0.35	每套房间允许一个房间（不分朝向）	0.60

不同朝向、不同窗墙面积比的外窗传热系数和综合遮阳系数限值　　　表 24-29

建 筑	窗墙面积比	传热系数 K [W/(m² · K)]	外窗综合遮阳系数 SC_w （东、西向/南向）
体形系数≤0.40	窗墙面积比≤0.20	4.7	———/———
	0.20＜窗墙面积比≤0.30	4.0	———/———
	0.30＜窗墙面积比≤0.40	3.2	夏季≤0.40/夏季≤0.45
	0.40＜窗墙面积比≤0.45	2.8	夏季≤0.35/夏季≤0.40
	0.45＜窗墙面积比≤0.60	2.5	东、西、南向设置外遮阳 夏季≤0.25　冬季≥0.60
体形系数＞0.40	窗墙面积比≤0.20	4.0	———/———
	0.20＜窗墙面积比≤0.30	3.2	———/———
	0.30＜窗墙面积比≤0.40	2.8	夏季≤0.40/夏季≤0.45
	0.40＜窗墙面积比≤0.45	2.5	夏季≤0.35/夏季≤0.40
	0.45＜窗墙面积比≤0.60	2.3	东、西、南向设置外遮阳 夏季≤0.25　冬季≥0.60

注：1. 表中的"东、西"代表从东或西偏北30°（含30°）至偏南60°（含60°）的范围，"南"代表从南偏东30°至偏西30°的范围。
　　2. 楼梯间、外走廊的窗不按本表规定执行。

6. 东偏北30°至东偏南60°，西偏北30°至西偏南60°范围的外窗应设置挡板式遮阳或可以遮住窗户正面的活动外遮阳，南向的外窗宜设置水平遮阳或可以遮住窗户正面的活动外遮阳。各朝向的窗户，当设置了可以遮住正面的活动外遮阳（如卷帘、百叶窗等）时，应认定满足表24-29对外窗遮阳的要求。

7. 外窗可开启面积（含阳台门面积）不应小于外窗所在房间地面面积的5%，多层住宅外窗宜采用平开窗。

8. 建筑物1～6层的外窗及敞开式阳台门的气密性等级，不应低于现行国家标准《建筑外门窗气密、水密、抗风压性能分级及其检测方法》GB/T 7106—2008规定的4级；7层及7层以上的外窗及敞开式阳台门的气密性等级，不应低于该标准规定的6级。

9. 当外窗采用凸窗时，应符合下列规定：
（1）窗的传热系数限值应比表24-29的相应数值小10%；
（2）计算窗墙面积比时，凸窗的面积按窗洞口面积计算；
（3）对凸窗不透明的上顶板、下底板和侧板，应进行保温处理，且板的传热系数不应低于外墙的传热系数的限值要求。

10. 围护结构的外表面宜采用浅色饰面材料。平屋顶宜采取绿化、涂刷隔热涂料等隔热措施。

11. 当采用分体式空气调节器（含风管机、多联机）时，室外机的安装位置应符合下列规定：
（1）应稳定牢固，不应存在安全隐患；
（2）室外机的换热器应通风良好，排出空气与吸入空气之间应避免气流短路；

(3) 应便于室外机的维护；

(4) 应尽量减小对周围环境的热影响和噪声影响。

(六) 夏热冬暖地区的设计要求

夏热冬暖地区指的是我国广东、广西、福建、海南等省、自治区。这个地区的特点是夏季炎热干燥、冬季温和多雨。代表性城市有广州、南宁、福州、海口等。

《夏热冬暖地区居住建筑节能设计标准》JGJ 75—2012 中指出：

1. 夏热冬暖地区的子气候区

(1) 北区：建筑节能设计应主要考虑夏季空调，兼顾冬季采暖。代表城市有柳州、英德、龙岩等；

(2) 南区：建筑节能设计应考虑夏季空调，可不考虑冬季采暖。代表城市有南宁、百色、凭祥、漳州、厦门、广州、汕头、香港、澳门等。

2. 设计指标

(1) 夏季空调室内设计计算温度为 26℃，计算换气次数 1.0 次/h；

(2) 北区冬季采暖室内设计计算温度为 16℃，计算换气次数 1.0 次/h。

3. 建筑热工和节能设计

(1) 建筑群的总体规划应有利于自然通风和减轻热岛效应。建筑的平面和立面设计应有利于自然通风。

(2) 居住建筑的朝向宜采用南北向或接近南北向。

(3) 北区内，单元式、通廊式住宅的体形系数不宜大于 0.35，塔式住宅的体形系数不宜大于 0.40。

(4) 各朝向的单一朝向窗墙面积比，南、北向不应大于 0.40，东、西向不应大于 0.30。

(5) 建筑的卧室、书房、起居室等主要房间的窗地面积比不应小于 1/7。当房间的窗地面积比小于 1/5 时，外窗玻璃的可见光透射比不应小于 0.40。

(6) 居住建筑的天窗面积不应大于屋顶总面积的 4%，传热系数 K 不应大于 4.0 W/($m^2 \cdot K$)，遮阳系数 SC 不应大于 0.40。

(7) 居住建筑屋顶和外墙的传热系数 K 和热惰性指标 D 应符合表 24-30 的规定。

居住建筑屋顶和外墙的传热系数 K [W/($m^2 \cdot K$)]、热惰性指标 D　　　表 24-30

屋　顶	外　墙
$0.4 < K \leq 0.9$，$D \geq 2.5$	$2.0 < K \leq 2.5$，$D \geq 3.0$ 或 $1.5 < K \leq 2.0$，$D \geq 2.8$ 或 $0.7 < K \leq 1.5$，$D \geq 2.5$
$K \leq 0.4$	$K \leq 0.7$

注：1. $D < 2.5$ 的轻质屋顶和东、西墙，还应满足现行国家标准《民用建筑热工设计规范》GB 50176 所规定的隔热要求。

2. 外墙传热系数 K 和热惰性指标 D 要求中，$2.0 < K \leq 2.5$，$D \geq 3.0$ 这一档仅适用于南区。

(8) 北区居住建筑外窗的平均传热系数 K 和平均综合遮阳系数 S_W 应符合表 24-31 的规定。

(9) 南区居住建筑外窗平均综合遮阳系数 S_W 的限值应符合表 24-32 的规定。

(10) 居住建筑的东、西向外窗必须采取建筑外遮阳措施，建筑外遮阳系数 SD 不应大于 0.8。

北区居住建筑外窗的平均传热系数 K [W/(m²·K)] 和平均综合遮阳系数 S_W 表 24-31

外墙平均指标	外窗平均传热系数 K [W/(m²·K)]	外窗加权平均综合遮阳系数 S_W			
		平均窗地面积比 C_{MF}≤0.25 或平均窗墙面积比 C_{MW}≤0.25	平均窗地面积比 0.25<C_{MF}≤0.30 或平均窗墙面积比 0.25<C_{MW}≤0.30	平均窗地面积比 0.30<C_{MF}≤0.35 或平均窗墙面积比 0.30<C_{MW}≤0.35	平均窗地面积比 0.35<C_{MF}≤0.40 或平均窗墙面积比 0.35<C_{MW}≤0.40
K≤2.0 D≥2.8	4.0	≤0.3	≤0.2	—	—
	3.5	≤0.5	≤0.3	≤0.2	—
	3.0	≤0.7	≤0.5	≤0.4	≤0.3
	2.5	≤0.8	≤0.6	≤0.6	≤0.4
K≤1.5 D≥2.5	6.0	≤0.6	≤0.3	—	—
	5.5	≤0.8	≤0.4	—	—
	5.0	≤0.9	≤0.6	≤0.3	—
	4.5	≤0.9	≤0.7	≤0.5	≤0.2
K≤1.5 D≥2.5	4.0	≤0.9	≤0.8	≤0.6	≤0.4
	3.5	≤0.9	≤0.9	≤0.7	≤0.5
	3.0	≤0.9	≤0.9	≤0.8	≤0.6
	2.5	≤0.9	≤0.9	≤0.9	≤0.7
K≤1.0 D≥2.5 或 K≤0.7	6.0	≤0.9	≤0.9	≤0.6	≤0.2
	5.5	≤0.9	≤0.9	≤0.7	≤0.4
	5.0	≤0.9	≤0.9	≤0.8	≤0.6
	4.5	≤0.9	≤0.9	≤0.8	≤0.7
	4.0	≤0.9	≤0.9	≤0.9	≤0.7
	3.5	≤0.9	≤0.9	≤0.9	≤0.8

南区居住建筑外窗平均综合遮阳系数 S_W 的限值   表 24-32

外墙平均指标 (ρ≤0.8)	外窗的加权平均综合遮阳系数 S_W				
	平均窗地面积比 C_{MF}≤0.25 或平均窗墙面积比 C_{MW}≤0.25	平均窗地面积比 0.25<C_{MF}≤0.30 或平均窗墙面积比 0.25<C_{MW}≤0.30	平均窗地面积比 0.30<C_{MF}≤0.35 或平均窗墙面积比 0.30<C_{MW}≤0.35	平均窗地面积比 0.35<C_{MF}≤0.40 或平均窗墙面积比 0.35<C_{MW}≤0.40	平均窗地面积比 0.40<C_{MF}≤0.45 或平均窗墙面积比 0.40<C_{MW}≤0.45
K≤2.5 D≥3.0	≤0.5	≤0.4	≤0.3	≤0.2	—
K≤2.0 D≥2.8	≤0.6	≤0.5	≤0.4	≤0.3	≤0.2
K≤1.5 D≥2.5	≤0.8	≤0.7	≤0.6	≤0.5	≤0.4
K≤1.0 D≥2.5 或 K≤0.7	≤0.9	≤0.8	≤0.7	≤0.6	≤0.5

(11) 居住建筑南、北向外窗应采取建筑外遮阳措施，建筑外遮阳系数 SD 不应大于 0.9。当采用水平、垂直或综合建筑外遮阳构造时，外遮阳构造的挑出长度不应小于表 24-33 的规定。

建筑外遮阳构造的挑出长度限值（m）　　　　　　表 24-33

朝向	南			北		
遮阳形式	水平	垂直	综合	水平	垂直	综合
北区	0.25	0.20	0.15	0.40	0.25	0.15
南区	0.30	0.25	0.15	0.45	0.30	0.25

(12) 窗口的建筑外遮阳系数 SD 北区建筑应取冬季和夏季建筑外遮阳系数的平均值，南区应取夏季的建筑外遮阳系数。窗口上方的上一楼层阳台和外廊应作为水平遮阳计算；同一立面对相邻立面上的多个窗口形成自遮挡时应逐一进行窗口计算。典型形式的建筑外遮阳系数可按表 24-34 取值。

典型形式的建筑外遮阳系数 SD　　　　　　表 24-34

遮阳形式	建筑外遮阳系数 SD
可完全遮挡直射阳光的固定百叶、固定挡板、遮阳板等	0.5
可基本遮挡直射阳光的固定百叶、固定挡板、遮阳板等	0.7
较密的花格	0.7
可完全覆盖窗的不透明活动百叶、金属卷帘	0.5
可完全覆盖窗的织物卷帘	0.7

注：位于窗口上方的上一楼层的阳台也作为遮阳板考虑。

(13) 外窗（包含阳台门）的通风开口面积不应小于房间地面面积的 10% 或外窗面积的 45%。

(14) 居住建筑应能自然通风，每户至少应有 1 个居住房间通风开口和通风路径的设计满足自然通风要求。

(15) 居住建筑 1~9 层外窗的气密性能不应低于国家标准《建筑外门窗气密、水密、抗风压性能分级及检测方法》GB/T 7106—2008 中规定的 4 级水平；10 层及 10 层以上外窗的气密性能应满足该规范规定的 6 级水平。

(16) 居住建筑的屋顶和外墙宜采用下列隔热措施：

1）反射隔热外饰面；
2）屋顶内设置贴铝箔的封闭空气间层；
3）用含水多孔材料做屋面或外墙面的面层；
4）屋面蓄水；
5）屋面遮阳；
6）屋面种植；
7）东、西外墙采用花格构件或植物遮阳。

（七）传热系数与热阻

众所周知，热量通常由围护结构的高温一侧向低温一侧传递，散热量的多少与围护结构的传热面积、传热时间、内表面与外表面的温度差有关。

1. 传热系数

传热系数 K，表示围护结构的不同厚度、不同材料的传热性能。总传热系数 K_0 由吸热、传热和放热三个系数组成，其数值为三个系数之和。这三个系数中的吸热系数和放热系数为常数，传热系数与材料的导热系数 λ 成正比，与材料的厚度 d 成反比，即 $K=\dfrac{\lambda}{d}$。其中 λ 值与材料的密度和孔隙率有关。密度大的材料，导热系数也大，如砖砌体的导热系数为 $0.81[W/(m\cdot K)]$，钢筋混凝土的导热系数为 $1.74[W/(m\cdot K)]$。孔隙率大的材料，导热系数则小。如加气混凝土导热系数为 $0.22[W/(m\cdot K)]$，膨胀珍珠岩的导热系数为 $0.07[W/(m\cdot K)]$。导热系数在 $0.23[W/(m\cdot K)]$ 及以下的材料叫保温材料。传热系数愈小，则围护结构的保温能力愈强。5 层及 5 层以上建筑的墙体的传热系数（外保温）为 $0.6W/(m^2\cdot K)$，4 层及 4 层以下建筑为 $0.45W/(m^2\cdot K)$。

2. 热阻

传热阻 R，表示围护结构阻止热流传播的能力。总传热阻 R_0 由吸热阻（内表面换热阻）R_i、传热阻 R 和放热阻（外表面换热阻）R_e 三部分组成。其中 R_i 和 R_e 为常数，R 与材料的导热系数 λ 成反比，与围护结构的厚度 d 成正比，即 $R=\dfrac{1}{K}=\dfrac{d}{\lambda}$。热阻值愈大，则围护结构保温能力愈强。

（八）开窗面积的确定

1. 依据窗墙面积比决定窗洞口大小

窗墙面积比又称为开窗率。指的是窗户洞口面积与房间立面单元面积的比值。

建筑外窗面积一般占外墙总面积的 30% 左右，开窗过大，对节能明显不利。

居住建筑的外窗（包括阳台门玻璃）的传热系数 K 为 $2.80W/(m^2\cdot K)$，相当于热阻 R 为 $0.357(m^2\cdot K)/W$。窗的传热系数是墙体的 4.6～6.2 倍，可见限制窗墙面积比是十分必要的。

地区不同、建筑朝向不同，窗墙面积比的数值也不同。严寒、寒冷地区一般南向窗的窗墙面积比要比东、西向窗，特别是北向窗的窗墙面积比大，目的是在冬季争取更多的阳光；夏热冬冷、夏热冬暖地区的东、西向窗的窗墙面积比要小于南、北向窗，这样做可以避免更多的日晒。

2. 合理选择窗型

目前，窗的类型很多，但达到热工标准的窗型却很少。只有双层玻璃塑钢窗和铝塑复合窗（又称断桥铝合金窗）可以满足规定的传热系数（热阻）要求，这正是当前推广这两种窗型的基本原因。表 24-35 中介绍的目前常见窗型的热阻数值可供参考。

常见窗型的热阻数值　$[(m^2\cdot K)/W]$　　　　表 24-35

窗和阳台门的类型	热阻值	窗和阳台门的类型	热阻值
单层木窗	0.172	中空玻璃铝合金窗	0.315
双层木窗	0.344	单层玻璃塑钢窗	0.285
单层钢窗	0.156	双层玻璃塑钢窗	0.400
双层钢窗	0.307	商店橱窗	0.215
单玻铝合金窗	0.149	断桥铝合金窗	0.560

(九) 围护结构的蒸汽渗透

围护结构在内表面或外表面产生凝结水现象是由于水蒸气渗透遇冷后而产生的。

由于冬季室内空气温度和绝对湿度都比室外高，因此，在围护结构的两侧存在着水蒸气分压力差。水蒸气分子由压力高的一侧向压力低的一侧扩散，这种现象叫蒸汽渗透。

材料遇水后，导热系数增大，保温能力会大大降低。为避免凝结水的产生，一般采取控制室内相对湿度和提高围护结构热阻的办法解决。

室内相对湿度 Φ 是空气的水蒸气分压力与最大水蒸气分压力的比值。一般以 30%～40% 为极限，住宅建筑的相对湿度以 40%～50% 为佳。

(十) 围护结构的保温构造

为了满足墙体的保温要求，在寒冷地区外墙的厚度与做法应由热工计算确定。

采用单一材料的墙体，其厚度应由计算确定，并按模数统一尺寸。

为减轻墙体自重，可以采用夹心墙体，带有空气间层的墙体及外贴保温材料的做法。值得注意的是，外贴保温材料，以布置在围护结构靠低温的一侧为好，而将密度大，其蓄热系数也大的材料布置在靠高温的一侧为佳。这是因为保温材料密度小，孔隙多，其导热系数小，则每小时所能吸收或散出的热量也愈少。而蓄热系数大的材料布置在内侧，就会使外表面材料热量的少量变化对内表面温度的影响甚微，因而保温能力较好。

《民用建筑热工设计规范》GB 50176—93 中指出，提高围护结构热阻值可以采取以下措施：

(1) 采取轻质高效保温材料与砖、混凝土或钢筋混凝土等材料组成的复合结构。

(2) 采用密度为 500～800kg/m³ 的轻混凝土和密度为 800～1200kg/m³ 的轻骨料混凝土作为单一材料墙体。

(3) 采用多孔黏土砖或多排孔轻骨料混凝土空心砌块墙体。

(4) 采用封闭空气间层或带铝箔的空气间层。

当前，我国重点推广的是外保温做法。外保温墙体具有以下优点：

(1) 外保温材料对主体结构有保护作用，室外气候条件引起墙体内部较大的温度变化，发生在保温层内时可避免内部主体结构产生很大的温度变化，使热应力减小，寿命延长。

(2) 有利于消除或减弱热桥的影响，若采用内保温，则热桥现象十分严重。

(3) 主体结构在室内一侧，由于蓄热能力较强，对房间的热稳定性有利，可避免室温出现较大波动。

(4) 我们国家的房屋，尤其是住宅大多进行二次装修，采用内保温时，保温层会遭到破坏，外保温则可以避免。

(5) 外保温可以取得较好的经济效益，尤其是可增加使用面积 1.8%～2.0%。

(十一) 居住建筑的节能要求

依据《居住建筑节能设计标准》DB 11/891—2012（北京市地方标准）的规定摘编：

1. 节能设计的一般规定

(1) 建筑群的规划布置、建筑物的平面和立面设计，应有利于冬季日照和避风、夏季自然通风。

(2) 建筑物的朝向和布置宜满足下列要求：

1) 朝向采用南北向或接近南北向；

2) 建筑物不宜设有三面外墙的房间;
3) 主要房间避开冬季最多频率风向(北向及西北向)。
(3) 建筑物的体形系数 S:
1) 建筑层数≤3 层时体形系数 S 为 0.52;
2) 建筑层数在 4～8 层时体形系数 S 为 0.33;
3) 建筑层数在 9～13 层时体形系数 S 为 0.30;
4) 建筑层数≥14 层时体形系数 S 为 0.26;
(4) 普通住宅的层高不宜高于 2.80m。
(5) 居住建筑的窗墙面积比 M_1
1) 计算原则
① 敞开式阳台的阳台门计入窗户面积;
② 凸窗的窗面积按窗洞口面积计算;
③ 封闭式阳台的窗墙面积比的计算标准为:
a. 与直接相通房间之间设置保温隔墙和门窗时,按阳台内侧与房间相邻的围护结构面积计算,阳台门计入窗户面积;
b. 与直接相通房间之间无保温隔墙和门窗隔断时,按阳台外侧围护结构计算。
2) 具体数值
不同朝向的窗墙面积比 M_1 限值和最大值见表 24-36。

不同朝向的窗墙面积比 M_1 限值和最大值　　　　　　表 24-36

朝　向	M_1 限值	M_1 最大值
北	0.30	0.40
东、西	0.35	0.45
南	0.50	0.60

注:1. 北向指的是从北偏东<60°至北偏西<60°的范围;
　　2. 东、西向指的是包括从东或西偏北≤30°至偏南<60°的范围;
　　3. 南向指的是从南偏东≤30°至偏西≤30°的范围。

(6) 平屋顶的屋顶透明部分的总面积不应大于平屋顶总面积的 5%;坡屋顶房间的窗户为采光窗时,开窗面积不应超过所在房间面积的 1/11。
(7) 安装太阳能热水系统装置的住宅屋顶应满足下列规定:
① 无南向遮挡的平屋面和南向坡屋面的最小投影面积不应小于计算集热器总面积的 2.5 倍;
② 屋面装饰构架等设施不应影响太阳能集热板的日照要求;
③ 女儿墙实体部分高度距屋面完成面不宜大于 1.1m。
2. 节能设计的构造要求
(1) 外墙需保温时,应采用外保温构造。当确有困难无法实施外保温而采用内保温时,热桥部位应采取可靠的保温或阻断热桥的措施,并采取可靠的防潮措施。
(2) 建筑各部分围护结构的传热系数 K 限值

建筑各部分围护结构的传热系数 K 限值见表 24-37。

建筑各部分围护结构的传热系数 K 限值　　　　表 24-37

序号	围护结构			≤3层建筑	(4～8)层建筑	≥9层建筑
				$K[W/(m^2·K)]$		
1	外窗、阳台门（窗）	北向	$M_1≤0.20$	1.8	2.0	2.0
			$M_1>0.20$	1.5	1.8	1.8
		东、西向	$M_1≤0.25$	1.8	2.0	2.0
			$M_1>0.25$	1.5	1.8	1.8
		南向	$M_1≤0.40$	1.8	2.0	2.0
			$M_1>0.40$	1.5	1.8	1.8
2	屋顶透明部分			1.8	2.0	2.0
3	屋顶			0.30	0.35	0.40
4	外墙			0.35	0.40	0.45
5	架空或外挑楼板			0.35	0.40	0.45
6	不供暖地下室顶板			0.50	0.50	0.50
7	分隔供暖与非供暖空间隔墙			1.5	1.5	1.5
8	户门			2.0	2.0	2.0
9	单元外门			3.0	3.0	3.0
10	变形缝墙（两侧墙内保温）			0.6	0.6	0.6

注：1. 坡屋顶与水平面的夹角≥45°时，按外墙计；<45°时，按屋顶计。
　　2. 底层别墅供暖房间与室外直接接触的外门应按阳台门计。
　　3. 当沿变形缝外侧的垂直面高度方向和水平面水平方向填满保温材料，向缝内填充深度均不小于 300mm，且保温材料导热系数不大于 0.045W/(m²·K)时，可认为达到限值要求。

（3）东、西向开间窗墙面积比 M_2 大于 0.3 的房间，外窗的综合遮阳系数 SC 应符合下列规定：

1) $M_2≤0.4$ 时，SC 不应大于 0.45；

2) $M_2>0.4$ 时，SC 不应大于 0.35。

注：1. 设置了展开或关闭后可以全部遮蔽窗户的活动外遮阳装置视为满足要求；
　　2. 封闭式阳台，阳台与房间之间设置了能完全隔断的门窗视为满足要求。

（4）凸窗的设置应符合下列规定：

1) 北向房间不得设置凸窗。

2) 其他朝向不宜设置凸窗，当设置凸窗时，应符合下列规定：

① 凸窗凸出（从外墙外表面至凸窗外表面）不应大于 500mm；

② 凸窗的传热系数不应大于外窗的传热系数限值，不透明的顶部、底部、侧面的传热系数不应大于外墙的传热系数限值。

（5）阳台和室外平台的热工设计应符合下列规定：

1) 敞开式阳台内侧的建筑外墙和阳台门（窗）；与直接相通房间之间不设门窗的封闭式阳台，阳台外侧与室外空气接触的围护结构以及与直接相通房间之间设置隔墙和门窗的封闭式阳台，阳台内侧的隔墙和门窗或阳台外侧与室外空气接触的围护结构均应分别满足表24-39的相关规定。

2）当封闭式阳台内侧设置保温门窗时，保温门窗应与建筑工程同步设计、施工和验收。

3）与直接相通房间不设置门窗，以及设置隔墙和门窗、但保温设在阳台外侧的封闭式阳台，应按阳台门冬季经常开启考虑，将阳台作为所联通房间的一部分。

4）室外平台的传热系数不应大于屋顶传热系数的限值。

（6）楼梯间和其他套外公共空间的热工设计应符合下列要求：

1）楼梯间、外走廊等套外公共空间与室外连接的开口处应设置窗或门，且该门和窗应能完全关闭。

2）建筑物出入口宜设置过渡空间和双道门。

3）围护结构的传热系数应符合表24-37的规定。

（7）外窗、敞开式阳台的阳台门（窗）应具有良好的密闭性能，其气密性等级不应低于国家标准规定的7级。

（8）建筑遮阳设施的设置应符合下列规定：

1）东、西向主要房间的外窗（不包括封闭式阳台的透明部分）应设置展开或关闭后，可以全部遮蔽窗户的活动外遮阳。

2）南向外窗宜设置水平外遮阳或活动外遮阳。

注：三玻中间遮阳窗，靠近室内的玻璃或窗扇为双玻（中空），且遮阳部件关闭时可以全部遮蔽窗户，冬季可以完全起时，可等同于可以全部遮蔽窗户的活动外遮阳。

（9）居住建筑外窗的实际开启面积，不应小于所在房间面积的1/15，并应采取可以调节换气量的措施。

（10）外围护结构的下列部位应进行详细的构造设计：

1）外保温的外墙和屋顶宜减少混凝土出挑构件、附墙部件、屋顶突出物等；当外墙和屋顶有出挑构件、附墙部件和突出物时。应采取隔热断桥或保温措施。

2）外墙采用外保温时，外窗宜靠外墙主体部分的外侧设置，否则外窗（外门）口外侧四周墙面应进行保温处理。

3）外窗（门）框与墙体之间的缝隙，应采用高效保温材料填堵，不得采用普通水泥砂浆补缝。

4）变形缝墙应采取保温措施，且缝外侧应封闭。当变形缝内填充保温材料时，应沿高度方向填满，且缝两边水平方向填充深度均不应小于300mm；当采用在缝的两侧墙做内保温时，每一侧内保温墙的传热系数不应大于表24-37的限值。

（十二）公共建筑的节能要求

《公共建筑节能设计标准》GB 50189—2015中规定（摘编）：

1．一般规定

（1）公共建筑的分类

1）甲类公共建筑：单栋建筑面积大于300m²，或单栋建筑面积小于或等于300m²且总建筑面积大于1000m²的建筑群。

2）乙类公共建筑：单栋建筑面积小于或等于300m²的建筑。

（2）代表城市的建筑热工设计分区（表24-38）

代表城市的建筑热工设计分区　　　　　　　表 24-38

气候分区及气候子区		代表城市
严寒地区	严寒 A 区	伊春、海拉尔、满洲里、黑河、嫩江、齐齐哈尔、哈尔滨、牡丹江、大庆、安达、佳木斯、二连浩特、
	严寒 B 区	
	严寒 C 区	长春、通化、延吉、通辽、四平、抚顺、阜新、沈阳、本溪、鞍山、呼和浩特、包头、赤峰、大同、乌鲁木齐、克拉玛依、酒泉、西宁
寒冷地区	寒冷 A 区	丹东、大连、张家口、承德、唐山、青岛、洛阳、太原、延安、宝鸡、银川、兰州、拉萨、北京、天津、石家庄、保定、济南、德州、郑州、安阳、徐州、运城、西安、咸阳、吐鲁番
	寒冷 B 区	
夏热冬冷地区	夏热冬冷 A 区	南京、蚌埠、南通、合肥、安庆、九江、武汉、岳阳、上海、杭州、宁波、温州、长沙、南昌、株洲、桂林、重庆、南充、宜宾、成都、遵义
	夏热冬冷 B 区	
夏热冬暖地区	夏热冬暖 A 区	福州、龙岩、梅州、柳州、泉州、厦门、广州、深圳、湛江、汕头、南宁、北海、梧州、海口、三亚
	夏热冬暖 B 区	
温和地区	温和 A 区	昆明、贵阳、丽江、大理、楚雄、曲靖
	温和 B 区	瑞丽、临沧、澜沧、思茅、江城

（3）建筑群的总体规划应考虑减轻热岛效应。建筑的总体规划和总平面设计应有利于自然通风和冬季日照。建筑的主朝向宜选择本地区最佳朝向或适宜朝向，且宜避开冬季主导风向。

（4）建筑设计应遵循被动节能措施优先的原则，充分利用天然采光、自然通风，结合围护结构保温隔热和遮阳措施，降低建筑的用能要求。

（5）建筑体形宜规整紧凑，避免过多的凹凸变化。

（6）建筑总平面设计及平面布置应合理确定能源设备机房的位置，缩短能源供应输送距离。同一公共建筑的冷热源机房宜位于或靠近冷热负荷中心位置集中设置。

2. 建筑设计

（1）严寒和寒冷地区公共建筑体形系数应符合表 24-39 的规定：

严寒和寒冷地区公共建筑的体形系数　　　　　　　表 24-39

单栋建筑面积 A（m²）	建筑体形系数
300＜A≤800	≤0.50
A＞800	≤0.40

（2）严寒地区的甲类公共建筑各单一立面窗墙面积比（包括透光幕墙）均不宜大于 0.60。其他地区甲类公共建筑各单一立面窗墙面积比（包括透光幕墙）均不宜大于 0.70。

（3）甲类公共建筑单一立面窗墙面积比小于 0.40 时，透光材料的可见光透射比不应小于0.60；甲类公共建筑单一立面窗墙面积比大于等于0.40时，透光材料的可见光透射比不应小于0.40。

(4) 夏热冬暖、夏热冬冷、温和地区的建筑各朝向外窗（包括透光幕墙）均应采用遮阳措施；寒冷地区的建筑宜采用遮阳措施。当设置外遮阳时应符合下列规定：

1) 东西向宜设置活动外遮阳，南向宜设置水平外遮阳；
2) 建筑外遮阳装置应兼顾通风及冬季日照。

注：建筑立面朝向的划分应符合下列规定：
  1. 北向应为北偏西60°至北偏东60°；
  2. 南向应为南偏西30°至南偏东30°；
  3. 西向应为西偏北30°至西偏南60°（包括西偏北30°和西偏南60°）；
  4. 东向应为东偏北30°至东偏南60°（包括东偏北30°和东偏南60°）。

(5) 甲类公共建筑的屋顶透明部分面积不应大于屋顶总面积的20%。否则应进行权衡判断。

(6) 单一立面外窗（包括透光幕墙）的有效通风换气面积应符合下列规定：

1) 甲类公共建筑的外窗（包括透光幕墙）应设可开启窗扇，其有效通风换气面积不宜小于所在房间外墙面积的10%；当透光幕墙受条件限制无法设置可开启窗扇时，应设置通风换气装置。
2) 乙类公共建筑外窗有效通风换气面积不宜小于窗面积的30%。

(7) 外窗（包括透光幕墙）的有效通风换气面积应为开启扇面积和窗开启后的空气流通界面面积的较小值。

(8) 严寒地区建筑的外门应设置门斗；寒冷地区建筑面向冬季主导风向的外门应设置门斗或双层外门，其他外门宜设置门斗或采取其他减少冷风渗透的措施；夏热冬冷、夏热冬暖和温和地区建筑的外门应采取保温隔热措施。

(9) 建筑中庭应充分利用自然通风降温，并可设置机械排风装置加强自然补风。

(10) 建筑设计应充分利用天然采光。天然采光不能满足照明要求的场所，宜采用导光、反光等装置将自然光引入室内。

(11) 人员长期停留房间的内表面可见光反射比宜符合表24-40的规定：

人员长期停留房间的内表面可见光反射比　　　　表24-40

房间内表面位置	可见光反射比
顶棚	0.7~0.9
墙面	0.5~0.8
地面	0.3~0.5

(12) 电梯应具备节能运行功能。两台及以上电梯集中排列时，应设置群控措施。电梯应具备无外部召唤且轿厢内一段时间无预置指令时，自动转为节能运行模式的功能。

(13) 自动扶梯、自动人行步道应具备空载时暂停或低速运转的功能。

(十三) 防火规范对保温材料应用的规定

《建筑设计防火规范》GB 50016—2014 中指出：

1. 建筑的内、外保温系统，宜采用燃烧性能为 A 级的保温材料，不宜采用 B_2 级保温材料，严禁采用 B_3 级保温材料；设置保温系统的基层墙体或屋面板的耐火极限应符合本规范的有关规定。

2. 建筑外墙采用内保温系统时，应符合下列规定：

（1）对于人员密集场所，用火、燃油、燃气等具有火灾危险性的场所以及各类建筑内的疏散楼梯间、避难走道、避难间、避难层等场所或部位，应采用燃烧性能为 A 级的保温材料。

（2）对于其他场所，应采用低烟、低毒且燃烧性能不低于 B_1 级的保温材料。

（3）保温系统应采用不燃材料做防护层。采用燃烧性能为 B_1 级的保温材料时，防护层的厚度不应小于 10mm。

3. 建筑外墙采用保温材料与两侧墙体构成无空腔复合保温结构体系时，该结构体的耐火极限应符合本规范的有关规定。当保温材料的燃烧性能为 B_1、B_2 级时，保温材料两侧的墙体应采用不燃材料且厚度均不应小于 50mm。

4. 设置人员密集场所的建筑，其外墙外保温材料的燃烧性能应为 A 级。

5. 与基层墙体、装饰层之间无空腔的建筑外墙外保温系统，其保温材料应符合下列规定：

（1）住宅建筑

1）建筑高度大于 100m 时，保温材料的燃烧性能应为 A 级；

2）建筑高度大于 27m，但不大于 100m 时，保温材料的燃烧性能不应低于 B_1 级；

3）建筑高度不大于 27m 时，保温材料的燃烧性能不应低于 B_2 级。

（2）除住宅建筑和设置人员密集场所的建筑外的其他建筑：

1）建筑高度大于 50m 时，保温材料的燃烧性能应为 A 级；

2）建筑高度大于 24m，但不大于 50m 时，保温材料的燃烧性能不应低于 B_1 级；

3）建筑高度不大于 24m 时，保温材料的燃烧性能不应低于 B_2 级。

6. 除设置人员密集场所的建筑外，与基层墙体、装饰层之间有空腔的建筑外墙外保温系统，其保温材料应符合下列规定：

（1）建筑高度大于 24m 时，保温材料的燃烧性能应为 A 级；

（2）建筑高度不大于 24m 时，保温材料的燃烧性能不应低于 B_1 级。

7. 除上述第 3 条规定的情况外，当建筑的外墙外保温系统按本节规定采用燃烧性能为 B_1、B_2 级的保温材料时，应符合下列规定：

（1）除采用 B_1 级保温材料且建筑高度不大于 24m 的公共建筑或采用 B_1 级保温材料且建筑高度不大于 27m 的住宅建筑外，建筑外墙上的门、窗的耐火完整性不应低于 0.50h。

（2）应在保温系统中每层设置水平防火隔离带。防火隔离带应采用 A 级的材料，防火隔离带的高度不应小于 300mm。

8. 建筑的外墙外保温系统应采用不燃材料在其表面设置防护层，防护层应将保温材料完全包覆。除上述第 3 条规定的情况外，当按本节规定采用 B_1、B_2 级的保温材料时，防护层厚度首层不应小于 15mm，其他层不应小于 5mm。

9. 建筑外墙外保温系统与基层墙体、装饰层之间的空腔，应在每层楼板处采用防火封堵材料封堵。

10. 建筑的屋面外保温系统，当屋面板的耐火极限不低于 1.00h 时，保温材料的燃烧性能不应低于 B_2 级。采用 B_1、B_2 级保温材料的外保温系统应采用不燃材料作保护层，保护层的厚度不应小于 10mm。

当建筑的屋面和外墙系统均采用 B_1、B_2 级保温材料时，屋面与外墙之间应采用宽度不小于 500mm 的不燃材料设置防火隔离带进行分隔。

11. 电气线路不应穿越或敷设在燃烧性能为 B_1 或 B_2 级的保温材料中；确需穿越或敷设时，应采取穿金属管并在金属管周围采用不燃隔热材料进行防火隔离等防火保护措施。设置开关、插座等电器配件的部位周围应采取不燃隔热材料进行防火隔离等防火保护措施。

12. 建筑外墙的装饰层应采用燃烧性能为 A 级的材料，但建筑高度不大于 50m 时，可采用 B_1 级材料。

（十四）外墙外保温的五种做法

《外墙外保温工程技术规程》JGJ 144—2004 中指出：外墙外保温的基层为砖墙或钢筋混凝土墙，保温层为 EPS 板（膨胀型聚苯乙烯泡沫塑料板）、胶粉 EPS 颗粒保温浆料和 EPS 钢筋网架板。使用寿命为不少于 25 年。施工期间及完工后的 24h 内，基层及环境温度不应低于 5℃。夏季应避免阳光暴晒。在 5 级以上大风天气和雨天不得施工。五种具体做法如下：

1. EPS 板薄抹灰系统

做法要点：由 EPS 板保温层、薄抹灰层和饰面涂层构成。建筑物高度在 20m 以上时或受负风压作用较大的部位，EPS 板宜使用锚栓固定。EPS 板宽度不宜大于 1200mm，高度不宜大于 600mm。粘结 EPS 板时，涂胶粘剂面积不得小于 EPS 板面积的 40%。薄抹灰层的厚度为 3～6mm。

EPS 板薄抹灰系统的构造详图见图 24-30。

2. 胶粉 EPS 颗粒保温浆料系统

做法要点：由界面层、胶粉 EPS 保温浆料保温层、抗裂砂浆薄抹面层（满铺玻纤网）和饰面层构成。保温浆料的设计厚度不宜超过 100mm。保温浆料宜分遍抹灰，每遍间隔时间应在 24h 以上，每遍厚度不宜超过 20mm。

胶粉 EPS 颗粒保温浆料系统的构造详图见图 24-31。

3. EPS 板现浇混凝土系统

做法要点：以现浇混凝土外墙作为基层、EPS 板为保温层、EPS 板表面抹抗裂砂浆（满铺玻纤网）、锚栓作辅助固定。EPS 板宽度宜为 1200mm，高度宜为建筑物全高。锚栓每平方米宜设 2～3 个。混凝土一次浇注高度不宜大于 1m。

EPS 板现浇混凝土系统的构造详图见图 24-32。

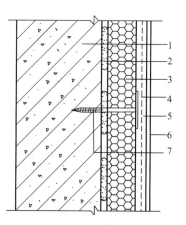

图 24-30 EPS 板薄抹灰系统
1—基层；2—胶粘剂；3—EPS 板；
4—玻纤网；5—薄抹面层；6—饰面涂层；7—锚栓

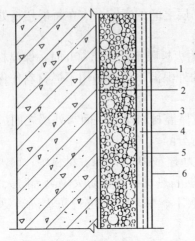
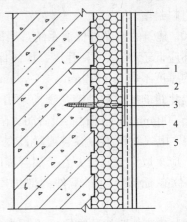

图 24-31 保温浆料系统
1—基层；2—界面砂浆；3—胶粉 EPS 颗粒保温浆料；
4—抗裂砂浆薄抹面层；5—玻纤网；6—饰面层

图 24-32 无网（EPS 板）现浇系统
1—现浇混凝土外墙；2—EPS 板；3—锚栓；
4—抗裂砂浆薄抹面层；5—饰面层

4. EPS 钢丝网现浇混凝土系统

做法要点：以现浇混凝土作为基层、EPS 单面钢丝网架板置于外墙外模板内侧，并安装 φ6 钢筋作为辅助固定件，混凝土浇灌后表面抹掺外加剂的水泥砂浆形成厚抹面层，外表做饰面层。φ6 钢筋每平方米宜设 4 根，锚固深度不得小于 100mm；混凝土一次浇灌高度不宜大于 1m。

EPS 钢丝网现浇混凝土系统的构造详图见图 24-33。

5. 机械固定 EPS 钢丝网架板系统

做法要点：由机械固定装置、腹丝非穿透型 EPS 钢丝网架板、掺外加剂的水泥砂浆厚抹面层和饰面层构成。机械固定做法不适用于加气混凝土和轻骨料混凝土基层。机械固定装置每平方米不应小于 7 个。用于砌体外墙时，宜采用预埋钢筋网片固定 EPS 钢丝网架板。机械固定系统的所有金属件应作防锈处理。

机械固定 EPS 钢丝网架板系统的构造详图如图 24-34。

（十五）保温防火复合板

《保温防火复合板应用技术规程》JGJ/T 350—2015 中规定（摘编）：

保温防火复合板是通过在不燃保温材料表面复合不燃保护面层或在难燃保温材料表面包覆不燃防护面层而制成的具有保温隔热及阻燃功能的预制板材，简称复合板。

1. 复合板的类型

（1）按所采用的保温材料分

1）无机复合板：以岩棉板、发泡陶瓷保温板、泡沫玻璃保温板、泡沫混凝土保温板等不燃无机板

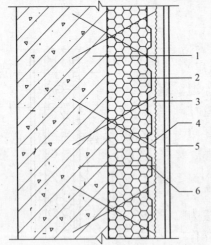

图 24-33 有网（EPS 钢丝网）现浇系统
1—现浇混凝土外墙；2—EPS 单面钢丝网架板；
3—掺外加剂的水泥砂浆厚抹面层；4—钢丝网架；
5—饰面层；6—φ6 钢筋

材为保温材料的复合板。

2) 有机复合板：以聚苯乙烯泡沫板、聚氨酯硬泡板、酚醛泡沫板等难燃有机高分子板材为保温材料的复合板。

（2）按是否具有装饰层分

1) 无饰面复合板

2) 有饰面复合板

（3）按单位面积的质量大小分

1) Ⅰ型复合板：单位面积质量小于 20kg/m²；

2) Ⅱ型复合板：单位面积质量为 20～30kg/m²。

2. 材料要求：

（1）燃烧性能

1) 无机复合板所采用的保温材料的燃烧性能等级应为 A 级。

2) 有机复合板所采用的保温材料的燃烧性能等级不应低于 B_1 级，且垂直于板面方向的抗拉强度不应小于 0.10MPa。

（2）规格尺寸

复合板的规格尺寸见表 24-41。

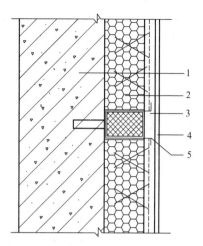

图 24-34　机械固定系统
1—基层；2—EPS 钢丝网架板；
3—掺外加剂的水泥砂浆厚抹面层；
4—饰面层；5—机械固定装置

复合板的规格尺寸（mm）　　　　　　　　　　　表 24-41

长度	宽度	厚度
600～1200	300～800	20～120

3. 构造做法

（1）基本要求

1) 复合板外墙外保温工程的热工和节能设计应符合下列规定：

① 保温层内表面温度应高于 0℃，并且不应低于室内空气在设计温度、湿度条件下的露点温度；

② 门窗框外侧洞口四周、女儿墙、封闭阳台以及出挑构件等热桥部位应采取保温措施；

③ 保温系统应计算金属锚固件、承托件热桥的影响。

2) 复合板外墙外保温系统应做好密封和防水构造设计。水平或倾斜的出挑部位以及延伸至地面以下的部位应做防水处理。在外保温系统上安装的设备或管道应固定于基层上，并应采取密封和防水措施。

3) 复合板外墙外保温系统应做好檐口、勒脚处的包边处理。装饰缝、门窗四角和阴阳角等处应设置局部增强网。基层墙体变形缝处应做好防水和保温构造处理。

4) 外墙外保温系统采用有机复合板时，应在保温系统中每层设置水平防火隔离带。防火隔离带应采用燃烧性能为 A 级的材料，防火隔离带的高度不应小于 300mm。

（2）构造做法

1) 无饰面复合板外墙外保温工程
① 复合板薄抹灰保温系统（图24-35）
② 非透明幕墙的保温层（图24-36）

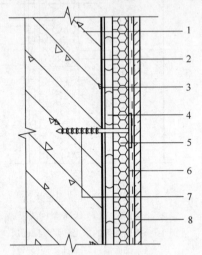
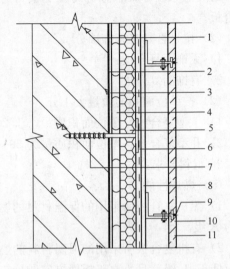

图24-35 复合板薄抹灰保温系统基本构造
1—基层墙体；2—界面层；3—找平层；4—粘结层；5—无饰面复合板；6—抹面层；7—锚栓；8—饰面层

图24-36 无饰面复合板用于非透明幕墙保温层时的构造
1—基层墙体；2—界面层；3—找平层；4—粘结层；5—无饰面复合板；6—抹面层；7—锚栓；8—龙骨；9—嵌缝胶；10—机械固定件；11—幕墙装饰板

③ 构造要求：
a. 复合板薄抹灰保温系统的使用高度不宜超过100m。
b. 复合板与基层墙体的连接应采用粘锚结合的固定方式，并应以粘贴为主。
c. 采用无机复合板时，楼板或门窗洞口上表面应设置支撑。高度小于54m时，应每两层设置；高度大于54m时，应每层设置。支托件可为构造挑板或后锚支撑托架。
d. 固定复合板的锚栓应符合下列规定：
（a）用于非透明幕墙的保温构造时，固定复合板的锚栓数量不宜少于4个/m^2；用于薄抹灰系统时，固定复合板的锚栓数量且不应少于6个/m^2。任何面积大于0.1m^2的单块板锚栓数量不应少于1个。
（b）锚栓进入混凝土基层的有效锚固深度不应小于30mm，进入其他实心砌体基层的有效锚固深度不应小于50mm。对于空心砌块、多孔砖等砌体宜采用回拧打结型锚栓。
e. 薄抹灰保温系统中，位于外墙阳角、门窗洞口周围及檐口下的复合板，应加密设置锚栓，间距不宜大于300mm，锚栓距基层墙体边缘不宜小于60mm。
f. 外墙阳角和门窗外侧洞口周边及四角部位，抹灰层应采用玻纤网加强。
g. 勒脚部位的复合板与室外地面散水间应留缝隙，缝隙不应小于20mm，缝隙内宜填充泡沫塑料，并用建筑密封膏封堵。
h. 复合板在檐口、女儿墙部位的外保温构造，应采用复合板对檐口的上下侧面、女儿墙部位的内外侧面整体包覆。
i. 复合板在变形缝部位应填充泡沫塑料，填塞深度应大于缝宽的3倍。并应采用金属盖缝板，宜采用铝板或不锈钢板，对变形缝进行封盖。

j. 复合板用于非透明幕墙保温层时，应将复合板粘锚在基层墙体的外表面上。

2）有饰面复合板外墙外保温工程

① 构造层次（图 24-37）

② 构造要求：

a. 有饰面复合板保温系统可应用于高度不超过 100m 的建筑；Ⅰ型复合板的使用高度不宜高于 54m，Ⅱ型复合板的使用高度不宜高于 27m。

b. 复合板与基层墙体的连接应采用粘锚结合的固定方式，并应以粘贴为主。

c. 有机复合板的锚固件应固定在复合板的装饰面板或者装饰面板的副框上。

d. 复合板的单板面积不宜大于 $1m^2$，有机复合板的装饰面板厚度不宜小于 5mm，石材面板厚度不宜大于 10mm。

e. 复合板的板缝不宜超过 15mm，且板缝应采用弹性背衬材料进行填充，并宜采用硅酮密封胶或柔性勾缝腻子嵌缝。

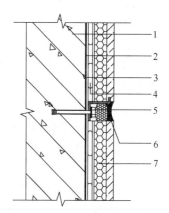

图 24-37 有饰面复合板外墙外保温系统基本构造

1—基层墙体；2—界面层；3—找平层；4—粘结层；5—锚固件；6—嵌缝材料；7—有饰面复合板

f. 固定有饰面复合板的锚固件，Ⅰ型复合板不应少于 6 个/m^2，Ⅱ型复合板不应少于 8 个/m^2。锚固件锚入钢筋混凝土墙体的有效深度不应小于 30mm，进入其他实心墙体基层的有效锚固深度不应小于 50mm。对于空心砌块、多孔砖等砌体宜采用回拧打结型锚固件。

g. 门窗洞口部位的外保温构造：

（a）门窗外侧洞口四周墙体，复合板的保温层厚度不应小于 20mm；

（b）复合板与门窗框之间宜留 6~10mm 的缝隙，并应使用弹性背衬材料进行填充和采用硅酮密封胶或柔性勾缝腻子嵌缝。

h. 复合板用于变形缝部位应填充泡沫塑料填塞，深度应大于缝宽的 3 倍，并应采用金属盖缝板，宜采用铝板或不锈钢板，对变形缝进行封盖。

i. 复合板用于外墙外保温系统，当需设置防火隔离带时，应符合下列规定：

（a）防火隔离带应采用燃烧性能等级为 A 级的有饰面复合板，防火隔离带厚度应与复合板保温系统的厚度相同；

（b）防火隔离带采用的有饰面复合板应与基层墙体全面积粘贴，并辅以锚固件连接；

（c）防火隔离带采用的有饰面复合板的竖向板缝宜采用燃烧性能等级为 A 级的材料填缝。

（十六）防火隔离带的应用

1. 事态发展

国务院曾发文（国发【2011】46 号）对民用建筑外保温材料要求使用 A 级不燃烧材料。文中说"本着对国家和人民生命财产安全高度负责的态度，为遏制当前建筑易燃、可燃外保温材料火灾高发的势头，把好火灾防控源头关"，要求民用建筑外保温材料应采用燃烧性能为 A 级的保温材料。

中华人民共和国公安部（公消【2012】350号）文件指出：为认真吸取上海胶州路教师公寓"11.15"和沈阳皇朝万鑫大厦"2.3"大火教训，2011年3月14日部消防局下发了《关于进一步明确民用建筑外保温材料使用及管理》，提出了应急性要求。2011年12月30日国务院下发了《国务院关于加强和改进消防工作的意见》（国发【2011】46号）和2012年7月17日新颁布的《建筑工程消防监督管理规定》，对新建、扩建、改建建设工程使用外保温材料的防火性能和监督管理工作作了明确规定。经研究，《关于进一步明确民用建筑外保温材料消防监督管理有关要求的通知》不再执行。

2. 常用的外墙保温材料

（1）A级保温材料：具有密度小、导热能力差、承载能力高、施工方便、经济耐用等特点。如：水泥发泡聚苯板、玻璃微珠保温砂浆、岩棉板、玻璃棉板等。

（2）B_1级保温材料：大多在有机保温材料中添加大量的阻燃剂，如：膨胀型聚苯板、挤塑型聚苯板、酚醛板、聚氨酯板等。

（3）B_2级保温材料：一般在有机保温材料中添加适量的阻燃剂。

3. 防火隔离带的有关问题

（1）《建筑外墙外保温防火隔离带技术规程》JGJ 289—2012中指出：防火隔离带是设置在可燃、难燃保温材料外墙外保温工程中，按水平方向分布，采用不燃材料制成，以阻止火灾沿外墙面或在外墙外保温系统内蔓延的防火构造。

（2）防火隔离带的基本规定

1）防火隔离带应与基层墙体可靠连接，应能适应外保温的正常变形而不产生渗透、裂缝和空鼓；应能承受自重、风荷载和室外气候的反复作用而不产生破坏。

2）建筑外墙外保温防火隔离带保温材料的燃烧性能等级应为A级。

3）设置在薄抹灰外墙外保温系统中粘贴保温板防火隔离带，宜选用岩棉带防火隔离带，并应满足表24-42的要求。

粘贴保温板防火隔离带做法　　　　　　表24-42

序号	防火隔离带保温板及宽度	外墙外保温系统保温材料及厚度	系统抹灰层平均厚度
1	岩棉带，宽度≥300mm	EPS板，厚度≤120mm	≥4.0mm
2	岩棉带，宽度≥300mm	XPS板，厚度≤90mm	≥4.0mm
3	发泡水泥板，宽度≥300mm	EPS板，厚度≤120mm	≥4.0mm
4	泡沫玻璃板，宽度≥300mm	EPS板，厚度≤120mm	≥4.0mm

（3）防火隔离带的性能指标

1）防火隔离带的耐候性能指标应符合表24-43的规定。

防火隔离带的耐候性能指标　　　　　　表24-43

项目	性能指标
外观	无裂缝，无粉化、空鼓、剥落现象
抗风压性	无断裂、分层、脱开、拉出现象
保护层与保温层拉伸粘结强度（kPa）	≥80

2）防火隔离带的其他性能指标应符合表24-44的规定。

防火隔离带的其他性能要求 表 24-44

项　目		性　能　指　标
抗冲击性		二层及以上 3.0J 级冲击合格 首层部位 10.0J 级冲击合格
吸水量（g/m²）		≤500
耐冻融	外观	无可见裂缝，无粉化、空鼓、剥落现象
	拉伸粘结强度（kPa）	≥80
水蒸气透过湿流密度[g/(m²·h)]		≥0.85

3) 防火隔离带保温板的主要性能指标应符合表 24-45 的规定。

防火隔离带保温板的主要性能指标 表 24-45

项　目		性　能　指　标		
		岩棉带	发泡水泥板	泡沫玻璃板
密度（kg/m³）		≥100	≤250	≤160
导热系数[W/(m·K)]		≤0.048	≤0.070	≤0.052
垂直于表面的抗拉强度（kPa）		≥80	≥80	≥80
短期吸水量（kg/m²）		≤1.0	—	—
体积吸水率（%）		—	≤10	—
软化系数		—	≥0.8	—
酸度系数		≥1.6	—	—
匀温灼热性能 （750℃，0.5h）	线收缩率（%）	≤8	≤8	≤8
	质量损失率（%）	≤10	≤25	≤5
燃烧性能等级		A	A	A

4) 胶粘剂的主要性能指标应符合表 24-46 的规定。

胶粘剂的主要性能指标 表 24-46

项　目		性　能　指　标
拉伸粘结强度（kPa） （与水泥砂浆板）	原强度	≥600
	耐水强度（浸水 2d，干燥 7d）	≥600
拉伸粘结强度（kPa） （与防火隔离带保温板）	原强度	≥80
	耐水强度（浸水 2d，干燥 7d）	≥80
可操作时间（h）		1.5~4.0

5) 抹面胶浆的主要性能指标应符合表 24-47 的规定。

抹面胶浆的主要性能指标 表24-47

项　　目		性　能　指　标
拉伸粘结强度（kPa）（与防火隔离带保温板）	原强度	≥80
	耐水强度（浸水2d，干燥7d）	≥80
	耐冻融强度（循环30次，干燥7d）	≥80
压折比		≤3.0
可操作时间（h）		1.5～4.0
抗冲击性		3.0J级
吸水量（g/m²）		≤500
不透水性		试样抹面层内侧无水渗透

(4) 设计与构造

1) 防火隔离带的基本构造应与外墙外保温系统相同，并宜包括胶粘剂、防火隔离带保温板、锚栓、抹面胶浆、玻璃纤维网、饰面层等（图24-38）。

2) 防火隔离带的宽度不应小于300mm。

3) 防火隔离带的厚度宜与外墙外保温系统厚度相同。

4) 防火隔离带保温板应与基层墙体全面积粘贴。

5) 防火隔离带应使用锚栓辅助连接，锚栓应压住底层玻璃纤维网布。锚栓间距不应大于600mm，锚栓距离保温板端部不应小于100mm，每块保温板上锚栓数量不应少于1个。当采用岩棉带时，锚栓的扩压盘直径不应小于100mm。

6) 防火隔离带和外墙外保温系统应使用相同的抹面胶浆，且抹面胶浆应将保温材料和锚栓完全覆盖。

7) 防火隔离带部位的抹面层应加底层玻璃纤维网布，底层玻璃纤维网布垂直方向超出防火隔离带边缘不应小于100mm（图24-39）。水平方向可对接，对接位置离防火隔离带保温板端部接缝位置不应小于100mm（图24-40）。当面层玻璃纤维布上下有搭接时，搭接位置距离隔离带边缘不应小于200mm。

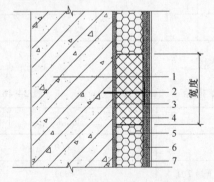

图24-38　防火隔离带的基本构造
1—基层墙体；2—锚栓；3—胶粘剂；
4—防火隔离带保温板；5—外保温系统的保温材料；6—抹面胶浆+玻璃纤维网布；7—饰面材料

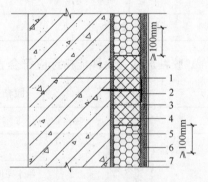

图24-39　防火隔离带网格布垂直方向搭接
1—基层墙体；2—锚栓；3—胶粘剂；
4—防火隔离带保温板；5—外保温系统的保温材料；6—抹面胶浆+玻璃纤维网布；7—饰面材料

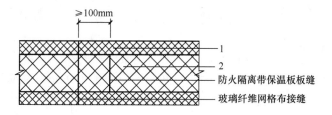

图 24-40 防火隔离带网格布水平方向对接
1—底层玻璃纤维网格布；2—防火隔离带保温板

8) 防火隔离带应设置在门窗洞口上部，且防火隔离带下边距洞口上沿不应超过 500mm。

9) 当防火隔离带在门窗洞口上沿时，门窗洞口上部防火隔离带在粘贴时应做玻璃纤维网布翻包处理，翻包的玻璃纤维网布应超出防火隔离带保温板上沿 100mm（图 24-41）。翻包、底层及面层的玻璃纤维网布不得在门窗洞口顶部搭接或对接，抹面层平均厚度不宜小于 6mm。

10) 当防火隔离带在门窗洞口上沿，且门窗框外表面缩进基层墙体外表面时，门窗洞口顶部外露部分应设置防火隔离带，且防火隔离带保温板宽度不应小于 300mm（图 24-42）。

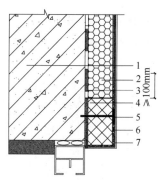 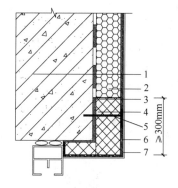

图 24-41 门窗洞口上部防火隔离带做法（一）
1—基层墙体；2—外保温系统的保温材料；
3—胶粘剂；4—防火隔离带保温板；
5—锚栓；6—抹面胶浆+玻璃纤维网布；
7—饰面材料

图 24-42 门窗洞口上部防火隔离带做法（二）
1—基层墙体；2—外保温系统的保温材料；
3—胶粘剂；4—防火隔离带保温板；
5—锚栓；6—抹面胶浆+玻璃纤维网布；
7—饰面材料

11) 严寒、寒冷地区的建筑外保温采用防火隔离带时，防火隔离带热阻不得小于外墙外保温系统热阻的 50%；夏热冬冷地区的建筑外保温采用防火隔离带时，防火隔离带热阻不得小于外墙外保温系统热阻的 40%。

12) 防火隔离带部位的墙体内表面温度不得低于室内空气设计温湿度条件下的露点温度。

（十七）外墙内保温的六种做法

《外墙内保温工程技术规范》JGJ/T 261—2011 中指出：外墙内保温的基层为混凝土墙体或砌体墙体。保温层可以采用膨胀型聚苯乙烯（EPS）板、挤塑型聚苯乙烯（XPS）

板、硬泡聚氨酯（PU）板、纸蜂窝填充憎水性膨胀珍珠岩保温板、离心法玻璃棉板（毡）、摆锤法岩棉板（毡）。

EPS板、XPS板、PU板（裸板）的单位面积质量不宜超过15kg/m²；采用纸蜂窝填充憎水型膨胀珍珠岩时，应采用锚栓固定，间距不应大于400mm，数量不应少于2个。

内保温工程施工期间和完工后的24h内，基层墙体及环境温度不应低于0℃，平均温度不应低于5℃。

外墙内保温共有六种做法，它们是：

1. 复合板内保温系统

（1）保温层是复合板。复合板是保温层——膨胀型聚苯乙烯（EPS）板、挤塑型聚苯乙烯（XPS）板、硬泡聚氨酯（PU）板或纸蜂窝填充憎水型膨胀珍珠岩保温板与面板——纸面石膏板、无石棉纤维水泥平板或无石棉硅酸钙板的复合。

（2）构造层次：（由外而内）① 基层墙体（混凝土墙体、砖砌墙体）—② 粘结层（胶粘剂或粘结石膏＋锚栓）—③ 复合板保温层—④ 饰面层（腻子层＋涂料、墙纸或墙布、面砖）（图24-43）。

2. 有机保温板内保温系统

（1）保温层是膨胀型聚苯乙烯（EPS）板、挤塑型聚苯乙烯（XPS）板、硬泡聚氨酯（PU）板。

（2）构造层次：（由外而内）① 基层墙体（混凝土墙体、砌体墙体）—② 粘结层（胶粘剂或粘结石膏）—③ 保温层—④ 防护层（抹面胶浆涂塑中碱玻璃纤维网布）—⑤ 饰面层（腻子层＋涂料、墙纸或墙布、面砖）（图24-44）。

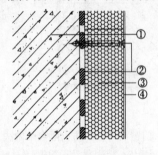

图24-43 复合板内保温系统

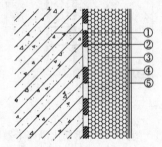

图24-44 有机保温板内保温系统

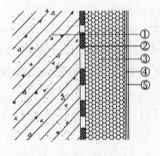

图24-45 无机保温板内保温系统

3. 无机保温板内保温系统

（1）保温层是以无机轻骨料或发泡水泥、泡沫玻璃制作的板材。

（2）构造层次：（由外而内）① 基层墙体（混凝土墙体、砌体墙体）—② 粘结层（胶粘剂）—③ 保温层—④ 防护层（抹面胶浆＋耐碱玻璃纤维网布）—⑤ 饰面层（腻子层＋涂料、墙纸或墙布、面砖）（图24-45）。

4. 保温砂浆内保温系统

（1）保温层是以无机轻骨料或聚氨酯颗粒为保温骨料与无机、有机胶凝材料并掺加一定功能添加剂制成的建筑砂浆。

（2）构造层次：（由外而内）① 基层墙体（混凝土墙体、砌体墙体）—② 界面层（界面砂浆）—③ 保温层—④ 防护层（抹面胶浆＋耐碱玻璃纤维网布）—⑤ 饰面层（腻子层＋涂料、墙纸或墙布、面砖）（图24-46）。

5. 喷涂硬泡聚氨酯内保温系统

（1）保温层是喷涂硬泡聚氨酯（PU）。

（2）构造层次：（由外而内）① 基层墙体（混凝土墙体、砌体墙体）—② 界面层（水泥砂浆聚氨酯防潮底漆）—③ 保温层—④ 界面层（专用界面砂浆或专用界面剂）—⑤ 找平层（保温砂浆或聚合物水泥砂浆）—⑥ 防护层（抹面胶浆复合涂塑中碱玻璃纤维网布）—⑦饰面层（腻子层＋涂料、墙纸或墙布、面砖）（图24-47）。

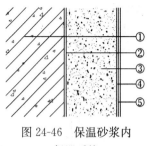

图24-46 保温砂浆内保温系统

6. 玻璃棉、岩棉、喷涂硬泡聚氨酯龙骨固定内保温系统

（1）保温层是离心法玻璃棉板（毡）、摆锤法岩棉板（毡）或喷涂硬泡聚氨酯（PU）。

（2）构造层次：（由外而内）① 基层墙体（混凝土墙体、砌体墙体）—② 保温层—③ 隔汽层（PVC、聚丙烯薄膜、铝箔等）—④ 龙骨（建筑用轻钢龙骨或复合龙骨）—⑤ 龙骨固定件（敲击式或旋入式塑料螺栓）—⑥ 防护层（纸面石膏板、无石棉硅酸钙板或无石棉纤维水泥平板＋自攻螺钉）—⑦ 饰面层（腻子层＋涂料、墙纸或墙布、面砖）（图24-48、图24-49）。

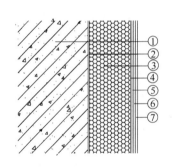

图24-47 喷涂硬泡聚氨酯内保温系统

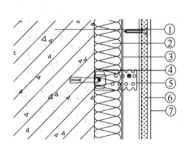

图24-48 玻璃棉、岩棉、喷涂硬泡聚氨酯龙骨固定内保温系统（做法一）

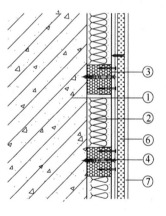

图24-49 玻璃棉、岩棉、喷涂硬泡聚氨酯龙骨固定内保温系统（做法二）

（十八）夹芯板墙体的构造

1. 定义：夹芯板是将厚度为0.4~0.6mm的彩色涂层钢板面板及底板与保温芯材通过胶粘剂复合而成的保温板材。

2. 类型：夹芯板的类型有聚氨酯夹芯板、聚苯乙烯夹芯板和岩棉夹芯板等。

3. 主要性能

（1）聚氨酯夹芯板的燃烧性能为B_1级，导热系数为≤0.033W/(m·K)，体积密度为30kg/m³。

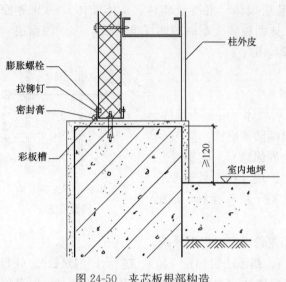

图 24-50 夹芯板根部构造

（2）聚苯乙烯夹芯板为阻燃性、氧指数≥30%，导热系数为≤0.041W/（m·K）、体积密度为 18kg/m³。

（3）岩棉夹芯板的耐火极限板厚≥80mm 时为 60min，<80mm 时为 30min；导热系数为≤0.038W/（m·K）、体积密度为 100kg/m³。

4. 应用：建筑围护结构夹芯板的常用厚度范围为 50~100mm。

5. 构造示例：图 24-50 为夹芯板根部的构造详图。

三、砌体结构的抗震构造

由于砌体结构的抗震构造措施大多与墙体构造有关，故在这里进行介绍。

抗震设防要求以"烈度"为单位，北京地区的设防烈度为 8 度。烈度和震级的关系如下：

$$M = 0.58I + 1.5 \tag{24-1}$$

式中　M——震级；
　　　I——震中烈度。

以 8 度设防为例，其震级为 6.14。

砌体结构的抗震构造应以《建筑抗震设计规范》GB 50011—2010 的有关规定为准。而这些规定又大多与墙身做法有关。概括起来有以下四个方面：

（一）一般规定

1. 限制房屋总高度和建造层数

砌体结构房屋总高度和建造层数与抗震设防烈度和设计基本地震加速度有关，具体数值应以表 24-1 为准。

2. 限制建筑体形高宽比

限制建筑体形高宽比的目的在于减少过大的侧移、保证建筑的稳定。砌体结构房屋总高度与总宽度的最大限值，应符合表 24-48 的有关规定。

房屋最大高宽比　　　　　　　　　　　　表 24-48

烈度	6	7	8	9
最大高宽比	2.5	2.5	2.0	1.5

注：1. 单面走廊房屋的总宽度不包括走廊宽度；
　　2. 建筑平面接近正方形时，其高宽比宜适当减小。

从表 24-48 中可以看出，若在 8 度设防区建造高度为 18m 的砌体结构房屋，其宽度应大于等于 9m。

3. 多层砌体房屋的结构体系，应符合下列要求

（1）应优先采用横墙承重或纵横墙共同承重的结构体系，不应采用砌体墙和混凝土混合承重的结构体系。

（2）纵横向砌体抗震墙的布置应符合下列要求：

1）宜均匀对称，沿平面内宜对齐，沿竖向应上下连续；且纵横墙体的数量不宜相差过大。

2）平面轮廓凹凸尺寸，不应超过典型尺寸的50%；当超过典型尺寸的25%时，房屋转角处应采取加强措施；

3）楼板局部大洞口的尺寸不宜超过楼板宽度的30%，且不应在墙体两侧同时开洞；

4）房屋错层的楼板高差超过500mm时，应按两层计算；错层部位的墙体应采取加强措施；

5）同一轴线的窗间墙宽度宜均匀，墙面洞口的面积，6度、7度时不宜大于墙体面积的55%，8度、9度时不宜大于50%。

6）在房屋宽度方向的中部应设置内纵墙，其累计长度不宜小于房屋总长度的60%（高宽比大于4的墙段不计入）。

（3）房屋有下列情况之一时宜设置防震缝，缝的两侧均应设置墙体，砌体结构的缝宽应根据烈度和房屋高度确定，可采用70~100mm：

1）房屋立面高差在6m以上；

2）房屋有错层，且楼板高差大于层高的1/4；

3）各部分的结构刚度、质量截然不同。

（4）楼梯间不宜设置在房屋的尽端或转角处。

（5）不应在房屋转角处设置转角窗。

（6）横墙较少、跨度较大的房屋，宜采用现浇钢筋混凝土楼、屋盖。

4. 限制抗震横墙的最大间距

砌体结构抗震横墙的最大间距不应超过表24-49的规定。

房屋抗震横墙的最大间距（m）　　　　　表24-49

房屋类别		烈　度			
		6	7	8	9
多层砌体	现浇或装配整体式钢筋混凝土楼、屋盖	15	15	11	7
	装配式钢筋混凝土楼、屋盖	11	11	9	4
	木屋盖	9	9	4	—
底部框架-抗震墙	上部各层	同多层砌体房屋			—
	底层或底部两层	18	15	11	—

注：1. 多层砌体房屋的顶层，除木屋盖外的最大横墙间距应允许适当放宽，但应采取相应加强措施。

　　2. 多孔砖抗震横墙厚度为190mm时，最大横墙间距应比表中数值减少3m。

5. 多层砌体房屋中砌体墙段的局部尺寸限值

多层砌体房屋中砌体墙段的局部尺寸限值应符合表 24-50 的有关规定。

房屋的局部尺寸限值（m）　　　　　　　　　表 24-50

部　位	6度	7度	8度	9度
承重窗间墙最小宽度	1.0	1.0	1.2	1.5
承重外墙尽端至门窗洞边的最小距离	1.0	1.0	1.2	1.5
非承重外墙尽端至门窗洞边的最小距离	1.0	1.0	1.0	1.0
内墙阳角至门窗洞边的最小距离	1.0	1.0	1.5	2.0
无锚固女儿墙（非出入口处）的最大高度	0.5	0.5	0.5	0.0

注：1. 局部尺寸不足时，应采取局部加强措施弥补，且最小宽度不得小于1/4层高和表列数值的80%；
　　2. 出入口处的女儿墙应有锚固。

6. 其他结构要求

（1）楼盖和屋盖

1）现浇钢筋混凝土楼板或屋面板伸进纵、横墙内的长度，均不应小于120mm。

2）装配式钢筋混凝土楼板或屋面板，当圈梁未设在板的同一标高时，板端伸进外墙的长度不应小于120mm，伸进内墙的长度不应小于100mm或采用硬架支模连接，在梁上不应小于80mm或采用硬架支模连接。

3）当板的跨度大于4.8m并与外墙平行时，靠外墙的预制板侧边应与墙或圈梁拉结。

4）房屋端部大房间的楼盖，6度时房屋的屋盖和7~9度时房屋的楼、屋盖，当圈梁设在板底时，钢筋混凝土预制板应互相拉结，并应与梁、墙或圈梁拉结。

（2）楼梯间

1）顶层楼梯间横墙和外墙应沿墙高每隔500mm设2ϕ6通长钢筋和ϕ4分布短钢筋平面内点焊组成的拉结网片或ϕ4点焊网片；7~9度时其他各层楼梯间墙体应在休息平台或楼层半高处设置60mm厚，纵向钢筋不应少于2ϕ10钢筋混凝土带或配筋砖带，配筋砖带不少于3皮，每皮的配筋不少于2ϕ6，砂浆强度等级不应低于M7.5，且不低于同层墙体的砂浆强度等级。

2）楼梯间及门厅内墙阳角的大梁支承长度不应小于500mm，并应与圈梁连接。

3）装配式楼梯段应与平台板的梁可靠连接，8度、9度时不应采取装配式楼梯段；不应采用墙中悬挑式或踏步竖肋插入墙体的楼梯，不应采用无筋砖砌栏板。

4）突出屋顶的楼梯间、电梯间，构造柱应伸向顶部，并与顶部圈梁连接，所有墙体应沿墙高每隔500mm设2ϕ6通长钢筋和ϕ4分布短筋平面内点焊组成的拉结网片或ϕ4点焊网片。

（3）其他

1）门窗洞口处不应采用无筋砖过梁，过梁的支承长度：6~8度时不应小于240mm，9度时不应小于360mm。

2）预制阳台，6度、7度时应与圈梁和楼板的现浇板带可靠连接，8度、9度时不应采用预制阳台。

3）后砌的非承重砌体隔墙、烟道、风道、垃圾道均应有可靠拉结。

4)同一结构单元的基础(或桩承台),宜采用同一类型的基础,底面宜埋置在同一标高上,否则应增设基础圈梁并应按 1∶2 的台阶逐步放坡。

5)坡屋顶房屋的屋架应与顶层圈梁可靠连接,檩条或屋面板应与墙、屋架可靠连接,房屋出入口处的檐口瓦应与屋面构件锚固。采用硬山搁檩时,顶层内纵墙顶宜增砌支承山墙的踏步式墙垛,并设置构造柱。

6)6度、7度时长度大于 7.2m 的大房间,以及 8度、9度时外墙转角及内外墙交接处,应沿墙高每隔 500mm 配置 2ϕ6 通长钢筋和 ϕ4 分布短筋平面内点焊组成的拉结网片或 ϕ4 点焊网片。

(二)增设圈梁

圈梁的作用有以下三点:一是增强楼层平面的整体刚度;二是防止地基的不均匀下沉;三是与构造柱一起形成骨架,提高砌体结构的抗震能力。圈梁应采用钢筋混凝土制作,并应现场浇筑。《建筑抗震设计规范》GB 50011—2010 中指出:

1. 圈梁的设置原则

(1)装配式钢筋混凝土楼、屋盖或木屋盖的砖房,横墙承重时应按表 24-51 的要求设置圈梁;纵墙承重时,抗震横墙上的圈梁间距应比表 24-51 内的要求适当加密。

多层砖砌体房屋现浇钢筋混凝土圈梁的设置要求　　　　表 24-51

墙体类别		烈　　度		
		6、7	8	9
圈梁设置	外墙和内纵墙	屋盖处及每层楼盖处	屋盖处及每层楼盖处	屋盖处及每层楼盖处
	内横墙	同上;屋盖处间距不应大于 4.5m;楼盖处间距不应大于 7.2m;构造柱对应部位	同上;各层所有横墙,且间距不应大于 4.5m;构造柱对应部位	同上;各层所有横墙
配筋	最小纵筋	4ϕ10	4ϕ12	4ϕ14
	ϕ6 箍筋最大间距(mm)	250	200	150

(2)现浇或装配整体式钢筋混凝土楼、屋盖与墙体有可靠连接的房屋,应允许不设圈梁,但楼板沿抗震墙体周边应加设配筋并应与相应的构造柱钢筋可靠连接。

2. 圈梁的构造要求

(1)圈梁应闭合,遇有洞口,圈梁应上下搭接。圈梁宜与预制板设置在同一标高处或紧靠板底。

(2)圈梁在表 24-51 内只有轴线(无横墙)时,应利用梁或板缝中配筋替代圈梁。

(3)圈梁的截面高度不应小于 120mm,基础圈梁的截面高度不应小于 180mm,配筋不应少于 4ϕ12;混凝土强度等级不应低于 C20。

(4)圈梁的截面宽度不应小于 240mm。

(三)增设构造柱

构造柱的作用是与圈梁一起形成封闭骨架,提高砌体结构的抗震能力。构造柱应是现浇钢筋混凝土柱。《建筑抗震设计规范》GB 50011—2010 中指出:

1. 构造柱的设置原则

(1)构造柱的设置部位,应以表 24-52 为准。

多层砖砌体房屋构造柱设置要求 表24-52

房屋层数				设置部位	
6度	7度	8度	9度		
四、五	三、四	二、三		楼、电梯间四角，楼梯斜梯段上下端对应的墙体处；外墙四角和对应转角；错层部位横墙与外纵墙交接处；大房间内外墙交接处；较大洞口两侧	隔12m或单元横墙与外纵墙交接处；楼梯间对应的另一侧内横墙与外纵墙交接处
六	五	四	二		隔开间横墙（轴线）与外墙交接处，山墙与内纵墙交接处
七	≥六	≥五	≥三		内墙（轴线）与外墙交接处，内墙的局部较小墙垛处，内纵墙与横墙（轴线）交接处

注：较大洞口，内墙指大于2.1m的洞口；外墙在内外墙交接处已设置构造柱时应允许适当放宽，但洞侧墙体应加强。

（2）外廊式和单面走廊式的多层房屋，应根据房屋增加一层的层数，按表24-52的要求设置构造柱，且单面走廊两侧的纵墙均应按外墙处理。

（3）横墙较少的房屋，应根据房屋增加一层的层数，按表24-52的要求设置构造柱；当横墙较少的房屋为外廊式或单面走廊时，应按（2）款要求设置构造柱；但6度不超过4层、7度不超过3层和8度不超过2层时应按增加2层的层数对待。

（4）各层横墙很少的房屋，应按增加2层的层数设置构造柱。

（5）采用蒸养灰砂砖和蒸养粉煤灰砖砌体的房屋，当砌体的抗剪强度仅达到烧结普通砖的70%时，应按增加一层的层数按（1）～（4）款要求设置构造柱；但6度不超过4层，7度不超过3层和8度不超过2层时，应按增加2层的层数对待。

2. 构造柱的构造要求

（1）构造柱最小截面可采用180mm×240mm（墙厚190mm时为180mm×190mm），纵向钢筋宜采用4φ12，箍筋间距不宜大于250mm，且在上下端应适当加密；6、7度时超过6层、8度时超过5层和9度时，构造柱纵向钢筋宜采用4φ14，箍筋间距不应大于200mm；房屋四角的构造柱应适当加大截面及配筋。混凝土强度等级不应低于C20。

（2）构造柱与墙体连接处应砌成马牙槎，沿墙高每隔500mm设2φ6水平钢筋和φ4分布短筋平面内点焊组成的拉结网片或φ4点焊钢筋网片，每边深入墙内不宜小于1m。6、7度时底部1/3楼层，8度时底部1/2楼层，9度时全部楼层，相邻构造柱的墙体应沿墙高每隔500mm设置2φ6通长水平钢筋和φ4分布短筋组成的拉结网片，并锚入构造柱内。

（3）构造柱与圈梁连接处，构造柱的纵筋应在圈梁纵筋内侧穿过，保证构造柱纵筋上下贯通。

（4）构造柱可不单独设置基础，但应深入室外地面下500mm或与埋深小于500mm的基础圈梁相连。

（5）房屋高度和层数接近房屋的层数和总高度限值（表24-1）时，纵、横墙内构造柱间距还应符合下列要求：

1）横墙内的构造柱间距不宜大于层高的2倍，下部1/3楼层的构造柱间距应适当减小；

2）当外纵墙开间大于3.9m时，应另设加强措施；内纵墙的构造柱间距不宜大于4.2m。

3. 构造柱的施工要求

(1) 构造柱施工时,应先放构造柱的钢筋骨架,再砌砖墙,最后浇筑混凝土,这样做的好处是结合牢固,节省模板。

(2) 构造柱两侧的墙体应做到"五进五出",即每 300mm 高伸出 60mm,每 300mm 高再收回 60mm。墙厚为 360mm 时,外侧形成 120mm 厚的保护墙。

(3) 每层楼板的上下部和地梁上部、顶板下部的各 500mm 处为构造柱的箍筋加密区,加密区的箍筋间距为 100mm。

有关构造柱的做法见图 24-51。

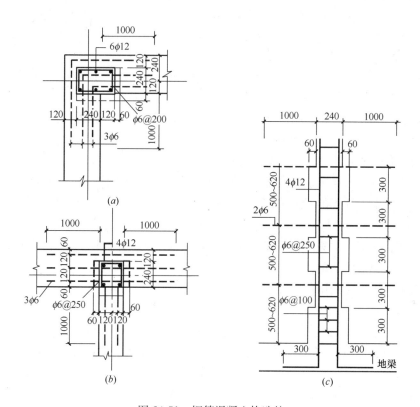

图 24-51 钢筋混凝土构造柱

(四) 建筑非结构构件

《非结构构件抗震设计规范》JGJ 339—2015 中规定:建筑非结构构件主要包括非承重墙体(砌体结构中的隔墙和框架结构中的填充墙和隔墙)、附着于楼板和屋面板的构件(如女儿墙)、装饰构件和部件,以及固定于楼面的大型储物柜等。

1. 非承重墙体

(1) 非承重墙体宜优先采用轻质材料;采用烧结砖墙体时,墙内应设置拉结筋、水平系梁、圈梁、构造柱等构造措施。

(2) 多层砌体结构中的非承重墙体的抗震构造应符合下列规定:

1) 非承重外墙尽端至门窗洞边的最小距离不应小于 1.00m,否则应在洞边设置构造柱。

2) 后砌的非承重隔墙应沿墙高每隔 500~600mm 配置 2φ6 拉结钢筋与承重墙或柱拉

结，每边伸入墙内不应少于500mm；8度、9度时，长度大于5m的后砌隔墙，墙顶尚应与楼板或梁拉结，独立墙肢端部或大门洞边宜设钢筋混凝土构造柱。

2. 女儿墙（挑檐）

（1）女儿墙可以采用砖砌体（最小厚度240mm）、加气混凝土砌块（最小厚度190mm）和现浇钢筋混凝土（最小厚度160mm）制作。挑檐多用钢筋混凝土板材外挑，挑出墙外尺寸一般为500mm。

（2）高层建筑不得采取砌体女儿墙。

（3）多层建筑不应采用无锚固的砖砌漏空女儿墙。

（4）非出入口处无锚固砌体女儿墙的最大高度，6～8度时不宜超过0.50m；超过0.50m时、人流出入口、通道处或9度时，出屋面的砌体女儿墙应设置构造柱与主体结构锚固，构造柱间距宜取2.00～2.50m。

注：《建筑抗震设计规范》GB 50011—2010和《砌体结构设计规范》GB 50003—2011均规定女儿墙中的构造柱间距为4.00m。

（5）砌体女儿墙顶部应采用现浇的通长钢筋混凝土压顶，压顶厚度不应小于80mm。

（6）女儿墙在变形缝处应留有足够的宽度，缝两侧的女儿墙自由端应予以加强。

（7）砌体女儿墙内不宜埋设灯杆、旗杆、大型广告牌等构件。

（8）因屋面板插入而削弱女儿墙根部时应加强女儿墙与主体结构的连接。

（9）不应采用无锚固的钢筋混凝土预制挑檐。

3. 烟囱

（1）烟道、风道、垃圾道等不宜削弱墙体；当墙体被削弱时，应对墙体采取加强措施；不宜采用无竖向配筋的附墙烟囱。

（2）不应采用无竖向配筋的出屋面砌体烟囱。

4. 楼、电梯间和人流通道墙

（1）楼梯间及人流通道处的墙体，应采用钢丝网砂浆面层加强。

（2）电梯隔墙不应对主体结构产生不利影响，应避免地震时破坏导致电梯轿厢和配重运行导轨的变形。

四、墙体的隔声构造

（一）墙体的隔声要求

墙体的隔声要求包括隔除室外噪声和相邻房间噪声两个方面。

噪声来源于空气传播的噪声和固体撞击传播的噪声两个方面。空气传播的噪声指的是露天中的声音传播、围护结构缝隙中的噪声传播和由于声波振动引起结构振动而传播的声音。撞击传声是物体的直接撞击或敲打物体所引起的撞击声。

围护结构的平均隔声量可按下式求得：

$$R_a = L - L_0 \tag{24-2}$$

式中　R_a——围护结构的平均隔声量（dB）；

　　　L——室外噪声级（dB）；

　　　L_0——室内允许噪声级（dB）。

室外噪声级包括街道噪声、工厂噪声、建筑物室内噪声等多方面。见表24-53。

各种场所的室外噪声　　　　　　　　　　　表24-53

噪声声源名称	至声源距离(m)	噪声级(dB)	噪声声源名称	至声源距离(m)	噪声级(dB)
安静的街道	10	60	建筑物内高声谈话	5	70~75
汽车鸣喇叭	15	75	室内若干人高声谈话	5	80
街道上鸣高音喇叭	10	85~90	室内一般谈话	5	60~70
工厂汽笛	20	105	室内关门声	5	75
锻压钢板	5	115	机车汽笛声	10~15	100~105
铆工车间		120			

隔声设计的等级标准见表24-54。

隔声设计的等级标准　　　　　　　　　　　表24-54

特级	一级	二级	三级
特殊标准	较高标准	一般标准	最低标准

(二) 隔声标准

1. 室内允许噪声级

《民用建筑设计通则》GB 50352—2005中的规定见表24-55。

室内允许噪声级（昼间）　　　　　　　　　表24-55

建筑类别	房间名称	允许噪声级（A声级，dB）			
		特级	一级	二级	三级
住宅	卧室、书房	—	≤40	≤45	≤50
	起居室	—	≤45	≤50	≤50
学校	有特殊安静要求的房间	—	≤40	—	—
	一般教室	—	—	≤50	—
	无特殊安静要求的房间	—	—	—	≤55
医院	病房、医务人员休息室	—	≤40	≤45	≤50
	门诊室	—	≤55	≤55	≤60
	手术室	—	≤45	≤45	≤50
	听力测听室	—	≤25	≤25	≤30
旅馆	客房	≤35	≤40	≤45	≤55
	会议室	≤40	≤45	≤50	≤50
	多用途大厅	≤40	≤45	≤50	—
	办公室	≤45	≤50	≤55	≤55
	餐厅、宴会厅	≤50	≤55	≤60	—
办公	办公室	—	≤45	≤50	≤55
	设计制图室	—	≤45	≤50	≤50
	会议室	—	≤40	≤45	≤50
	多功能厅	—	≤45	≤50	≤50

注：1. 夜间室内允许噪声级的数值比昼间小10dB(A)；
　　2. 办公建筑资料来源于《办公建筑设计规范》(JGJ 67—2006)。

《民用建筑隔声设计规范》GB 50118—2010 中的规定:

(1) 住宅(表 24-56)

住宅卧室、起居室(厅)内的允许噪声级　　　　　　　　　　表 24-56

房间名称	允许噪声级（A声级，dB）			
	昼间		夜间	
	一般标准	较高标准	一般标准	较高标准
卧室	≤45	≤40	≤37	≤30
起居室(厅)	≤45		≤40	

(2) 学校(表 24-57)

学校建筑中各种教学用房内的允许噪声级　　　　　　　　　　表 24-57

房间名称	允许噪声级（A声级，dB）
语言教室、阅览室	≤40
普通教室、实验室、计算机房	≤45
音乐教室、琴房	≤45
舞蹈教室	≤50
教师办公室、休息室、会议室	≤45
健身房	≤50
教学楼中封闭的走廊、楼梯间	≤50

2. 空气声隔声标准

《民用建筑设计通则》GB 50352—2005 中的规定见表 24-58。

空气声隔声标准　　　　　　　　　　表 24-58

建筑类别	围护结构部位	计权隔声量（dB）			
		特级	一级	二级	三级
住宅	分户墙、楼板	—	≥50	≥45	≥40
学校	隔墙、楼板	—	≥50	≥45	≥40
医院	病房与病房之间	—	≥45	≥40	≥35
	病房与产生噪声房间之间	—	≥50	≥50	≥45
	手术室与病房之间	—	≥50	≥45	≥40
	手术室与产生噪声房间之间	—	≥50	≥50	≥45
	听力测听室围护结构(上部)	—	≥50	≥50	≥50
旅馆	客房与客房间隔墙	≥50	≥45	≥40	≥40
	客房与走廊间隔墙(含门)	≥40	≥40	≥35	≥30
	客房外墙(含窗)	≥40	≥35	≥25	≥20

注：住宅临街外窗不应小于 30dB；住宅户门不应小于 25dB。

《民用建筑隔声设计规范》GB 50118—2010 中的规定:

(1) 住宅（表 24-59）

住宅分户构件空气声隔声标准　　　　　　　　　　　　　　　　表 24-59

构件名称	空气声隔声单值评价量＋频道修谱量（dB）	
分户墙、分户楼板（低标准）	计权隔声量（R_w）＋粉红噪声频谱修正量（C）	≥45
分隔住宅和非居住用途空间的楼板	计权隔声量（R_w）＋交通噪声频谱修正量（C_{tr}）	≥51
分户墙、分户楼板（高要求）	计权隔声量（R_w）＋粉红噪声频谱修正量（C）	≥50

(2) 学校（表 24-60）

教学用房隔墙、楼板的空气声隔声标准　　　　　　　　　　　　表 24-60

构件名称	空气声隔声单值评价量＋频谱修正量（dB）	
语言教室、阅览室的隔墙与楼板	计权隔声量（R_w）＋粉红噪声频谱修正量（C）	≥50
普通教室与各种产生噪声的房间之间的隔墙、楼板	计权隔声量（R_w）＋粉红噪声频谱修正量（C）	≥50
普通教室之间的隔墙与楼板	计权隔声量（R_w）＋粉红噪声频谱修正量（C）	≥45
音乐教室、琴房之间的隔墙与楼板	计权隔声量（R_w）＋粉红噪声频谱修正量（C）	≥45

3. 撞击声隔声标准

《民用建筑设计通则》GB 50352—2005 中的规定见表 24-61。

《民用建筑隔声设计规范》GB 50118—2010 中的规定：

(1) 住宅（表 24-62）

撞击声隔声标准　　　　　　　　　　　　　　　　　　　　　　表 24-61

建筑类别	楼板部位	计权隔声量（dB）			
		特级	一级	二级	三级
住宅	分户层间	—	≤65	≤75	≤75
学校	教室层间	—	≤65	≤65	≤75
医院	病房与病房之间	—	≤65	≤75	≤75
	病房与手术室之间	—	—	≤75	≤75
	听力测听室上部	—	≤65	≤65	≤65
旅馆	客房层间	≤55	≤65	≤75	≤75
	客房与有振动房间之间	≤55	≤55	≤65	≤65

住宅分户楼板撞击声隔声标准　　　　　　　　　　　　　　　　表 24-62

构件名称	撞击声隔声单值评价量（dB）	
卧室、起居室（厅）的分户楼板（一般标准）	计权规范化撞击声压级 $L'_{n,w}$（实验室测量）	＜75
	计权规范化撞击声压级 $L'_{nT,w}$（现场测量）	≤75
卧室、起居室（厅）的分户楼板（较高标准）	计权规范化撞击声压级 $L_{n,w}$（实验室测量）	＜65
	计权标准化撞击声压级 $L'_{nT,w}$（现场测量）	≤65

(2) 学校 (表 24-63)

教学用房楼板的撞击声隔声标准　　　　　　　　　表 24-63

构件名称	撞击声隔声单值评价量 (dB)	
	计权规范化撞击声压级 $L_{n,w}$（实验室测量）	计权标准化撞击声压级 $L'_{nT,w}$（现场测量）
语言教室、阅览室与上层房间之间的楼板	<65	≤65
普通教室、实验室、计算机房与上层产生噪声房间之间的楼板	<65	≤65
琴房、音乐教室之间的楼板	<65	≤65
普通教室之间的楼板	<75	≤75

注：当确有困难时，可允许普通教室之间楼板的撞击声隔声单值评价量小于或等于85dB，但在楼板结构上应预留改善的可能条件。

(三) 隔声减噪设计的有关规定

民用建筑的隔声减噪设计应符合下列规定：

1. 对于结构整体性较强的民用建筑，应对附着于墙体和楼板的传声源部件采取防止结构声传播的措施。

2. 有噪声和振动的设备用房应采取隔声、隔振和吸声的措施，并应对设备和管道采取减振、消声处理；平面布置中，不宜将有噪声和振动的设备用房设在主要用房的直接上层或贴邻布置，当其设在同一楼层时，应分区布置。

3. 安静要求较高的房间内设置吊顶时，应将隔墙砌至梁、板底面；采用轻质隔墙时，其隔声性能应符合有关隔声标准的规定。

4. 隔除噪声的方法：

隔除噪声的方法，包括采用实体结构、增设隔声材料和加做空气层等几个方面。

(1) 实体结构隔声：

构件材料的密度越大，越密实，其隔声效果也就越高。双面抹灰的1/4砖墙，空气隔声量平均值为32dB；双面抹灰的1/2砖墙，空气隔声量平均值为45dB；双面抹灰的一砖墙，空气隔声量为48dB。

【例 24-1】 面临街道的职工住宅，求其隔声量并选择构造形式。

由表24-44查出街道上汽车鸣喇叭的噪声级为75dB，由表24-46查出住宅的允许噪声级为45dB。

【解】 根据式 (24-2)：

$$R_a = L - L_0 = 75 - 45 = 30 \text{dB}$$

需要隔除的噪声量为30dB，采用双面抹灰的1/2砖墙已基本满足要求，但开窗不宜过大。

(2) 采用隔声材料隔声：

隔声材料指的是玻璃棉毡、轻质纤维等材料，一般应放在靠近声源的一侧。

(3) 采用空气层隔声：

夹层墙可以提高隔声效果，中间空气层的厚度以80～100mm为宜。

（四）墙体的隔声性能

1. 相关技术资料指出，不同房间墙体的隔声性能见表24-64。

墙体的隔声性能　　　　　　　　　　　表24-64

编号	构件名称	面密度（kg/m²）	空气声隔声指数（dB）
1	240mm砖墙，双面抹灰	500	48～53
2	140mm震动砖墙板	300	48～50
3	140～180mm钢筋混凝土大板	250～400	46～50
4	250mm加气混凝土双面抹灰	220	47～48
5	3～4层纸面石膏板组合墙	60	45～49
6	20mm×90mm双层碳化石灰板喷浆	130	45
7	板条墙	90	45～47
8	140～160mm钢筋混凝土空心大板	200～240	43～47
9	石膏板与其他板材的复合墙体	65～69	44～47
10	200～240mm焦渣砖或粉煤灰砖墙双面抹灰		44～47
11	120mm砖墙，双面抹灰	280	43～47
12	200mm混凝土空心砌块，双面抹灰	200～285	43～47
13	石膏龙骨四层石膏板（板竖向排列）	60	45～47
14	石膏龙骨四层石膏板（板横向排列）	60	41
15	抽空石膏条板，双面抹灰	110	42
16	120～150mm加气混凝土，双面抹灰	150～165	40～45
17	80～90mm石膏复合板填矿渣棉	32	37～41
18	复合板与加气混凝土组合墙体	70	38～39
19	100mm石膏蜂窝板加贴石膏板一层	44	35
20	20mm×60mm双面珍珠岩石膏板	70	30～35
21	80～90mm双层纸面石膏板（木龙骨）	25	31～34
22	90mm单层碳化石灰板	65	32
23	80mm双层水泥刨花板	45	50
24	90mm单层珍珠岩石膏板	35	24

2.《蒸压加气混凝土建筑应用技术规程》JGJ/T 17—2008中指出：蒸压加气混凝土隔墙隔声性能详见表24-65。

蒸压加气混凝土隔墙隔声性能　　　　表 24-65

编号	隔墙做法	500~1000Hz 的计权隔声量 R_w (dB)
1	75mm 厚砌块墙,两侧各 10mm 抹灰	38.8
2	100mm 厚砌块墙,两侧各 10mm 抹灰	41.0
3	150mm 厚砌块墙,两侧各 20mm 抹灰	44.0（砌块） 46.0（板材）(B6 级制品无抹灰层)
4	100mm 厚条板,双面各刮 3mm 腻子喷浆	39.0
5	两道 75mm 厚砌块墙,75mm 中空,两侧各抹 5mm 混合灰	49.0
6	两道 75mm 厚条板墙,75mm 中空,两侧各抹 5mm 混合灰	56.0
7	一道 75mm 厚砌块墙,50mm 中空,一道 120mm 厚砖墙,两侧各 20mm 抹灰	55.0
8	200mm 厚条板,双面各刮 5mm 腻子喷浆	45.2（板材）
9	200mm 厚砌块,双面各刮 5mm 腻子喷浆	48.4（B6 级制品无抹灰层）

注：1. 上述检测数据,均为 B05 级水泥、矿渣、砂加气混凝土砌块；
    2. 砌块均为普通水泥砂浆砌筑。

五、墙体的细部构造

（一）防潮层

在墙身中设置防潮层的目的是防止土壤中的水分沿基础墙上升和勒脚部位的地面水影响墙身。它的作用是提高建筑物的耐久性,保持室内干燥卫生。当墙基为混凝土、钢筋混凝土或石砌体时,可不做墙身防潮层。

水平防潮层的具体位置应在室内地坪与室外地坪之间,以地面垫层中部为最理想,相当于标高－0.060m 处。地震区的水平防潮层还应满足墙体抗震整体连接的要求。此外,湿度大的房间的外墙或内墙内侧应设置防潮层。防潮层的材料有：

1. 防水砂浆防潮层

具体做法是抹一层 20mm 的 1:2.5 水泥砂浆加水泥重量的 3%~5%防水粉拌合而成的防水砂浆,另一种是用防水砂浆砌筑 4~6 皮砖,位置在室内地坪上下（后者应慎用）。

2. 防水卷材防潮层

在防潮层部位先抹 20mm 厚的砂浆找平层,然后干铺防水卷材一层或用热沥青粘贴一毡二油。防水卷材的宽度应与墙厚一致,或稍大一些。防水卷材沿长度铺设,搭接长度 100mm。防水卷材防潮较好,但会使基础墙和上部墙身断开,减弱了砖墙的抗震能力。

3. 混凝土防潮层

由于混凝土本身具有一定的防水性能,常把防水要求和结构做法合并考虑。即在室内外地坪之间浇筑 60mm 厚的 C20 混凝土防潮层,内放 3ϕ6、ϕ4@250 的钢筋网片。

上述三种做法,在抗震设防地区应选取防水砂浆防潮层。

当墙体两侧的地面均为室内地面时,除按要求做好水平防潮层外,还应在墙身的内侧做好垂直防潮层（图 24-52）。

（二）勒脚

外墙墙身下部靠近室外地坪的部分叫勒脚。勒脚的作用是防止地面水、屋檐滴下的雨水的侵蚀，从而保护墙面，保证室内干燥，提高建筑物的耐久性；同时，还有美化建筑外观的作用。勒脚经常采用抹水泥砂浆、水刷石或加大墙厚的办法做成。勒脚的高度一般为室内地坪与室外地坪之高差，也可以根据立面的需要而提高勒脚的高度尺寸。

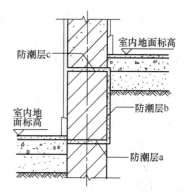

图 24-52 特殊部位防潮层

（三）散水与明沟

散水指的是靠近勒脚下部的水平排水坡，明沟是靠近勒脚下部设置的水平排水沟。它们的作用都是为了迅速排除从屋檐下滴的雨水，防止因积水渗入地基而造成建筑物的下沉。散水的做法应满足以下要求：

1. 散水的宽度

应根据土壤性质、气候条件、建筑物的高度和屋面排水形式确定，宜为 600～1000mm；当采用无组织排水时，散水的宽度可按檐口线放出 200～300mm。

2. 散水的坡度

可为 3％～5％。当散水采用混凝土时，宜按 20～30m 间距设置伸缩缝。散水与外墙之间宜设缝，缝宽可为 20～30mm，缝内应填沥青类材料。

3. 散水面层材料

常用的有细石混凝土、混凝土、水泥砂浆、卵石、块石、花岗石等，垫层则多用 3：7 灰土或卵石灌强度等级为 M2.5 的混合砂浆。

明沟是将积水通过明沟引向下水道，一般在年降雨量为 900mm 以上的地区才选用。沟宽一般在 200mm 左右，沟底应有 0.5％左右的纵坡。明沟的材料可以用砖、混凝土等。

4. 散水的特殊做法

散水的特殊做法是指适用于沿建筑物外墙周围，有绿化要求的暗埋式混凝土散水。这种做法是散水在草皮及种植土的底部，混凝土的强度等级为 C20，厚度不应小于 80mm。外墙饰面应做至混凝土的下部。散水与墙身交接处刷 1.5mm 厚聚合物水泥砂浆防水涂料（图 24-53）。

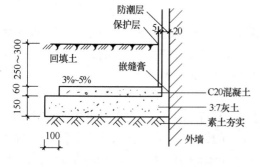

图 24-53 种植散水

（四）踢脚

踢脚是外墙内侧或内墙的两侧的下部和室内地坪交接处的构造，目的是防止扫地时污染墙面。踢脚的高度一般在 80～150mm。常用的材料有水泥砂浆、水磨石、木材、缸砖、油漆等，选用时一般应与地面材料一致。有墙裙或墙身饰面可以代替踢脚的，应不再做踢脚。

（五）墙裙

室内墙面有防水、防潮湿、防污染、防碰撞等要求时，应设置墙裙，其高度为 1200～

1800mm。为避免积灰，墙裙顶部宜与内墙面齐平。《中小学校设计规范》GB 50099—2011中规定：小学墙裙的高度不宜低于1.20m，中学墙裙的高度不宜低于1.40m，舞蹈教室、风雨操场墙裙的高度不宜低于2.10m。

（六）窗台

窗洞口的下部应设置窗台。窗台根据窗子的安装位置可形成内窗台和外窗台。外窗台是为了防止在窗洞底部积水，并流向室内。内窗台则为了排除窗上的凝结水，以保护室内墙面，或存放东西、摆放花盆等。窗台高900～1000mm，幼儿园活动室取600mm，售票台取1100mm。窗台高度低于800mm（住宅窗台低于900mm时），应采取防护措施。窗台的净高或防护栏杆的高度均应从可踏面起算，保证净高900mm。

窗台的底面檐口处，应做成锐角形或半圆凹槽（叫"滴水"），便于排水，以免污染墙面。

外窗台有两种做法：

1. 砖窗台

砖窗台应用较广，有平砌挑砖和立砌挑砖两种做法。表面可抹1：3水泥砂浆，并应有10%左右的坡度。挑出尺寸大多为60mm。

2. 混凝土窗台

这种窗台一般是现场浇筑而成。

内窗台的做法也有两种：

（1）水泥砂浆抹窗台

一般是在窗台上表面抹20mm厚的水泥砂浆，并应突出墙面5mm为好。

（2）窗台板

对于装修要求较高而且窗台下设置暖气片的房间，一般均采用窗台板。窗台板可以用预制水泥板或水磨石板。装修要求特别高的房间还可以采用木窗台板。

（七）过梁

为承受门窗洞口上部的荷载，并把它传到门窗两侧的墙上，以免压坏门窗框，所以在其上部要加设过梁。过梁上的荷载一般呈三角形分布，为计算方便，可以把三角形荷载折算成1/3洞口宽度，过梁只承受其上部1/3洞口宽度的荷载。因而过梁的断面不大，梁内配筋也较小。过梁有钢筋混凝土过梁和钢筋砖过梁两种。抗震设防地区不应采用不加钢筋的过梁。

1. 预制钢筋混凝土过梁

预制钢筋混凝土过梁是采用比较普遍的一种过梁。过梁的宽度与半砖长相同，基本宽度为115mm。梁长及梁高均和洞口尺寸有关，并应符合模数。过梁在洞口两侧的支承长度为每侧240mm。

2. 钢筋砖过梁

又称苏式过梁。这种过梁用砖的强度等级应不低于MU10，砂浆强度等级应不低于M5。洞口上部应先支木模，上放直径不小于5mm的钢筋，间距小于等于120mm，伸入两边墙内应不小于240mm。钢筋上下应抹不小于30mm的砂浆层。这种过梁的最大跨度为1.5m（摘自《砌体结构设计规范》GB 50003—2010）。

（八）窗套与腰线

这些都是立面装修的做法。窗套是由带挑檐的过梁、窗台和窗边挑出立砖而构成，外抹水泥砂浆后，可再刷涂料或做其他装饰。腰线是指过梁和窗台形成的上下水平线条，外抹水泥砂浆后，刷涂料或做其他装饰。

（九）凸窗：居住建筑不宜设置凸窗，当必须设置时，凸窗凸出外墙面（从外墙面计）不应大于400mm。严寒地区不应设置凸窗，寒冷地区及夏热冬冷地区的北向卧室、起居室不应设置凸窗。

（十）平屋顶的檐部做法

由于檐部做法涉及屋面的部分内容，这里只作一些粗略的介绍。

1. 挑檐板

挑檐板的做法有预制钢筋混凝土板和现浇钢筋混凝土板两种。挑出尺寸不宜过大，一般以500mm左右为宜。

2. 女儿墙

女儿墙是墙身在屋面以上的延伸部分，其厚度可以与下部墙身一致，也可以使墙身适当减薄。女儿墙的高度取决于是否上人，不上人高度应不小于800mm，上人高度应不小于1300mm。

3. 斜板挑檐

斜板挑檐是女儿墙和挑檐板，另加斜板共同构成的屋檐做法，其尺寸应符合前两种做法的规定。

（十一）变形缝

建筑中的变形缝有三种，即伸缩缝、沉降缝和防震缝，它的作用是保证房屋在温度变化、基础不均匀沉降或地震时能有一些自由伸缩，以防止墙体开裂、结构破坏。在抗震设防地区的上述缝隙一律按照防震缝的要求处理。

1. 伸缩缝

伸缩缝的设置原则是以建筑的长度为依据，设置在因温度和收缩变形可能引起应力集中、砌体产生裂缝可能性最大的地方。伸缩缝的特点是只在±0.000以上的部位断开，基础不断开。缝宽一般为20~30mm。《砌体结构设计规范》GB 50003—2010中规定的砌体房屋伸缩缝的最大间距见表24-66；《混凝土结构设计规范》GB 50010—2010（2015年版）中规定的钢筋混凝土结构伸缩缝的最大间距见表24-67。

砌体房屋伸缩缝的最大间距 表24-66

屋盖或楼盖类别		间距（m）
整体式或装配整体式钢筋混凝土结构	有保温层或隔热层的屋盖、楼盖	50
	无保温层或隔热层的屋盖	40
装配式无檩体系钢筋混凝土结构	有保温层或隔热层的屋盖、楼盖	60
	无保温层或隔热层的屋盖	50
装配式有檩体系钢筋混凝土结构	有保温层或隔热层的屋盖	75
	无保温层或隔热层的屋盖	60
瓦材屋盖、木屋盖或楼盖、轻钢楼盖		100

钢筋混凝土结构伸缩缝的最大间距 表24-67

结构类别		室内或土中（m）	露天（m）
排架结构	装配式	100	70
框架结构	装配式	75	50
	现浇式	55	35
剪力墙结构	装配式	65	40
	现浇式	45	30
挡土墙、地下室墙壁等类结构	装配式	40	30
	现浇式	30	20

2. 沉降缝

沉降缝的设置原则是依据《建筑地基基础设计规范》GB 50007—2011 的规定进行的。其中包括：建筑平面的转折部位，高度差异或荷载差异处，长高比过大的砌体承重结构或钢筋混凝土框架结构的适当部位，地基土的压缩性有显著差异处，建筑结构或基础类型不同处，分期建造房屋的交界处。沉降缝的构造特点是基础及上部结构全部断开。沉降缝的宽度见表 24-68。

房屋沉降缝的宽度 表24-68

房屋层数	沉降缝宽度（mm）
2～3 层	50～80
4～5 层	80～120
5 层以上	≥120

3. 防震缝

防震缝的设置原则是依据《建筑抗震设计规范》GB 50011—2010 的规定进行的。防震缝的两侧均应设置墙体，砌体结构的缝宽应根据设防烈度和房屋高度确定，可采用 70～100mm。

其他类型结构防震缝宽度的确定方法：

(1) 框架结构（包括设置少量抗震墙的框架结构）房屋的防震缝两侧应为双柱、双梁、双墙。防震缝的宽度：当高度不超过 15m 时不应小于 100mm；高度超过 15m 时，随高度变化调整缝宽，以 15m 高为基数，取 100mm；6 度、7 度、8 度和 9 度分别按高度每增加 5m、4m、3m 和 2m，缝宽宜增加 20mm。

(2) 框架—抗震墙结构的防震缝应设置双柱、双梁、双墙，宽度不应小于（1）款（框架结构）规定数值的 70%，且不宜小于 100mm。

(3) 抗震墙结构的防震缝两侧应为双墙，宽度不应小于（1）款（框架结构）规定数值的 50%，且不宜小于 100mm。

(4) 防震缝两侧结构类型不同时，宜按需要较宽防震缝的结构类型和较低房屋高度确定缝宽。

4. 当采用以下构造措施和施工措施减少温度和收缩应力时,可增大伸缩缝的间距。

(1) 在顶层、底层、山墙和内纵墙端开间等温度变化影响较大的部位提高配筋率。

(2) 顶层加强保温隔热措施或采用架空通风屋面。

(3) 顶部楼层改用刚度较小的结构形式或顶部设局部温度缝,将结构划分为长度较短的区段。

(4) 每30~40m间距留出施工后浇带,带宽700~1000mm,钢筋可采用搭接接头。后浇带混凝土宜在42d后浇灌,后浇带混凝土浇灌时温度宜低于主体混凝土浇灌时的温度。

5. 当采用以下措施时,高层建筑的高层部分与裙房之间可连接为整体而不设沉降缝。

(1) 采用桩基,桩支承在基岩上;或采取减少沉降的有效措施并经计算,沉降差在允许范围内。

(2) 主楼与裙房采用不同的基础形式,并宜先施工主楼,后施工裙房,调整土压力使后期沉降基本接近。

(3) 地基承载力较高、沉降计算较为可靠时,主楼与裙房的标高预留沉降差,先施工主楼,后施工裙房,使最后两者标高基本一致。

在(2)、(3)的两种情况下,施工时应在主楼与裙房之间先留出后浇带,待沉降基本稳定后再连为整体。设计中应考虑后期沉降差的不利影响。

(十二) 烟道、通风道和垃圾管道

在住宅或其他民用建筑中,为了排除炉灶的烟气或其他污浊空气,常在墙内设置烟道和通风道。

烟道和通风道分现场砌筑或预制构件进行拼装两种做法。

砖砌烟道和通风道的断面尺寸应根据排气量来决定,但不应小于120mm×120mm。烟道和通风道除单层房屋,均应有进汽口和排气口。烟道的排汽口在下,距楼板1m左右较合适。通风道的排汽口应靠上,距楼板底300mm较合适,烟道和通风道不能混用,以避免串气。

混凝土烟风道、石棉锯末烟风道、GRC(抗碱玻璃纤维增强混凝土)烟风道,一般为每层一个预制构件,上下拼接而成。

1. 烟道和通风道应伸出屋面,伸出高度应有利烟气扩散,并应根据屋面形式、排出口周围遮挡物的高度、距离和积雪深度确定。平屋面伸出高度不得小于0.60m,且不得低于女儿墙的高度。坡屋面伸出高度应符合下列规定:

(1) 烟道和通风道中心线距屋脊小于1.50m时,应高出屋脊0.60m;

(2) 烟道和通风道中心线距屋脊1.50~3.00m时,应高于屋脊,且伸出屋面高度不得小于0.60m;

(3) 烟道和通风道中心线距屋脊大于3m时,其顶部同屋脊的连线同水平线之间的夹角不应大于10°,且伸出屋面高度不得小于0.60m。

烟道和通风道出屋面的关系如图24-54所示。

2. 民用建筑不宜设置垃圾管道。多层建筑不设垃圾管道时,应根据垃圾收集方式设置相应设施。中高层及高层建筑不设置垃圾管道时,每层应设置封闭的垃圾分类、贮存收集空间,并宜有冲洗排污设施。

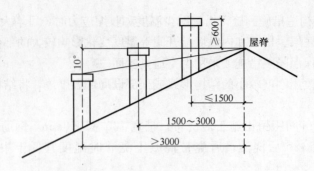

图 24-54　烟道和通风道出屋面的关系

3. 如设置垃圾管道时，应符合下列规定：

（1）垃圾管道宜靠外墙布置，管道主体应伸出屋面，伸出屋面部分加设顶盖和网栅，并采取防倒灌措施；

（2）垃圾出口应有卫生隔离，底部存纳和出运垃圾的方式应与城市垃圾管理方式相适应；

（3）垃圾道内壁应光滑、无突出物；

（4）垃圾斗应采用不燃烧和耐腐蚀的材料制作，并能自行关闭密合；高层建筑、超高层建筑的垃圾斗应设在垃圾道前室内，该前室应采用丙级防火门。

（十三）室内墙面防水

《住宅室内防水工程技术规范》JGJ 298—2013 中规定：

1. 一般规定

卫生间、厨房、浴室、设有配水点的封闭阳台和设有独立水容器的部位均应进行室内墙面防水设计。

2. 室内防水设计

（1）卫生间、浴室的门口应有阻止积水外溢的措施。

（2）厨房的墙面宜设置防潮层；厨房布置在无用水点房间的下层时，顶棚应设置防潮层。

（3）厨房的排水立管支架和洗涤池不应直接安装在与卧室相邻的墙体上。

（4）设有配水点的封闭阳台，配水点的安装部位墙面应设防水层，顶棚宜设防潮层。

3. 技术措施

（1）墙面防水应符合下列规定：

1）卫生间、浴室和设有配水点的封闭阳台等处的墙面防水层高度宜为 1.20m；

2）卫生间内有花洒洗浴设施时，花洒部位防水层高度不应低于 1.80m。

（2）有防水设防要求的房间，除应在设备所在墙面设置防水层外，其他墙面和顶棚均应设置防潮层。

4. 防水材料的选择

（1）防水涂料

1）室内防水工程宜使用聚氨酯防水涂料、聚合物乳液防水涂料、聚合物水泥防水涂料和水乳型沥青防水涂料等水性或反应型防水涂料。不得使用溶剂型防水涂料。

2) 对于室内长期浸水的部位，不宜使用遇水产生溶胀的防水涂料。

3) 用于附加层的胎体材料宜选用 30~50g/m² 的聚酯纤维无纺布、聚丙烯纤维无纺布或耐碱玻璃纤维网格布。

4) 防水涂膜的厚度一般为 1.2~2.0mm 之间。

(2) 防水卷材

1) 室内防水工程可选用自粘聚合物改性沥青防水卷材、聚乙烯丙纶复合防水卷材（聚乙烯丙纶复合防水卷材是采用与其相配套的聚合物水泥防水粘结料共同组成的复合防水层）。

2) 防水卷材宜采用冷粘法施工，胶粘剂应与卷材相容，并应与基层粘结牢靠。

3) 防水卷材胶粘剂应具有良好的耐水性、耐腐蚀性和耐霉变性且有害物质应符合规范的规定。

4) 卷材防水层厚度为：自粘聚合物改性沥青防水卷材无胎基时应≥1.5mm；聚酯胎基时应≥2.0mm。聚乙烯丙纶复合防水卷材的厚度为卷材≥0.7mm（芯材≥0.5mm），胶粘料≥1.3mm。

(3) 防水砂浆：防水砂浆应使用掺外加剂的防水砂浆、聚合物水泥防水砂浆及符合要求的商品砂浆。

(4) 防水混凝土

1) 防水混凝土中的水泥宜采用硅酸盐水泥、普通硅酸盐水泥；不得使用过期或受潮结块的水泥，不得将不同品种或强度等级的水泥混合使用。

2) 防水混凝土的化学外加剂、矿物掺合料、砂、石及拌合用水应符合相关规定。

(5) 密封材料

室内防水工程的密封材料宜采用丙烯酸建筑密封胶、聚氨酯建筑密封胶或硅酮建筑密封胶。

(6) 防潮材料

1) 墙面、顶棚的防潮部位宜采用防水砂浆、聚合物水泥防水涂料或防水卷材作防潮层。

2) 防潮层的厚度：防水砂浆宜为 10~20mm；防水涂料宜为 1.0~1.2mm；防水卷材宜为 1.2~2.0mm。

(十四) 室外墙面防水

《建筑外墙防水工程技术规程》JGJ/T 235—2011 中规定（摘编）：

1. 建筑外墙防水的设置原则

(1) 整体防水

在正常使用和合理维护的前提下，下列情况之一的建筑外墙，宜进行墙面整体防水。

1) 年降雨量大于等于 800mm 地区的高层建筑外墙；

2) 年降雨量大于等于 600mm 且基本风压大于等于 0.50kN/m² 地区的外墙；

3) 年降雨量大于等于 400mm 且基本风压大于等于 0.40kN/m² 地区有外保温的外墙；

4) 年降雨量大于等于 500mm 且基本风压大于等于 0.35kN/m² 地区有外保温的外墙；

5) 年降雨量大于等于 600mm 且基本风压大于等于 0.30kN/m² 地区有外保温的外墙。

(2) 节点防水

除上述 5 种情况应进行外墙整体防水以外，年降雨量大于或等于 400mm 地区的其他建筑外墙还应采用节点构造防水措施。

2. 外墙整体防水层的构造要求

（1）墙体为无外保温外墙时

1）采用涂料饰面时，防水层应设在找平层与涂料饰面层之间，防水层宜采用聚合物水泥防水砂浆或普通防水砂浆；

2）采用块材饰面时，防水层应设在找平层与块材粘结层之间，防水层宜采用聚合物水泥防水砂浆或普通防水砂浆；

3）采用幕墙饰面时，防水层应设在找平层与幕墙饰面之间，防水层宜采用聚合物水泥防水砂浆、普通防水砂浆、聚合物水泥防水涂料、聚合物乳液防水涂料或聚氨酯防水涂料。

（2）墙体为有外保温外墙时

1）采用涂料或块材饰面时，防水层宜设在保温层与墙体基层之间，防水层可采用聚合物水泥防水砂浆或普通防水砂浆。

2）采用幕墙饰面时，设在找平层上的防水层宜采用聚合物水泥防水砂浆、普通防水砂浆、聚合物水泥防水涂料、聚合物乳液防水涂料或聚氨酯防水涂料；当外墙保温层选用矿物棉保温材料时，防水层宜采用防水透气膜。

3）砂浆防水层中可增设耐碱玻纤网格布或热镀锌电焊网增强，并宜用锚栓固定于结构墙体中。

4）防水层的最小厚度应符合表 24-69 的规定：

防水层的最小厚度（mm） 表 24-69

墙体基层种类	饰面层种类	聚合物水泥防水砂浆		普通防水砂浆	防水涂料
		干粉类	乳液类		
现浇混凝土	涂料				1.0
	面砖	3	5	8	—
	幕墙				1.0
砌体	涂料				1.2
	面砖	5	8	10	—
	干挂幕墙				1.2

5）砂浆防水层宜留分格缝，分格缝宜设置在墙体结构不同材料交界处。水平分格缝宜与窗口上沿或下沿平齐；垂直分格缝间距不宜大于 6.00m，且宜与门、窗框两边线对齐。分格缝宽宜为 8~10mm，缝内应采用密封材料作密封处理。

6）外墙防水层应与地下墙体防水层搭接。

3. 外墙节点构造防水的构造要求

（1）基本要求

1）外墙节点构造防水的部位应包括门窗洞口、雨篷、阳台、变形缝、伸出外墙管道、女儿墙压顶、外墙预埋件、预制构件等交接部位；

2）建筑外墙的防水层应设置在迎水面；

3）不同材料的交接处应采用每边不少于150mm的耐碱玻纤网格布或热镀锌电焊网作抗裂增强处理。

（2）构造做法

1）门窗框与墙体间的缝隙宜采用聚合物水泥砂浆或发泡聚氨酯填充；外墙防水层应延伸至门窗框，防水层与门窗框间应预留凹槽，并应嵌填密封材料；门窗上楣的外口应做滴水线；外窗台应设置不小于5%的外排水坡度。

2）雨篷应设置不小于1%的外排水坡度，外口下沿应做滴水线；雨篷与外墙交接处的防水层应连续；雨篷防水层应沿外口上翻至滴水线。

3）阳台应向水落口设置不小于1%的排水坡度，水落口周边应留槽嵌填密封材料。阳台外口下沿应做滴水线。

4）变形缝部位应增设合成高分子防水卷材附加层，卷材两端应满粘于墙体，满粘的宽度不应小于150mm，并应钉压固定；卷材收头应用密封材料密封。

5）穿过外墙的管道宜采用套管，套管应内高外低，坡度不应小于5%，套管周边应作防水密封处理。

6）女儿墙压顶宜采用现浇钢筋混凝土或金属压顶，压顶应向内找坡，坡度不应小于2%。当采用混凝土压顶时，外墙防水层应延伸至压顶内侧的滴水线部位；当采用金属压顶时，外墙防水层应做到压顶的顶部，金属压顶应采用专用金属配件固定。

7）外墙预埋件四周应用密封材料封闭严密，密封材料与防水层应连续。

六、隔墙

建筑中不承重，只起分隔室内空间作用的墙体叫隔断墙。通常人们把到顶板下皮的隔断墙叫隔墙，不到顶只有半截的叫隔断。

（一）隔断墙的作用和特点

（1）隔断墙应越薄越好，目的是减轻加给楼板的荷载。

（2）隔断墙的稳定性必须保证，特别要注意与承重墙的拉接。

（3）隔墙要满足隔声、耐水、耐火的要求。

（二）隔墙的常用做法

1. 块材类

（1）半砖隔断墙

这种墙是采用115mm厚普通砖的顺砖砌筑而成。它一般可以满足隔声、耐水、耐火的要求。由于这种墙较薄，因而必须注意稳定性的要求。满足砖砌隔墙的稳定性应从以下几个方面入手。

1）隔墙与外墙的连接处应加拉筋，拉筋应不少于2根，直径为6mm，伸入隔墙长度为1m。内外墙之间不应留直岔。

2）当墙高大于3m，长度大于5m时，应每隔8~10皮砖砌入一根$\phi 6$钢筋。

3）隔墙上部与楼板相接处，用立砖斜砌，使墙和楼板挤紧。

4）隔墙上有门时，要用预埋铁件或用带有木楔的混凝土预制块，将砖墙与门框拉接牢固。

（2）加气混凝土砌块隔墙

加气混凝土是一种轻质多孔的建筑材料。它具有密度小、保温效能高、吸声好、尺寸准确和可加工、可切割的特点。在建筑工程中采用加气混凝土制品可降低房屋自重，提高建筑物的功能，节约建筑材料，减少运输量，降低造价等优点。

加气混凝土砌块的尺寸为 75mm、100mm、125mm、150mm、200mm 厚，长度为 500mm。砌筑加气混凝土砌块时，应采用 1∶3 水泥砂浆，并考虑错缝搭接。为保证加气混凝土砌块隔墙的稳定性，应预先在其连接的墙上留出拉筋，并伸入隔墙中。钢筋数量应符合抗震设计规范的要求。具体做法同 120mm 厚砖隔墙。

加气混凝土隔墙上部必须与楼板或梁的底部顶紧，最好加木楔；如果条件许可时，可以加在楼板的缝内以保证其稳定。

(3) 水泥焦砟空心砖隔墙

水泥焦砟空心砖采用水泥、炉渣经成型、蒸养而成。这种砖的密度小，保温隔热效果好。北京地区目前主要生产的空心砖强度等级为 MU2.5，一般适合于砌筑隔墙。

砌筑焦渣空心砖隔墙时，应注意墙体的稳定性。在靠近外墙的地方和窗洞口两侧，常采用普通砖砌筑。为了防潮防水，一般在靠近地面和楼板的部位应先砌筑 3~5 皮砖。

2. 板材类

(1) 加气混凝土板隔墙

加气混凝土条板厚 100mm，宽 600mm，具有质轻、多孔、易于加工等优点。加气混凝土条板之间可以用水玻璃矿渣胶粘剂粘结，也可以用聚乙烯醇缩甲醛（108 胶）粘结。

在隔墙上固定门窗框的方法有以下几种：

1) 膨胀螺栓法。在门窗框上钻孔，放胀管，拧紧螺钉或钉钉子。

2) 胶粘圆木安装。在加气混凝土条板上钻孔，刷胶，打入涂胶圆木，然后立门窗框，并拧螺钉或钉钉子。

3) 胶粘连接。先立好窗框，用建筑胶粘结在加气混凝土墙板上，然后拧螺钉或钉钉子。

(2) 钢筋混凝土板隔墙

这种隔墙采用普通的钢筋混凝土板，四角加设埋件，并与其他墙体进行焊接连接。厚度 50mm 左右。

(3) 碳化石灰空心板隔墙

碳化石灰空心板是磨细生石灰为主要原料，掺入少量的玻璃纤维，加水搅拌，振动成型，经干燥、碳化而成。它具有制作简单，不用钢筋，成本低，自重轻，可以干作业等优点。碳化石灰空心板是一种竖向圆孔板，高度应与层高相适应。粘结砂浆应用水玻璃矿渣粘结剂。安装以后应用腻子刮平，表面粘贴塑料壁纸。厚度 100mm 左右。

(4) 泰柏板

这种板又称为钢丝网泡沫塑料水泥砂浆复合墙板。它是以焊接钢丝网笼为构架，填充泡沫塑料芯层，面层经喷涂或抹水泥砂浆而成的轻质板材。

这种板的特点是重量轻、强度高、防火、隔声、不腐烂等。其产品规格为 2440mm×1220mm×75mm（长×宽×厚）。抹灰后的厚度为 100mm。

泰柏板与顶板底板采用固定夹连接，墙板之间采用克高夹连接。

(5) GY 板

这种板又称为钢丝网岩棉水泥砂浆复合墙板，它是以焊接钢丝网笼为构架，填充岩棉板芯层，面层经喷涂或抹水泥砂浆而成的轻质板材。

GY板具有重量轻，强度高，防火、隔声、不腐烂等性能，其产品规格为长度2400~3300mm，宽度900~1200mm，厚度55~60mm。

3. 骨架类

骨架类隔墙的做法很多，常见的有石膏板隔墙、纤维板隔墙、木板隔墙等，这里以石膏板隔墙为例，进行介绍。

石膏板隔墙采用纸面石膏板与石膏龙骨或轻钢龙骨共同制作。纸面石膏板的厚度为9mm、12mm，石膏龙骨的截面尺寸为50mm×50mm，50mm×75mm，50mm×100mm，轻钢龙骨的截面尺寸为50mm×50mm×0.7mm，75mm×50mm×0.7mm，100mm×50mm×0.7mm（长×宽×厚）。一般石膏板隔墙采用单层板拼装，总厚度为80mm、105mm、130mm。隔声隔墙采用双层板拼装，总厚度为150mm、175mm、200mm。龙骨间距与板宽有关，经常取值为450mm或600mm。由于石膏板隔墙强度较差，使用时应限制高度。一般隔墙的限制高度为墙厚的30倍左右，隔声隔墙的限制高度为墙厚的20倍左右。石膏板隔墙的耐火极限在0.75~1.50h，隔声性能在38~53dB。水平变形标准为小于等于$1/120H_0$。石膏板隔墙的面材必要时可以采用硅酸钙板或水泥加压平板替代。

4. 建筑轻质条板隔墙

《建筑轻质条板隔墙技术规程》JGJ/T 157—2014规定（摘编）：

（1）轻质条板隔墙的一般规定

轻质条板隔墙是用于抗震设防烈度为8度和8度以下地区及非抗震设防地区采用轻质材料或大孔洞轻型构造制作的、用于非承重内隔墙的预制条板，轻质条板应符合下列规定：

1) 面密度不大于190kg/m²、长宽比不小于2.5；
2) 按构造做法分为空心条板、实心条板和复合夹芯条板三种类型；
3) 按应用部位分为普通条板、门框板、窗框板和与之配套的异形辅助板材。

（2）轻质条板的主要规格尺寸

1) 长度的标志尺寸（L）：应为层高减去梁高或楼板厚度及安装预留空间，宜为2200~3500mm；
2) 宽度的标志尺寸（B）：宜按100mm递增；
3) 厚度的标志尺寸（T）：宜按100mm或25mm递增。

（3）复合夹芯条板的面板与芯材的要求

1) 面板应采用燃烧性能为A级的无机类板材；
2) 芯材的燃烧性能应为B_1级及以上；
3) 纸蜂窝夹芯条板的芯材应为面密度不小于6kg/m²的连续蜂窝状芯材；单层蜂窝厚度不宜大于50mm；大于50mm时，应设置多层的结构。

（4）轻质条板隔墙的设计

1) 轻质条板隔墙可用作分户隔墙、分室隔墙、外走廊隔墙和楼梯间隔墙等。
2) 条板隔墙应根据使用功能和部位，选择单层条板或双层条板。厚度60mm及以下的条板不得用作单层隔墙。
3) 条板隔墙的厚度应满足抗震、防火、隔声、保温等要求。单层条板用作分户墙时，其厚度不应小于120mm；用作分室墙时，其厚度不应小于90mm；双层条板隔墙的单层厚度不宜小于60mm，空间层宜为10～50mm，可作为空气层或填入吸声、保温等功能性材料。

4) 双层条板隔墙，两侧墙面的竖向接缝错开距离不应小于200mm。

5) 接板安装的单层条板隔墙，其安装高度应符合下列规定：

① 90mm、100mm厚条板隔墙的接板安装高度不应大于3.60m；

② 120mm、125mm厚条板隔墙的接板安装高度不应大于4.50m；

③ 150mm厚条板隔墙的接板安装高度不应大于4.80m；

④ 180mm厚条板隔墙的接板安装高度不应大于5.40m。

6) 在抗震设防地区，条板隔墙与顶板、结构梁、主体墙和柱之间的连接应采用钢卡，并应使用胀管螺丝、射钉固定。钢卡的固定应符合下列规定：

① 条板隔墙与顶板、结构梁的连接处，钢卡间距不应大于600mm；

② 条板隔墙与主体墙、柱的连接处，钢卡可间断布置，且间距不应大于1.00m；

③ 接板安装的条板隔墙，条板上端与顶板、结构梁的连接处应加设钢卡进行固定，且每块条板不应少于2个固定点。

7) 当条板隔墙需吊挂重物和设备时，不得单点固定。固定点的间距应大于300mm。

8) 当条板隔墙用于厨房、卫生间及有防潮、防水要求的环境时，应采取防潮、防水处理构造措施。对于附设水池、水箱、洗手盆等设施的条板隔墙，墙面应作防水处理，且防水高度不宜低于1.80m。

9) 当防水型石膏条板隔墙及其他有防水、防潮要求的条板隔墙用于潮湿环境时，下端应做C20细石混凝土条形墙垫，且墙垫高度不应小于100mm，并应做泛水处理。防潮墙垫宜采用细石混凝土现浇，不宜采用预制墙垫。

10) 普通型石膏条板和防水性能较差的条板不宜用于潮湿环境及有防潮、防水要求的环境。当用于无地下室的首层时，宜在隔墙下部采取防潮措施。

11) 有防火要求的分户隔墙、走廊隔墙和楼梯间隔墙，其燃烧性能和耐火极限均应满足《建筑设计防火规范》GB 50016—2014的要求。

12) 对于有保温要求的分户隔墙、走廊隔墙和楼梯间隔墙，应采取相应的保温措施，并可选用复合夹芯条板隔墙或双层条板隔墙。严寒地区、寒冷地区、夏热冬冷地区居住建筑分户墙的传热系数应符合《严寒和寒冷地区居住建筑节能设计标准》JGJ 26—2010和《夏热冬冷地区居住建筑节能设计标准》JGJ 134—2010的规定。

13) 条板隔墙的隔声性能应满足《民用建筑隔声设计标准》GB 50118—2010的规定。

14) 顶端为自由端的条板隔墙，应做压顶。压顶宜采用通长角钢圈梁，并用水泥砂浆覆盖抹平，也可设置混凝土圈梁，且空心条板顶端孔洞均应局部灌实，每块板应埋设不少于1根钢筋与上部角钢圈梁或混凝土圈梁钢筋连接。隔墙上端应间断设置拉杆与主体结构固定；所有外露铁件均应做防锈处理。

(5) 轻质条板隔墙的构造

1) 当单层条板隔墙采取接板安装且在限高以内时，竖向接板不宜超过一次，且相邻条板接头位置应至少错开300mm。条板对接部位应设置连接件或定位钢卡，做好定位、加固和防裂处理。双层条板隔墙宜按单层条板隔墙的施工方法进行设计。

2）当抗震设防地区条板隔墙安装长度超过 6.00m 时，应设置构造柱，并应采取加固措施。当非抗震设防地区条板隔墙安装长度超过 6.00m 时，应根据其材质、构造、部位，采用下列加强防裂措施：

① 沿隔墙长度方向，可在板与板之间间断设置伸缩缝，且接缝处应使用柔性粘结材料处理；

② 可采用加设拉结筋的加固措施；

③ 可采用全墙面粘贴纤维网格布、无纺布或挂钢丝网抹灰处理。

3）条板应竖向排列，排板应采用标准板。当隔墙端部尺寸不足一块标准板宽时，可采用补板，且补板宽度不应小于 200mm。

4）条板隔墙下端与楼地面结合处宜预留安装空隙。且预留空隙在 40mm 及以下的宜填入 1∶3 水泥砂浆；40mm 以上的宜填入干硬性细石混凝土。撤除木楔后的遗留空隙应采用相同强度等级的砂浆或细石混凝土填塞、捣实。

5）当在条板隔墙上横向开槽、开洞敷设电气暗线、暗管、开关盒时，隔墙的厚度不宜小于 90mm，开槽长度不应大于条板宽度的 1/2。不得在隔墙两侧同一部位开槽、开洞，其间距应至少错开 150mm。板面开槽、开洞应在隔墙安装 7d 后进行。

6）单层条板隔墙内不宜设置暗埋的配电箱、控制柜，可采取明装的方式或局部设置双层条板的方式。配电箱、控制柜不得穿透隔墙。配电箱、控制柜宜选用薄型箱体。

7）单层条板隔墙内不宜横向暗埋水管，当需要敷设水管时，宜局部设置附墙或局部采用双层条板隔墙，也可采用明装的方式。当需要单层条板内部暗埋水管时，隔墙的厚度不应小于 120mm，且开槽长度不应大于条板宽度的 1/2，并应采取防渗漏和抗裂措施。当低温环境下水管可能产生冰冻或结露时，应进行防冻或防结露设计。

8）条板隔墙的板与板之间可采用榫接、平接、双凹槽对接方式，并应根据不同材质、不同构造、不同部位的隔墙采取下列防裂措施：

① 应在板与板之间对接缝隙内填满、灌实粘结材料，企口接缝处应采取抗裂措施；

② 条板隔墙阴阳角处以及条板与建筑主体结构结合处应作专门防裂处理。

9）确定条板隔墙上预留门、窗、洞口位置时，应选用与隔墙厚度相适应的门、窗框。当采用空心条板做门、窗框板时，距板边 120～150mm 范围内不得有空心孔洞，可将空心条板的第一孔用细石混凝土灌实。

10）工厂预制的门、窗框板靠门、窗框一侧应设置固定门窗的预埋件。施工现场切割制作的门、窗框板可采用胀管螺丝或其他加固件与门、窗框固定，并应根据门窗洞口大小确定固定位置和数量，且每侧的固定点不应少于 3 处。

11）当门、窗框板上部墙体高度大于 600mm 或门窗洞口宽度超过 1.50m 时，应采用配有钢筋的过梁板或采取其他加固措施，过梁板两端搭接尺寸每边不应小于 100mm。门框板、窗框板与门、窗框的接缝处应采取密封、隔声、防裂等措施。

12）复合夹芯条板隔墙的门、窗框板洞口周边应有封边条，可采用镀锌轻钢龙骨封闭端口夹芯材料，并应采取加网补强防裂措施。

七、混凝土小型空心砌块的构造

《混凝土小型空心砌块建筑技术规程》JGJ/T 14—2011 中指出：混凝土小型空心砌块包括普通混凝土小型空心砌块（又分为无筋小砌块和配筋小砌块两种）和轻骨料混

凝土小型空心砌块两种。孔洞率为46%～48%。基本规格尺寸为390mm×190mm×190mm。辅助规格尺寸为290mm×190mm×190mm和190mm×190mm×190mm两种。

图24-55和图24-56介绍了两种小砌块的外观。

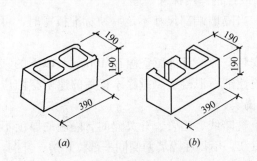
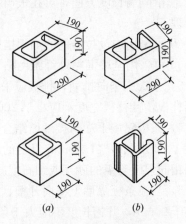

图24-55　基本规格小砌块
(a)—一般小砌块；(b)—芯柱处小砌块

图24-56　辅助规格小砌块
(a)—一般小砌块；(b)—芯柱处小砌块

（一）砌块的强度等级

1. 普通混凝土小型空心砌块的强度等级：MU20、MU15、MU10、MU7.5和MU5。

2. 轻骨料混凝土小型空心砌块的强度等级：MU15、MU10、MU7.5、MU5和MU3.5。

3. 砌筑砂浆的强度等级：Mb20、Mb15、Mb10、Mb7.5、和Mb5。

4. 灌孔混凝土的强度等级：Cb40、Cb35、Cb30、Cb25和Cb20。

（二）允许建造高度

1. 普通（无筋）混凝土小砌块房屋

墙体厚度为190mm、8度设防0.20g时，允许建造层数为6层，允许建造高度为18m；8度设防0.30g时，允许建造层数为5层，允许建造高度为15m。层高不应超过3.60m。

2. 配筋混凝土小砌块房屋

墙体厚度为190mm、8度设防0.20g时，允许建造高度为40m；8度设防0.30g时，允许建造高度为30m。底部加强部位的层高，抗震等级为一、二级时，不宜大于3.20m；三、四级时，不宜大于3.90m。其他部位的层高，抗震等级为一、二级时，不宜大于3.90m；三、四级时，不宜大于4.80m。

（三）建筑设计

1. 平面及竖向设计

平面及竖向均应做墙体的排块设计，排块时应以采用主规格砌块为主，减少辅助规格砌块的用量和种类。

2. 防水设计

在墙身与地面的交接部位设置防潮层；多雨水地区的单排孔小砌块墙体应作双面粉

刷；勒脚应采用防水砂浆粉刷。

3. 耐火极限和燃烧性能

小砌块属于不燃烧体，其耐火极限与砌块的厚度有关，90mm厚的小砌块耐火极限为1h；190mm厚的无筋小砌块用于承重墙时，耐火极限为2h；190mm厚配筋小砌块用于承重墙时，耐火极限为3.5h。

4. 隔声性能

（1）190mm厚无筋小砌块墙体双面各抹20mm厚粉刷的空气声计权隔声量可按45dB采用；190mm厚配筋小砌块墙体双面各抹20mm厚粉刷的空气声计权隔声量可按50dB采用。

（2）对隔声要求较高的小砌块建筑，可采用下列措施提高隔声性能：

1）孔洞内填矿渣棉、膨胀珍珠岩、膨胀蛭石等松散材料；

2）在小砌块墙体的一面或双面采用纸面石膏板或其他板材做带有空气隔层的复合墙体构造；

3）对有吸声要求的建筑或其局部，墙体宜采用吸声砌块砌筑。

5. 屋面设计

（1）小砌块建筑采用钢筋混凝土平屋面时，应在屋面上设置保温隔热层；

（2）小砌块住宅建筑宜做成有檩体系坡屋面。当采用钢筋混凝土基层坡屋面时，坡屋面宜外挑出墙面，并应在坡屋面上设置保温隔热层；

（3）钢筋混凝土屋面板及上面的保温隔热防水层中的砂浆找平层、刚性面层等应设置分格缝，并应与周边的女儿墙断开。

（四）节能设计

1. 小砌块建筑的体形系数、窗墙面积比及其对应的窗的传热系数、遮阳系数和空气渗透性能应符合建筑所在气候地区现行居住建筑与公共建筑节能设计标准的规定。

2. 普通（无筋）小砌块及配筋小砌块砌体的热阻和热惰性指标见表24-70。

普通小砌块及配筋小砌块砌体的热阻 R_{ma} 和热惰性指标 D_{ma} 表24-70

小砌块砌体块型	厚度（mm）	孔洞率（%）	表观密度（kg/m³）	热阻 R_{ma}（m²·K/W）	热惰性 D_{ma}
单排孔无筋小砌块	90	30	1500	0.12	0.85
	190	40	1280	0.17	1.47
双排孔无筋小砌块	190	40	1280	0.22	1.70
三排孔无筋小砌块	240	45	1200	0.35	2.31
单排孔配筋小砌块	190	—	2400	0.11	1.88

（五）构造要求

1. 无筋混凝土小砌块的强度等级不应低于MU7.5，砌筑砂浆的强度等级不应低于Mb7.5；配筋混凝土小砌块的强度等级不应低于MU10，砌筑砂浆的强度等级不应低于Mb10。

2. 地面以下或防潮层以下的墙体、潮湿房间的墙体所用材料的最低强度等级应符合表24-71的要求。

地面以下或防潮层以下的墙体、潮湿房间的墙体所用材料的最低强度等级　表 24-71

基土潮湿程度	混凝土小砌块	水泥砂浆
稍潮湿的	MU7.5	Mb5
很潮湿的	MU10	Mb7.5
含水饱和的	MU15	Mb10

注：1. 砌块孔洞应采用强度等级不低于 C20 的混凝土灌实；
2. 对安全等级为一级或设计使用年限大于 50 年的房屋，表中材料强度等级应至少提高一级。

3. 墙体的下列部位，应采用 C20 混凝土灌实砌体的孔洞：
(1) 无圈梁和混凝土垫块的檩条和钢筋混凝土楼板支承面下的一皮砌块；
(2) 未设置圈梁和混凝土垫块的屋架、梁等构件支承处，灌实宽度不应小于 600mm，高度不应小于 600mm 的砌块；
(3) 挑梁支承面下，其支承部位的内外墙交接处，纵横各灌实 3 个孔洞，灌实宽度不小于 3 皮砌块。
4. 门窗洞口顶部应采用钢筋混凝土过梁。
5. 女儿墙应设置钢筋混凝土芯柱或构造柱，构造柱间距不宜大于 4m（或每开间设置），插筋芯柱间距不宜大于 1.60m，构造柱或芯柱插筋应伸至女儿墙顶，并与现浇钢筋混凝土压顶整浇在一起。
6. 小砌块墙与后砌隔墙交接处，应沿墙高每 400mm 在水平灰缝内设置不少于 2φ4，横筋间距不大于 200mm 的焊接钢筋网片。

（六）抗震构造措施

1. 钢筋混凝土圈梁
(1) 设置位置：应在基础部位、楼板部位、檐口部位设置圈梁。
(2) 圈梁的最小截面：截面宽度应与墙厚相同，截面高度不应小于 200mm。
(3) 圈梁的配筋：纵向钢筋（主筋）不应少于 4φ10，箍筋间距不应大于 300mm，混凝土强度等级不应低于 C20。

2. 钢筋混凝土芯柱
(1) 设置位置：纵横墙交接处的孔洞、外墙转角、楼梯间四角宜设置；5 层及 5 层以上的建筑应在上述部位设置芯柱。
(2) 芯柱的最小截面：芯柱的最小截面为 120mm×120mm。宜采用强度等级不低于 Cb20 的混凝土灌实孔洞。
(3) 芯柱的配筋：竖向插筋为 1φ10，芯柱的灌孔混凝土应沿房屋的全高贯通，并应与各层圈梁整体现浇（图 24-57）。

3. 钢筋混凝土构造柱
(1) 设置位置：外墙四角、楼梯间四角的纵横墙交接处应设置构造柱。并在竖向每隔 400mm 设置直径为 4mm 的焊接钢筋网片，埋入长度从墙的转角处伸入墙体不应小于 700mm。
(2) 构造柱的最小截面：最小截面为 190mm×190mm。
(3) 构造柱的配筋：纵向钢筋 2φ4，横筋间距不应大于 200mm（图 24-58）。

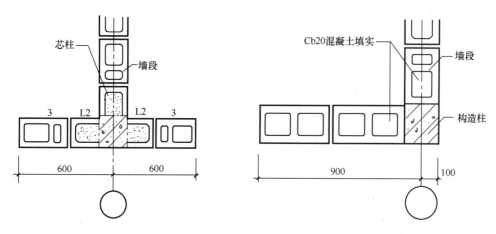

图 24-57 芯柱的平面　　　　图 24-58 构造柱的平面

（七）施工要求

(1) 小砌块墙体内不得混砌黏土砖或其他块体材料。

(2) 混凝土小砌块砌筑时的搭接长度应为 1/2 主规格（195mm）。

（八）节点构造

1. 墙身下部节点构造（图 24-59）
2. 墙身中部、顶部节点构造（图 24-60）

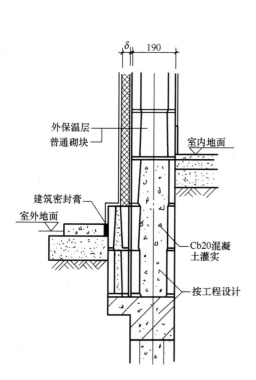

图 24-59 墙身下部节点构造

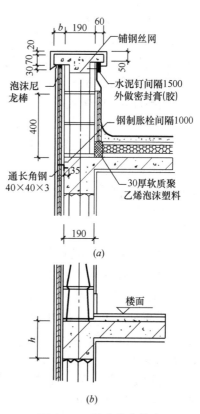

图 24-60 墙身节点构造
（a）顶部节点；（b）中部节点

第四节 楼板、楼地面、底层地面和顶棚构造

一、现浇钢筋混凝土楼板和现浇钢筋混凝土梁的尺寸

（一）现浇楼板

现浇楼板包括四面支承的单向板、双向板，单面支承的悬挑板等。

1. 单向板

单向板的平面长边与短边之比大于等于3，受力以后，力传给长边为1/8，短边为7/8，故认为这种板受力以后仅向短边传递。单向板的代号如 $\frac{B}{80}$，其中B代表板，单向箭头表示主筋摆放方向，80代表板厚为80mm。现浇板的厚度应不大于跨度的1/30，而且不小于60mm。

2. 双向板

双向板的平面长边与短边之比小于等于2，受力后，力向两个方向传递，短边受力大，长边受力小，受力主筋应平行短边，并摆在下部。双向板的代号为 $\frac{B}{100}$，B代表板，100代表厚度为100mm，双向箭头表示钢筋摆放方向，板厚的最小值应不大于跨度的1/40且不小于80mm。

平面长边与短边之比介于2~3之间时，宜按双向板计算。

3. 悬臂板

悬臂板主要用于雨罩、阳台等部位。悬臂板只有一端支承，因而受力钢筋应摆在板的上部。板厚应按1/12挑出尺寸取值。挑出尺寸小于或等于500mm时，取60mm；挑出尺寸大于500mm时，取80mm。

（二）现浇梁

现浇梁包括单向梁（简支梁）、双向梁（主次梁），井字梁等类型。

1. 单向梁

梁高一般为跨度的1/10~1/12，板厚包括在梁高之内，梁宽取梁高的1/2~1/3，单向梁的经济跨度为4~6m。

2. 双向梁

又称肋形楼盖。其构造顺序为板支承在次梁上，次梁支承在主梁上，主梁支承在墙上或柱上。次梁的梁高为跨度的1/10~1/15；主梁的梁高为跨度的1/8~1/12，梁宽为梁高的1/2~1/3。主梁的经济跨度为5~8m。主梁或次梁在墙或柱上的搭接尺寸应不小于240mm。梁高包括板厚。密肋板的厚度，次梁间距小于或等于700mm时，取40mm；次梁间距大于700mm时，取50mm。

3. 井字梁

这是肋形楼盖的一种，其主梁、次梁高度相同，一般用于正方形或接近正方形的平面中。板厚包括在梁高之中。

二、预制钢筋混凝土楼板的构造

（一）预制楼板的类型

目前，在我国各城市普遍采用预应力钢筋混凝土构件，少量地区采用普通钢筋混凝土构件。楼板大多预制成空心构件或槽形构件。空心楼板又分为方孔和圆孔两种；槽形板又分为槽口向上的正槽形和槽口向下的反槽形。楼板的厚度与楼板的长度有关，但大多在120～240mm 之间，楼板宽度大多为 600mm、900mm、1200mm 等多种规格。楼板的长度应符合 300mm 模数的"三模制"。北京地区有 1800～6900mm 等 18 种规格。

（二）预制楼板的摆放

预制楼板在墙上或梁上的摆放，根据方向的不同，有横向摆放、纵向摆放、纵横向摆放三种方式。

横向摆放是把楼板支承在横向墙上或梁上，这种摆放叫横墙承重。纵向摆放是把楼板支承在纵向梁或纵向墙上，这种摆放叫纵墙承重。纵横向摆放是楼板分别支承在纵向墙、横向墙或梁上，这叫混合承重。

（三）预制楼板和预制梁的支承长度

1. 预制楼板

预制楼板在墙上的支承长度不应小于 100mm；在梁上的支承长度不应小于 80mm。支承长度不足时，应采取加强措施。

2. 预制梁

各种预制梁（包括过梁）在墙上的支承长度均不得小于 240mm。

三、楼板上的地面与底层地面

地面包括底层地面与楼层地面两大部分。地面属于建筑装修的一部分，各类建筑对地面要求也不尽相同。概括起来，一般应满足以下几个方面的要求。

（一）对地面的要求

1. 坚固耐久

地面直接与人接触，家具、设备也大多都摆放在地面上，因而地面必须耐磨，行走时不起尘土，不起砂，并有足够的强度。

2. 减小吸热

由于人们直接与地面接触，地面则直接吸走人体的热量，为此应选用吸热系数小的材料作地面面层，或在地面上铺设辅助材料，用以减小地面的吸热。如采用木材或其他有机材料（塑料地板等）作地面面层，比一般水泥面的效果要好得多。

3. 满足隔声

隔声要求主要在楼地面。楼层上下的噪声传播，一般通过空气传播或固体传播，而其中固体噪声是主要的隔除对象，其方法在于楼地面垫层材料的厚度与材料的类型。北京地区大多采用 1:1:6 水泥粗砂焦渣或强度等级为 CL7.5 轻骨料混凝土，厚度在 50～90mm 之间。楼板的隔声性能详见表 24-72。

楼板的隔声性能　　　　　　　　　　　　　　　表 24-72

编号	构　件　名　称	计权标准化声压级撞击声指数（dB）
1	钢筋混凝土楼板上有木格栅与焦渣垫层的木楼板	58～65
2	钢筋混凝土楼板上设有水泥焦砟及锯末白灰垫层	65～66

续表

编号	构件名称	计权标准化声压级撞击声指数（dB）
3	钢筋混凝土槽形板，板条吊顶	66
4	钢筋混凝土圆孔板，砂子垫层，铺预制混凝土夹心板	66～67
5	钢筋混凝土圆孔板上实贴木地板或复合再生胶面层	69～72
6	钢筋混凝土楼板上设水泥焦砟及砂子烟灰垫层	71～72
7	钢丝网水泥楼板，纤维板吊顶，复合再生胶面层	73～75
8	钢筋混凝土圆孔板水泥焦砟及砂子烟灰垫层	75～78
9	110～120mm 钢筋混凝土大楼板	77
10	钢筋混凝土楼板上设水泥焦砟垫层	81～83
11	钢筋混凝土楼板圆孔板水泥砂浆或豆石混凝土面层	82～84
12	密肋楼板松散矿渣填芯	82
13	钢丝网水泥楼板，纤维板吊顶	83～87
14	钢丝网水泥楼板，石膏板吊顶	86～90
15	密肋楼板珍珠岩或陶粒粉煤灰填芯	85～89
16	密肋楼板加气混凝土或纸蜂窝填芯	92～96
17	钢丝网水泥楼板	101

4. 防水要求

用水较多的厕所、盥洗室、浴室、实验室等房间，应满足防水要求。一般应选用密实不透水的材料，并适当做排水坡度。在楼地面的垫层上部有时还应做油毡防水层。

5. 经济要求

地面在满足使用要求的前提下，应选择经济的构造方案，尽量就地取材，以降低整个房屋的造价。

（二）地面的构造组成

综合《建筑地面设计规范》GB 50037—2013、《建筑地面工程施工质量验收规范》GB 50209—2010 和《住宅室内防水工程技术规范》JGJ 298—2013 的相关规定如下：

1. 建筑地面的构造层次

（1）面层：建筑地面直接承受各种物理和化学作用的表面层。

（2）结合层：面层与下面构造层之间的连接层。

（3）找平层：在垫层、楼板或填充层上起抹平作用的构造层。

（4）隔离层：防止建筑地面上各种液体或水、潮气透过地面的构造层。

（5）防潮层：防止地下潮气透过地面的构造层。

（6）填充层：建筑地面中设置起隔声、保温、找坡或暗敷管线等作用的构造层。

（7）垫层：在建筑地基上设置承受并传递上部荷载的构造层。

（8）地基：承受底层地面荷载的土层。

2. 基本构造层次

（1）底层地面：底层地面的基本构造层次宜为面层、垫层和地基；

(2) 楼层地面：楼层地面的基本构造层次宜为面层填充层和楼板。

(3) 附加层次：当底层地面和楼层地面的基本构造层次不能满足使用或构造要求时，可增设结合层、隔离层、找平层等其他构造层次（图 24-61）。

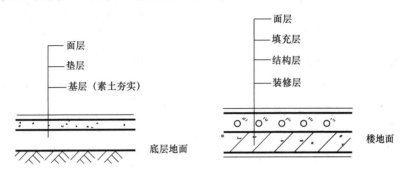

图 24-61　地面构成

（三）地面做法的选择

1. 基本规定

（1）建筑地面采用的大理石、花岗石等天然石材应符合《建筑材料放射性核素限量》GB 6566—2010 的相关规定。

（2）建筑地面采用的胶粘剂、沥青胶结料和涂料应符合《民用建筑工程室内环境污染控制规范》GB 50325—2010 的相关规定。

（3）公共建筑中，人员活动场所的建筑地面，应方便残疾人安全使用，其地面材料应符合《无障碍设计规范》GB 50763—2012 的相关规定。

（4）木板、竹板地面，应采取防火、防腐、防潮、防蛀等相应措施。

（5）建筑物的底层地面标高，宜高出室外地面 150mm。当使用有特殊要求或建筑物预期有较大沉降量等其他原因时，应增大室内外高差。

（6）有水或非腐蚀性液体经常浸湿、流淌的地面，应设置隔离层并采用不吸水、易冲洗、防滑类的面层材料（面层标高应低于相邻楼地面，一般为 20mm），隔离层应采用防水材料。楼层结构必须采用现浇混凝土制作，当采用装配式钢筋混凝土楼板时，还应设置配筋混凝土整浇层。

（7）需预留地面沟槽、管线时，其地面混凝土工程可分为毛地面和面层两个阶段施工，毛地面混凝土强度等级不应小于 C15。

2. 建筑地面面层类别及所用材料

建筑地面面层类别及所用材料，应符合表 24-73 的有关规定。

建筑地面面层类别及所用材料　　　　表 24-73

面 层 类 别	材 料 选 择
水泥类整体面层	水泥砂浆、水泥钢（铁）屑、现制水磨石、混凝土、细石混凝土、耐磨混凝土、钢纤维混凝土或混凝土密封固化剂
树脂类整体面层	丙烯酸涂料、聚氨酯涂层、聚氨酯自流平涂料、聚酯砂浆、环氧树脂自流平涂料、环氧树脂自流平砂浆或干式环氧树脂砂浆

续表

面层类别	材料选择
板块面层	陶瓷锦砖、耐酸瓷板（砖）、陶瓷地砖、水泥花砖、大理石、花岗石、水磨石板块、条石、块石、玻璃板、聚氯乙烯板、石英塑料板、塑胶板、橡胶板、铸铁板、网纹板、网络地板
木、竹面层	实木地板、实木集成地板、浸渍纸层压木质地板（强化复合木地板）、竹地板
防静电面层	导静电水磨石、导静电水泥砂浆、导静电活动地板、导静电聚氯乙烯地板
防腐蚀面层	耐酸板块（砖、石材）或耐酸整体面层
矿渣、碎石面层	矿渣、碎石
织物面层	地毯

3．地面面层的选择

（1）常用地面

1）公共建筑中，经常有大量人员走动或残疾人、老年人、儿童活动及轮椅、小型推车行驶的地面，应采用防滑、耐磨、不易起尘的块材面层或水泥类整体面层。

2）公共场所的门厅、走道、室外坡道及经常用水冲洗或潮湿、结露等容易受影响的地面，应采用防滑面层。

3）室内环境具有安静要求的地面，其面层宜采用地毯、塑料或橡胶等柔性材料。

4）供儿童及老年人公共活动的场所地面，其面层宜采用木地板、强化复合木地板、塑胶地板等暖性材料。

5）地毯的选用，应符合下列要求：

① 有防霉、防蛀、防火和防静电等要求的地面，应按相关技术规定选用地毯；

② 经常有人员走动或小推车行驶的地面，宜采用耐磨、耐压、绒毛密度较高的高分子类地毯。

6）舞厅、娱乐场所地面宜采用表面光滑、耐磨的水磨石、花岗石、玻璃板、混凝土密封固化剂等面层材料，也可以选用表面光滑、耐磨和略有弹性的木地板。

7）要求不起尘、易清洗和抗油腻沾污要求的餐厅、酒吧、咖啡厅等地面，宜采用水磨石、防滑地砖、陶瓷锦砖、木地板或耐沾污地毯等面层。

8）室内体育运动场地、排练厅和表演厅的地面宜采用具有弹性的木地板、聚氨酯橡胶复合面层、运动橡胶面层；室内旱冰场地面，应采用具有坚硬耐磨、平整的现制水磨石面层和耐磨混凝土面层。

9）存放书刊、文件或档案等纸质库房的地面，珍藏各种文物或艺术品和装有贵重物品的库房地面，宜采用木地板、橡胶地板、水磨石、防滑地砖等不起尘、易清洁的面层；底层地面应采取防潮和防结露措施；有贵重物品的库房，当采用水磨石、防滑地砖面层时，宜在适当范围内增铺柔性面层。

10）有采暖要求的地面，可选用低温热水地面辐射供暖，面层宜采用地砖、水泥砂浆、木地板、强化复合木地板等。

（2）有清洁、洁净度指标、防尘和防菌要求的地面

1) 有清洁和弹性要求的地面,应符合下列要求:

①有清洁使用要求时,宜选用经处理后不起尘的水泥类面层、水磨石面层或板块材面层;

②有清洁和弹性使用要求时,宜采用树脂类自流平材料面层、橡胶板、聚氯乙烯板等面层;

③有清洁要求的底层地面,宜设置防潮层。当采用树脂类自流平材料面层时,应设置防潮层。

2) 有空气洁净度等级要求的地面,应采用平整、耐磨、不起尘、不易积聚静电的不燃、难燃且宜有弹性与较低的导热系数的材料的面层。此外,面层还应满足不应产生眩光,光反射系数宜为 0.15~0.35,容易除尘、容易清洗的要求。在地面与墙、柱的相交处宜做小圆角。底层地面应设防潮层。

3) 有空气洁净度等级要求的地面不宜设变形缝,空气洁净度等级为 N1~N5 级的房间地面不应设变形缝。

注:空气洁净度等级指标分为 N1~N9 共 9 个等级,可查阅《洁净厂房设计规范》GB 50073—2013。

4) 采用架空活动地板的地面,架空活动地板材料应根据燃烧性能和防静电要求进行选择。架空活动地板有送风、回风要求时,活动地板下应采用现制水磨石、涂刷树脂类涂料的水泥砂浆或地砖等不起尘的面层,还应根据使用要求采取保温、防水措施。

(3) 有防腐蚀要求的地面

1) 防腐蚀地面的标高应低于非防腐蚀地面且不宜少于 20mm;也可采用挡水设施(如设置挡水门槛等)。

2) 防腐蚀地面宜采用整体面层。

3) 防腐蚀地面采用块材面层时,其结合层和灰缝应符合下列要求:

① 当灰缝选用刚性材料时,结合层宜采用与灰缝材料相同的刚性材料;

② 当耐酸瓷砖、耐酸瓷板面层的灰缝采用树脂胶泥时,结合层宜采用呋喃胶泥、环氧树脂胶泥、水玻璃砂浆、聚酯砂浆或聚合物水泥砂浆;

③ 当花岗石面层的灰缝采用树脂胶泥时,结合层可采用沥青砂浆、树脂砂浆;当灰缝采用沥青胶泥时,结合层宜采用沥青砂浆。

4) 防腐蚀地面的排水坡度:底层地面不宜小于 2%,楼层地面不宜小于 1%。

5) 需经常冲洗的防腐蚀地面,应设隔离层。隔离层材料可以选用沥青玻璃布油毡、再生胶油毡、石油沥青油毡、树脂玻璃钢等柔性材料。当面层厚度小于 30mm 且结合层为刚性材料时,不应采用柔性材料做隔离层。

6) 防腐蚀地面与墙、柱交接处应设置踢脚板,高度不宜小于 250mm。

(4) 有撞击磨损作用的地面

有撞击磨损作用的地面,应采用厚度不小于 60mm 的块材面层或水玻璃混凝土、树脂细石混凝土、密实混凝土等整体面层。使用小型运输工具的地面,可采用厚度不小于 20mm 的块材面层或树脂砂浆、聚合物水泥砂浆、沥青砂浆等整体面层。无运输工具的地面可采用树脂自流平涂料或防腐蚀耐磨涂料等整体面层。

(5) 有防水要求的地面

1) 一般规定

《住宅室内防水工程技术规范》JGJ 298－2013 中规定：卫生间、厨房、浴室、设有配水点的封闭阳台和独立水容器的部位应进行地面的防水设计。

2) 防水设计

① 卫生间、浴室的楼地面、底层地面应设置防水层，门口应有阻止积水外溢的措施。

② 厨房的楼地面、底层地面应设置防水层；厨房布置在无用水点房间的下层时，顶棚应设置防潮层。

③ 厨房内设有采暖系统的分集水器，生活热水控制总阀门时，楼地面、底层地面宜设置地漏。

④ 排水立管不应穿越下层住户的居室；当厨房设有地漏时，地漏的排水支管不应穿过楼板进入下层住户的居室。

⑤ 设有配水点的封闭阳台，楼地面、底层地面应有排水措施，并应设置防潮层。

⑥ 独立水容器应有整体的防水构造。现场浇筑的独立水容器应进行刚柔结合的防水设计。

⑦ 采用地面辐射采暖的无地下室住宅，底层无配水点的房间地面应在绝热层下部设置防潮层。

3) 防水构造要求

① 无地下室的住宅，底层地面宜采用强度等级为 C20 的混凝土作为刚性垫层。楼地面的结构宜为现浇钢筋混凝土楼板；当采用预制钢筋混凝土楼板时，预制板之间的缝隙应采用防水砂浆堵严抹平，并应沿板缝涂刷宽度不宜小于 300mm 的防水涂膜带。

② 混凝土找坡层最薄处的厚度不应小于 30mm；砂浆找坡层最薄处的厚度不应小于 20mm。找平层兼找坡层时，应采用强度等级为 C20 的细石混凝土；需在填充层内铺设管道时，宜与找坡层合并，填充层的材料宜选用轻骨料混凝土。

③ 面层宜采用不透水材料和构造，排水坡度应为 0.5%～1%，粗糙面层排水坡度不应小于 1%。

④ 防水层应符合下列规定：

a. 对于有排水要求的楼地面和底层地面的标高，应低于相邻房间（走道）20mm，也可以做挡水门槛；当需进行无障碍设计时，应低于相邻房间面层（走道）15mm，并应以斜坡过渡；

b. 当防水层需要采取保护措施时，可采用 20mm 厚 1:3 的水泥砂浆做保护层。

(6) 有特殊要求的地面

1) 湿热地区非空调建筑的底层地面，可采用微孔吸湿、表面粗糙的面层。

2) 湿陷性黄土地区，受水浸湿或积水的底层地面，应按防水地面设计。地面下应做厚度为 300～500mm 的 3:7 灰土垫层。管道穿过地面处，应做防水处理。排水沟宜采用钢筋混凝土制作并应与地面混凝土同时浇筑。

(7) 其他相关技术资料指出，下列特殊房间和特殊部位对地面的选择应注意以下一些内容：

1) 舞台、展厅等采用玻璃楼面时，应采用安全玻璃，一般应避免采用透光率高的玻璃。

2) 存放食品、饮料或药品等的房间, 其存放物有可能与楼地面面层直接接触时, 严禁采用有毒性的塑料、涂料或水玻璃等做面层材料。

3) 图书馆的非书资料库、计算机房、档案馆的拷贝复印室、交通工具停放和维修区等用房, 楼地面应采用不容易产生火花静电的材料。

4) 各类学校的语言教室, 其地面应做防尘地面。

5) 各类学校教室的楼地面和底层地面应选择光反射系数为 0.20~0.30 的饰面材料。

6) 汽车库的楼地面应选用强度高、具有耐磨防滑性能的非燃烧材料, 并应设不小于 1% 的排水坡度。当汽车库面积较大, 设置坡度导致做法过厚时, 可局部设置坡度。

7) 加油、加气站内场地和周边道路不应采用沥青路面, 宜采用可行驶重型汽车的水泥混凝土路面或不产生静电火花的路面。

8) 冷库楼地面应采用隔热材料, 其抗压强度不应小于 0.25MPa。

9) 室外地面面层宜选择具有渗水、透气性能的饰面材料及垫层材料。面层不得选用釉面或磨光面等反射率较高和光滑的材料, 以减少光污染、热岛效应及避免雨雪天气滑跌等情况的发生。

10) 养老设施建筑的地面应采用不易碎裂、耐磨、防滑、平整的材料。

(四) 地面各构造层次材料的选择及厚度的确定

1. 面层

面层的材料选择和厚度应符合表 24-74 的规定。

面层的材料和厚度 表 24-74

面层名称	材料强度等级	厚度 (mm)
混凝土 (垫层兼面层)	≥C20	按垫层确定
细石混凝土	≥C20	40~60
聚合物水泥砂浆	≥M20	20
水泥砂浆	≥M15	20
水泥石屑	≥M30	30
现制水磨石	≥C20	≥30
预制水磨石	≥C20	25~30
防静电水磨石	≥C20	40
防静电活动地板	—	150~400
矿渣、碎石 (兼垫层)	—	80~150
水泥花砖	≥MU15	20~40
陶瓷锦砖 (马赛克)	—	5~8
陶瓷地砖 (防滑地砖、釉面地砖)	—	8~14
花岗岩条石或块石	≥MU60	80~120

续表

面层名称		材料强度等级	厚度（mm）
大理石、花岗石板		—	20～40
块石		≥MU30	100～150
玻璃板（不锈钢压边、收口）		—	12～24
网络地板		—	40～70
木板、竹板	（单层）	—	18～22
	（双层）	—	12～20
薄型木板（席纹拼花）		—	8～12
强化复合木地板		—	8～12
聚氨酯涂层		—	1.2
丙烯酸涂料		—	0.25
聚氨酯自流平涂料		—	2～4
聚氨酯自流平砂浆		≥80MPa	4～7
聚酯砂浆		—	4～7
运动橡胶面层		—	4～5
橡胶板		—	3
聚氨酯橡胶复合面层		—	3.5～6.5（含发泡层、网格布等多种材料）
聚氯乙烯板含石英塑料板和塑胶板		—	1.6～3.2
地毯	单层	—	5～8
	双层	—	8～10
地面辐射供暖面层	地砖	—	80～150
	水泥砂浆		20～30
	木板、强化复合木地板		12～20

注：1. 双层木板、竹板地板的厚度中不包括毛地板厚；其面层用硬木制作时，板的净厚度宜为12～20mm；
2. 双层强化木地板面层厚度中不包括泡沫塑料垫层、毛板、细木工板、中密度板厚；
3. 涂料的涂刷，不得少于3遍；
4. 现制水磨石、防静电水磨石、防静电水泥砂浆的厚度中包含结合层的厚度；
5. 防静电活动地板、通风活动地板的厚度是指地板成品的高度；
6. 玻璃板、强化复合木地板、聚氯乙烯板宜采用专用胶粘接或粘铺；
7. 地板双层的厚度中包括橡胶海绵垫层的厚度；
8. 聚氨酯橡胶复合面层的厚度中，包含发泡层、网格布等多种材料的厚度。

2. 结合层

（1）以水泥为胶结料的结合层材料，拌合时可掺入适量化学胶（浆）料。

（2）结合层的厚度应符合表24-75的规定。

结合层厚度　　　　　　　　　　表 24-75

面层名称	结合层材料	厚度（mm）
陶瓷锦砖（马赛克）	1：1 水泥砂浆	5
水泥花砖	1：2 水泥砂浆或 1：3 干硬性水泥砂浆	20～30
块石	砂、炉渣	60
花岗岩条（块）石	1：2 水泥砂浆	15～20
	砂	60
大理石、花岗石板	1：2 水泥砂浆或 1：3 干硬性水泥砂浆	20～30
陶瓷地砖（防滑地砖、釉面地砖）	1：2 水泥砂浆或 1：3 干硬性水泥砂浆	10～30
玻璃板（用不锈钢压边收口）	专用胶粘剂粘结	—
	C30 细石混凝土表面找平	40
木地板（实贴）	木板表面刷防腐剂及木龙骨	20
	粘结剂、木板小钉	—
强化复合木地板	泡沫塑料衬垫	3～5
	毛板、细木工板、中密度板	15～18
聚氨酯涂层	1：2 水泥砂浆	20
	C20～C30 细石混凝土	40
环氧树脂自流平涂料	环氧稀胶泥一道 C20～C30 细石混凝土	40～50
环氧树脂自流平砂浆 聚酯砂浆	环氧稀胶泥一道 C20～C30 细石混凝土	40～50
聚氯乙烯板（含石英塑料板、塑胶板）、橡胶板	专用粘结剂粘贴	—
	1：2 水泥砂浆	20
	C20 细石混凝土	30
聚氨酯橡胶复合面层、运动橡胶板面层	树脂胶泥自流平层	3
	C25～C30 细石混凝土	40～50
地面辐射供暖面层	1：3 水泥砂浆	20
	C20 细石混凝土内配钢丝网（中间配加热管）	60
网络地板面层	1：2～1：3 水泥砂浆	20

3. 找平层

（1）当找平层铺设在混凝土垫层上时，其强度等级不应小于混凝土垫层的强度等级。混凝土找平层兼面层时，其强度等级不应小于 C20。

（2）找平层材料的强度等级、配合比及厚度应符合表 24-76 的规定。

找平层的强度等级、配合比及厚度　　　　　　　表 24-76

找平层材料	强度等级或配合比	厚度（mm）
水泥砂浆	1:3	≥15
水泥混凝土	C15～C20	≥30

注：《建筑地面工程施工质量验收规范》GB 50209—2010 中规定：找平层厚度小于 30mm 时，宜采用水泥砂浆；大于 30mm 时，宜采用细石混凝土。

4. 隔离层

建筑地面隔离层的层数应符合表 24-77 的规定

隔离层的层数　　　　　　　　　　　　　　　　表 24-77

隔离层材料	层数（或道数）	隔离层材料	层数（或道数）
石油沥青油毡	1 层或 2 层	防油渗胶泥玻璃纤维布	1 布 2 胶
防水卷材	1 层	防水涂膜（聚氨酯类涂料）	2 道或 3 道
有机防水涂料	1 布 3 胶		

注：1. 石油沥青油毡，不应低于 350g/m²；
　　2. 防水涂膜总厚度一般为 1.5～2.0mm；
　　3. 防水薄膜（农用薄膜）作隔离层时，其厚度为 0.4～0.6mm；
　　4. 用于防油渗隔离层可采用具有防油渗性能的防水涂膜材料；
　　5.《建筑地面工程施工质量验收规范》GB 50209—2010 中规定：隔离层在靠近柱、墙处，应高出面层 200～300mm。

5. 填充层

（1）建筑地面填充层材料的密度宜小于 900kg/m³。

（2）填充层材料的强度等级、配合比及厚度应符合表 24-78 的规定。

填充层的材料强度等级或配合比及其厚度　　　　表 24-78

填充层材料	强度等级或配合比	厚度（mm）
水泥炉渣	1:6	30～80
水泥石灰炉渣	1:1:8	30～80
陶粒混凝土	C10	30～80
轻骨料混凝土	C10	30～80
加气混凝土块	M5.0	≥50
水泥膨胀珍珠岩块	1:6	≥50

注：《建筑地面工程施工质量验收规范》GB 50209—2010 中规定：填充层采用隔声垫时，应设置保护层。混凝土保护层的厚度不应小于 30mm。保护层内应配置双向间距不大于 200mm 的 φ6 钢筋网片。

6. 垫层

（1）垫层类型的选择

1）现浇整体面层、以粘结剂结合的整体面层和以粘结剂或砂浆结合的块材面层，宜采用混凝土垫层。

2）以砂或炉渣结合的块材面层，宜采用碎（卵）石、灰土、炉（矿）渣、三合土等垫层。

3）有水及侵蚀介质作用的地面，应采用刚性垫层。
4）通行车辆的面层，应采用混凝土垫层。
5）有防油渗要求的地面，应采用钢纤维混凝土或配筋混凝土垫层。
（2）地面垫层的最小厚度应符合表 24-79 的规定。

垫层最小厚度　　　　　　　　　　　　　　　　　　　　　表 24-79

垫层名称	材料强度等级或配合比	最小厚度（mm）
混凝土垫层	≥C10	80
混凝土垫层兼面层	≥C20	80
砂垫层	—	60
砂石垫层	—	100
碎石（砖）垫层	—	100
三合土垫层	1∶2∶4（石灰∶砂∶碎料）	100（分层夯实）
灰土垫层	3∶7 或 2∶8（熟化石灰∶黏性土、粉质黏土、粉土）	100
矿渣垫层	1∶6（水泥∶炉渣）或 1∶1∶6（水泥∶石灰∶炉渣）	80

注：《建筑地面工程施工质量验收规范》GB 50209—2010 中规定：砂垫层的厚度不应小于 60mm；四合土垫层的厚度不应小于 80mm；水泥混凝土垫层的厚度不应小于 60mm；陶粒混凝土垫层的厚度不应小于 80mm。

（3）垫层的防冻要求

1）季节性冰冻地区非采暖房间的地面以及散水、明沟、踏步、台阶和坡道等，当土壤标准冻深大于 600mm，且在冻深范围内为冻胀土或强冻胀土，采用混凝土垫层时，应在垫层下部采取防冻害措施（设置防冻胀层）。

2）防冻胀层应采用中粗砂、砂卵石、炉渣、炉渣石灰土以及其他非冻胀材料。

3）采用炉渣石灰土做防冻胀层时，炉渣、素土、熟化石灰的重量配合比宜为 7∶2∶1，压实系数不宜小于 0.85，且冻前龄期应大于 30d。

7. 地面的地基

（1）地面垫层应铺设在均匀密实的地基上。对于铺设在淤泥、淤泥质土、冲填土及杂填土等软弱地基上时，应根据地面使用要求、土质情况并按《建筑地基基础设计规范》GB 50007—2011 的规定进行设计与处理。

（2）利用经分层压实的填土作地基的地面工程，应根据地面构造、荷载状况、填料性能、现场条件提出压实填土的设计质量要求。

（3）对灰土地基、砂和砂石地基、土工合成材料地基、粉煤灰地基、强夯地基、注浆地基、预压地基、水泥土搅拌桩复合地基、高压喷射注浆桩复合地基、砂桩地基、振冲桩复合地基、土和灰土挤密桩复合地基、水泥粉煤灰碎石桩复合地基及夯实水泥土桩复合地基等，经处理后的地基强度或承载力应符合设计要求。

（4）地面垫层下的填土应选用砂土、粉土、黏性土及其他有效填料，不得使用过湿土、淤泥、腐殖土、冻土、膨胀土及有机物含量大于 8% 的土。填料的质量和施工要求，应符合《建筑地基基础工程施工质量验收规范》GB 50202—2012 的有关规定。

（5）直接受大气影响的室外堆场、散水及坡道等地面，当采用混凝土垫层时，宜在垫层下铺设水稳性较好的砂、炉渣、碎石、矿渣、灰土及三合土等材料作为加强层，其厚度不宜小于垫层厚度的规定。

(6) 重要的建筑物地面，应计入地基可能产生的不均匀变形及其对建筑物的不利影响，并应符合《建筑地基基础设计规范》GB 50007—2011 的有关规定。

(7) 压实填土地基的压实系数和控制含水量，应符合《建筑地基基础设计规范》GB 50007—2011 的有关规定。

注：《建筑地面工程施工质量验收规范》GB 50209—2010 规定：填土土块的粒径不应大于 50mm。

8. 绝热层

绝热层与地面面层之间应设有混凝土结合层，结合层的厚度不应小于 30mm。结合层内应配置双向间距不大于 200mm 的 $\phi 6$ 钢筋网片。建筑物勒脚处绝热层应符合下列规定：冻土深度不大于 500mm 时，应采用外保温做法；冻土深度在 500~1000mm 时，宜采用内保温做法；冻土深度大于 1000mm 时，应采用内保温做法；建筑物的基础有防水要求时，应采用内保温做法。

9. 防水层

(1) 防水涂料：防水涂料包括聚氨酯防水涂料、聚合物乳液防水涂料、聚合物水泥防水涂料和水乳型沥青防水涂料等水性和反应性防水涂料。平均厚度为 1.5~2.0mm。

(2) 防水卷材：住宅室内防水工程可选用自粘聚合物改性沥青防水卷材和聚乙烯丙纶复合防水卷材及聚乙烯丙纶复合防水卷材与相配套的聚合物水泥防水粘结料共同组成的复合防水层。平均厚度为 1.5mm 左右。

(3) 防水砂浆：防水砂浆应使用掺外加剂的防水砂浆、聚合物水泥防水砂浆。

(4) 防水混凝土

1) 防水混凝土中的水泥宜采用硅酸盐水泥、普通硅酸盐水泥；

2) 防水混凝土的化学外加剂、矿物掺合料、砂、石及拌合用水应符合规定。

(五) 常用地面的构造

(1) 整体地面

1) 混凝土或细石混凝土地面

① 混凝土地面的粗骨料，最大颗粒粒径不应大于面层厚度的 2/3，细石混凝土面层采用的石子粒径不应大于 15mm。

② 混凝土和细石混凝土的强度等级不应低于 C20；耐磨混凝土和耐磨细石混凝土面层的强度等级不应低于 C30；底层地面的混凝土垫层兼面层的强度等级不应低于 C20，混凝土面层厚度不应小于 80mm；细石混凝土面层厚度不应小于 40mm。

③ 垫层及面层，宜分仓浇筑或留缝。

④ 当地面上静荷载或活荷载较大时，宜在混凝土垫层中加配钢筋或在垫层中加入钢纤维，钢纤维的抗拉强度不应小于 1000MPa，钢纤维混凝土的弯曲韧度比不应小于 0.5。当垫层中仅为构造配筋时，可配置直径为 8~14mm，间距为 150~200mm 的钢筋网。

⑤ 水泥类整体面层需严格控制裂缝时，应在混凝土面层顶面下 20mm 处配置直径为 4~8mm、间距为 100~200mm 的双向钢筋网，或面层中加入钢纤维，其弯曲韧度比不应小于 0.4，体积率不应小于 0.15%。

2) 水泥砂浆地面

① 水泥砂浆的体积比应为 1:2，强度等级不应低于 M15，面层厚度不应小于 20mm；

② 水泥应采用硅酸盐水泥或普通硅酸盐水泥，其强度等级不应小于42.5级；不同品种、不同强度等级的水泥不得混用，砂应采用中粗砂。当采用石屑时，其粒径宜为3~5mm，且含泥量不应大于3%。

3）水磨石地面

① 水磨石面层应采用水泥与石粒的拌合料铺设，面层的厚度宜为12~18mm，结合层的水泥砂浆体积比宜为1:3，强度等级不应小于M10。

② 水磨石面层的石粒，应采用坚硬可磨的白云石、大理石等加工而成，石粒的粒径宜为6~15mm。

③ 白色或浅色的水磨石，应采用白水泥；深色的水磨石，宜采用强度等级不小于42.5级的硅酸盐水泥、普通硅酸盐水泥或矿渣硅酸盐水泥；同颜色的面层应使用同一批号的水泥。

④ 彩色水磨石面层使用的颜料，应采用耐光、耐碱的无机矿物质颜料，其掺入量宜为水泥重量的3%~6%。

⑤ 水磨石面层分格尺寸不宜大于1m×1m，分格条宜采用铜条、铝合金条等平直、坚挺的材料。当金属嵌条对某些生产工艺有害时，可采用玻璃条分格。

注：《建筑地面工程施工质量验收规范》GB 50209—2010 中规定：有防静电要求的水磨石时，拌合料内应掺入导电材料。结合层稠度宜为30~35mm。防静电面层采用导电金属分格条时，分格条应作绝缘处理，十字交叉处不得碰接。

4）自流平地面

① 定义：在平整的基层上采用具有自行流平性能或稍加辅助性摊铺即能流动找平的地面做法称为自流平地面。

② 类型：

《自流平地面工程技术规程》JGJ/T 175—2009 中指出：自流平地面有水泥基、石膏基、环氧树脂、聚氨酯以及水泥基自流平砂浆、环氧树脂或聚氨酯薄涂等类型。

③ 一般规定：

a. 水泥基自流平砂浆可用于地面找平层，也可用于地面面层。用于地面找平层时，其厚度不得小于2mm，用于地面面层时，其厚度不得小于5mm。

b. 石膏基自流平砂浆不得直接作为地面面层使用。采用水泥基自流平砂浆作为地面面层时，石膏基自流平砂浆可用于找平层，其厚度不得小于2.0mm。

c. 环氧树脂和聚氨酯自流平地面面层厚度不得小于0.8mm。

d. 采用水泥基自流平砂浆作为环氧树脂和聚氨酯地面的找平层时，水泥基自流平砂浆的强度等级不得低于M20。当采用环氧树脂和聚氨酯作为地面面层时，不得采用石膏基自流平砂浆作找平层。

e. 基层有坡度设计时，水泥基或石膏基自流平砂浆可用于坡度小于或等于1.5%的地面；对于坡度在1.5%~5%的地面，基层应采用环氧底涂撒砂处理，并应调整自流平砂浆流动度；坡度大于5%的基层不得使用自流平砂浆。

f. 面层分隔缝的设置应与基层的伸缩缝保持一致。

(2) 块料地面

1) 铺地砖：铺地砖包括陶瓷锦砖、缸砖、陶瓷地砖和水泥花砖，铺地砖应在结合层上铺设。

2）天然石材：天然石材包括天然大理石、花岗石（或碎拼大理石、碎拼花岗石）板材，天然石材应在结合层上铺设。铺设大理石、花岗石面层前，板材应浸湿、晾干；结合层与板材应分段同时铺设。

3）预制板块：预制板块包括水泥混凝土板块、水磨石板块、人造石板块，应在结合层上铺设。混凝土板块间的缝隙不宜大于6mm；水磨石板块、人造石板块间的缝隙不应大于2mm。预制板块面层铺完24h后，应用水泥砂浆灌缝至2/3高度，再用同色水泥浆擦（勾）缝。

4）料石：料石包括天然条石和块石，料石应在结合层上铺设。天然条石的结合层宜采用水泥砂浆；块石的结合层宜采用砂垫层，厚度不应小于60mm；基层土应为均匀密实的基土或夯实的基土。

5）塑料板：塑料板应采用塑料板块材、塑料板焊接或塑料卷材，塑料板应采用胶粘剂在水泥类基层上铺设。铺贴塑料板面层时，室内相对湿度不宜大于70%，温度宜在10~32℃之间。防静电塑料板的胶粘剂、焊条等应具有防静电功能。

6）活动地板：活动地板宜用于有防尘和防静电要求的专用房间的地面。架空高度一般在50~360mm之间。其构造要求是：

① 面板：面板的表面为装饰层、芯材为特制的平压刨花板、底层为镀锌板经胶粘交接形成的活动块材；活动地板面材包括标准地板和异型地板两大类。

② 金属支架：金属支架由横梁、橡胶垫条和可供调节高度的支架组成，支架应在水泥类面层（或基层）或现浇水泥混凝土基层（或面层）上铺设。基层表面应平整、光洁，不起灰。

③ 构造要求：活动地板在门口处或预留洞口处四周侧边应用耐磨硬质板材封闭或用镀锌钢板包裹，胶条封边。

(3) 木（竹）地面

1）实木地板、实木集成地板、竹地板

①实木地板、实木集成地板、竹地板应采用条材、块材或拼花板材，用空铺或实铺的方式在基层上铺设，实木地板的厚度为18~20mm，实木集成地板的厚度为9.5mm。

②实木地板、实木集成地板、竹地板可采用双层做法或单层做法。

③铺设实木地板、实木集成地板、竹地板时，木格栅（龙骨）的截面尺寸、间距和稳定方法均应符合要求。木格栅（龙骨）固定时，不得损坏基层和预埋管线。木格栅（龙骨）应垫实钉牢，与柱、墙之间留出20mm的缝隙，表面应平直，龙骨间距不宜大于300mm，固定点间距不得大于600mm。

④当面层下铺设垫层地板（毛地板）时，应与龙骨成30°或45°铺钉，板缝应为2~3mm，相邻板的接缝应错开。垫层地板的髓心应向上，板间缝隙不应大于3mm，与柱、墙之间应留出8~12mm的空隙，表面应刨平。

⑤实木地板、实木集成地板、竹地板铺设时，相邻板材接头位置应错开不小于300mm的距离，与柱、墙之间应留出8~12mm的空隙。

⑥采用实木制作的踢脚线，背面应抽槽并作防潮处理。

⑦席纹实木地板、拼花实木地板均应符合上述规定。

2）浸渍纸层压木质地板（强化木地板）

①浸渍纸层压木质地板（强化木地板）面层应采用条材或块材，厚度在8～12mm之间，以空铺或粘贴方式在基层上铺设。

②浸渍纸层压木质地板（强化木地板）可采用有垫层或无垫层的方式铺设。

③浸渍纸层压木质地板（强化木地板）面层铺设时，相邻板材接头位置应错开不小于300mm的距离；衬垫层、垫层地板及面层与柱、墙之间均应留出不小于10mm的空隙。

④浸渍纸层压木质地板（强化木地板）面层采用无龙骨的空铺法铺设时，宜在面层与基层之间设置衬垫层。衬垫层应在面层与柱、墙之间的空隙内加设金属弹簧卡或木楔子，其间距宜为200～300mm。

⑤强化木地板安装第一排时，应凹槽靠墙，地板与墙之间应留有8～10mm的缝隙。

⑥强化木地板房间长度或宽度超过8m时，应在适当位置设置伸缩缝。

3）软木类地板

①软木类地板包括软木地板或软木复合地板的条材或块材，软木地板应在水泥类基层或垫层上采用粘贴方式铺设，软木复合地板面层应采用空铺方式铺设。

②软木类地板的垫层地板在铺设时，与柱、墙之间应留出不大于20mm的空隙，表面应刮平。

③软木类地板铺设时，相邻板材接头位置应错开不小于1/3板长且不小于200mm的距离；软木复合地板铺设时，应在与柱、墙之间的空隙内加设金属弹簧卡或木楔子，其间距宜为200～300mm。

④软木类地板面层的厚度一般为4～8mm，软木复合地板的厚度为13mm，松木底板的厚度为22mm。

（4）地毯地面

地毯可以采用地毯块材或地毯卷材，铺贴方法有空铺法或实铺法两种。

1）空铺法

① 块材地毯宜先拼成整块；

② 块材地毯的块与块之间应挤紧服帖；

③ 卷材地毯宜先长向缝合；

④ 地毯面层的周边应压入踢脚线下。

2）实铺法

① 实铺地毯面层采用的金属卡条（倒刺板）、金属压条、专用双面胶带、胶粘剂等材料固定；

② 铺设时，地毯的表面层宜张拉适度，四周应采用卡条固定，门口处宜用金属压条或双面胶带等固定；

③ 地毯周边应塞入卡条和踢脚线下；

④ 地毯面层应采用胶粘剂或双面胶带与基层粘结牢固；

⑤ 地毯铺装方向，应是绒毛走向的背光方向；

（5）地面辐射供暖地面的面层

1）整体面层

地面辐射供暖的整体面层宜采用水泥混凝土、水泥砂浆等材料，并应在填充层上铺设。

2) 块材面层

地面辐射供暖的块材面层可以采用缸砖、陶瓷地砖、花岗石、人造石板块、塑料板等板材，并应在垫层上铺设。

3) 木板面层

①地面辐射供暖的木板面层宜采用实木复合地板、浸渍纸层压木质地板等，应在填充层上铺设。

②地面辐射供暖的木板面层可采用空铺法或胶粘法（满粘或点粘）铺设。当面层设置垫层地板时，垫层底板的厚度为22mm。

③地面辐射供暖的木板面层与填充层接触的龙骨、垫层地板、面层地板等应采用胶粘法铺设。

④地面辐射供暖的木板面层铺设时不得扰动填充层，不得向填充层内楔入任何物件。

(六) 地面的细部构造

1. 变形缝

(1) 地面变形缝的设置应符合下列要求：

1) 底层地面的沉降缝和楼层地面的沉降缝、伸缩缝及防震缝的设置，均应与结构相应的缝隙位置一致，且应贯通地面的各构造层，并做盖缝处理。

2) 变形缝应设在排水坡的分水线上，不得通过有液体流经或聚集的部位。

3) 变形缝的构造应能使其产生位移和变形时，不受阻、不被破坏，且不破坏地面；变形缝的材料，应按不同要求分别选用具有防火、防水、保温、防油渗、防腐蚀、防虫害的材料。

(2) 地面垫层的施工缝

1) 底层地面的混凝土垫层，应设置纵向缩缝（平行于施工方向的缩缝）、横向缩缝（垂直于施工方向的缩缝），并应符合下列要求：

①纵向缩缝应采用平头缝或企口缝〔图24-62(a)、图24-62(b)〕，其间距宜为3～6m。

②纵向缩缝采用企口缝时，垫层的构造厚度不宜小于150mm，企口拆模时的混凝土抗压强度不宜低于3MPa。

③横向缩缝宜采用假缝〔图24-62(c)〕，其间距宜为6～12m；高温季节施工的地面假缝间距宜为6m。假缝的宽度宜为5～12mm；高度宜为垫层厚度的1/3；缝内应填水泥砂浆或膨胀型砂浆；

④当纵向缩缝为企口缝时，横向缩缝应做假缝。

⑤在不同混凝土垫层厚度的交界处，当相邻垫层的厚度比大于1、小于或等于1.4时，可采取连续式变截面〔图24-62(d)〕；当厚度比大于1.4时，可设置间断式变截面〔图24-62(e)〕。

⑥大面积混凝土垫层应分区段浇筑。当结构设置变形缝时，应结合变形缝位置、不同类型的建筑地面连接处和设备基础的位置进行划分，并应与设置的纵向、横向缩缝的间距一致。

⑦平头缝和企口缝的缝间应紧密相贴，中间不得放置隔离材料。

2) 室外地面的混凝土垫层宜设伸缝，间距宜为30m，缝宽宜为20～30mm，缝内应

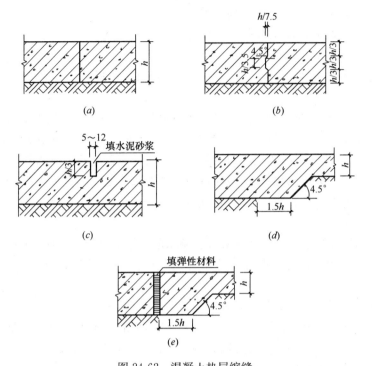

图 24-62 混凝土垫层缩缝
(a) 平头缝；(b) 企口缝；(c) 假缝；(d) 连续式变截面；(e) 间断式变截面
h—混凝土垫层厚度

填耐候性密封材料，沿缝两侧的混凝土边缘应局部加强。

3) 大面积密集堆料的地面，其混凝土垫层的纵向缩缝、横向缩缝，应采用平头缝，间距宜为6m。当混凝土垫层下存在软弱层时，建筑地面与主体结构四周宜设沉降缝。

4) 设置防冻胀层的地面采用混凝土垫层时，纵向缩缝和横向缩缝均应采用平头缝，其间距不宜大于3m。

(3) 面层的分格缝

直接铺设在混凝土垫层上的面层，除沥青类面层、块材类面层外，应设分格缝，并应符合下列要求：

1) 细石混凝土面层的分格缝，应与垫层的缩缝对齐。

2) 水磨石、水泥砂浆、聚合物砂浆等面层的分格缝，除应与垫层的缩缝对齐外，还应根据具体设计要求缩小间距。主梁两侧和柱周围宜分别设分格缝。

(4) 排泄坡面

1) 当有需要排除水或其他液体时，地面应设朝向排水沟或地漏的排泄坡面。排泄坡面较长时，宜设排水沟。排水沟或地漏应设置在不妨碍使用并能迅速排除水或其他液体的位置。

2) 疏水面积和排泄量可控制时，宜在排水地漏周围设置排泄坡面。

(5) 地面坡度

1) 底层地面的坡度，宜采用修正地基高程筑坡。楼层地面的坡度，宜采用变更填充层、找平层的厚度或结构起坡。

2）排泄坡面的坡度，应符合下列要求：
① 整体面层或表面比较光滑的块材面层，可采用0.5%～1.5%。
② 表面比较粗糙的块材面层，可采用1%～2%。
3）排水沟的纵向坡度不宜小于0.5%。排水沟宜设盖板。
（6）隔离层的设置
1）地漏四周、排水地沟及地面与墙、柱连接处的隔离层，应增加层数或局部采取加强措施。地面与墙、柱连接处隔离层应翻边，其高度不宜小于150mm。
2）有水或其他液体流淌的地段与相邻地段之间，应设置挡水或调整相邻地面的高差。
3）有水或其他液体流淌的楼层地面孔洞四周翻边高度，不宜小于150mm；平台临空边缘，应设置翻边或贴地遮挡，高度不宜小于100mm。
（7）厕浴间的构造要求
厕浴间和有防水要求的建筑地面应设置防水隔离层。楼层地面应采用现浇混凝土。
楼板四周除门洞外，应做强度等级不小于C20的混凝土翻边，其高度不应小于200mm。
（8）台阶、坡道、散水的构造要求
1）在台阶、坡道或经常有水、油脂、油等各种易滑物质的地面上，应考虑防滑措施。
2）在有强烈冲击、磨损等作用的沟、坑边缘以及经常受磕碰、撞击、摩擦等作用的室内外台阶、楼梯踏步的边缘，应采取加强措施。
3）建筑物四周应设置散水、排水明沟或散水带明沟。散水的设置应符合下列要求：
① 散水的宽度宜为600～1000mm；当采用无组织排水时，散水的宽度可按檐口线放出200～300mm。
② 散水的坡度宜为3%～5%。当散水采用混凝土时，宜按20～30m间距设置伸缝。散水与外墙交接处宜设缝，缝宽为20～30mm，缝内应填柔性密封材料。
③ 当散水不外露须采用隐式散水时，散水上面的覆土厚度不应大于300mm，且应对墙身下部做防水处理，其高度不宜小于覆土层以上300mm，并应防止草根对墙体的伤害。
④ 湿陷性黄土地区散水应采用现浇混凝土，并应设置厚150mm的3∶7灰土或300mm的夯实素土垫层；垫层的外缘应超出散水和建筑外墙基底外缘500mm。散水坡度不应小于5%，宜每隔6～10m设置伸缩缝。散水与外墙交接处应设缝，其缝宽和伸缩缝缝宽均宜为20mm，缝内应填柔性密封材料。散水的宽度应符合现行国家标准《湿陷性黄土地区建筑规范》GB 50025—2004的有关规定，沿散水外缘不宜设置雨水明沟。
（9）其他相关技术资料规定，底层地面和楼地面的构造还应注意以下一些细节：
1）楼面填充层内敷设有管道时，应以管道大小及交叉时所需的尺寸决定填充层厚度。
2）上部房间的下部为高湿度房间的地面，宜设置防潮层。
3）档案馆建筑、图书馆的书库及非书资料库，当采用填实地面时，应有防潮措施。当采用架空地面时，架空高度不宜小于0.45m，并宜有通风设施。架空层的下部宜采用不小于1%坡度的防水地面，并高于室外地面0.15m。架空层上部的地面宜采用隔潮措施。
4）观众厅纵向走道坡度大于1∶10时，坡道面层应做防滑处理。
5）采暖房间的楼地面，可不采取保温措施，但遇到架空或悬挑部分直接接触室外的采暖房间的楼地面或接触非采暖房间的楼面时，应采取局部保温措施。

6）大面积的水泥楼地面、现浇水磨石楼地面的面层宜分格，每格面积不宜超过 25m²。

7）有特殊要求的水泥地面宜采用在混凝土面层上干撒水泥面压实赶光（随打随抹）的做法。

8）关于地面伸缩缝和变形缝：

① 伸缩缝与变形缝不应穿过需要进行防水处理的房间。

② 伸缩缝与变形缝应进行防火、隔声处理。接触室外空气及上下与不采暖房间相邻的楼面伸缩缝还应进行保温隔热处理。

③ 伸缩缝与变形缝不应穿过电子计算机主机房。

④ 人防工程防护单元内不应设置伸缩缝和变形缝。

⑤ 有空气洁净度要求的建筑室内楼地面不宜设伸缩缝和变形缝。

9）医院的手术室不应设置地漏，否则应有防污染措施。

（七）关于路面的一些问题

1．一般道路的规定

（1）路面材料：路面可以选用现浇混凝土、预制混凝土块、石板、锥形料石、现铺沥青混凝土等材料。不得采用碎石基层沥青表面处理（泼油）的路面。

（2）路面选择：城市道路宜采用现铺沥青混凝土路面，其特点是噪声小、起尘少、便于维修、不需分格等。0.4t 以下轻型道路、人行道、停车场、广场可以采用透水路面，使雨水通过路面回收再利用。

（3）路面厚度：

1）沥青混凝土路面：微型车通行的路面厚度一般为 50～80mm，其他车型的路面厚度一般为 100～150mm。

2）水泥混凝土路面：混凝土的强度等级为 C25，厚度与通行的车型有关，小型车（荷载<5t）厚度为 120mm；中型车（荷载<8t）厚度为 180mm；重型车（荷载<13t）厚度为 220mm。

（4）路面变形缝：现浇混凝土路面的纵向、横向缩缝间距应不大于 6m，缝宽一般为 5mm。沿长度方向每 4 格（24m）设伸缩缝一道，缝宽 20～30mm，内填弹性材料。路面宽度达到 8m 时，应在路面中间设伸缩缝一道。

（5）道牙：道牙可以采用石材、混凝土等材料制作。石材道牙的强度等级一般为 MU30，混凝土道牙的强度等级一般为 C30。道牙高出路面一般为 100～200mm。若道路两边为排水边沟时，则应采用平道牙。

（6）路面基层：除透水路面外，沥青混凝土路面、现浇混凝土路面、预制混凝土块材路面、石材路面的基层均可以 150～300mm 厚的 3∶7 灰土。

（7）建筑基地道路宽度

1）单车行驶的道路宽度不应小于 4.00m，双车行驶的道路宽度不应小于 7.00m。

2）人行便道的宽度不应小于 1.50m。

3）利用道路边设置停车位时，不应影响有效的通行宽度。

4）车行道路改变方向时，应满足车辆最小转弯半径的要求。《车库建筑设计规范》JGJ 100－2015 中规定（表 24-80）：

最小转弯半径（m） 表 24-80

车 型	最小转弯半径	车 型	最小转弯半径
微型车	4.50	中型车	7.20～9.00
小型车	6.00	大型车	9.00～10.50
轻型车	6.00～7.20	—	—

5）尽端式消防车道应设置回车道或回车场，回车场的尺寸应满足《建筑设计防火规范》GB 50016－2014 的规定（表 24-81）。

消防车回车场的尺寸 表 24-81

建筑类型及车型	回车场的尺寸（m）	建筑类型及车型	回车场的尺寸（m）
一般建筑	12.00×12.00	重型消防车	18.00×18.00
高层建筑	15.00×15.00		

6）相关资料表明：轻型消防车的最小转弯半径为 9.00～10.00m；重型消防车的最小转弯半径为 12.00m。

（8）建筑基地地面和道路坡度

1）基地地面坡度不应小于 0.8%，地面坡度大于 8% 时宜分成台地，台地连接处应设挡墙或护坡。

2）基地机动车道的纵坡不应小于 0.2%，亦不应大于 8%，其坡长不应大于 200m；在个别路段可不大于 11%，其坡长不应大于 80m；在多雪严寒地区不应大于 5%，其坡长不应大于 600m；横坡应为 1%～2%。

3）基地非机动车道的纵坡不应小于 0.2%，亦不应大于 3%，其坡长不应大于 50m；在多雪严寒地区不应大于 2%，其坡长不应大于 100m；横坡应为 1%～2%。

4）基地步行道的纵坡不应小于 0.2%，亦不应大于 8%；在多雪严寒地区不应大于 4%；横坡应为 1%～2%。

5）基地内人流活动的主要地段，应设置无障碍人行道。

2. 透水路面的构造

（1）《透水水泥混凝土路面技术规程》CJJ/T 135—2009 中指出：

1）透水路面一般采用透水水泥混凝土（又称为"无砂混凝土"）。透水水泥混凝土是由粗集料及水泥基胶结料经拌和形成的具有连续孔隙结构的混凝土。

2）材料

①水泥：采用强度等级为 42.5 级的硅酸盐水泥或普通硅酸盐水泥。水泥不得混用。

②集料：采用质地坚硬、耐久、洁净、密实的碎石料。

3）透水水泥混凝土路面的分类

透水水泥混凝土路面分为全透水结构路面和半透水结构路面。

①全透水结构路面：路表水能够直接通过道路的面层和基层向下渗透至路基土中的道路结构体系。主要应用于人行道、非机动车道、景观硬地、停车场、广场。

②半透水结构路面：路表水能够透过面层，不会渗透至路基中的道路结构体系。主要用于荷载<0.4t的轻型道路。

4）透水水泥混凝土路面的其他要求

①纵向接缝的间距应为3.00～4.50m，横向接缝的间距应为4.00～6.00m，缝内应填柔性材料。

②广场的平面分隔尺寸不宜大于25m^2，缝内应填柔性材料。

③面层板的长宽比不宜超过1.3。

④当透水水泥混凝土路面的施工长度超过30m，及与侧沟、建筑物、雨水口、沥青路面等交接处均应设置胀缝。

⑤透水水泥混凝土路面基层横坡宜为1%～2%，面层横坡应与基层相同。

⑥当室外日平均温度连续5天低于5℃时不得施工，室外最高气温达到32℃及以上时不宜施工。

(2)《透水沥青路面技术规程》CJJ/T 190—2012中规定：

1）透水沥青路面由透水沥青混合料修筑，路表水可进入路面横向排出或渗入至路基内部。透水沥青混合料的空隙率为18%～25%。

2）透水沥青路面有三种路面结构类型：

①Ⅰ型：路表水进入表层排入邻近排水设施，由透水沥青上面层、封层、中下面层、基层、垫层和路基组成。适用于需要减小降雨时的路表径流量和降低道路两侧噪声的各类新建、改建道路。

②Ⅱ型：路表水由面层进入基层（或垫层）后排入邻近排水设施，由透水沥青面层、透水基层、封层、垫层和路基组成。适用于需要缓解暴雨时城市排水系统负担的各类新建、改建道路。

③Ⅲ型：路表水进入路面后渗入路基，由透水沥青面层、透水基层、透水垫层、反滤隔离层和路基组成。适用于路基土渗透系数大于或等于$7×10^{-5}$cm/s的公园、小区道路，停车场、广场和中、轻型荷载道路。

3）透水沥青路面的结构层材料

①透水沥青路面的结构层材料见表24-82。

透水沥青路面的结构层材料　　　　表24-82

路面结构类型	面　　层	基　　层
透水沥青路面Ⅰ型	透水沥青混合料面层	各类基层
透水沥青路面Ⅱ型	透水沥青混合料面层	透水基层
透水沥青路面Ⅲ型	透水沥青混合料面层	透水基层

②Ⅰ、Ⅱ型透水结构层下部应设封层，封层材料的渗透系数不应大于80ml/min，且应与上下结构层粘结良好。

③Ⅲ型透水路面的路基土渗透系数宜大于$7×10^{-5}$cm/s，并应具有良好的水稳定性。

④Ⅲ型透水路面的路基顶面应设置反滤隔离层，可选用粒料类材料或土工织物。

(3)《透水砖路面技术规程》CJJ/T 188—2012中规定：

1）透水砖路面适用于轻型荷载道路、停车场和广场及人行道、步行街等部位。
2）透水砖路面的基本规定：
①透水砖路面结构层应由透水砖面层、找平层、基层和垫层组成。
②透水砖路面应满足荷载、透水、防滑等使用功能及抗冻胀等耐久性要求。
③透水砖路面的设计应满足当地 2 年一遇的暴雨强度下，持续降雨 60min，表面不应产生径流的透（排）水要求；合理使用年限宜为 8～10 年。
④透水砖路面下的基土应具有一定的透水性能，土壤透水系数不应小于 $1.0×10^{-3}$ mm/s，且土基顶面距离地下水位宜大于 1.0m。当不能满足上述要求时，宜增加路面排水设计的内容。
⑤寒冷地区透水砖路面结构层宜设置单一级配碎石垫层或砂垫层，并应验算防冻厚度。
⑥透水砖路面内部雨水收集可采用多孔管道及排水盲沟等形式。广场路面应根据规模设置纵横雨水收集系统。

四、楼板下部的顶棚做法

顶棚的作用主要是封闭管线、装饰美化、满足声学要求等诸多方面。顶棚在一般房间要求是平整的，而在浴室等凝结水较多的房间顶棚应留出一定坡度，以保证凝结水迅速排除。地下室的顶棚一般均采用喷浆、刷涂料的做法，《人民防空地下室设计规范》GB 50038—2005 中明确规定，防空地下室的顶板不应抹灰。

楼板下部的顶棚通常有 5 种做法：

（一）板底下直接刷白水泥浆

这种做法适用于饮用水箱等房间，板底不需找平，只需将板底清理干净，然后直接刷白水泥浆。

（二）板底下直接刷涂料

这种做法适用于板底平整者（光模混凝土板底），其构造顺序是先在板底刮 2mm 厚耐水腻子，然后直接刷涂料。

（三）板底下找平刷涂料

这种做法适用于板底不太平整者（非光模混凝土板底），其构造顺序是先在板底刷素水泥浆一道甩毛（内掺建筑胶），再抹 5～10mm 厚 1：0.5：3 水泥石灰膏砂子中间层，面层抹 2mm 厚纸筋灰、刮 2mm 耐水腻子，最后刷涂料。

（四）板底镶贴装饰材料

这种做法的镶贴材料有壁纸、壁布、矿棉板等。其构造顺序是用 2mm 耐水腻子找平，然后刷防潮漆一道，最后直接粘贴面层材料。

（五）吊顶棚

吊顶棚的做法分上人与不上人两种。由材料区分：常见的传统做法有板条吊顶、木丝板吊顶、纤维板吊顶等；现代做法中以矿棉板、纸面石膏板、块状石膏板等最为常见。吊顶棚构造分为以下两大部分：

1. 吊顶基层

由吊杆、主（大）龙骨、次（中）龙骨、龙骨支撑等组成。吊杆可以采用木材、钢筋制作，但一般多采用钢筋、粗钢丝。龙骨可以采用木材、轻钢板材制成，现代做法中以轻钢龙骨最为多见。

2. 吊顶面层

指的是将各类吊顶面材固定于龙骨上。传统做法中用钉子将板条等与木龙骨钉接；现代做法中用自攻螺钉将石膏板等面材与轻钢龙骨固定。

下面以纸面石膏板吊顶为例，介绍吊顶的构造做法。

钢筋混凝土板预留 $\phi6$ 铁环，间距 900mm 或 1200mm；

$\phi8$（不上人）、$\phi10$（上人）吊杆与铁环固定；

U 形大龙骨，45mm×15mm×1.2mm（吊点附吊挂，中距＜1200mm）；

U 形中龙骨，50mm×19mm×0.5mm，（中距等于板材宽度）；

U 形大龙骨，25mm×19mm×0.5mm（中距为 1000mm 或板材宽度）；

9～12mm 纸面石膏板，自攻螺钉拧牢；

表面刮腻子找平；

喷涂料。

纸面石膏板吊顶的构造做法见图 24-63。

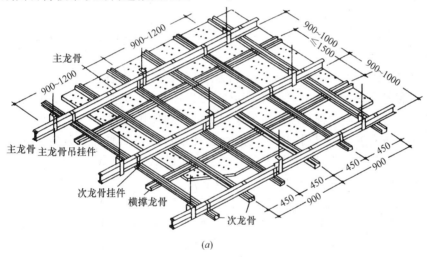

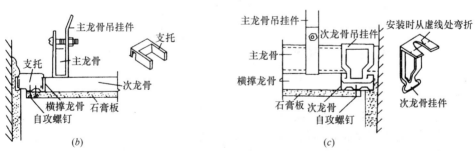

图 24-63 双层龙骨做法示意图
(a) 龙骨布置；(b) 细部构造；(c) 细部构造

五、阳台和雨罩的构造

（一）阳台

阳台是楼房中挑出于外墙面或部分挑出于外墙面的平台。前者叫挑阳台，后者叫凹阳台。阳台周围设栏板或栏杆，便于人们在阳台上休息或存放杂物。

阳台的挑出长度为1.5m左右；当挑出长度超过1.5m时，应做凹阳台或采取可靠的防倾覆措施。阳台的栏板或栏杆的高度常取1050mm。

阳台通常是用钢筋混凝土制作的，它分为现浇和预制两种。现浇阳台要注意钢筋的摆放，注意区分是悬挑构件还是一般梁板式构件，并注意锚固。预制阳台一般均做成槽形板。支撑在墙上的尺寸应为100～120mm。

预制阳台的锚固，应通过现浇板缝或用板缝梁来进行连接。

阳台板上面应预留排水孔。其直径应不小于32mm，伸出阳台外应有80～100mm，排水坡度为1%～2%。板底面抹灰，喷白浆。

（二）雨罩

在外门的上部常设置雨罩，它可以起遮风、挡雨的作用。雨罩的挑出长度为1m左右。挑出尺寸较大者，应解决好防倾覆措施。

钢筋混凝土雨罩也分现浇和预制两种。现浇雨罩可以浇筑成平板式或槽形板式，而预制雨罩则多为槽形板式。

（三）阳台等处的防护栏杆

阳台、外廊、室内回廊、内天井、上人屋面及室外楼梯等临空处应设置防护栏杆，并应符合下列规定：

（1）栏杆应以坚固、耐久的材料制作，并能承受荷载规范规定的水平荷载。

（2）临空高度在24m以下时，栏杆高度不应低于1.05m，临空高度在24m及24m以上（包括中高层住宅）时，栏杆高度不应低于1.10m；封闭阳台栏杆亦应满足上述要求。栏杆高度应从楼地面或屋面至栏杆扶手顶面垂直高度计算，如底部有宽度大于或等于0.22m，且高度低于或等于0.45m的可踏部位，应从可踏部位顶面起计算。

（3）栏杆离楼面或屋面0.10m高度内不宜留空。

（4）住宅、托儿所、幼儿园、中小学及少年儿童专用活动场所的栏杆必须采用防止少年儿童攀登的构造，当采用垂直杆件做栏杆时，其杆件净距不应大于0.11m。

（5）文化娱乐建筑、商业服务建筑、体育建筑、园林景观建筑等允许少年儿童进入活动的场所，当采用垂直杆件做栏杆时，其杆件净距也不应大于0.11m。

第五节　楼梯、电梯、台阶和坡道构造

一、楼梯的有关问题

（一）解决建筑物垂直交通和高差的措施

解决建筑物的垂直交通和高差一般采取以下措施：

（1）坡道：用于高差较小时的联系，常用坡度为1/8～1/12，自行车坡道不宜大于1/5。

（2）礓磜：锯齿形坡道。其锯齿尺寸宽度为50mm，深度为7mm，坡度与坡道相同。

（3）楼梯：用于楼层之间和高差较大时的交通联系。角度在20°～45°之间，舒适坡度为26°34′，即高宽比为1/2。

（4）电梯：用于楼层之间的联系，角度为90°。

(5) 自动扶梯：又称"滚梯"，有水平运行、向上运行和向下运行三种方式，向上或向下的倾斜角度为30°左右，亦可以互换使用。

(6) 爬梯：多用于专用梯（工作梯、消防梯等），常用角度为45°～90°，其中最常用的角度为59°（高宽比1：0.5）、73°（高宽比1：0.35）和90°。

(7) 台阶：台阶的坡度应比楼梯的坡度小，即台阶的宽度应大于楼梯的踏步宽度，台阶高度应小于楼梯的踏步高度。室内台阶可与楼梯踏步一致。

（二）楼梯数量的确定

《建筑设计防火规范》GB 50016－2014中规定：

1. 公共建筑

公共建筑内每个防火分区或一个防火分区的每个楼层，其楼梯的数量不应少于2个。符合下列条件之一的公共建筑可设置1个疏散楼梯：

除医疗建筑、老年人建筑，托儿所、幼儿园的儿童用房，儿童游乐厅等儿童活动场所和歌舞娱乐放映游艺场所等外，符合表24-83的公共建筑。

可设置1个疏散楼梯的公共建筑 表24-83

耐火等级	最多层数	每层最大建筑面积（m²）	人　数
一、二级	3层	200	第二层与第三层人数之和不超过50人
三级	3层	200	第二层与第三层人数之和不超过25人
四级	2层	200	第二层人数不超过15人

2. 居住建筑

(1) 建筑高度不大于27m的建筑，当每个单元任一楼层的建筑面积大于650m²或任一户门至最近楼梯间的距离大于15m时，每个单元每层的楼梯数量不应少于2个。

(2) 建筑高度大于27m、不大于54m的建筑，当每个单元任一楼层的建筑面积大于650m²，或任一户门至最近楼梯间的距离大于10m时，每个单元每层的楼梯数量不应少于2个。

(3) 建筑高度大于54m的建筑，每个单元每层的楼梯数量不应少于2个。

（三）楼梯位置的确定

1. 楼梯应放在明显和易于找到的部位，以方便疏散。
2. 楼梯不宜放在建筑物的角部和边部，以方便水平荷载的传递。
3. 楼梯间应有天然采光和自然通风（防烟式楼梯间可以除外）。
4. 5层及5层以上建筑物的楼梯间，底层应设出入口；4层及4层以下的建筑物，楼梯间可以放置在出入口附近，但不得超过15m。
5. 楼梯不宜采取围绕电梯的布置形式。
6. 楼梯间一般不宜占用好朝向。
7. 建筑物内主入口的明显位置宜设有主楼梯。
8. 除通向避难层的楼梯外，楼梯间在各层的平面位置不应改变。

（四）楼梯应满足的几点要求

(1) 功能方面的要求：主要是指楼梯数量、宽度尺寸、平面式样、细部做法等均应满足功能要求。

(2) 结构构造方面的要求：楼梯应有足够的承载能力（住宅按 $1.5kN/m^2$，公共建筑按 $3.5kN/m^2$ 考虑），足够的采光能力（采光面积不应小于 1/12），较小的变形（允许挠度值为 1/400）等。

(3) 防火、安全方面的要求：楼梯间距、楼梯数量均应符合有关的要求。此外，楼梯四周至少有一面墙体为耐火墙体，以保证疏散安全。

(4) 施工、经济要求：在选择装配式做法时，应使构件重量适当，不宜过大。

(五) 楼梯的类型

楼梯按结构材料的不同，有钢筋混凝土楼梯、木楼梯、钢楼梯等。钢筋混凝土楼梯因具有坚固、耐久、防火的特点，故应用范围较广。

楼梯可分为单跑式（直跑式）、双跑式、三跑式、多跑式以及弧形、螺旋形、剪刀形等多种形式。

楼梯的平面形式与建筑防火及安全疏散关系密切，选型时应符合《建筑设计防火规范》GB 50016—2014 的规定。

1. 室内楼梯间

(1) 敞开楼梯间

敞开楼梯间是在楼梯间开口处采用敞开式（不设置疏散门）的楼梯间，敞开楼梯间应符合疏散楼梯的构造要求。

1) 疏散用的楼梯间应能天然采光和自然通风，并宜靠外墙设置。靠外墙设置时，楼梯间外墙上的窗口与两侧的门、窗、洞口最近边缘的水平距离不应小于 1.00m。

2) 疏散用的楼梯间内不应设置烧水间、可燃材料储藏室、垃圾道。

3) 疏散用的楼梯间内不应有影响疏散的凸出物或其他障碍物。

4) 疏散用的楼梯间内不应设置甲、乙、丙类液体管道。

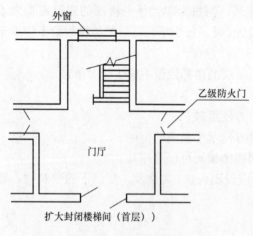

图 24-64 封闭式楼梯间

5) 敞开楼梯间内不应设置可燃气体管道，当住宅建筑的敞开楼梯间内确需设置可燃气体管道可燃气体的计量表时，应采用金属管和设置切断气源的阀门。

(2) 封闭楼梯间（图 24-64）

封闭楼梯间是在楼梯间开口处设置疏散门的楼梯间。封闭楼梯间除应符合疏散楼梯的要求外。还应符合下列规定：

1) 不能自然通风和自然通风不能满足要求时，应设置机械加压送风系统或采用防烟楼梯间。

2) 除楼梯间的出入口和外窗外，楼梯间的墙上不应开设其他门、窗、洞口。

3) 高层建筑、人员密集的公共建筑，其封闭楼梯间的门应采用乙级防火门，并应向疏散方向开启；其他建筑，可采用双向弹簧门。

4) 疏散用的封闭楼梯间其前室不应设置卷帘。

5）封闭楼梯间禁止穿过或设置可燃气体管道。

6）楼梯间的首层可将走道和门厅等包括在楼梯间内形成扩大的封闭楼梯，但应采用乙级防火门等与其他走道和房间分隔。

（3）防烟楼梯间（图24-65～图24-67）

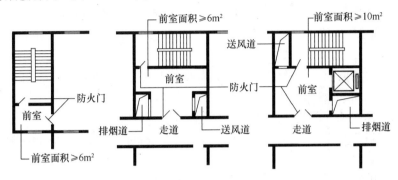

图24-65　带前室的防烟楼梯间

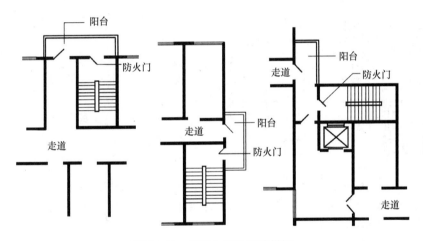

图24-66　带阳台的防烟楼梯间

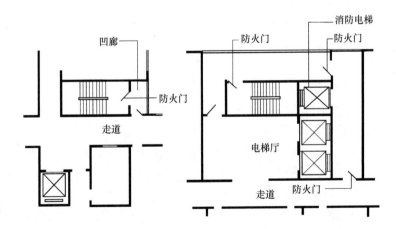

图24-67　带凹廊的防烟楼梯间

防烟楼梯间是在楼梯间的开口处设置前室、阳台或凹廊的楼梯间。防烟楼梯间除应符合疏散楼梯的要求外。还应符合下列规定：

1) 应设置防烟设施。
2) 前室可与消防电梯间前室合用。
3) 前室的使用面积：公共建筑不应小于 6.00m²，住宅建筑不应小于 4.50m²；与消防电梯间合用前室时，合用前室的使用面积：公共建筑不应小于 10.00m²，住宅建筑不应小于 6.00m²。
4) 疏散走道通向前室以及前室通向楼梯间的门应采用乙级防火门。
5) 防烟楼梯间及其前室，不应设置卷帘。
6) 防烟楼梯间及其前室内禁止穿过或设置可燃气体管道。
7) 除住宅建筑的楼梯间前室外，防烟楼梯间和前室内的墙上不应开设除疏散门和送风口外的其他门、窗、洞口。
8) 楼梯间的首层可将走道和门厅等包括在楼梯间前室内形成扩大的前室，但应采用乙级防火门与其他走道和房间分隔。

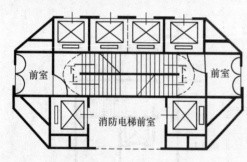

图 24-68　剪刀式楼梯平面

(4) 剪刀楼梯间（图 24-68）

1) 特点

剪刀楼梯指的是在一个开间或一个进深内，设置两个不同方向的单跑楼梯，中间用防火隔墙分开，从楼梯的任何一侧均可到达上层（或下层）的楼梯。

2) 设置原则

《建筑设计防火规范》GB 50016—2014 中指出：高层公共建筑和住宅单元的疏散楼梯，当分散布置确有困难且任一户门至最近疏散楼梯间入口的距离不大于 10m 时，可采用剪刀楼梯间，但应符合下列规定：

①高层公共建筑

A. 楼梯间应为防烟楼梯间；
B. 梯段之间应设置耐火极限不低于 1.00h 的防火隔墙；
C. 楼梯间的前室应分别设置。

②住宅单元建筑

A. 应采用防烟楼梯间；
B. 梯段之间应设置耐火极限不低于 1.00h 的防火隔墙；
C. 楼梯间的前室不宜共用；共用时，前室的使用面积不应小于 6.00m²；
D. 楼梯间的前室或共用前室不宜与消防电梯的前室合用；楼梯间的共用前室与消防电梯的前室合用时，合用前室的使用面积不应小于 12.00m²，且短边不应小于 2.40m。

2. 室外楼梯（图 24-69）

《建筑设计防火规范》GB 50016—2014 中规定室外楼梯符合下列规定时，可作为疏散楼梯使用，并可替代封闭楼梯间或防烟楼梯间：

(1) 栏杆扶手的高度不应小于 1.10m，楼梯的净宽度不应小于 0.90m。

(2) 倾斜角度不应大于 45°。

(3) 梯段和平台均应采取不燃材料制作。平台的耐火极限不应低于 1.00h，梯段的耐火极限不应低于 0.25h。

(4) 通向室外楼梯的门应采用乙级防火门，并应向室外开启。

(5) 除疏散门外，楼梯周围 2m 内的墙面上不应设置门、窗、洞口。疏散门不应正对楼梯段。

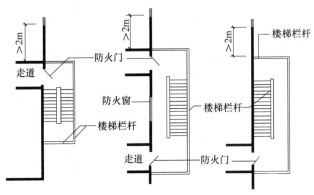

图 24-69　室外楼梯

二、楼梯的细部尺寸

（一）踏步

1. 踏步是人们上下楼梯脚踏的地方。踏步的水平面叫踏面（又称为踏步宽度），垂直面叫踢面（又称为踏步高度）。踏步的尺寸应根据人体的尺度来确定其数值。

2. 踏步的宽度常用 b 表示，踏步的高度常用 h 表示。$b+h$ 应符合下列关系之一。

$$b+h=450\text{mm} \tag{24-3}$$
$$b+2h=600\sim620\text{mm} \tag{24-4}$$

3. 踏步尺寸应根据使用要求确定，不同类型的建筑物，其要求也不相同。

（1）《民用建筑设计通则》GB 50352—2005 中规定的楼梯踏步高度与宽度的数值应符合表 24-84 的规定。

楼梯踏步的高宽数值（m）　　　　　　　　　　　　　　　　表 24-84

楼梯类别	最小宽度	最大高度
住宅共用楼梯	0.26	0.175
幼儿园、小学校等楼梯	0.26	0.15
电影院、剧场、体育馆、商场、医院、旅馆和大中学校等楼梯	0.28	0.16
其他建筑楼梯	0.26	0.17
专用疏散楼梯	0.25	0.18
服务楼梯、住宅套内楼梯	0.22	0.20

注：无中柱螺旋楼梯和弧形楼梯离内侧扶手中心 0.25m 处的踏步宽度不应小于 0.22m。

（2）其他规范的规定

1）疏散用楼梯的踏步不宜采用螺旋形和扇形。确需采用时，踏步上、下两级所形成的平面角度不应大于10°，且每级离扶手250mm处的踏步深度不应小于220mm。

2）宿舍建筑楼梯踏步宽度不应小于0.27m，踏步高度不应大于0.165m。小学宿舍楼梯踏步宽度不应小于0.26m，踏步高度不应大于0.15m。

3）老年人建筑缓坡楼梯踏步的宽度：居住建筑不应小于0.30m，公共建筑不应小于0.32m；踏步的高度：居住建筑不应大于0.15m，公共建筑不应大于0.13m；楼梯间不得采用扇形踏步，且不得在平台区内设置踏步。

4）各类小学楼梯踏步的宽度不得小于0.26m，高度不得大于0.15m；各类中学楼梯踏步的宽度不得小于0.28m，高度不得大于0.16m。

5）综合医院主楼梯的踏步宽度不得小于0.28m，高度不应大于0.16m。

6）踏步应采取防滑措施。

7）踏步前缘宜设高度不大于3mm的异色防滑警示条，踏面前缘前凸不宜大于10mm。

（二）梯井

1. 上、下两个楼梯段扶手之间的距离叫梯井。

2. 《建筑设计防火规范》GB 50016－2014中规定：建筑内的公共疏散楼梯，其两梯段及扶手间的水平净距不宜小于150mm。

3. 住宅建筑楼梯井净宽大于0.11m时，必须采取防止儿童攀滑的措施。

4. 宿舍建筑、中小学宿舍楼的梯井净宽不应大于0.20m。

5. 中小学校建筑楼梯两梯段间楼梯井净宽不得大于0.11m；大于0.11m时，应采取有效的安全防护措施。两梯段扶手之间的水平净距宜为0.10～0.20m。

6. 托儿所、幼儿园、中小学及少年儿童专用活动场所的楼梯，梯井净宽大于0.20m时，必须采取防止少年儿童攀滑的措施。楼梯栏杆应采取不易攀登的构造，当采用垂直杆件做栏杆时，其杆件净距不应大于0.11m。

7. 托儿所、幼儿园建筑楼梯井的净宽度大于0.20m时，必须采取安全防护措施。

（三）楼梯段

1. 楼梯段又叫楼梯跑，它是楼梯的基本组成部分。楼梯段的宽度取决于通行人数和消防要求。按通行人数考虑时，每股人流的宽度为人的平均肩宽（550mm）再加少许提物尺寸（0～150mm）即550mm＋（0～150mm）。按消防要求考虑时，每个楼梯段必须保证两人同时上下，即最小宽度为1100～1400mm，室外疏散楼梯其最小宽度为900mm。在工程实践中，由于楼梯间尺寸要受建筑模数的限制，因而楼梯段的宽度往往会有些上下浮动。楼梯段宽度的计算点是：有楼梯间的为墙面至扶手中心线的水平距离，无楼梯间的为扶手中心线之间的水平距离。

2. 楼梯段的最小宽度

（1）《建筑设计防火规范》GB 50016－2014规定的安全疏散的要求：

1）公共建筑

①公共建筑疏散楼梯的净宽度不应小于1.10m。

②高层公共建筑疏散楼梯的最小净宽度应符合表24-85的规定。

高层公共建筑内疏散楼梯的最小净宽度　　　　表 24-85

建筑类别	疏散楼梯的最小净宽度（m）
高层医疗建筑	1.30
其他高层公共建筑	1.20

2）住宅建筑

①住宅建筑疏散楼梯的净宽度不应小于 1.10m。

② 建筑高度不大于 18m 的住宅建筑中一边设置栏杆的疏散楼梯，其净宽度不应小于 1.00m。

（2）其他规范的规定

1）住宅户内楼梯的梯段净宽，一边临空时为 0.75m，两侧有墙时为 0.90m。

2）综合医院主楼梯的宽度不得小于 1.65m，医院病房的楼梯不应小于 1.30m。

3）中小学校教学用房的楼梯梯段宽度应为人流股数的整数倍。梯段宽度不应小于 1.20m，并应按 0.60m 的整数倍增加梯段宽度。每个梯段可增加不超过 0.15m 的摆幅宽度，意即梯段宽度一股人流的基本值为 0.60~0.75m 之间。

4）宿舍楼梯梯段的宽度应按每 100 人不小于 1.00m 计算，最小梯段净宽不应小于 1.20m。

5）老年人使用的楼梯间，楼梯段净宽不得小于 1.20m。

6）养老设施的主楼梯梯段净宽不应小于 1.50m，其他楼梯的通行净宽不应小于 1.20m。

7）疗养院建筑主楼梯的宽度不得小于 1.65m。

3. 楼梯段的踏步数

楼梯段的最少踏步数为 3 步，最多为 18 步。公共建筑中的装饰性弧形楼梯踏步数可略超过规定的数值。

4. 楼梯段的投影长度

$$楼梯段投影长度 = （踏步高度数量 - 1） \times 踏步宽度 \quad (24-5)$$

（四）栏杆和扶手

1. 楼梯在靠近梯井处应加栏杆或栏板，顶部做扶手。

2. 室内楼梯扶手高度自踏步前缘线量起且不宜小于 0.90m。靠楼梯井一侧水平扶手长度超过 0.50m 时，其高度不应小于 1.05m。

3. 梯段净宽达 3 股人流时应两侧设扶手，达到 4 股人流时宜加设中间扶手。

4. 楼梯栏杆垂直杆件间净空不应大于 0.11m。

5.《中小学校设计规范》GB 50099－2011 规定的中小学校建筑的扶手应符合下列规定：

（1）梯段宽度为 2 股人流时，应至少在一侧设置扶手。

（2）梯段宽度为 3 股人流时，两侧均应设置扶手。

（3）梯段宽度达到 4 股人流时，应加设中间扶手，中间扶手两侧梯段净宽应满足相关要求。

（4）中小学校室内楼梯扶手高度不应低于 0.90m；室外楼梯扶手高度不应低于

1.10m；水平扶手高度不应低于1.10m。

(5) 中小学校的楼梯扶手上应加设防止学生溜滑的设施。

(6) 中小学校的楼梯栏杆不得采用易于攀登的构造和花饰；栏杆和花饰的镂空处净距不得大于0.11m。

6. 老年人建筑楼梯与坡道两侧离地面0.90m和0.65m处应设连续的栏杆与扶手，沿墙一侧扶手应水平延伸300mm。

7. 托儿所、幼儿园建筑楼梯除设成人扶手外，还应在靠墙一侧设幼儿扶手，其高度不应大于0.60m。楼梯栏杆垂直线杆件间的净距不应大于0.11m。

8. 养老设施建筑的楼梯两侧均应设置扶手。扶手直径宜为30～45mm，且在有水和蒸汽的潮湿环境时，截面尺寸应取下限值。

(五) 休息平台

1. 梯段改变方向时，扶手转向端处的平台最小宽度不应小于梯段宽度，并不得小于1.20m；当有搬运大型物件需要时，应适量加宽。

2. 当两个楼梯段的踏步数不同时，休息平台应从梯段较长的一边计算。

3. 直跑楼梯的休息平台净宽不应小于1.20m。

4. 进入楼梯间的门扇应符合下列规定：

(1) 当90°开启时宜保持0.60m的平台宽度。侧墙门口距踏步的距离不宜于0.40m。

(2) 门扇开启不占用平台时，其洞口距踏步的距离不宜小于0.40m。居住建筑的距离可略微减小，但不宜小于0.25m（图24-70）。

5. 楼梯为剪刀式楼梯时，楼梯平台的净宽不得小于1.30m。

6. 综合医院主楼梯和疏散楼梯的休息平台深度，不宜小于2.00m。

7. 为方便扶手转弯，休息平台宽度宜取楼梯段宽度再加1/2踏步宽度。

(六) 净空高度

1. 楼梯平台的结构下缘至人行通道的垂直高度不应低于2.00m。入口处地坪与室外地面应有高差，并不应小于0.10m。

2. 楼梯段净空高度不宜小于2.20m。

注：梯段净高为自踏步前缘量至上方突出物下缘间的垂直高度。

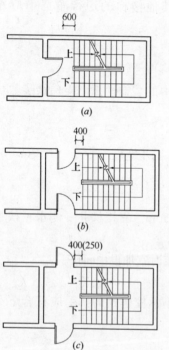

图24-70 休息平台的尺寸
(a) 门正对楼梯间开启；(b) 门侧对楼梯间外开；(c) 门侧对楼梯间内开

三、楼梯的防火要求

(1) 地下室、半地下室的楼梯，应设有楼梯间。

(2) 首层和地下室、半地下室共用楼梯间时，在首层的出入口位置应设有耐火极限不低于2.00h的隔墙和乙级防火门。

(3) 高层建筑中通向屋面的楼梯不宜少于2部。楼梯入口不应穿越其他房间。通向屋面的门应朝屋面方向开启。

（4）单元式高层住宅的楼梯都应通向屋面。

（5）商店建筑的营业厅，当高度在24m及以下时，可采用设有防火门的封闭楼梯间。当建筑高度在24m以上时，应采用防烟楼梯间。

（6）上部为住宅，下部为商业用房的商住楼，商业和住宅部分的楼梯、出入口应分别设置。

四、板式楼梯与梁式楼梯

现浇钢筋混凝土楼梯是在施工现场支模，绑钢筋和浇筑混凝土而成的。这种楼梯的整体性强，但施工工序多，工期较长。现浇钢筋混凝土楼梯有两种做法：一种是板式楼梯，另一种是斜梁式楼梯。

（一）板式楼梯

板式楼梯是将楼梯作为一块板考虑，板的两端支承在休息平台的边梁上，休息平台支承在墙上。板式楼梯的结构简单，板底平整，施工方便。

板式楼梯的水平投影长度在3m以内时比较经济。

（二）斜梁式楼梯

斜梁式楼梯是由斜梁支承踏步板，斜梁支承在平台梁上，平台梁再支承在墙上。斜梁可以在踏步板的下面、上面或侧面。

斜梁在踏步板上面时，可以阻止垃圾或灰尘从梯井中落下，而且梯段底面平整，便于粉刷。缺点是梁占据梯段的一段尺寸。斜梁在侧面时，踏步板在梁的中间，踏步板可以取三角形或折板形。斜梁在踏步的下边时，板底不平整，抹面比较费工。

（三）无梁式楼梯

这种楼梯的特点是没有平台梁。休息平台与梯段连成一个整体，直接支承在两端的墙上（或梁上），特点是可以争取空间高度，但板的厚度较大，配筋相对复杂。

五、楼梯的细部构造

（一）踏步

踏步由踏面和踢面所构成。为了增加踏步的行走舒适感，可将踏步突出20mm做成凸缘或斜面。

底层楼梯的第一个踏步常做成特殊的样式，或方或圆，以增加美感。栏杆或栏板也有变化，以增加多样感。

踏步表面应注意防滑处理。常用的做法与踏步表面是否抹面有关，如一般水泥砂浆抹面的踏步常不作防滑处理，而水磨石预制板或现浇水磨石面层一般采用水泥加金刚砂做的防滑条。

（二）栏杆和栏板

栏杆和栏板均为保护行人上下楼梯的安全围护措施。在现浇钢筋混凝土楼梯中，栏板可以与踏步同时浇筑，厚度一般不小于80～100mm。若采用栏杆，应焊接在踏步表面的埋件上或插入踏步表面的预留孔中。栏杆可以采用方钢或圆钢。方钢的断面应在16mm×16mm～20mm×20mm之间，圆钢也应采用ϕ16～ϕ18为宜。连接用铁板应在30mm×4mm～40mm×5mm之间。居住建筑的栏杆净距不得大于0.11m。

（三）扶手

扶手一般用木材、塑料、圆钢管等做成。扶手的断面应考虑人的手掌尺寸，并注意断面的美观。其宽度应在60～80mm之间，高度应在80～120mm之间。木扶手与栏杆的固定常是通过木螺丝拧在栏杆上部的铁板上，塑料扶手是卡在铁板上，圆钢管扶手则直接焊于栏杆表面上。

（四）顶层水平栏杆

顶层的楼梯间应加设水平栏杆，以保证人身的安全。顶层栏杆靠墙处的做法是将铁板伸入墙内，并弯成燕尾形，然后浇灌混凝土，也可以将铁板焊于柱身铁件上。

（五）首层第一个踏步下的基础

首层第一个踏步下应有基础支承。基础与踏步之间应加设地梁。地梁断面尺寸应不小于240mm×240mm，梁长应等于基础长度。

六、台阶与坡道

（一）台阶

台阶设置应符合下列规定：

（1）公共建筑室内外台阶踏步宽度不宜小于0.30m，踏步高度不宜大于0.15m，并不宜小于0.10m，踏步应防滑，室外台阶应解决防冻胀。室内台阶踏步数不应少于2级，当高差不足2级时，应按坡道设置。

（2）人流密集的场所台阶高度超过0.70m并侧面临空时，应有防护设施。

（3）台阶的长度应大于门的宽度，而且可做成多种形式。

（4）室外台阶等于或超过4级（无障碍楼梯超过3级）踏步时，两侧应设有扶手。

（二）坡道

坡道设置应符合下列规定：

（1）室内坡道坡度不宜大于1∶8，室外坡道坡度不宜大于1∶10；

（2）室内坡道水平投影长度超过15m时，宜设休息平台，平台宽度应根据使用功能或设备尺寸所需缓冲空间而定；

（3）供轮椅使用的坡道不应大于1∶12，困难地段不应大于1∶8；

（4）汽车库机动车行车坡道的最大纵向坡度应符合现行国家标准《车库建筑设计规范》JGJ 100—2015的规定，具体数值见表24-86。

坡道的最大纵向坡度　　　　　　表24-86

车型	直线坡道		曲线坡道	
	百分比（%）	比值（高∶长）	百分比（%）	比值（高∶长）
微型车 小型车	15.0	1∶6.67	12	1∶8.30
轻型车	13.3	1∶7.50	10	1∶10.00
中型车	12.0	1∶8.30		
大型客车 大型货车	10.0	1∶10.00	8	1∶12.50

（5）非机动车库斜坡的坡度应符合现行国家标准《车库建筑设计规范》JGJ 100—2015 的规定。踏步式出入口推车斜坡的坡度不宜大于 25%，坡道式出入口推车斜坡的坡度不宜大于 15%。

（6）坡道应采取防滑措施，坡道中间休息平台的水平长度不应小于 1.50m。

七、电梯、自动扶梯和自动人行道

（一）电梯

电梯的设备组成包括轿厢、平衡重和机房设备（曳引机、控制屏等）。电梯的土建组成包括底坑（地坑）、井道和机房。

1. 设置原则

（1）电梯不得计作安全出口。

（2）住宅建筑遇下列情况之一时，必须设置电梯：

1）7 层及 7 层以上住宅或入口层楼面距室外设计地面的高度超过 16m 时；

2）底层作为商店或其他用房的 6 层及 6 层以下住宅，其住户入口层楼面距该建筑物的室外设计地面高度超过 16m 时；

3）底层做架空层或贮存空间的 6 层及 6 层以下住宅，其住户入口层楼面距该建筑物的室外设计地面高度超过 16m 时；

4）顶层为两层一套的跃层建筑时，跃层部分不计层数，其顶层住户入口层楼面距该建筑物的室外设计地面高度超过 16m 时。

（3）宿舍建筑的下列情况应设置电梯：

1）7 层及 7 层以上；

2）居室最高入口层距该室外设计地面的高度超过大于 21m。

（4）养老设施在 2 层及 2 层以上设有生活用房、医疗保健用房、公共活动用房的建筑应设无障碍电梯，且至少 1 台为医用电梯。

（5）四级、五级旅馆建筑 2 层宜设乘客电梯，3 层及 3 层以上应设乘客电梯；一级、二级、三级旅馆建筑 3 层宜设乘客电梯，4 层及 4 层以上应设乘客电梯。

（6）超过 4 层的疗养院建筑应设置电梯。

（7）4 层及 4 层以上档案馆建筑的对外服务用房、档案业务和技术用房应设电梯。

（8）5 层及 5 层以上的办公建筑应设置电梯。

（9）大型和中型商店的营业区宜设乘客电梯。

（10）图书馆建筑在四层及四层以上设有阅览室时，宜设乘客电梯。

（11）综合医院的 2 层医疗用房宜设电梯；3 层及 3 层以上的医疗用房应设电梯，且不得少于 2 台；供患者使用的电梯和污物梯应采用病床梯。

2. 布置规定

（1）建筑物每个服务区单侧排列的电梯不宜超过 4 台，双侧排列的电梯不宜超过 2×4 台；电梯不应在转角处贴邻布置。

（2）电梯候梯厅的深度应符合表 24-87 的规定，并不得小于 1.50m。

（3）电梯井道和机房不宜与有安静要求的用房贴邻布置，否则应采取隔振、隔声措施。

（4）机房应为专用的房间，其围护结构应保温隔热，室内应有良好通风、防尘，宜有自然采光，不得将机房顶板作水箱底板及在机房内直接穿越水管或蒸气管。

候 梯 厅 深 度 表24-87

电梯类别	布置方式	候梯厅深度
住宅电梯	单台	≥B
	多台单侧排列	≥B*
	多台双侧排列	≥相对电梯B*之和并<3.50m
公共建筑电梯	单台	≥1.5B
	多台单侧排列	≥1.5B*，当电梯为4台时应≥2.40m
	多台双侧排列	≥相对电梯B*之和并<4.50m
病床电梯	单台	≥1.5B
	多台单侧排列	≥1.5B*
	多台双侧排列	≥相对电梯B*之和

注：B为轿厢深度，B*为电梯群中最大轿厢深度。

(5) 消防电梯的布置应符合防火规范的有关规定。

(6) 电梯的台数：住宅60～90户设一台，旅馆100～120间客房设一台，写字楼（办公楼）2500～5000m^2设一台或300人设一台，医院住院部150张病床设一台。

(7) 电梯井道、地坑和顶板应坚固，应采用耐火极限不低于1.00h的不燃烧体。井道厚度，采用钢筋混凝土墙时，不应小于200mm；采用砌体承重墙时，不应小于240mm。

(8) 电梯井道除层门开口、通风孔、排烟口、安装门、检修门和检修人孔外，不得开设有其他与电梯无关的开口。

(9) 高速直流乘客电梯的井道上部应做隔音层，隔音层应做800mm×800mm的进出口。

(10) 机房的环境温度应保持在5～40℃之间，相对湿度不应大于85%。

(11) 通向机房的通道、楼梯和门的宽度不应小于1200mm，门的高度不应小于2000mm。楼梯的坡度应小于或等于45°。去电梯机房应通过楼梯到达，也可经过一段屋顶到达，但不应经过垂直爬梯。

(12) 机房地面应平整、坚固、防滑和不起尘。机房地面允许有不同高度，当高差大于0.5m时，应设防护栏杆和钢梯。

(13) 机房顶部应设起吊钢梁或吊钩，其中心位置宜与电梯井纵横轴的交点对中。吊钩承受的荷载对于额定载重量3000kg以下的电梯不应小于2000kg；对于额定载重量大于3000kg的电梯，应不少于3000kg。

(14) 层门尺寸指门套装修后的净尺寸，土建层门的洞口尺寸应大于层门尺寸，留出装修的余量，一般宽度为层门两边各加100mm，高度为层门加70～100mm。

(15) 地坑深度超过900mm时，需根据要求设置固定金属梯或金属爬梯。金属梯或金属爬梯不得凸入电梯运行空间，且不应影响电梯运行部件的运行。地坑深度超过2500mm时，应设带锁的检修门，检修门的高度应大于1400mm，宽度应大于600mm。检修门应向外开启。

（16）同一井道安装有多台电梯时，不同电梯之间应设置护栏，高度应高于地坑底面 2.5m。

（二）自动扶梯和自动人行道

自动扶梯由电动机械牵引，梯级踏步连同扶手同步运行，机房装置在地面以下，自动扶梯可以正逆运行，即可提升又可以下降。在机械停止运转时，可作为普通梯使用。

1. 设置原则

（1）自动扶梯和自动人行道不得计作安全出口。

（2）四级及以上旅馆建筑的公共部分宜设置自动扶梯。

（3）展览建筑的主要展览空间在二层或二层以上时应设置自动扶梯。

（4）大型和中型商店的营业区宜设自动扶梯和自动人行道。

2. 布置规定

（1）出入口畅通区的宽度不应小于 2.50m，畅通区有密集人流穿行时，其宽度应加大。

（2）栏板应平整、光滑和无突出物；扶手带顶面距自动扶梯前缘、自动人行道踏板面或胶带面的垂直高度不应小于 0.90m；扶手带外边至任何障碍物不应小于 0.50m，否则应采取措施防止障碍物引起人员伤害。

（3）扶手带中心线与平行墙面或楼板开口边缘间的距离、相邻平行交叉设置时两梯（道）之间扶手带中心线的水平距离不宜小于 0.50m，否则应采取措施防止障碍物引起人员伤害。

（4）自动扶梯的梯级、自动人行道的踏板或胶带上空，垂直净高不应小于 2.30m。

（5）自动扶梯的倾斜角不应超过 30°，当提升高度不超过 6m，额定速度不超过 0.5m/s 时，倾斜角允许增至 35°；倾斜式自动人行道的倾斜角不应超过 12°。

（6）自动扶梯和层间相通的自动人行道单向设置时，应就近布置相匹配的楼梯。

（7）设置自动扶梯或自动人行道所形成的上下层贯通空间，应符合防火规范所规定的有关防火分区等要求。

由其他材料得知：自动扶梯的梯级宽度为 600mm、800mm 和 1000mm。理论输送能力分别为每小时 4500 人、6750 人和 9000 人。其中 1000mm 的用量最大。自动扶梯和自动人行道在露天运行时，宜加设顶棚和围护。

第六节 屋顶的构造

一、屋顶的基本类型

（一）屋顶的构成

屋顶由屋面面层和屋顶结构两部分组成。

（二）屋顶应满足的要求

1. 承重要求

屋顶应能够承受雨雪、积灰、设备和上人所产生的荷载并顺利地将这些荷载传递给墙或柱。

2. 保温要求

屋面是建筑物最上层的围护结构，它应具有一定的热阻能力，以防止热量从屋面过分流失。

3. 防水要求

屋面积水（积雪）后应通过屋面设置的排水坡度、排水设备尽快将雨水排除；同时，应通过防水材料的设置使屋面具有一定的抗渗能力，避免造成雨水渗漏。

4. 美观要求

屋顶是建筑物的重要组成部分。屋顶的设计应兼顾技术和艺术两大方面。屋顶的形式、材料、颜色、构造均应是重点的内容。

（三）屋顶的类型

(1) 屋顶的类型分为平屋顶、坡屋顶和特殊形式的屋顶（如：网架、悬索、壳体、折板、膜结构等）。

(2) 平屋顶按防水材料和防水构造的不同分为：卷材防水屋面、涂膜防水屋面、复合防水屋面、保温隔热屋面（保温屋面是具有保温层的屋面；隔热屋面是以通风、散热为主的屋面，包括蓄水屋面、架空屋面、种植屋面三种做法）。

(3) 坡屋顶按面层材料与防水做法的不同分为：块瓦屋面、混凝土瓦屋面、波形瓦屋面、沥青瓦屋面、金属板屋面、玻璃采光顶等。

（四）屋面的排水坡度

屋面的排水坡度与屋面材料、屋顶结构形式、地理气候条件、构造做法、经济条件等多种因素有关。

1. 排水坡度的表达方式

(1) 坡度：高度尺寸与水平尺寸的比值，常用"i"作标记，如：$i=5\%$，$i=25\%$等。这种表达方式多用于平屋面。

(2) 高跨比：高度尺寸与跨度尺寸的比值，如：高跨比为1/4等。这种表达方式多用于坡屋面。

(3) 角度：斜线与水平线之间的夹角。这种表达方式可以应用于平屋面及坡屋面。

2. 屋面的常用坡度

(1)《民用建筑设计通则》GB 50352—2005中规定的屋面常用坡度如表24-88所列。

屋 面 常 用 坡 度　　　　　　　表24-88

屋 面 类 别	屋面排水坡度（%）	屋 面 类 别	屋面排水坡度（%）
卷材防水、刚性防水的平屋面	2～5	网架、悬索结构金属板	≥4
平瓦	20～50	压型钢板	5～35
波形瓦	10～50	种植土屋面	1～3
油毡瓦	≥20		

注：1. 平屋面采用结构找坡不应小于3%，采用材料找坡宜为2%。
　　2. 卷材屋面的坡度不应大于25%，当屋面坡度大于25%时，应采取固定和防止下滑的措施。
　　3. 卷材防水屋面天沟、檐沟的纵向坡度不应小于1%，沟底水落差不得超过200mm。天沟、檐沟排水不得流经变形缝和防火墙。
　　4. 平瓦必须铺置牢固；抗震设防地区或坡度大于50%的屋面，应采取固定加强措施。
　　5. 架空隔热屋面坡度不宜大于5%，种植屋面坡度不宜大于3%。

(2)《屋面工程技术规范》GB 50345—2012 中对屋面常用坡度的规定为：

1）当采用材料找坡时，宜采用质量轻、吸水率低和有一定强度的材料，坡度宜为 2%；

2）混凝土结构层宜采用结构找坡，坡度不应小于 3%；

3）当采用混凝土架空隔热层时，屋面坡度不宜大于 5%；

4）蓄水隔热屋面的排水坡度不宜大于 0.5%；

5）倒置式屋面的坡度宜为 3%；

6）种植隔热层的屋面坡度大于 20% 时，其排水层、种植土等应采取防滑措施；

7）金属檐沟、天沟的纵向坡度宜为 0.5%；

8）烧结瓦、混凝土瓦屋面的坡度不应小于 30%；

9）沥青瓦屋面的坡度不应小于 20%。

(3)《屋面工程质量验收规范》GB 50207—2012 中对屋面常用坡度的规定为：

1）结构找坡的屋面坡度不应小于 3%；

2）材料找坡的屋面坡度宜为 2%；

3）檐沟、天沟纵向坡度不应小于 1%，沟底水落差不得超过 200mm。

(4)《民用建筑太阳能热水系统应用技术规程》GB 50364—2005 中指出：

1）平屋面：坡度小于 10° 的建筑屋面。

2）坡屋面：坡度大于等于 10° 且小于 75° 的建筑屋面。

二、平屋顶的构造

(一) 平屋顶构造层次的确定因素

平屋顶的构造层次及常用材料的选取，与以下几个方面的因素有关：

(1) 屋面是上人屋面还是非上人屋面。上人屋面做法的最上部应是面层，非上人屋面则是保护层。

(2) 屋面的找坡方式是结构找坡还是材料找坡。材料找坡应设置找坡层，结构找坡可以取消找坡层。

(3) 屋面所处房间是湿度大的房间还是正常湿度的房间。湿度大的房间应做隔气层，一般湿度的房间则不做隔气层。

(4) 屋面做法是正置式做法（防水层在保温层上部的做法）还是倒置式做法（保温层在防水层上部的做法）。

(5) 屋面所处地区是北方地区（以保温做法为主）还是南方地区（以通风散热做法为主）；地区不同，构造做法也不一样。

(二) 正置式保温平屋面的构造

1. 正置式保温平屋面是防水层在上、保温层在下的保温平屋面。保温层的作用是减少冬季室内热量过多散失的构造层。严寒和寒冷地区的屋面必须设置保温层。这种屋面的防水层可以选用防水卷材或防水涂膜。

2. 卷材（涂膜）防水保温平屋面的基本构造层次。

(1) 正置式上人屋面

面层—隔离层—防水层—找平层—保温层—找平层—找坡层—结构层

注：有隔气要求的屋面，应在保温层与结构层之间设置隔气层。

(2) 正置式非上人屋面

保护层—防水层—找平层—保温层—找平层—找坡层—结构层

注：有隔汽要求的屋面，应在保温层与结构层之间设置隔气层。

(三) 平屋顶各构造层次的材料选择

综合《屋面工程技术规范》GB 50345—2012 和《屋面工程质量验收规范》GB 50327—2012 中对平屋面构造层次的规定为：

1. 承重层

平屋顶的承重结构多以钢筋混凝土板为主；可以现浇，也可以预制。层数低的建筑有时也可以选用钢筋加气混凝土板。

2. 保温层

保温层是减少围护结构热交换作用的构造层次。

(1) 保温层设计应符合下列规定：

1) 保温层应选用吸水率低，导热系数小，并有一定强度的保温材料；

2) 保温层的厚度应根据所在地区现行节能设计标准，经计算确定；

3) 保温层的含水率，应相当于该材料在当地自然风干状态下的平衡含水率；

4) 屋面为停车场等高荷载情况时，应根据计算确定保温材料的强度；

5) 纤维材料做保温层时，应采取防止压缩的措施；

6) 屋面坡度较大时，保温层应采取防滑措施；

7) 封闭式保温层或保温层干燥有困难的卷材屋面，宜采取排汽构造措施。

(2) 保温层的位置：

1) 倒置式做法：保温层设置在防水层上部的做法。此时，保温层的上面应做保护层。

2) 正置式做法：保温层设置在防水层下部的做法。此时，保温层的上面应做找平层。

(3) 保温层及保温材料：

《屋面工程技术规范》GB 50345—2012 中规定的保温层及保温材料见表 24-89。

保温层及其保温材料　　　　　　　　　　表 24-89

保温层	保温材料
块状材料保温层	聚苯乙烯泡沫塑料（XPS 板、EPS 板）、硬质聚氨酯泡沫塑料、膨胀珍珠岩制品、泡沫玻璃制品、加气混凝土砌块、泡沫混凝土砌块
纤维材料保温层	玻璃棉制品、岩棉制品、矿渣棉制品
整体材料保温层	喷涂硬泡聚氨酯、现浇泡沫混凝土

(4) 北京地区推荐使用的保温材料和厚度取值为：

1) 挤塑型聚苯乙烯泡沫塑料板（XPS 板），导热系数≤0.032W/(m·K)、表观密度≥25kg/m³，厚度为 50～70mm，阻燃性材料；

2) 模塑（膨胀）型聚苯乙烯泡沫塑料板（EPS 板），导热系数≤0.041W/(m·K)，表观密度≥22kg/m³，厚度为 70～95mm，阻燃性材料；

3) 硬泡聚氨酯板（PU 板），导热系数≤0.024W/(m·K)，表观密度≥55kg/m³，厚度为 40～55mm；

4) 胶粉聚苯颗粒，导热系数≤0.07W/(m·K)，表观密度≥250 kg/m³，厚度为

100~150mm。

(5) 保温材料的构造要求：

1) 屋面与天沟、檐沟、女儿墙、变形缝、伸出屋面的管道等热桥部位，当内表面温度低于室内空气露点温度时，均应作保温处理。

2) 外墙保温材料应在女儿墙压顶处断开，压顶上部抹面及保温材料应为 A 级材料；无女儿墙但有挑檐板的屋面，外墙保温材料应在挑檐板下部断开。

(6) 屋面排汽构造：

当屋面保温层或找平层干燥有困难时，应做好屋面排汽设计，屋面排汽层的设计应符合下列规定：

1) 找平层设置的分格缝可以兼作排汽道，排汽道内可填充粒径较大的轻质骨料；

2) 排气道应纵横贯通，并与和大气连通的排气管相通，排气管的直径应不小于 40mm，排气孔可设在檐口下或纵横排汽道的交叉处；

3) 排气道纵横间距宜为 6m，屋面面积每 36m² 宜设置一个排气孔，排气孔应作防水处理；

4) 在保温层下也可铺设带支点的塑料板。

屋面排气构造如图 24-71 所示。

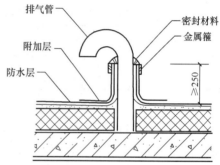

图 24-71 排汽屋面的构造

3. 隔气层

当严寒和寒冷地区屋面结构冷凝界面内侧实际具有的蒸汽渗透阻小于所需值，或其他地区室内湿气有可能透过屋面结构层时，应设置隔气层。

(1) 正置式屋面的隔气层应设置在结构层上，保温层下；倒置式屋面不设隔气层。

(2) 隔气层应选用气密性、水密性好的材料。

(3) 隔气层应沿周边墙面向上连续铺设，高出保温层上表面不得小于 150mm。

(4) 隔气层采用卷材时宜空铺，卷材搭接缝应满粘，其搭接宽度不应小于 80mm；隔气层采用涂料时，应涂刷均匀。

注：2004 年版《屋面工程技术规范》规定隔气层的设置原则是：

①在纬度 40°以北地区且室内空气湿度大于 75%，或其他地区室内空气湿度常年大于 80%时，保温屋面应设置隔气层。

②隔气层应在保温层下部设置并沿墙面向上铺设，与屋面的防水层相连接，形成全封闭的整体。

③隔气层可采用气密性、水密性好的单层卷材或防水涂料。

4. 防水层

防水层是防止雨（雪）水渗透、渗漏的构造层次。

(1) 防水等级和设防要求

屋面防水工程应根据建筑物的类别、重要程度、使用功能要求确定防水等级，并应按相应等级进行防水设防，对防水有特殊要求的建筑屋面，应进行专项防水设计。屋面防水等级和设防要求应符合表 24-90 的规定。

(2) 防水材料的选择

屋面防水等级和防水层设防　　　　　　　　　表 24-90

防水等级	建筑类别	设防要求
Ⅰ级	重要建筑和高层建筑	两道防水设防
Ⅱ级	一般建筑	一道防水设防

注：2004 年版《屋面工程技术规范》将防水等级分为 4 级：Ⅰ级适用于特别重要的建筑或对防水有特殊要求的建筑，防水层的合理使用年限为 25 年，采用三道或三道以上防水设防；Ⅱ级适用于重要的建筑和高层建筑，防水层的合理使用年限为 15 年，采用二道防水设防；Ⅲ级适用于一般的建筑，防水层的合理使用年限为 10 年，采用一道防水设防（可以采用三毡四油）；Ⅳ级适用于非永久性建筑，防水层的合理使用年限为 5 年，采用一道防水设防（可以采用二毡三油）。

1) 防水材料的选择与防水等级的关系应符合表 24-91 的规定。

防水材料的选择与防水等级的关系　　　　　　　　　表 24-91

防水等级	防 水 做 法
Ⅰ级	卷材防水层和卷材防水层、卷材防水层与涂膜防水层、复合防水层
Ⅱ级	卷材防水层、涂膜防水层、复合防水层

2) 防水卷材的选择和厚度确定

①防水卷材可选用合成高分子防水卷材或高聚物改性沥青防水卷材，其外观质量和品种、规格应符合国家现行有关材料标准的规定。

②应根据当地历年最高气温、最低气温、屋面坡度和使用条件等因素，应选择耐热度、低温柔性相适应的卷材。

③根据地基变形程度、结构形式、当地年温差、日温差和振动等因素，选择拉伸性能相适应的卷材。

④应根据防水卷材的暴露程度，选择耐紫外线、耐根穿刺、耐老化、耐霉烂相适应的卷材。

⑤种植隔热屋面的防水层应选择耐根穿刺防水卷材。

⑥每道卷材防水层的最小厚度应符合表 24-92 的规定。

每道卷材防水层的最小厚度（mm）　　　　　　　　　表 24-92

防水等级	合成高分子防水卷材	高聚物改性沥青防水卷材		
		聚酯胎、玻纤胎、聚乙烯胎	自粘聚酯胎	自粘无胎
Ⅰ级	1.2	3.0	2.0	1.5
Ⅱ级	1.5	4.0	3.0	2.0

⑦合成高分子防水卷材的主要性能指标应符合表 24-93 的规定。

⑧高聚物改性沥青防水卷材的主要性能指标应符合表 24-94 的规定。

⑨屋面坡度大于 25% 时，卷材应采取满粘和钉压固定措施。

⑩卷材的铺贴方式为：卷材宜平行屋脊铺贴，上下层卷材不得相互垂直铺贴。

3) 防水涂料的选择和厚度的确定

合成高分子防水卷材主要性能指标　　　　　　　　　　表 24-93

项　目		指　标			
		硫化橡胶类	非硫化橡胶类	树脂类	树脂类（复合片）
断裂拉伸强度（MPa）		≥6	≥3	≥10	≥60 N/10mm
扯断伸长率（%）		≥400	≥200	≥200	≥400
低温弯折（℃）		−30	−20	−25	−20
不透水性	压力（MPa）	≥0.3	≥0.2	≥0.3	≥0.3
	保持时间（min）	≥30			
加热收缩率（%）		<1.2	<2.0	≤2.0	≤2.0
热老化保持率 (80℃×168h,%)	断裂拉伸强度	≥80		≥85	≥80
	扯断伸长率	≥70		≥80	≥70

高聚物改性沥青防水卷材主要性能指标　　　　　　　　　　表 24-94

项　目		性　能　要　求				
		聚酯毡胎体	玻纤毡胎体	聚乙烯胎体	自粘聚酯胎体	自粘无胎体
可溶物含量（g/m²）		3mm厚，≥2100 4mm厚，≥2900	—	—	2mm厚，≥1300 3mm厚，≥2100	—
拉力（N/50mm）		≥450	纵向≥350	≥200	2mm厚，≥350 3mm厚，≥450	≥150
延伸率（%）		最大拉力时 SBS≥30 APP≥25	—	断裂时 ≥120	最大拉力时 ≥30	最大拉力时 ≥200
耐热度（2h）（℃）		SBS卷材90， APP卷材110， 无滑动、流淌、滴落		PEE卷材90， 无流淌、起泡	70，无滑动、 流淌、滴落	70，滑动 不超过2mm
低温柔度（℃）		SBS卷材−20；APP卷材−7；PEE卷材−10			−20	
不透水性	压力（MPa）	≥0.3	≥0.2	≥0.4	≥0.3	≥0.2
	保持时间（min）	≥30			≥120	

注：SBS卷材为弹性体改性沥青防水卷材；APP卷材为塑性体改性沥青防水卷材；PEE卷材为改性沥青聚乙烯胎防水卷材。

①防水涂料可按合成高分子防水涂料、聚合物水泥防水涂料和高聚物改性沥青防水涂料选用，其外观质量和品种、型号应符合国家现行有关材料标准的规定；

②应根据当地历年最高气温、最低气温、屋面坡度和使用条件等因素，选择耐热性和低温柔性相适应的涂料；

③应根据地基变形程度、结构形式、当地年温差、日温差和振动等因素,选择拉伸性能相适应的涂料;

④应根据屋面涂膜的暴露程度,选择耐紫外线、耐老化相适应的涂料;

⑤屋面排水坡度大于25%时,应选择成膜时间较短的涂料;

⑥每道涂膜防水层的最小厚度应符合表24-95的规定。

每道涂膜防水层的最小厚度（mm） 表24-95

防水等级	合成高分子防水涂膜	聚合物水泥防水涂膜	高聚物改性沥青防水涂膜
Ⅰ级	1.5	1.5	2.0
Ⅱ级	2.0	2.0	3.0

4）复合防水层的设计和厚度确定

①选用的防水卷材和防水涂料应相容;

②防水涂膜宜设置在卷材防水层的下面;

③挥发固化型防水涂料不得作为防水卷材粘结材料使用;

④水乳型或合成高分子类防水涂膜上面,不得采用热熔型防水卷材;

⑤水乳型或水泥基类防水涂料,应待涂膜实干后再采用冷粘铺贴卷材;

⑥复合防水层的最小厚度应符合表24-96的规定。

复合防水层的最小厚度（mm） 表24-96

防水等级	合成高分子防水卷材+合成高分子防水涂膜	自粘聚合物改性沥青防水卷材（无胎）+合成高分子防水涂膜	高聚物改性沥青防水卷材+高聚物改性沥青防水涂膜	聚乙烯丙纶卷材+聚合物水泥防水胶结材料
Ⅰ级	1.2+1.5	1.5+1.5	3.0+2.0	(0.7+1.3)×2
Ⅱ级	1.0+1.0	1.2+1.0	3.0+1.2	0.7+1.3

5）下列情况不得作为屋面的一道防水设防

①混凝土结构层;

②Ⅰ型喷涂硬泡聚氨酯保温层;

③装饰瓦以及不搭接瓦;

④隔气层;

⑤细石混凝土层;

⑥卷材或涂膜厚度不符合规范规定的防水层。

6）附加层设计应符合的规定

①檐沟、天沟与屋面交接处,屋面平面与立面交接处,以及水落口、伸出屋面管道根部等部位,应设置卷材或涂膜附加层;

②屋面找平层分格缝等部位,宜设置卷材空铺附加层,其空铺宽度不宜小于100mm;

③附加层最小厚度应符合表24-97的规定。

附加层最小厚度　　　　　　　　　　　　　表 24-97

附加层材料	最小厚度（mm）
合成高分子防水卷材	1.2
高聚物改性沥青防水卷材（聚酯胎）	3.0
合成高分子防水涂料、聚合物水泥防水涂料	1.5
高聚物改性沥青防水涂料	2.0

注：涂膜附加层应加铺胎体增强材料。

7）防水卷材接缝

防水卷材接缝应采用搭接缝，卷材搭接宽度应符合表 24-98 的规定。

卷材搭接宽度（mm）　　　　　　　　　　　表 24-98

卷材类别		搭接宽度（mm）
合成高分子防水卷材	胶粘剂	80
	胶粘带	50
	单缝焊	60，有效焊接宽度不小于 25
	双缝焊	80，有效焊接宽度 10×2＋空腔宽
高聚物改性沥青防水卷材	胶粘剂	100
	自粘	80

8）胎体增强材料

①胎体增强材料宜采用聚酯无纺布或化纤无纺布；

②胎体增强材料长边搭接宽度不应小于 50mm，短边搭接宽度不应小于 70mm；

③上下层胎体增强材料的长边搭接缝应错开，且不得小于幅宽的 1/3；

④上下层胎体增强材料不得相互垂直铺设。

5．找平层

(1) 卷材屋面、涂膜屋面的基层宜设找平层。找平层厚度和技术要求应符合表 24-99 的规定。

找平层厚度和技术要求　　　　　　　　　　表 24-99

找平层分类	适用的基层	厚度（mm）	技术要求
水泥砂浆	整体现浇混凝土板	15～20	1∶2.5 水泥砂浆
	整体材料保温层	20～25	
细石混凝土	装配式混凝土板	30～35	C20 混凝土，宜加钢筋网片
	板状材料保温层		C20 混凝土

(2) 保温层上的找平层应留设分格缝，缝宽宜为 5～20mm，纵横缝的间距不宜大于 6m。

6．找坡层

找坡层应采用轻质材料单独铺设，其位置可以在保温层的上部或下部。找坡层亦可与保温层合并设置。

找坡材料应分层铺设和适当压实，表面应平整。

7. 隔离层

隔离层是消除材料之间粘结力、机械咬合力等相互作用的构造层次。

块体材料、水泥砂浆或细石混凝土保护层与卷材、涂膜防水层之间，应设置隔离层。隔离层材料的适用范围和技术要求宜符合表 24-100 的规定。

隔离层材料的适用范围和技术要求 表 24-100

隔离层材料	适 用 范 围	技 术 要 求
塑料膜	块体材料、水泥砂浆保护层	0.4mm 厚聚乙烯膜或 3mm 厚发泡聚乙烯膜
土工布	块体材料、水泥砂浆保护层	200g/m² 聚酯无纺布
卷材	块体材料、水泥砂浆保护层	石油沥青卷材一层
低强度等级砂浆	细石混凝土保护层	10mm 黏土砂浆，石灰膏：砂：黏土＝1：2.4：3.6
		10mm 厚石灰砂浆，石灰膏：砂＝1：4
		5mm 厚掺有纤维的石灰砂浆

注：1. 2004 年版规范规定细石混凝土防水层（刚性防水层）与结构层之间宜设置隔离层；
  2. 刚性防水层是采用细石混凝土或补偿收缩混凝土制作的防水层。厚度为 40mm，内配直径为 4～6mm，双向间距为 100mm 的钢筋网片。刚性防水层的坡度宜为 3%，并应采用结构找坡。刚性防水层适用于Ⅲ级的屋面防水，亦可作为Ⅰ级、Ⅱ级屋面防水的一道防水层。刚性防水层不适用于设有松散材料保温层、受较大振动和冲击的屋面，也不宜在严寒和寒冷地区使用。

8. 保护层

保护层是对防水层或保温层等起防护作用的构造层次。

（1）上人屋面的保护层可采用块体材料、细石混凝土等材料，不上人屋面保护层可采用浅色涂料、铝箔、矿物粒料、水泥砂浆等材料。各种保护层材料的适用范围和技术要求应符合表 24-101 的规定。

保护层材料的适用范围和技术要求 表 24-101

保护层材料	适用范围	技术要求
浅色涂料	不上人屋面	丙烯酸系反射涂料
铝箔	不上人屋面	0.05mm 厚铝箔反射膜
矿物粒料	不上人屋面	不透明的矿物粒料
水泥砂浆	不上人屋面	20mm 厚 1：2.5 或 M15 水泥砂浆
块体材料	上人屋面	地砖或 30mmC20 细石混凝土预制块
细石混凝土	上人屋面	40mm 厚 C20 细石混凝土或 50mm 厚 C20 细石混凝土内配 $\phi 4@100$ 双向钢筋网片

（2）采用块体材料做保护层时，宜设分格缝，其纵横间距不宜大于 10m，分格缝宽度宜为 20mm，并应用密封材料嵌填。

（3）采用水泥砂浆做保护层时，表面应抹平压光，并应设表面分格缝，分格面积宜为 1m²。

（4）采用细石混凝土做保护层时，表面应抹平压光，并应设表面分格缝，其纵横间距不应大于 6m，分隔缝宽度宜为 10～20mm，并应用密封材料嵌填。

（5）采用浅色涂料做保护层时，应与防水层粘结牢固，厚薄应均匀，不得漏涂。

（6）块体材料、水泥砂浆、细石混凝土保护层与女儿墙或山墙之间，应预留宽度为30mm的缝隙，缝内宜填塞聚苯乙烯泡沫塑料，并应用密封材料嵌填。

（7）需经常维护的设施周围和屋面出入口至设施之间的人行道，应铺设块体材料或细石混凝土保护层。

（四）倒置式保温平屋面

1. 综合《屋面工程技术规范》GB 50345—2012 和《倒置式屋面工程技术规范》JGJ 230—2010 中的相关规定：

（1）倒置式保温平屋面是保温层在上、防水层在下的平屋面。它的基本构造层次为：保护层—保温层—防水层—找平层—找坡层—结构层。

（2）倒置式保温屋面的构造要求

1）倒置式屋面的防水等级应为Ⅰ级或Ⅱ级；

2）倒置式屋面，坡度不宜小于3％；

3）倒置式屋面的保温层使用年限不宜低于防水层的使用年限。保温层应采用吸水率低，且长期浸水不变质的保温材料；

4）板状保温材料的下部纵向边缘应设排水凹槽；

5）保温层与防水层所用材料应相容匹配；

6）保温层上面宜采用块体材料或细石混凝土做保护层；

7）檐沟、水落口部位应采用现浇混凝土堵头或砖砌堵头，并应作好保温层的排水处理。

（3）倒置式保温屋面的材料选择

1）找坡层

①宜采用结构找坡；

②当采用材料找坡时，找坡层最薄处的厚度不得小于30mm。

2）找平层

①防水层的下部应设置找平层；

②找平层可采用水泥砂浆或细石混凝土，厚度应为15～40mm；

③找平层应设分格缝，缝宽宜为10～20mm，纵横缝的间距不宜大于6m；缝中应用密封材料嵌填。

3）防水层

应选用耐腐蚀、耐霉烂，适应基层变形能力的防水材料。

4）保温层

可以选用挤塑聚苯板、硬泡聚氨酯板、硬泡聚氨酯防水保温复合板、喷涂硬泡聚氨酯及泡沫玻璃保温板等。设计厚度应按计算厚度增加25％取值，最小厚度不应小于25mm。

5）保护层

①可以选用卵石、混凝土板块、地砖、瓦材、水泥砂浆、金属板材、人造草皮、种植植物等材料；

②保护层的质量应保证当地30年一遇最大风力时保温板不会被刮起和保温板在积水状态下不会浮起；

③当采用板状材料、卵石作保护层时，在保护层与保温层之间应设置隔离层；

④当采用板状材料作上人屋面保护层时,板状材料应采用水泥砂浆坐浆平铺,板缝应采用砂浆勾缝处理;当屋面为非上人屋面时,板状材料可以平铺,厚度不应小于30mm;

⑤当采用卵石保护层时,其粒径宜为40~80mm;

⑥保护层应设分格缝,面积分别为:水泥砂浆1m²,板状材料100m²,细石混凝土36m²;

倒置式保温屋面的构造如图24-72所示。

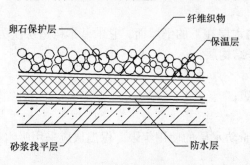

图24-72 倒置式保温屋面的构造

(五)隔热屋面的构造

隔热屋面是设置隔热层的屋面。隔热层的作用是减少太阳辐射热对室内作用的构造层次。隔热屋面的具体做法有以下三种:

1. 种植隔热屋面

综合《屋面工程技术规范》GB 50345—2012、《屋面工程质量验收规范》GB 50207—2012和《种植屋面工程技术规程》JGJ 155—2013的相关规定:

(1) 种植隔热屋面的类别

1) 简单式种植屋面:绿化面积占屋面总面积大于80%的叫简单式种植屋面。

2) 花园式种植屋面:绿化面积占屋面总面积大于60%的叫花园式种植屋面。

3) 容器式种植屋面:容器种植的土层厚度应满足植物生存的营养要求,不应小于100mm。

(2) 种植隔热屋面的基本构造层次

1) 种植隔热屋面(有保温层)的基本构造层次为:种植隔热层—过滤层—排(蓄)水层—保护层—耐根穿刺防水层—普通防水层—找平层—保温层—找平层—找坡层—结构层。

2) 种植隔热屋面(无保温层)的基本构造层次为:种植隔热层—过滤层—排(蓄)水层—保护层—耐根穿刺防水层—普通防水层—找平层—找坡层—结构层。

(3) 种植隔热屋面的一般规定

1) 不宜设计为倒置式屋面。

2) 结构层宜采用现浇钢筋混凝土。

3) 防水层应满足Ⅰ级防水等级设防要求。防水层应不少于两道防水设防,上道应为耐根穿刺防水材料;两道防水层的材料应相容并应相邻铺设。

4) 种植平屋面的排水坡度不宜小于2%;天沟、檐沟的排水坡度不宜小于1%。

5) 当屋面坡度小于10%时,可按种植平屋面的规定执行。

6) 当屋面坡度大于或等于20%时,种植坡屋面应设置挡墙或挡板防滑构造;亦可采用阶梯式或台地式种植。

7) 当屋面坡度大于50%时,不宜作种植屋面。

8) 种植坡屋面不宜采用土工布等软质保护层;屋面坡度大于20%时,保护层应采用细石混凝土。

9) 种植坡屋面满覆盖种植宜采用草坪地被植物。

10）种植坡屋面在沿山墙和檐沟部位应设置安全防护栏杆。

（4）种植屋面的构造要求

1）种植屋面的女儿墙周边泛水部位和屋面檐口部位，应设置不小于 300mm 缓冲带，缓冲带可结合卵石带、园路或排水沟等设置。

2）防水层的泛水高度应高出种植土不应小于 250mm。地下建筑顶板防水层的泛水高度高出种植土不应小于 500mm。

3）竖向穿过屋面的管道，应在结构层内预埋套管，套管高出种植土不应小于 250mm。

4）坡屋面的种植檐口应设置种植土挡墙，挡墙的防水层应与檐沟防水层连成一体。挡土墙上应埋设排水管（孔）。

5）变形缝上不应种植植物，变形缝墙应高于种植土，可铺设盖板作为园路。

6）种植屋面宜采用外排水方式，水落口宜结合缓冲带设置。

7）屋面排水沟上可铺设盖板作为园路，侧墙应设置排水孔。

8）硬质铺装应向水落口处找坡。当种植挡墙高于铺装时，挡墙应设置排水孔。

（5）种植屋面的材料选择

1）找坡层

① 当坡长小于 4m 时，宜采用水泥砂浆找坡；

② 当坡长为 4～9m 时，可采用加气混凝土、轻质陶粒混凝土、水泥膨胀珍珠岩和水泥蛭石等材料找坡，也可以采用结构找坡；

③当坡长大于 9m 时，应采用结构找坡。

2）保温层

①保温隔热材料的密度不宜大于 $100kg/m^3$，压缩强度不得低于 100kPa，100kPa 压缩强度下，压缩比不得大于 10%。

② 保温隔热材料可采用喷涂硬泡聚氨酯、硬泡聚氨酯板、挤塑聚苯乙烯泡沫塑料保温板、硬质聚异氰脲酸酯泡沫保温板、酚醛硬泡保温板等轻质板状绝热材料。不得采用散状绝热材料。

3）普通防水层

普通防水层可以选用改性沥青防水卷材（一道最小厚度为 4.0mm）、高分子防水卷材（一道最小厚度为 1.5mm）、自粘聚合物改性沥青防水卷材（一道最小厚度为 3.0mm）、高分子防水涂料（一道最小厚度为 2.0mm）和喷涂聚脲防水涂料（一道最小厚度为 2.0mm）。

4）耐根穿刺防水层

① 排（蓄）水材料不得作为耐根穿刺防水材料使用；

② 聚乙烯丙纶防水卷材和聚合物水泥胶结材料复合耐根穿刺防水材料应采用双层卷材复合作为一道耐根穿刺防水层。

③ 防水卷材搭接缝应采用与卷材相容的密封材料封严。内增强高分子耐根穿刺防水搭接缝应用密封胶封闭。

④ 耐根穿刺防水层上应设保护层，保护层应符合下列规定：

a. 简单式种植屋面和容器种植宜采用体积比为 1∶3，厚度为 15～20mm 的水泥砂浆作保护层；

  b. 花园式种植屋面宜采用厚度不小于 40mm 的细石混凝土作保护层；
  c. 地下建筑顶板种植应采用厚度不小于 70mm 的细石混凝土作保护层；
  d. 采用水泥砂浆和细石混凝土作保护层时，保护层下面应铺设隔离层；
  e. 采用土工布或聚酯无纺布作保护层时，单位面积质量不应小于 $300g/m^2$；
  f. 采用聚乙烯丙纶复合防水卷材作保护层时，芯材厚度不应小于 0.4mm；
  g. 采用高密度聚乙烯土工膜作保护层时，厚度不应小于 0.4mm。

5）排（蓄）水材料

① 排（蓄）水材料可以选用凹凸形排（蓄）水板、网状交织排水板、级配碎石、卵石和陶粒。

② 级配碎石的粒径宜为 10～25mm，卵石的粒径宜为 25～40mm，铺设厚度均不宜小于 100mm。

③ 陶粒的粒径宜为 10～25mm，堆积密度不宜大于 $500kg/m^3$，铺设厚度不宜小于 100mm。

6）过滤材料

过滤材料宜选用聚酯无纺布，单位面积质量不宜小于 $200g/m^2$。

7）种植土

① 种植土应具有质量轻、养分适度、清洁无毒和安全环保等特性。
② 种植土的类型有田园土、改良土和无机种植土。
③ 改良土有机材料体积掺入量不宜大于 30％；有机质材料应充分腐熟灭菌。
④ 应根据植物种类确定种植土厚度，并应符合表 24-102 的规定。

种植土厚度   表 24-102

种植土厚度（mm）	植物种类				
	草坪、地被	小灌木	大灌木	小乔木	大乔木
	≥100	≥300	≥500	≥600	≥900

8）种植植物

① 不宜种植高大乔木、速生乔木；
② 不宜种植根系发达的植物和根状茎植物；
③ 高层建筑屋面和坡屋面宜种植草坪和地被植物；

9）种植容器

① 容器材质的使用年限不应低于 10 年。
② 容器高度不应小于 100mm。

2. 蓄水隔热屋面

综合《屋面工程技术规范》GB 50345—2012 和《屋面工程质量验收规范》GB 50207—2012 的相关规定：

（1）蓄水隔热屋面的基本构造层次

1）有保温层的蓄水屋面：蓄水隔热层—隔离层—防水层—找平层—保温层—找平层—找坡层—结构层。

2）无保温层的蓄水屋面：蓄水隔热层—隔离层—防水层—找平层—找坡层—结构层。

（2）蓄水隔热屋面的应用

蓄水隔热屋面不宜在严寒地区和寒冷地区、地震设防地区和振动较大的建筑物上采用。

（3）蓄水隔热屋面的构造要求

1）蓄水隔热屋面的坡度不宜大于0.5%。

2）蓄水池应采用强度等级不低于C20，抗渗等级不低于P6的防水混凝土制作；蓄水池内宜采用20mm厚防水砂浆抹面。

3）蓄水池的蓄水深度宜为150～200mm。

4）蓄水池应设溢水口、排水管和给水管，排水管应与排水出口连通。

5）蓄水隔热屋面应划分为若干蓄水区，每区的边长不宜大于10m，在变形缝的两侧应分成两个互不连通的蓄水区。长度超过40m的蓄水隔热屋面应分仓设置，分仓隔墙可采用现浇混凝土或砌体。

6）蓄水池溢水口距分仓墙顶面的高度不得小于100mm。

7）蓄水池应设置人行通道。

8）蓄水隔热屋面隔热层与防水层之间应设置隔离层。

9）蓄水池的所有孔洞均应预留，给水管、排水管和溢水管等，均应在蓄水池混凝土施工前安装完毕。

10）蓄水池的防水混凝土应一次浇筑完毕，不得留施工缝。

11）防水混凝土应用机械振捣密实，表面应抹平和压光；初凝后应覆盖养护，终凝后浇水养护不得少于14d；蓄水后不得断水。

3. 架空隔热屋面

综合《屋面工程技术规范》GB 50345—2012和《屋面工程质量验收规范》GB 50207—2012中的相关规定：

（1）架空隔热屋面的基本构造层次

1）有保温层的架空屋面：架空隔热层—防水层—找平层—保温层—找平层—找坡层—结构层。

2）无保温层的架空屋面：架空隔热层—防水层—找平层—找坡层—结构层。

（2）架空隔热屋面的应用

架空隔热层宜在屋顶有良好通风的建筑物上采用，不宜在寒冷地区和严寒地区采用。

（3）架空隔热屋面的构造要求

1）采用混凝土板架空隔热层时，混凝土板的强度等级不应低于C20，屋面坡度不宜大于5%。

2）支点砌块的强度等级，非上人屋面不应低于MU7.5，上人屋面不应低于MU10；

3）架空隔热层的高度宜为180～300mm。架空板与女儿墙的距离不应小于250mm。

4）屋面宽度大于10m时，架空隔热层中部应设置通风屋脊，通风口处应设置通风箅子。

5）架空隔热层的进风口，宜设置在当地炎热季节最大频率风向的正风压区，出风口宜设置在负风压区。

6）架空隔热制品支座底面的卷材、涂膜防水层，应采取加强措施。

架空隔热屋面的构造如图 24-73 所示。

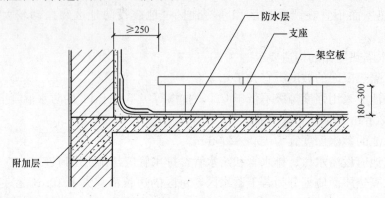

图 24-73　架空屋面的构造

（六）屋面的排水设计

1.《屋面工程技术规范》GB 50345—2012 中的规定

（1）屋面排水方式的选择应根据建筑物的屋顶形式、气候条件、使用功能等因素确定。

（2）屋面排水方式可分为有组织排水和无组织排水。有组织排水时，宜采用雨水收集系统。

（3）高层建筑屋面宜采用内排水；多层建筑屋面宜采用有组织外排水；低层建筑及檐高小于 10m 的屋面，可采用无组织排水。多跨及汇水面积较大的屋面宜采用天沟排水，天沟找坡较长时，宜采用中间内排水和两端外排水。

（4）屋面排水系统设计采用的雨水流量、暴雨强度、降雨历时、屋面汇水面积等参数，应符合现行国家标准《建筑给水排水设计规范》GB 50015—2003（2009 年版）的有关规定。

（5）屋面应适当划分排水区域，排水路线应简捷，排水应通畅。

（6）采用重力式排水时，屋面每个汇水面积内，雨水排水立管不宜少于 2 根；水落口和水落管的位置，应根据建筑物的造型要求和屋面汇水情况等因素确定。

（7）高跨屋面为无组织排水时，其低跨屋面受水冲刷的部位应加铺一层卷材，并应设 40~50mm 厚，300~500mm 宽的 C20 细石混凝土保护层；高跨屋面为有组织排水时，水落管下应加设水簸箕。

（8）暴雨强度较大地区的大型屋面，宜采用虹吸式屋面雨水排水系统。

（9）严寒地区应采用内排水，寒冷地区宜采用内排水。

（10）湿陷性黄土地区宜采用有组织排水，并应将雨雪水直接排至排水管网。

（11）檐沟、天沟的过水断面，应根据屋面汇水面积的雨水流量经计算确定。钢筋混凝土檐沟、天沟净宽不应小于 300mm；分水线处最小深度不应小于 100mm；沟内纵向坡度应不小于 1‰，沟底水落差不得超过 200mm。天沟、檐沟排水不得流经变形缝和防火墙。

（12）金属檐沟、天沟的纵向坡度宜为 0.5%。

(13) 坡屋面檐口宜采用有组织排水，檐沟和水落斗可采用金属或塑料成品。

2. 综合其他技术资料相关的数据

年降雨量小于等于900mm的地区为少雨地区，年降雨量大于900mm的地区为多雨地区。每个水落口的汇水面积宜为150～200m²；有外檐天沟时，雨水管间距可按小于等于24m设置；无外檐天沟时，雨水管间距可按小于等于15m设置。屋面雨水管的内径应不小于100mm，面积小于25m²的阳台雨水管的内径应不小于50mm，雨水管、雨水斗应首选UPVC材料（增强塑料）。雨水管距离墙面不应小于20mm，其排水口下端距散水坡的高度不应大于200mm。

(七) 屋顶凸出物的处理

1. 变形缝

平屋面上的变形缝应在缝的两侧砌筑120mm半砖墙，高度应高出屋面面层至少250mm。寒冷地区应在缝中填塞保温材料（以聚苯乙烯泡沫塑料为佳），上部覆盖混凝土板或镀锌铁皮以遮挡雨水。

2. 烟道、通风道

烟道、通风道凸出屋面的高度应不小于600mm，并应做好泛水，防水卷材的高度不应小于250mm。

3. 出人孔

平屋顶的出人孔是为了检修而设置。开洞尺寸应不小于700mm×700mm。为了防止漏水，应将板边上翻或用120mm砖墙砌出，上盖木板，以遮风挡雨。防水卷材上卷（亦称为"泛水"）的高度不应小于250mm。

当无楼梯通达屋面且建筑高度低于10m的建筑，可设外墙爬梯，爬梯多为铁质材料，宽度一般为600mm，底部距室外地面宜为2～3m。当屋面有大于2m的高差时，高低屋面之间亦应设置外墙爬梯，爬梯底部距低屋面应为600mm，爬梯距墙面为200mm。

4. 室外消防梯

《建筑设计防火规范》GB 50016—2014中规定：建筑高度大于10m的三级耐火等级建筑应设置通至屋顶的室外消防梯。室外消防梯不应面对老虎窗，宽度不应小于0.6m，且宜从离地面3m高度处设置。

三、瓦屋面（坡屋面）的构造

(一) 综合《屋面工程技术规范》GB 50345—2012和《屋面工程质量验收规范》GB 50207—2012中对瓦屋面的规定

1. 瓦屋面的防水等级和设防要求

瓦屋面的防水等级和设防要求应符合表24-103的规定。

瓦屋面防水等级和防水做法　　　　　　　　　　　表24-103

防 水 等 级	防 水 做 法
Ⅰ级	瓦＋防水层
Ⅱ级	瓦＋防水垫层

注：防水层厚度与平屋面的要求相同。

2. 瓦屋面的基本构造层次

瓦屋面的基本构造层次见表24-104所列。

瓦屋面的基本构造层次　　　　　　　　　　　　　　　　　　　　　表 24-104

屋面类型	基本构造层次（由上而下）
块瓦	块瓦—挂瓦条—顺水条—持钉层—防水层或防水垫层—保温层—结构层
沥青瓦	沥青瓦—持钉层—防水层或防水垫层—保温层—结构层

注：1. 表中结构层包括混凝土基层和木基层，防水层包括卷材和涂膜防水层；
　　2. 有隔汽要求的屋面，应在保温层与结构层之间设隔气层。

3．瓦屋面的设计

（1）瓦屋面应根据瓦的类型（块瓦、混凝土瓦、沥青瓦、金属板）和基层种类采取相应的构造做法。

（2）瓦屋面与山墙及屋面结构的交接处均应做不小于 250mm 高的泛水处理。

（3）在大风及地震设防地区或屋面坡度大于 100% 时，应采取固定加强措施。

（4）严寒及寒冷地区的瓦屋面，檐口部位应采取防止冰雪融化下坠和冰坝形成等措施。

（5）防水垫层宜采用自粘聚合物沥青防水垫层、聚合物改性沥青防水垫层，其最小厚度和搭接宽度应符合表 24-105 的规定。

防水垫层的最小厚度和搭接宽度　　　　　　　　　　　　　　　　表 24-105

防水垫层品种	最小厚度（mm）	搭接宽度（mm）
自粘聚合物沥青防水垫层	1.0	80
聚合物改性沥青防水垫层	2.0	100

（6）在满足屋面荷载的前提下，瓦屋面持钉层厚度应符合下列规定：

1）持钉层为木板时，厚度不应小于 20mm；

2）持钉层为人造板时，厚度不应小于 16mm；

3）持钉层为细石混凝土时，厚度不应小于 35mm。

（7）瓦屋面檐沟、天沟的防水层，可采用防水卷材或防水涂膜，也可采用金属板材。

4．烧结瓦、混凝土瓦屋面的构造要点

（1）烧结瓦、混凝土瓦屋面的坡度不应小于 30%。

（2）采用的木质基层、顺水条、挂瓦条，均应作防腐、防火和防蛀处理；采用的金属顺水条、挂瓦条，均应作防锈蚀处理。

（3）烧结瓦、混凝土瓦应采用干法挂瓦，瓦与屋面基层应固定牢靠。

（4）烧结瓦和混凝土瓦铺装的有关尺寸应符合下列规定：

1）瓦屋面檐口挑出墙面的长度不宜小于 300mm；

2）脊瓦在两坡面瓦上的搭盖宽度，每边不应小于 40mm；

3）脊瓦下端距坡面瓦的高度不宜大于 80mm；

4）瓦头深入檐沟、天沟内的长度宜为 50～70mm；

5）金属檐沟、天沟深入瓦内的宽度不应小于 150mm；

6）瓦头挑出檐口的长度宜为 50～70mm；

7）凸出屋面结构的侧面瓦伸入泛水的宽度不应小于 50mm。

5．沥青瓦屋面的构造要点

（1）沥青瓦屋面的坡度不应小于 20%。

（2）沥青瓦应具有自粘胶带或相互搭接的连锁构造。矿物粒料或片料覆面沥青瓦的厚度不小于2.6mm，金属箔面沥青瓦的厚度不小于2.0mm。

（3）沥青瓦的固定方式应以钉接为主、粘结为辅。每张瓦片上不得少于4个固定钉；在大风地区或屋面坡度大于100%时，每张瓦片不得少于6个固定钉。

（4）天沟部位铺设的沥青瓦可采用搭接式、编织式、敞开式。搭接式、编织式铺设时，沥青瓦下应铺设不小于1000mm宽的附加层；敞开式铺设时，在防水层或防水垫层上应铺设厚度不小于0.45mm的防锈金属板材，沥青瓦与金属板材应用沥青基胶结材料粘结，其搭接宽度不应小于100mm。

（5）沥青瓦铺装的有关尺寸应符合下列规定：

1）脊瓦在两坡面瓦上的搭盖宽度，每边不应小于150mm；
2）脊瓦与脊瓦的压盖面积不应小于脊瓦面积的1/2；
3）沥青瓦挑出檐口的长度宜为10～20mm；
4）金属泛水板与沥青瓦的搭盖宽度不应小于100mm；
5）金属泛水板与突出屋面墙体的搭接高度不应小于250mm；
6）金属滴水板伸入沥青瓦下的宽度不应小于80mm。

6. 金属板屋面的构造要点

（1）金属板屋面的防水等级和防水做法

金属板屋面的防水等级和防水做法应符合表24-106的规定。

金属板屋面防水等级和防水做法 表24-106

防 水 等 级	防 水 做 法
Ⅰ级	压型金属板＋防水垫层
Ⅱ级	压型金属板、金属面绝热夹芯板

注：1. 当防水等级为Ⅰ级时，压型铝合金板基板厚度不应小于0.9mm，压型钢板基板厚度不应小于0.6mm；
  2. 当防水等级为Ⅰ级时，压型金属板应采用360°咬口锁边连接方式；
  3. 在Ⅰ级屋面防水做法中，仅作压型金属板时，应符合《金属压型板应用技术规范》的要求。

（2）金属板屋面的基本构造层次

金属板屋面的基本构造层次应符合表24-107的规定。

金属板屋面的基本构造层次 表24-107

屋面类型	基本构造层次（自上而下）
金属板屋面	压型金属板—防水垫层—保温层—承托网—支承结构
	上层压型金属板—防水垫层—保温层—底层压型金属板—支承结构
	金属面绝热夹芯板—支承结构

（3）金属板屋面的构造要点

1）压型金属板采用咬口锁边连接时，屋面的排水坡度不宜小于5%；压型金属板采用紧固件连接时，屋面的排水坡度不宜小于10%。

2）金属板屋面在保温层的下面宜设置隔气层，在保温层的上面宜设置防水透气膜。

3）金属檐沟、天沟的伸缩缝间距不宜大于30m；内檐沟及内天沟应设置溢流口或溢流系统，沟内宜按0.5%找坡。

4）金属板屋面铺装的有关尺寸应符合下列规定：

①金属板檐口挑出墙面的长度不应小于200mm；

②金属板伸入檐沟、天沟内的长度不应小于100mm；
③金属泛水板与突出屋面墙体的搭接高度不应小于250mm；
④金属泛水板、变形缝盖板与金属板的搭盖宽度不应小于200mm；
⑤金属屋脊盖板在两坡面金属板上的搭盖宽度不应小于250mm。

(4) 金属板屋面的下列部位应进行构造设计：
1) 屋面系统的变形缝；
2) 高低跨处泛水；
3) 屋面板缝、单元体构造缝；
4) 檐沟、天沟、水落口；
5) 屋面金属板材收头；
6) 洞口、局部凸出体收头；
7) 其他复杂的构造部位。

(二)《坡屋面工程技术规范》GB 50693—2011 中的规定

1. 坡屋面的基本规定和设计要求

(1) 坡屋面的类型、适用坡度和防水垫层

根据建筑物的高度、风力、环境等因素，确定坡屋面的类型、坡度和防水垫层，并应符合表 24-108 的规定。

坡屋面的类型、坡度和防水垫层　　　　　　表 24-108

坡度与垫层	屋 面 类 型						
	沥青瓦屋面	块瓦屋面	波形瓦屋面	金属板屋面		防水卷材屋面	装配式轻型坡屋面
				压型金属板	夹芯板屋面		
适用坡度(%)	≥20	≥30	≥20	≥5	≥5	≥3	≥20
防水垫层	应选	应选	应选	一级应选 二级宜选	—	—	应选

注：防水垫层指的是坡屋面中通常铺设在瓦材或金属板下面的防水材料。

(2) 坡屋面的防水等级

坡屋面工程设计应根据建筑物的性质、重要程度、地域环境、使用功能要求以及依据屋面防水层设计的使用年限，分为一级防水和二级防水，并应符合表 24-109 的规定。

坡屋面的防水等级　　　　　　表 24-109

项　目	坡屋面防水等级	
	一级	二级
防水层设计使用年限	≥20 年	≥10 年

注：1. 大型公共建筑、医院、学校等重要建筑屋面的防水等级为一级，其他为二级；
　　2. 工业建筑屋面的防水等级按使用要求确定。

(3) 坡屋面的设计要求

1) 坡屋面采用沥青瓦、块瓦、波形瓦和一级设防的压型金属板时，应设置防水垫层。
2) 保温隔热层铺设在装配式屋面板上时，宜设置隔气层。

3）屋面坡度大于100%以及大风和抗震设防烈度为7度以上的地区，应采取加强瓦材固定等防止瓦材下滑的措施。

4）持钉层的厚度应符合表24-110的规定。

持钉层的厚度　　　　　　　　　　　　　　　　　　　　　表24-110

材　质	最小厚度（mm）	材　质	最小厚度（mm）
木板	20	结构用胶合板	9.5
胶合板或定向刨花板	11	细石混凝土	35

5）细石混凝土找平层、持钉层或保护层中的钢筋网应与屋脊、檐口预埋的钢筋连接。

6）夏热冬冷地区、夏热冬暖地区和温和地区坡屋面的节能措施宜采用通风屋面、热反射屋面、带铝箔的封闭空气间层或种植屋面等。

7）屋面坡度大于100%时，宜采用内保温隔热措施。

8）冬季最冷月平均气温低于－4℃的地区或檐口结冰严重的地区，檐口部位应增设一层防冰坝返水的自粘或免粘防水垫层。增设的防水垫层应从檐口向上延伸，并超过外墙中心线不少于1000mm。

9）严寒和寒冷地区的坡屋面檐口部位应采取防止冰雪融坠的安全措施。

10）钢筋混凝土檐沟的纵向坡度不宜小于1%。檐沟内应做防水。

11）坡屋面的排水设计应符合下列规定：

①多雨地区（年降雨量大于900mm的地区）的坡屋面应采用有组织排水；

②少雨地区（年降雨量小于等于900mm的地区）的坡屋面可采用无组织排水；

③高低跨屋面的水落管出水口处应采取防冲刷措施（通常做法是加设水簸箕）。

12）坡屋面有组织排水方式和水落管的数量应符合有关规定。

13）屋面设有太阳能热水器、太阳能光伏电池板、避雷装置和电视天线等附属设施时，应做好连接和防水密封措施。

14）采光天窗的设计应符合下列规定：

①采用排水板时，应有防雨措施；

②采光天窗与屋面连接处应作两道防水设防；

③应有结露水泄流措施；

④天窗采用的玻璃应符合相关安全的要求；

⑤采光天窗的抗风压性能、水密性、气密性等应符合相关标准的规定。

2. 坡屋面的材料选择

（1）防水垫层

1）沥青类防水垫层（自粘聚合物沥青防水垫层、聚合物改性沥青防水垫层、波形沥青通风防水垫层等）；

2）高分子类防水垫层（铝箔复合隔热防水垫层、塑料防水垫层、透气防水垫层和聚乙烯丙纶防水垫层等）；

3）防水卷材和防水涂料的复合防水垫层。

（2）保温隔热材料

1）坡屋面保温隔热材料可采用硬质聚苯乙烯泡沫塑料保温板、硬质聚氨酯泡沫塑料保温板、喷涂硬泡聚氨酯、岩棉、矿渣棉或玻璃棉等，不宜采用散状保温隔热材料。

2）保温隔热材料的表观密度不应大于 $250kg/m^3$。装配式轻型坡屋面宜采用轻质保温隔热材料，表观密度不应大于 $70kg/m^3$。

（3）瓦材

瓦材有沥青瓦（片状）、沥青波形瓦、树脂波形瓦（俗称：玻璃钢）、块瓦（烧结瓦、混凝土瓦）等。

（4）金属板

1）压型金属板：包括热镀锌钢板（厚度≥0.6mm）、镀铝锌钢板（厚度≥0.6mm）、铝合金板（厚度≥0.9mm）。

2）有涂层的金属板：正面涂层不应低于两层，反面涂层应为一层或两层。涂层有聚酯、硅改性聚酯、高耐久性聚酯和聚偏氟乙烯。

3）金属面绝热夹芯板。

（5）防水卷材

防水卷材可以选用聚氯乙烯（PVC）防水卷材、三元乙丙橡胶（EPDM）防水卷材、热塑性聚烯烃（TPO）防水卷材、弹性体（SBS）改性沥青防水卷材、塑性体（APP）改性沥青防水卷材。

屋面防水层应采用耐候性防水卷材，选用的防水卷材人工气候老化试验辐照时间不应少于 2500h。

（6）装配式轻型屋面材料

1）钢结构应选用热浸镀锌薄壁型钢材冷弯成型。承重冷弯薄壁型钢应采用的热浸镀锌板的双面涂层重量不应小于 $180g/m^2$。

2）木结构的材质、粘结剂及配件应符合《木结构设计规范》GB 50005 的规定。

3）新建屋面、平改坡屋面的屋面板宜采用定向刨花板（简称OSB板）、结构胶合板、普通木板及人造复合板等材料；采用波形瓦时，可不设屋面板。

4）木屋面板材的厚度：定向刨花板（简称OSB板）厚度大于等于 11mm，结构胶合板厚度大于等于 9.5mm；普通木板厚度大于等于 20mm。

5）新建屋面、平改坡屋面的屋面瓦，宜采用沥青瓦、沥青波形瓦、树脂波形瓦等轻质瓦材。

（7）顺水条和挂瓦条

1）木质顺水条和挂瓦条应采用等级为Ⅰ级或Ⅱ级的木材，含水率不应大于 18%，并应作防腐防蛀处理。

2）金属材质顺水条、挂瓦条应作防锈处理。

3）顺水条的断面尺寸宜为 40mm×20mm，挂瓦条的断面尺寸宜为 30mm×30mm。

3. 坡屋面的设计

（1）沥青瓦坡屋面

1）构造层次：（由上而下）沥青瓦—持钉层—防水层或防水垫层—保温隔热层—屋面板。

2）沥青瓦分为平面沥青瓦和叠合沥青瓦两大类型。平面沥青瓦适用于防水等级为二级的坡屋面，叠合沥青瓦适用于防水等级为一级及二级的坡屋面。

3) 沥青瓦屋面的坡度不应小于20%。

4) 沥青瓦屋面的保温隔热层设置在屋面板上时，应采用不小于压缩强度150kPa的硬质保温隔热板材。

5) 沥青瓦屋面的屋面板宜为钢筋混凝土屋面板或木屋面板。

6) 铺设沥青瓦应采用固定钉固定，在屋面周边及泛水部位应采用满粘法固定。

7) 沥青瓦的施工环境温度宜为5~35℃。环境温度低于5℃时，应采取加强粘结措施。

沥青瓦屋面的构造如图24-74所示。

(2) 块瓦坡屋面

1) 构造层次（由上而下）：块瓦—挂瓦条—顺水条—防水垫层—持钉层—保温隔热层—屋面板。

2) 块瓦包括烧结瓦、混凝土瓦等，适用于防水等级为一级和二级的坡屋面。

3) 块瓦屋面坡度不应小于30%。

4) 块瓦屋面的屋面板可为钢筋混凝土板、木板或增强纤维板。

5) 块瓦屋面应采用干法挂瓦，固定牢靠，檐口部位应采取防风揭起的措施。

6) 瓦屋面与山墙及突出屋面结构的交接处应做泛水，加铺防水附加层，局部进行密封防水处理。

7) 寒冷地区屋面的檐口部位，应采取防止冰雪融化下坠和冰坝的措施。

8) 屋面无保温层时，防水垫层应铺设在钢筋混凝土基层或木基层上；屋面有保温层时，保温层宜铺设在防水层上，保温层上铺设找平层。

9) 瓦屋面檐口宜采用有组织排水，高低跨屋面的水落管下应采取防冲刷措施。

10) 烧结瓦、混凝土瓦屋面檐口挑出墙面的长度不宜小于300mm，瓦片挑出封檐板的长度宜为50~70mm。

块瓦屋面的构造如图24-75所示。

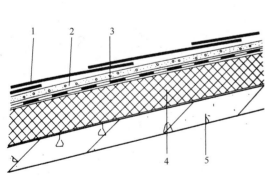

图24-74 沥青瓦屋面的构造
1—瓦材；2—持钉层；3—防水垫层；
4—保温隔热层；5—屋面板

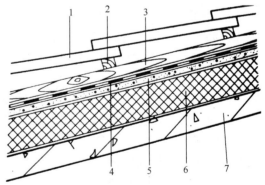

图24-75 块瓦屋面的构造
1—瓦材；2—挂瓦条；3—顺水条；4—持钉层；
5—持钉层；6—保温隔热层；7—屋面板

(3) 波形瓦坡屋面

1) 构造层次（由上而下）：

①做法一：波形瓦—防水垫层—持钉层—保温隔热层—屋面板。

②做法二：波形瓦—防水垫层—屋面板—檩条（角钢固定件）—屋架。

2) 波形瓦屋面包括沥青波形瓦、树脂波形瓦等。适用于防水等级为二级的屋面。

3) 波形瓦屋面坡度不应小于20%。

4) 波形瓦屋面承重层为钢筋混凝土屋面板和木质屋面板时，宜设置外保温隔热层；不设屋面板的屋面，可设置内保温隔热层。

波形瓦屋面的构造如图24-76所示。

(4) 金属板坡屋面

1) 构造层次（由上而下）：金属屋面板—固定支架—透气防水垫层—保温隔热层—承托网。

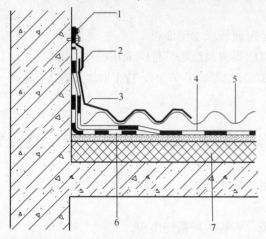

图24-76 波形瓦屋面的构造
1—密封胶；2—金属压条；3—泛水；4—防水垫层；
5—波形瓦；6—防水垫层附加层；7—保温隔热层

2) 金属板屋面的板材主要包括压型金属板和金属面绝热夹芯板。

3) 金属板屋面坡度不宜小于5%。

4) 压型金属板屋面适用于防水等级为一级和二级的坡屋面，金属面绝热夹芯板屋面适用于防水等级为二级的坡屋面。

5) 金属面绝热夹芯板的四周接缝均应采用耐候丁基橡胶防水密封胶带密封。

6) 防水等级为一级的压型金属板屋面应采用防水垫层，防水等级为二级的压型金属板屋面宜采用防水垫层。

金属板屋面的构造如图24-77所示。

(5) 防水卷材坡屋面

1) 构造层次（由上而下）：防水卷材—保温隔热层—隔汽层—屋顶结构层。

2) 防水卷材屋面适用于防水等级为一级和二级的单层防水卷材的坡屋面。

3) 防水卷材屋面的坡度不应小于3%。

4) 屋面板可采用压型钢板和现浇钢筋混凝土板等。

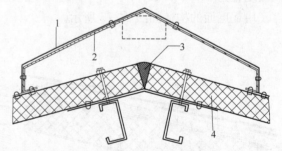

图24-77 金属板屋面的构造
1—屋脊盖板；2—屋脊盖板支架；
3—聚苯乙烯泡沫条；4—夹芯屋面板

5) 防水卷材屋面采用的防水卷材主要包括：聚氯乙烯（PVC）防水卷材、三元乙丙橡胶（EPDM）防水卷材、热塑性聚烯烃（TPO）防水卷材、弹性体（SBS）改性沥青防水卷材、塑性体（APP）改性沥青防水卷材。

6) 保温隔热材料可采用硬质岩棉板、硬质矿渣棉板、硬质玻璃棉板、硬质泡沫聚氨酯塑料保温板及硬质聚苯乙烯保温板等板材。

7) 保温隔热层应设置在屋面板上。

8) 单层防水卷材和保温隔热材料构成的屋面系统，可采用机械固定法、满粘法或空铺压顶法铺设。

防水卷材坡屋面的构造如图 24-78 所示。

（6）装配式轻型坡屋面

1）构造层次（由上而下）：瓦材—防水垫层—屋面板。

2）装配式轻型坡屋面适用于防水等级为一级和二级的新建屋面和平改坡屋面。

3）装配式轻型坡屋面的坡度不应小于 20％。

4）平改坡屋面应根据既有建筑物的进深、承载能力确定承重结构和选择屋面材料。装配式轻型坡屋面的构造如图 24-79 所示。

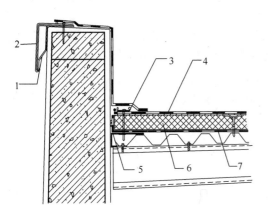
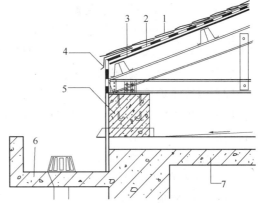

图 24-78 防水卷材坡屋面的构造
1—钢板连接件；2—复合钢板；3—固定件；
4—防水卷材；5—收边加强钢板；
6—保温隔热层；7—隔汽层

图 24-79 装配式轻型坡屋面的构造
1—轻质瓦；2—防水垫层；3—屋面板；4—金属泛水板；5—现浇钢筋混凝土卧梁；6—原有檐沟；
7—原有屋面

四、玻璃采光顶

综合《屋面工程技术规范》GB 50345—2012 和《屋面工程质量验收规范》GB 50207—2012 和《采光顶与金属屋面技术规程》JGJ 255—2012 的相关规定：

（一）玻璃采光顶的建筑设计

1. 玻璃采光顶应根据建筑物的屋面形式、使用功能和美观要求，选择结构类型、材料和细部构造（图 24-80）。

2. 玻璃采光顶的支承结构

（1）框支承结构：框支承结构由玻璃面板、金属框架、支承结构三部分组成。

（2）点支承结构：点支承结构由玻璃面板、点支承装置、支承结构三部分组成。

（3）玻璃支承结构：玻璃支承结构宜采用钢化或半钢化夹层玻璃支承。

3. 玻璃采光顶支承结构的材料

（1）钢材

图 24-80 玻璃采光顶

1) 采光顶的钢材宜采用于奥氏体不锈钢材,且铬镍总量不低于25%,含镍不少于8%。

2) 玻璃采光顶使用的钢索应采用钢绞线,且钢索的公称直径不宜小于12mm。

3) 采光顶内用钢结构支承时,钢结构表面应作防火处理。

4) 热轧钢型材有效截面部位的壁厚不应小于2.5mm;冷成型薄壁型钢截面厚度不应小于2.0mm。

(2) 铝合金型材

1) 铝合金型材应采用阳极氧化、电泳涂漆、粉末喷涂、氟碳喷涂等进行表面处理;

2) 铝合金型材有效截面的部位厚度不应小于2.5mm。

4. 玻璃采光顶的点支承装置

(1) 矩形玻璃面板宜采用四点支承,三角形玻璃面板宜采用三点支承。相邻支承点间的板边距离,不宜大于1.50m。点支承玻璃可采用钢爪支承装置或夹板支承装置。采用钢爪支承时,孔边至板边的距离不宜小于70mm。

(2) 点支承玻璃面板采用浮头式连接时,玻璃厚度不应小于6mm;采用沉头式连接时,玻璃厚度不应小于8mm。夹层玻璃和中空玻璃的单片厚度亦应符合相关规定。钢板夹持的点支承玻璃,单片厚度不应小于6mm。

(3) 点支承中空玻璃孔洞周边应采取多道密封。

5. 玻璃采光顶的玻璃

(1) 总体要求

1) 玻璃采光顶应采用安全玻璃,宜采用夹层玻璃或夹层中空玻璃;

2) 玻璃原片的单片厚度不宜小于6mm;

3) 夹层玻璃的原片厚度不宜小于5mm;

4) 上人的玻璃采光顶应采用夹层玻璃;

5) 点支承玻璃采光顶应采用钢化夹层玻璃;

6) 采光顶所有的玻璃应进行磨边倒角处理;

7) 不宜采用单片低辐射玻璃。

(2) 夹层玻璃的具体要求

1) 夹层玻璃宜为干法加工合成,夹层玻璃的两片玻璃厚度相差不宜大于2mm;

2) 夹层玻璃的胶片宜采用聚乙烯醇缩丁醛(PVB)胶片,聚乙烯醇缩丁醛胶片的厚度不应小于0.76mm;

3) 暴露在空气中的夹层玻璃边缘应进行密封处理。

(3) 夹层中空玻璃的具体要求

1) 中空玻璃气体层的厚度不应小于12mm;

2) 中空玻璃宜采用双道密封结构,并应采用硅酮结构密封胶;

3) 中空玻璃的夹层面应在中空玻璃的下表面;

4) 中空玻璃产地与使用地或与运输途经地的海拔高度相差超过1000m时,宜加装毛细管或呼吸管平衡内外气压差。

6. 玻璃采光顶的密封材料

(1) 密封材料采用橡胶材料时,宜采用三元乙丙橡胶、氯丁橡胶或丁基橡胶、硅橡胶。

(2) 玻璃采光顶中用于玻璃与金属构架、玻璃与玻璃、玻璃与玻璃肋之间的结构弹性连接采用中性硅酮结构密封胶。

(3) 中性硅酮结构密封胶的位移能力应充分满足工程接缝的变形要求。

(二) 玻璃采光顶的安全设计

1. 玻璃采光顶的结构设计使用年限不应小于25年。当设计使用年限低于15年时，可采用聚碳酸酯板（又称为阳光板、PC板）采光顶。

2. 玻璃采光顶的外层材料应能耐冰雹冲击。面层玻璃不应破碎坠落伤人。

3. 玻璃采光顶的玻璃组装采用镶嵌方式时，应采取防止玻璃整体脱落的措施。

4. 玻璃采光顶的玻璃组装采用胶粘方式时，玻璃与金属框之间应采用与接触材料相容的硅酮结构密封胶粘结。粘结宽度不应小于7mm；粘结厚度不应小于6mm。

5. 玻璃采光顶的玻璃采用点支承体系时，连接件的钢爪与玻璃之间应设置衬垫材料，衬垫材料的厚度不宜小于1mm，面积不应小于支承装置与玻璃的结合面。

6. 玻璃间的接缝宽度应满足玻璃和密封胶的变形要求，且不应小于10mm；密封胶的嵌填深度宜为接缝宽度的50%～70%，较深的密封槽口底部应采用聚乙烯发泡材料填塞。

7. 当屋面玻璃最高点离地面的高度大于3m时，必须使用夹层玻璃，采用中空玻璃时，集中荷载应只作用在中空玻璃的上片玻璃，上片玻璃可以采用夹层玻璃或钢化玻璃，且夹层玻璃应朝向内侧。

(三) 玻璃采光顶的节能设计

1. 为实现节能，玻璃（聚碳酸酯板）采光顶的面积不应大于屋顶总面积的20%。

2. 玻璃采光顶宜采用夹层中空玻璃或夹层低辐射镀膜中空玻璃。明框支承采光顶宜采用隔热铝合金型材或隔热性钢材。

3. 采光顶的热桥部位应进行隔热处理，在严寒和寒冷地区的采光顶应进行防结露设计，保证热桥部位不应出现结露现象。

4. 采光顶宜进行遮阳设计。有遮阳要求的采光顶，可采用遮阳型低辐射镀膜夹层中空玻璃，必要时也可设置遮阳系统。

(四) 玻璃采光顶的防火设计

1. 采光顶与外墙交界处、屋顶开口部位四周的保温层，应采用宽度不小于500mm的燃烧性能为A级保温材料设置水平防火隔离带。采光顶与防火分隔构件的缝隙，应进行防火封堵。

2. 采光顶的同一玻璃面板不宜跨越两个防火分区。防火分区间设置通透隔断时，应采用防火玻璃或防火玻璃制品。

3. 玻璃采光顶应考虑自然排烟或机械排烟措施且应实现与消防系统的联动。

(五) 玻璃采光顶的排水设计

1. 应采用天沟排水，底板排水坡度宜大于1%。天沟过长时应设置变形缝：顺直天沟不宜大于30m，非顺直天沟不宜大于20m。

2. 采光顶采取无组织排水时，应在屋檐设置滴水构造。

(六) 玻璃采光顶的构造要求

1. 采光顶应采用支承结构找坡，排水坡度不应小于3%。

2. 玻璃采光顶的玻璃面板不应跨越主体结构的变形缝。

3. 注胶式板缝的宽度不宜小于 10mm。当建筑设计有要求时，可采用凹入式胶缝。胶缝材料宜采用硅酮建筑密封胶，也可以采用聚氨酯类密封胶。

4. 粘结密封材料之间或粘结密封材料与其他材料相互接触时，应选用相互不产生有害物理、化学反应的腐蚀措施。

5. 除不锈钢外，采光顶与不同种类金属材料直接接触处，应设置绝缘垫片或采取其他有效的防腐措施。

6. 玻璃采光顶的下列部位应进行构造设计：

（1）高低跨处泛水；

（2）采光板板缝、单元体构造缝；

（3）天沟、檐沟、水落口；

（4）采光顶周边交接部位；

（5）洞口、局部凸出体收头；

（6）其他复杂的构造部位。

（七）聚碳酸酯板采光顶

1. 聚碳酸酯板又称为阳光板、PC板，聚碳酸酯板采光顶的外观见图 24-81。

图 24-81　聚碳酸酯板采光顶

2. 构造要求

（1）聚碳酸酯板有单层实心板、多层板、中空平板、U形中空板、波浪板等多种类型；有透明、着色等多种板型。

（2）板的厚度：单层板 3～10mm，双层板 4mm、6mm、8mm、10mm。

（3）耐候性：不小于 15 年。

（4）燃烧性能：应达到 B1 级。

（5）透光率：双层透明板不小于 80%，三层透明板不小于 72%。

（6）使用寿命：不得低于 25 年。

（7）耐温限度：-40～120℃。

（8）应采用支承结构找坡，坡度不应小于 8%。

（9）聚碳酸酯板应可冷弯成型。

（10）中空平板的弯曲半径不宜小于板材厚度的 175 倍；U形中空板的最小弯曲半径不宜小于厚度的 200 倍；实心板的弯曲半径不宜小于板材厚度的 100 倍。

五、太阳能光伏系统

太阳能光伏系统是利用光伏效应将太阳辐射能直接转换成电能的发电系统。相关资料指出：光电采光板由上下两层 4mm 玻璃，中间为光伏电池组成的光伏电池系列，用铸膜树脂（EVA）热固而成，背面是接线盒和导线。光电采光板的尺寸一般为 500mm×500mm～2100mm×3500mm（图 24-82）。

（一）光伏系统的构造

从光电采光板接线盒穿出的导线一般有两种构造：

1. 导线从接线盒穿出后，在施工现场直接与电源插头相连，这种构造适合于表面不通透的外立面，因为它仅外片玻璃是透明的。

2. 隐藏在框架之间的导线从装置的边缘穿出，这种构造适合于透明的外立面，从室内可以看到这种装置。

（二）具体规定

《民用建筑太阳能光伏系统应用技术规范》JGJ 203—2010 中指出：

1. 太阳能光伏系统可以安装在平屋面、坡屋面、阳台（平台）、墙面、幕墙等部位。安装时不应跨越变形缝，不应影响所在建筑部位的雨水排放、光伏电池的温度不应高于 85℃，多雪地区宜设置人工融雪、清雪的安全通道。

图 24-82　太阳能光伏系统

2. 在平屋面上的安装要求

（1）应按最佳倾角进行设计；倾角小于 10°时，宜设置维修和人工清洗的设施与通道。

（2）基座与安装应不影响屋面排水。

（3）安装间距应满足冬至日投射到光伏件的阳光不受影响的要求。

（4）屋面上的防水层应铺设到支座和金属件的上部，并应在地脚螺栓周围作密封处理。

（5）在平屋面防水层上安装光伏组件时，其支架基座下部应增设附加防水层。

（6）光伏组件的引线穿过平屋面处应预埋防水套管，并作好防水密封处理。

3. 在坡屋面上的安装要求

（1）应按全年获得电能最多的倾角设计。

（2）光伏组件宜采用顺坡镶嵌或顺坡架空安装方式。

（3）建材型光伏件安装应满足屋面整体保温、防水等功能的要求。

（4）支架与屋面间的垂直距离应满足安装和通风散热的要求。

4. 在阳台（平台）上的安装要求

（1）应有适当的倾角。

（2）构成阳台或平台栏板的光伏构件，应满足刚度、强度、保护功能和电气安全的要求。

（3）应采取保护人身安全的防护措施。

5. 在墙面上的安装要求

（1）应有适当的倾角。

（2）光伏组件与墙面的连接不应影响墙体的保温和节能效果。

（3）对安装在墙面上提供遮阳功能的光伏构件，应满足室内采光和日照的要求。

（4）当光伏组件安装在窗面上时，应满足窗面采光、通风等使用功能的要求。

（5）应采取保护人身安全的防护措施。

6. 在建筑幕墙上的安装要求

（1）安装在建筑幕墙上的光伏组件宜采用建材型光伏构件。

（2）对有采光和安全双重要求的部位，应使用双玻光伏幕墙，其使用的夹胶层材料应为聚乙烯醇缩丁醛（PVB），并应满足建筑室内对视线和透光性能的要求。

（3）由玻璃光伏幕墙构成的雨篷、檐口和采光顶，应满足建筑相应部位的刚度、强度、排水功能及防止空中坠物的安全性能的要求。

7. 《采光顶与金属屋面技术规程》JGJ 255—2012 规定：光伏组件面板坡度宜按光伏系统全年日照最多的倾角设计，宜满足冬至日全天有 3h 以上建筑日照时数的要求，并应避免景观环境或建筑自身对光伏组件的遮挡。

第七节　门窗选型与构造

一、门窗的材料和选型

（一）门窗的作用

窗是建筑物中的一个重要组成部分。窗的作用是采光和通风，对建筑立面装饰起很大的作用，同时，也是围护结构的一部分。

窗的散热量约为围护结构散热量的 2~3 倍。如 240 墙体的 $K_0=1.8W/(m^2 \cdot K)$，365 墙体的 $K_0=1.34W/(m^2 \cdot K)$，而单层窗的 $K_0=5.0W/(m^2 \cdot K)$，双层窗的 $K_0=2.3W/(m^2 \cdot K)$，不难看出，窗口面积越大，散热量也随之加大。

为减少散热量，提高节能效率，《严寒和寒冷地区居住建筑节能设计标准》JGJ 26—2010 和相关标准图中指出：采暖度日数 $HDD<2200$ 的地区，各向墙面均可采用单层金属窗；$2200 \leqslant HDD \leqslant 3500$ 的地区，北向墙面应采用双层金属窗，其余各向墙面可采用单层金属双玻窗；$HDD>3500$ 的地区，各向墙面均应采用双层金属窗。

《民用建筑节能设计标准》DBJ 11—602—2006 规定：墙体的平均传热系数为 $0.45\sim0.60W/(m^2 \cdot K)$，而外窗为 $2.80W/(m^2 \cdot K)$，外门的玻璃部分也为 $2.80W/(m^2 \cdot K)$，门芯板部分为 $1.70W/(m^2 \cdot K)$。该规范明确提出外窗应采用中空玻璃。为改变夏季室内热环境，外窗的可开启面积应不小于所在房间面积的 1/15。

门也是建筑物中的一个重要组成部分。门是人们进出房间和室内外的通行口，也兼有采光和通风作用；门的立面形式在建筑装饰中也是一个重要方面。

（二）门窗应满足的五大性能指标

门窗的五大性能指标指的是气密性能指标、水密性能指标、抗风压性能指标、保温性能指标和隔声性能指标。

1. 建筑外门窗气密性能指标

代号 q_1（单位缝长），单位 $m^3/(h \cdot m)$；q_2（单位面积），单位 $m^3/(h \cdot m^2)$。共分为 8 级。《建筑外门窗气密、水密、抗风压性能分级及检测方法》GB/T 7106—2008 中规定的具体数值见表 24-111 所列。

2. 建筑外门窗水密性能指标

代号 ΔP，单位 Pa。共分为 6 级。《建筑外门窗气密、水密、抗风压性能分级及检测方法》GB/T 7106—2008中规定的具体数值见表24-112所列。

建筑外门窗气密性能指标分级 表24-111

分级	1	2	3	4	5	6	7	8
单位缝长分级指标值 q_1	$4.0 \geq q_1 > 3.5$	$3.5 \geq q_1 > 3.0$	$3.0 \geq q_1 > 2.5$	$2.5 \geq q_1 > 2.0$	$2.0 \geq q_1 > 1.5$	$1.5 \geq q_1 > 1.0$	$1.0 \geq q_1 > 0.5$	$q_1 \leq 0.5$
单位面积分级指标值 q_2	$12.0 \geq q_2 > 10.5$	$10.5 \geq q_2 > 9.0$	$9.0 \geq q_2 > 7.5$	$7.5 \geq q_2 > 6.0$	$6.0 \geq q_2 > 4.5$	$4.5 \geq q_2 > 3.0$	$3.0 \geq q_2 > 1.5$	$q_2 \leq 1.5$

注：北京地区建筑外门窗的空气渗透性能为10Pa时，q_1应小于等于1.5，q_2应小于等于4.5，相当于6级。

建筑外门窗水密性能指标分级 表24-112

等级	1	2	3	4	5	6
ΔP	$100 \leq \Delta P < 150$	$150 \leq \Delta P < 250$	$250 \leq \Delta P < 350$	$350 \leq \Delta P < 500$	$500 \leq \Delta P < 700$	$\Delta P \geq 700$

注：北京地区的建筑外门窗水密性能 ΔP 应大于等于250Pa，相当于3级。

3. 建筑外门窗抗风压性能指标

代号 P_3，单位 kPa。共分为9级。《建筑外门窗气密、水密、抗风压性能分级及检测方法》GB/T 7106—2008中规定的具体数值见表24-113所列。

建筑外门窗抗风压性能分级 表24-113

分级	1	2	3	4	5	6	7	8	9	—
分级指标值 P_3	$1.0 \leq P_3 < 1.5$	$1.5 \leq P_3 < 2.0$	$2.0 \leq P_3 < 2.5$	$2.5 \leq P_3 < 3.0$	$3.0 \leq P_3 < 3.5$	$3.5 \leq P_3 < 4.0$	$4.0 \leq P_3 < 4.5$	$4.5 \leq P_3 < 5.0$	$P_3 \geq 5.0$	—

注：1. 北京地区的中高层及高层建筑外门窗抗风压性能 P_3 应大于等于3.0kPa，相当于5级。
　　2. 北京地区的低层及多层建筑外门窗抗风压性能 P_3 应大于等于2.5kPa，相当于4级。

4. 建筑外门窗保温性能（传热系数）指标

代号 K，单位 W/($m^2 \cdot K$)。共分为10级，《建筑外门窗保温性能分级及检测方法》GB/T 8484—2008中规定的具体数值见表24-114所列。

外门、外窗保温性能（传热系数）分级 表24-114

分 级	1	2	3	4	5
分级指标值	$K \geq 5.0$	$5.0 > K \geq 4.0$	$4.0 > K \geq 3.5$	$3.5 > K \geq 3.0$	$3.0 > K \geq 2.5$
分级	6	7	8	9	10
分级指标值	$2.5 > K \geq 2.0$	$2.0 > K \geq 1.6$	$1.6 > K \geq 1.3$	$1.3 > K \geq 1.1$	$K < 1.1$

注：北京地区建筑门窗的保温性能 K 应大于等于2.80W/($m^2 \cdot K$)，相当于5级。

5. 建筑门窗空气声隔声性能指标

代号 $R_w + C_{tr}$，单位 dB。共分为6级，《建筑门窗空气声隔声性能分级及检测方法》GB/T 8485—2008规定的具体数值见表24-115所列。

空气声隔声性能指标分级 表 24-115

分 级	外门、外窗的分级指标值	内门、内窗的分级指标值
1	$20 \leqslant R_w + C_{tr} < 25$	$20 \leqslant R_w + C_{tr} < 25$
2	$25 \leqslant R_w + C_{tr} < 30$	$25 \leqslant R_w + C_{tr} < 30$
3	$30 \leqslant R_w + C_{tr} < 35$	$30 \leqslant R_w + C_{tr} < 35$
4	$35 \leqslant R_w + C_{tr} < 40$	$35 \leqslant R_w + C_{tr} < 40$
5	$40 \leqslant R_w + C_{tr} < 45$	$40 \leqslant R_w + C_{tr} < 45$
6	$R_w + C_{tr} \geqslant 45$	$R_w + C_{tr} \geqslant 45$

注：北京地区的门窗隔声性能应大于等于 25dB，相当于 2 级。

(三) 门窗的材料

当前门窗所用的材料有木材、彩色钢板、铝合金、塑料、铝塑复合等多种。彩板门窗有实腹、空腹、钢木等。塑料门窗有钢塑、铝塑、纯塑料等。为节约木材一般不应采用木材作外窗（潮湿房间不宜用木门窗，并不应采用胶合板或纤维板制作）。玻璃钢门窗也将步入建筑市场，是门窗的新品种，并将得到逐步推广。

住宅类内门可采用钢框木门（纤维板门芯）以节约木材。大于 $5m^2$ 的木门应采用钢框架斜撑的钢木组合门。

铝合金窗具有关闭严密、质轻、耐火、美观、不锈蚀等优点同，但造价较高。为节约铝材，过去只准在涉外工程、重要建筑、美观要求高、精密仪器等建筑中采用，现在已普遍采用。

塑料门窗具有质轻、刚度好、美观光洁、不需油漆、质感亲切等优点。最适用于严重潮湿房间和海洋气候地带及室内玻璃隔断。为延长寿命，亦可在塑料型材中加入型钢或铝材，成为塑包钢断面。

铝塑复合门窗，又称为断桥铝门窗。采用断桥铝型材和中空玻璃制作。这种门窗具有隔热、节能、隔声、防爆、防尘、防水等功能，属于国家 A_1 类标准门窗。

(四) 门窗的设计

1. 木门窗

(1) 一般建筑不宜采用木门窗。

(2) 木门扇的宽度不宜大于 1.00m，若宽度大于 1.00m、高度大于 2.50m 时，应加大断面；门洞口宽度大于 1.20m 时，应分成双扇或大小扇。

(3) 镶板门的门芯板宜采用双层纤维板或胶合板。室外拼板门宜采用企口实心木板。

(4) 镶板门适用于内门或外门，胶合板门适用于内门，玻璃门适用于入口处的大门或大房间的内门，拼板门适用于外门。

2. 铝合金门窗

铝合金门窗具有质轻、高强、密封性好、使用中变形小、美观等特点，适用于各种类型和档次的建筑。《铝合金门窗工程技术规范》JGJ 214—2010 指出：用于门的铝型材壁厚不应小于 2.0mm，用于窗的铝型材壁厚不应小于 1.4mm。铝型材的表面应进行表面处理：采用阳极氧化镀膜时，氧化膜平均厚度不应小于 $15\mu m$；采用电泳喷漆镀膜时，透明漆的膜厚不应小于 16μm，有色漆的膜厚不应小于 21μm；采用粉末喷涂时，厚度不应小于 40μm；采用氟碳喷涂时，两层漆膜的平均厚度为 30μm，三层漆膜的平均厚度不应小于 40μm。为保温和节能，应采用断桥型材和中空玻璃等措施。

3. 塑料门窗

塑料门窗具有隔热、隔声、节能、密闭性好、耐盐碱腐蚀、价格合理等优点，广泛用于居住建筑和各类较低档次的民用建筑。

4. 各种门窗洞口与框口之间预留安装缝隙的要求

门窗洞口与框口之间预留安装缝隙的大小取决于外墙抹灰和贴面的种类、门窗类别、有无假框等因素。《塑料门窗工程技术规范》JGJ 103—2008 中规定的塑料门窗洞口与框口的安装缝隙见表 24-116。

塑料门窗洞口与框口的安装缝隙　　　　表 24-116

墙体饰面层的种类	安装缝隙（mm）
清水墙及附框	10
墙体外饰面抹水泥砂浆或贴陶瓷锦砖	15～20
墙体外饰面贴陶瓷面砖	20～25
墙体外饰面贴大理石或花岗石板	40～50
外保温墙体	保温层厚度＋10

5. 防火门窗的有关问题

(1)《建筑设计防火规范》GB 50016—2014 规定：

1) 防火门的选用应以现行专用标准《防火门》GB 12955—2008 和专用标准《防火窗》GB 16809—2008 为依据。

2) 防火门的类别：防火门有隔热防火门（A 类）、部分隔热防火门（B 类）和非隔热防火门（C 类）。隔热防火门（A 类）的耐火极限有 A3.00、A2.00、A1.50（甲级）、A1.00（乙级）、A0.50（丙级）五种。

3) 防火窗的类别：防火窗有隔热防火窗（A 类）和非隔热防火窗（C 类）。隔热防火窗（A 类）的耐火极限有 A3.00、A2.00、A1.50（甲级）、A1.00（乙级）、A0.50（丙级）五种。

4) 应用：甲级防火门主要应用于防火墙上和规范规定的其他部位；乙级防火门主要应用于疏散走道、防烟前室、防烟楼梯间、封闭楼梯间和规范规定的其他部位；丙级防火门主要应用于竖向井道的检查口（底部通常留有 100mm 门槛）。

5) 特点：防火门应单向开启，并应向疏散方向开启。位于走道和楼梯间等处的防火门应在门扇上设置不小于 200mm^2 的防火玻璃小窗。安装在防火门上的合页（铰链），不得使用双向弹簧。单扇防火门应设闭门器，双扇防火门应设盖缝板。

6) 构造要求：设在变形缝附近的防火门，应设在楼层较多的一侧且门扇开启后不得跨越变形缝。

(2) 专用标准《防火门》GB 12955—2008 中对防火门的规定为：

1) 材质。有木质防火门、钢质防火门、钢木质防火门和其他材质防火门。

2) 功能:

①隔热防火门（A类）：在规定的时间内，能同时满足耐火完整性和隔热性要求的防火门；

②部分隔热防火门（B类）：在规定大于或等于0.50h的时间内，能同时满足耐火完整性和隔热性要求，在大于0.50h后所规定的时间内，能满足耐火完整性要求的防火门；

③非隔热防火门（C类）：在规定的时间内，能满足耐火完整性要求的防火门。

3) 等级（表24-117）：

防火门按耐火性能的分类　　　　　　表24-117

名　　称	耐火性能		代　号
隔热防火门（A类）	耐火隔热性≥0.50h 耐火完整性≥0.50h		A0.50（丙级）
	耐火隔热性≥1.00h 耐火完整性≥1.00h		A1.00（乙级）
	耐火隔热性≥1.50h 耐火完整性≥1.50h		A1.50（甲级）
	耐火隔热性≥2.00h 耐火完整性≥2.00h		A2.00
	耐火隔热性≥3.00h 耐火完整性≥3.00h		A3.00
部分隔热防火门（B类）	耐火隔热性≥0.50h	耐火完整性≥1.00h	B1.00
		耐火完整性≥1.50h	B1.50
		耐火完整性≥2.00h	B2.00
		耐火完整性≥3.00h	B3.00
非隔热防火门（C类）	耐火完整性≥1.00h		C1.00
	耐火完整性≥1.50h		C1.50
	耐火完整性≥2.00h		C2.00
	耐火完整性≥3.00h		C3.00

(3) 专用标准《防火窗》GB 16809—2008中对防火窗的规定为：

1) 功能和开启方式：

①固定式防火窗：无可开启窗扇的防火窗；

②活动式防火窗：有可开启窗扇且装配有窗扇启闭控制装置的防火窗；

③隔热防火窗（A类）：在规定时间内，能同时满足耐火完整性和隔热性要求的防火窗；

④非隔热防火窗（C类）：在规定时间内，能满足耐火完整性要求的防火窗。

2) 等级：

防火窗按耐火性能的分类见表24-118。

防火窗的耐火性能　　　　　　　　表 24-118

防火性能分类	耐火等级代号	耐火性能
隔热防火窗（A 类）	A0.50（丙级）	耐火隔热性≥0.50h 且耐火完整性≥0.50h
	A1.00（乙级）	耐火隔热性≥1.00h 且耐火完整性≥1.00h
	A1.50（甲级）	耐火隔热性≥1.50h 且耐火完整性≥1.50h
	A2.00	耐火隔热性≥2.00h 且耐火完整性≥2.00h
	A3.00	耐火隔热性≥3.00h 且耐火完整性≥3.00h
非隔热防火窗（C 类）	C0.50	耐火完整性≥0.50h
	C1.00	耐火完整性≥1.00h
	C1.50	耐火完整性≥1.50h
	C2.00	耐火完整性≥2.00h
	C3.00	耐火完整性≥3.00h

3）构造要求

①防火窗安装的五金件应满足功能要求并便于更换；

②防火窗上镶嵌的玻璃应是防火玻璃，复合防火玻璃的厚度最小为 5mm，单片防火玻璃的厚度最小为 5mm；

③防火窗的气密等级不应低于 3 级。

6. 安全玻璃的选用

建筑工程的下列部位必须使用安全玻璃：

（1）7 层和 7 层以上建筑物外窗；

（2）面积大于 1.50m^2 的窗玻璃或玻璃底边离最终装修面小于 500mm（铝合金窗）或 900mm（塑钢窗）的落地窗；

（3）公共建筑的出入口；

（4）室内隔断、浴室围护和屏风；

（5）与水平面夹角不大于 75°的倾斜装配窗、各类天棚（含天窗、采光顶）、吊顶。

安全玻璃包括夹层玻璃、钢化玻璃、防火玻璃以及由上述玻璃制作的中空玻璃。

二、门窗洞口大小的确定

（一）窗洞口大小的确定

1. 窗地面积比

窗地面积比是窗洞口面积与房间净面积之比。主要建筑中不同房间的窗地面积比最低值见表 24-119 所列。

窗地面积比最低值　　　　　　　　表 24-119

建 筑 类 别	房间或部位名称	窗 地 比
宿舍	居室	1/7
	楼梯间	1/12
	公共厕所、公共浴室	1/10
住宅	卧室、起居室（厅）、厨房	1/7
	楼梯间（设置采光窗时）	1/10

续表

建筑类别	房间或部位名称	窗地比
托儿所、幼儿园	音体活动室、活动室、乳儿室	1/7
	寝室、喂奶室、医务室等	1/6
	其他房间	1/8
文化馆	展览、书法、美术	1/4
	游艺、文艺、音乐、舞蹈等	1/5
图书馆	阅览室、装裱间	1/4
	陈列室、报告厅、会议室等	1/6
	闭架书库、走廊、楼梯间等	1/10
办公楼	设计室、绘图室	1/3.5
	办公、会议、视屏工作室	1/5
	复印、档案室	1/7
	走道、楼梯间、卫生间	1/12
中、小学校	普通教室、合班教室等	1/5
	科学教室、实验室	1/5
	计算机教室	1/5
	舞蹈教室、风雨操场	1/5
	办公室、保健室	1/5
	饮水处、厕所、淋浴	1/10
	走道、楼梯间	约为 1/7

2. 窗墙面积比

窗墙面积比指的是窗洞口面积与所在房屋立面单元面积（房屋的开间与层高围成的面积）的比值。限制窗墙面积比的目的是减少过多散热，满足节能指标要求。

3. 采光系数

采光系数是指全云漫射光照射下，室内给定平面上的某一点由天空漫射光所产生的照度与在全云天空漫射光照射下与室内某一点照度同一时间、同一地点、在室外无遮挡水平面上由天空漫射光所产生的室外照度的比值，用百分数表示。

4.《建筑采光设计标准》GB 50033—2013 规定的各类建筑的采光标准值为：

（1）采光标准值的等级应符合表 24-120 的规定。

采光标准值的等级　　　　　　　　　　　　　　表 24-120

采光等级	侧面采光		顶部采光	
	采光系数标准值（%）	室内天然光照度标准值（lx）	采光系数标准值（%）	室内天然光照度标准值（lx）
Ⅰ	5	750	5	750
Ⅱ	4	600	3	450
Ⅲ	3	450	2	300
Ⅳ	2	300	1	150
Ⅴ	1	150	0.5	75

注：1. 工业建筑参考平面取距地面 1m，民用建筑取距地面 0.75m，公共场所取地面。
　　2. 表中采光系数标准值适用于我国Ⅲ类光气候区，采光系数标准值是按室外设计照度值 15000lx 制定的。
　　3. 采光标准的上限值不宜高于上一采光等级的级差，采光系数值不宜高于 7%。

(2) 住宅建筑

1) 住宅建筑的卧室、起居室（厅）、厨房应有直接采光。

2) 住宅建筑的卧室、起居室（厅）的采光不应低于采光等级Ⅳ级的采光标准值，侧面采光的采光系数不应低于2.0%，室内天然光照度不应低于300lx。

3) 住宅建筑的采光标准值不应低于表24-121的规定。

住宅建筑的采光标准值　　　　　　　　　　　　　　　表24-121

采光等级	场所名称	侧面采光	
		采光系数标准值（%）	室内天然光照度标准值（lx）
Ⅳ	厨房	2.0	300
Ⅴ	卫生间、过道、餐厅、楼梯间	1.0	150

(3) 办公建筑

办公建筑的采光标准值不应低于表24-122的规定。

办公建筑的采光标准值　　　　　　　　　　　　　　　表24-122

采光等级	场所名称	侧面采光	
		采光系数标准值（%）	室内天然光照度标准值（lx）
Ⅱ	设计室、绘图室	4.0	600
Ⅲ	办公室、会议室	3.0	450
Ⅳ	复印室、档案室	2.0	300
Ⅴ	走道、卫生间、楼梯间	1.0	150

(4) 教育建筑

1) 教育建筑普通教室采光不应低于采光等级Ⅲ级的采光标准值，侧面采光的采光系数不应低于3.0%，室内天然光照度不应低于450lx。

2) 教育建筑的采光标准值不应低于表24-123的规定。

教育建筑的采光标准值　　　　　　　　　　　　　　　表24-123

采光等级	场所名称	侧面采光	
		采光系数标准值（%）	室内天然光照度标准值（lx）
Ⅲ	专用教室、实验室、阶梯教室、教师办公室	3.0	450
Ⅴ	走道、卫生间、楼梯间	1.0	150

(5) 采光系数标准值与窗地面积比的对应关系

1) 采光系数标准值为0.5%时，相对于窗地面积比为1/12；

2) 采光系数标准值为1.0%时，相对于窗地面积比为1/7；

3) 采光系数标准值为2.0%时，相对于窗地面积比为1/5。

(二) 窗的选用与布置

1. 窗的选用

(1) 7层和7层以上的建筑不应采用平开窗,可以采用推拉窗、内侧内平开窗或外翻窗。
(2) 开向公共走道的外开窗扇,其底高度不应低于2.00m。
(3) 住宅底层外窗和屋顶的窗,其窗台高度低于2.00m的应采取防护措施。
(4) 有空调的建筑外窗应设可开启窗扇,其数量为5%。
(5) 可开启的高侧窗或天窗应设手动或电动机械开窗机。

2. 窗的布置
(1) 楼梯间外窗应结合各层休息板布置。
(2) 楼梯间外窗如作内开扇时,开启后不得在人的高度内凸出墙面。
(3) 需防止太阳光直射的窗及厕浴等需隐蔽的窗,宜采用翻窗,并用半透明玻璃。
(4) 中小学教学用房二层及二层以上的临空外窗的开启扇不得外开。

3. 窗台
(1) 窗台的高度应不低于0.80m(住宅为0.90m)。
(2) 低于规定高度的窗台叫低窗台。低窗台应采用护栏或固定窗作为防护措施,固定窗应采用厚度大于6.38mm的夹层玻璃。
(3) 低窗台防护措施的高度应不低于0.80m(住宅为0.90m)。
(4) 窗台的防护高度应遵守下列规定:
1) 窗台高度低于0.45m时,护栏或固定扇的高度从窗台算起;
2) 窗台高度高于0.45m时,护栏或固定扇的高度可自地面算起;但护栏下部不得设置水平栏杆或高度小于0.45m,宽度大于0.22m的可踏部位;
3) 当室内外高差不大于0.60m时,首层的低窗台可不加防护措施。
(5) 凸窗(飘窗)的低窗台应注意以下问题:
1) 凡凸窗范围内设有宽窗台可供人坐或放置花盆用时,护栏和固定窗的护栏高度一律从窗台面算起;
2) 当凸窗范围内无宽窗台,且护栏紧贴凸窗内墙面设置时,按低窗台规定执行;
3) 外窗台应低于内窗台面。

4. 商店橱窗的构造要求
商店建筑设置外向橱窗时应符合《商店建筑设计规范》JGJ 48—2014的规定。具体内容为:
(1) 橱窗的平台高度宜至少比室内和室外地面高0.20m。
(2) 橱窗应满足防晒、防眩光、防盗等要求。
(3) 采暖地区的封闭橱窗可不采暖,其内壁应采取保温构造。
(4) 采暖地区的封闭橱窗的外表面应采取防雾构造。

(三) 门洞口大小的确定

门也是建筑物中的一个重要组成部分。门是人们进出房间和室内外的通行口,也兼有采光和通风作用;门的立面形式在建筑装饰中也是一个重要方面。一个房间应该开几个门,每个建筑物门的总宽度应该是多少,一般是按《建筑设计防火规范》GB 50016—2014规定的疏散"百人指标"计算确定的。

1. 公共建筑
(1) 安全出口的数量

1)公共建筑内每个防火分区或一个防火分区的每个楼层,其安全出口的数量应经计算确定,且不应少于2个。

2)除托儿所、幼儿园外,建筑面积不大于200m²且人数不超过50人的单层公共建筑或多层公共建筑的首层,可设置1个安全出口。

(2)安全出口的计算

安全出口的净宽度是按"百人指标"确定的。各类建筑的"百人指标"为:

1)剧场、电影院、礼堂等场所供观众疏散的所有内门、外门的各自总净宽度,应根据疏散人数按每100人的最小净宽度不小于表24-124的规定计算确定。

剧院、电影院、礼堂等场所每100人所需最小疏散净宽度(m/百人)　　表24-124

观众厅座位数(座)			≤2500	≤1200
耐火等级			一、二级	三级
疏散部位	门和走道	平坡地面	0.65	0.85
		阶梯地面	0.75	1.00
	楼　　梯		0.75	1.00

2)体育馆供观众疏散的所有内门、外门、楼梯和走道的各自总净宽度,应根据疏散人数按每100人的最小疏散净宽度不小于表24-125的规定计算确定。

体育馆每100人所需最小疏散净宽度(m/百人)　　表24-125

观众厅座位数范围(座)			3000~5000	5001~10000	10001~20000
疏散部位	门和走道	平坡地面	0.43	0.37	0.32
		阶梯地面	0.50	0.43	0.37
	楼　　梯		0.50	0.43	0.37

注:本表中较大座位数范围按规定计算的疏散总净宽度,不应小于对应相邻较小座位数范围按其最多座位数计算的疏散总净宽度。对于观众厅座位数少于3000个的体育馆,计算供观众疏散的所有内门、外门、楼梯和走道的各自总净宽度时,每100人的最小疏散净宽度不小于表24-125的规定。

3)除剧场、电影院、礼堂、体育馆外的其他公共建筑,其房间疏散门、安全出口、疏散走道和疏散楼梯的各自总净宽度,应符合下列规定:

① 每层的房间疏散门、安全出口、疏散走道和疏散楼梯的各自总净宽度,应根据疏散人数按每100人的最小疏散净宽度不小于表24-126的规定计算确定。

每层的房间疏散门、安全出口疏散走道和疏散楼梯

每100人最小疏散净宽度(m/百人)　　表24-126

建筑层数		耐　火　等　级		
		一、二级	三级	四级
地上楼层	1~2层	0.65	0.75	1.00
	3层	0.75	1.00	—
	≥4层	1.00	1.25	—
地下楼层	与地面出入口地面的高差 ΔH≤10m	0.75	—	—
	与地面出入口地面的高差 ΔH>10m	1.00	—	—

② 地下或半地下人员密集的厅、室和歌舞娱乐放映游艺场所，其房间疏散门、安全出口、疏散走道和疏散楼梯的各自总净宽度，应根据疏散人数每100人不小于1.00m计算确定。

③ 首层外门的总净宽度应按该建筑疏散人数最多一层的人数计算确定，不供其他楼层人员疏散的外门，可按本层的疏散人数计算确定。

④ 歌舞娱乐放映游艺场所中录像厅的疏散人数，应根据该厅、室的建筑面积按不小于1.0人$/m^2$计算；其他歌舞娱乐放映游艺场所的疏散人数，应根据厅、室的建筑面积按不小于0.50人$/m^2$计算。

2. 住宅建筑

（1）安全出口的数量

1）建筑高度不大于27m的建筑，当每个单元任一层的建筑面积大于$650m^2$，或任一户门至最近安全出口的距离大于15m时，每个单元每层的安全出口不应少于2个。

2）建筑高度大于27m、不大于54m的建筑，当每个单元任一层的建筑面积大于$650m^2$，或任一户门至最近安全出口的距离大于10m时，每个单元每层的安全出口不应少于2个。

3）建筑高度大于54m的建筑，每个单元每层的安全出口不应少于2个。

（2）安全出口的特殊要求

1）建筑高度大于27m，但不大于54m的住宅建筑，每个单元设置一座疏散楼梯时，疏散楼梯应通至屋面，且单元之间的疏散楼梯应能通过屋面连通，户门应采用乙级防火门。

2）当不能通至屋面或不能通过屋面连通时，应设置2个安全出口。

（四）门的选用与布置

1. 门的选用

（1）一般公共建筑经常出入的西向和北向的外门，应设置双道门（双道门中心距离不应小于1600mm）、旋转门或门斗。否则应加热风幕。外面一道门应采用外开门，里面一道门宜采用双面弹簧门或电动推拉门。

（2）所有内门若无隔声要求或其他特殊要求，不得设门槛。

（3）房间湿度大的门不宜选用纤维板或胶合板。

（4）手动开启的大门扇应有制动装置；推拉门应有防脱轨措施。

（5）双面弹簧门应在可视高度部分装透明玻璃。

（6）开向疏散走道及主楼梯间的门扇开启时，不应影响走道及楼梯休息平台的疏散宽度。

（7）宿舍居室及辅助用房的门洞宽度不应小于0.90m，阳台门和居室内附设的卫生间，其门洞宽度不应小于0.70m，设亮子的门洞口高度不应低于2.40m，不设亮子的门洞洞口高度不应低于2.00m。

（8）《住宅设计规范》GB 50096—2011中规定各部位（房间）门洞的最小尺寸应符合表24-127的规定。

（9）《中小学校设计规范》GB 50099—2011中规定：

1）教学用房的门：

门洞最小尺寸　　　　　　　　　　表 24-127

类　别	洞口宽度 (m)	洞口高度 (m)	类　别	洞口宽度 (m)	洞口高度 (m)
共用外门	1.20	2.00	厨房门	0.80	2.00
户（套）门	1.00	2.00	卫生间门	0.70	2.00
起居室（厅）门	0.90	2.00	阳台门（单扇）	0.70	2.00
卧室门	0.90	2.00			

注：1. 表中门洞高度不包括门上亮子高度，宽度以平开门为准；
　　2. 洞口两侧地面有高差时，以高地面为起算高度。

①除音乐教室外，各类教室的门均宜设置上亮窗；
②除心理咨询室外，教学用房的门扇均宜附设观察窗；
③疏散通道上的门不得使用弹簧门、旋转门、推拉门、大玻璃门等不利于疏散通畅、安全的门；
④各教学用房的门均应向疏散方向开启，开启的门扇不得挤占走道的疏散通道；
⑤每间教学用房的疏散门均不应少于 2 个，疏散门的宽度应通过计算确定。每樘疏散门的通行净宽度不应小于 0.90m。当教室处于袋形走道尽端时，若教室内任何一处距教室门不超过 15m，且门的通行净宽度不小于 1.50m 时，可设 1 个门。

2）建筑物出入口门：在寒冷或风沙大的地区，教学用建筑物出入口的门应设挡风间或双道门。

（10）托幼建筑的门应符合下列规定：
1）门斗及双层门中心距离不应小于 1.60m；
2）幼儿经常出入的门在距地 0.60～1.20m 高度内，不应装易碎玻璃；
3）幼儿经常出入的门在距地 0.70m 处，宜加设幼儿专用拉手；
4）幼儿经常出入的门双面宜平滑、无棱角；
5）幼儿经常出入的门不应设置门槛和弹簧门；
6）幼儿经常出入的外门宜设纱门。

（11）办公用房门洞口宽度不应小于 1.00m，洞口高度不应低于 2.00m。

（12）旅馆客房入口门洞宽度不应小于 0.90m，高度不应低于 2.10m，客房内卫生间门洞口宽度不低于 0.75m，高度不应低于 2.10m。

（13）商店营业厅出入口、安全门的净宽度不应小于 1.40m，并不应设置门槛。

（14）老年人建筑公用外门净宽度不得小于 1.10m，老年人住宅户门和内门（含厨房门、卫生间门、阳台门）通行净宽不得小于 0.80m；起居室、卧室、疗养室、病房等门扇应采用可观察的门。

2. 门的布置
（1）两个相邻并经常开启的门，应有防止风吹碰撞的措施。
（2）向外开启的平开外门，应有防止风吹碰撞的措施。
（3）经常出入的外门和玻璃幕墙下的外门宜设雨篷，楼梯间外门雨篷下，如设吸顶灯，应注意不要被门扉碰碎。高层建筑、公共建筑底层入口均应设挑檐或雨篷、门斗，以防上层落物伤人。

(4) 变形缝处不得利用门框盖缝，门扇开启时不得跨缝，以免变形时卡住。

三、门窗的安装与附件

（一）窗的安装

窗的安装包括窗框与墙的安装和窗扇与窗框的安装两部分。

木门窗与墙体的连接分立口与塞口两种。立口是先立窗口，后砌墙体。为使窗框与墙连接牢固，应在窗口的上下槛各伸出 120mm 左右的端头，俗称"羊角头"。这种连接的优点是结合紧密，缺点是影响砖墙砌筑速度。塞口是先砌墙，预留窗洞口，同时预埋木砖。木砖的尺寸为 120mm×120mm×60mm，木砖表面应进行防腐处理。防腐处理，一种方法是刷煤焦油，另一种方法是表面刷氟化钠溶液。氟化钠溶液是无色液体，施工时常增加少量氧化铁红（俗称"红土子"），以辨认木砖是否进行过防腐处理。木砖沿窗高每 600mm 预留一块，但不论窗高尺寸大小，每侧均应不少于两块，缝隙应用沥青浸透的麻丝或毛毡塞严。

窗扇与窗框的连接则是通过铰链（俗称"合页"）和木螺丝来连接的。

（二）窗的五金

窗的五金零件有铰链、插销、窗钩、拉手、铁三角等。玻璃一般采用 3mm、4mm、5mm（与分块大小有关），铁纱采用 16 目（$1cm^2$ 内有 16 个小孔）。

门窗玻璃应选择保温性能好、K 值（传热系数）偏小的品种，一般均采用中空玻璃。用于窗玻璃的空气层厚度为 6~9mm。当需要进一步提高保温性能时，可采用 LOW-E（低辐射镀膜玻璃）中空玻璃、充惰性气体的 LOW-E 中空玻璃或多层中空玻璃。

透光率选择 40%~50%较适宜。

（三）窗的附件

1. 压缝条

这是 10~15mm 见方的小木条，用于填补窗安装于墙中产生的缝隙，以保证室内的正常温度。

2. 贴脸板

用来遮挡靠墙里皮安装窗框产生的缝隙。

3. 披水条

这是内开玻璃窗为防止雨水流入室内而设置的挡水条。

4. 筒子板

在门窗洞口的四周墙面，用木板包钉镶嵌，称为筒子板。

5. 窗台板

在窗下槛内侧设窗台板，板厚 30~40mm，挑出墙面 30~40mm。窗台板可以采用木板、水磨石板或大理石板。

6. 窗帘盒

悬挂窗帘时，为掩蔽窗帘棍和窗帘上部的拴环而设。窗帘盒三面用 25mm×100~150mm 木板镶成。窗帘棍有木、铜、钢、铝等材料。一般用角钢或钢板伸入墙内。

（四）窗的遮阳措施

1. 遮阳的作用

遮阳是为了防止阳光直接射入室内，减少进入室内的太阳辐射热量，特别是避免局部过热和产生眩光,以及保护物品而采取的一种建筑措施。北方地区以防止西晒为主。除建筑上采取相应的措施外,还可以通过绿化或活动遮阳措施来实现。在建筑构造中遮阳措施有挑檐、外廊、阳台、花格等做法。

门窗玻璃应满足遮阳系数(SC)与透光率的要求,不同地区的建筑应根据当地气候特点选择不同遮阳系数的玻璃。既要考虑夏季遮阳,还要考虑冬季利用阳光及室内采光的舒适度,因此根据工程的具体情况选择较合理的平衡点。北方严寒及寒冷地区一般选择 SC 大于 0.6 的玻璃,南方炎热地区一般选择 SC 小于 0.3 的玻璃,其他地区宜选择 SC 为 0.3~0.6 的玻璃。

> 注:遮阳系数(SC)指的是在给定条件下,玻璃、外窗或玻璃幕墙的太阳能总透射比与相同条件下相同面积的标准玻璃(3mm厚透明玻璃)的太阳能总透射比的比值。

2. 窗子遮阳板的基本形式

(1) 水平遮阳

这种做法,能够遮挡高度角较大的从窗口上方射下来的阳光。它适用于南向窗口。

(2) 垂直遮阳

它遮挡高度角小的、从窗口侧边斜射进来的阳光;对高度较大的、从窗口上方照射下来的阳光,或接近日出日落时对窗口正射阳光,它不起遮挡作用。所以,主要适用于偏东、偏西的南向或北向及其附近的窗口。

(3) 综合遮阳

它是以上两种做法的综合,能够遮挡从窗口左右侧及前上方斜射来的阳光,遮阳效果比较均匀。主要适用于南、东南及其附近的窗口。

(4) 挡板遮阳

它能够遮挡高度角较小的、正射窗口的阳光,主要适用于东、西向及其附近的窗口。

3. 《建筑遮阳工程技术规范》JGJ 237—2011 中指出:建筑物外遮阳可按以下原则选用

(1) 南向、北向宜采用水平式遮阳和综合式遮阳;

(2) 东西向宜采用垂直或挡板式遮阳;

(3) 东南向、西南向宜采用综合式遮阳。

(五) 钢门

钢门的框料与扇料有空腹与实腹两种。门框与门扇的组装方法有钢门框—钢门扇和钢门框—木门扇两种。

钢门扇自重大,容易下沉,开关声响大,保温能力差,故应用较少。

木门扇自重轻、保温、隔声较好。特别是高层建筑中采用钢筋混凝土板墙时,采用钢框—木门连接方便。

(六) 门的安装

门的安装包括门框与墙体的连接和门扇与门框的连接两部分,其做法与窗相似,这里不再重述。

(七) 门的五金

门的五金零件和窗相似,有铰链、拉手、插销、铁三角等,但规格尺寸较大,此外,还有门锁、门轧头、插销、弹簧合页等。木门的玻璃多用3mm或5mm(与分块大小有关)厚。

第八节　建筑工业化的有关问题

一、建筑工业化

(一)建筑工业化的含义

由于各国的社会制度、经济能力、资源条件、自然状况和传统习惯等不同，各国建筑工业化所走的道路也有所差异，对建筑工业化理解也不尽相同。

1974年联合国经济事务部对建筑工业化的含义作了如下解释，即：在建筑上应用现代工业的组织和生产方法，用机械化进行大批量生产和流水作业。

我国最早提出走建筑工业化道路的文件是在1956年。1978年又明确提出："建筑工业化，就是用大工业的生产方法来建造工业与民用建筑。针对某一类房屋，按专业分工，集中在工厂进行均衡的连续的大批量生产，在现场包括混凝土现浇和装修工程采用机械化施工，使建筑业从那种分散的、落后的、手工业的生产方式转到大工业的生产方式的轨道上来，从根本上来一个全面的技术改造。"

建筑工业化包含以下四点内容：

1. 设计标准化

设计标准化包括采用构件定型和房屋定型两大部分。构件定型又叫通用体系，它主要是将房屋的主要构配件按模数配套生产，从而提高构配件之间的互换性。房屋定型又叫专用体系，它主要是将各类不同的房屋进行定型，做成标准设计。

2. 构件工厂化

构件工厂化是建立完整的预制加工企业，形成施工现场的技术后方，提高建筑物的施工速度。目前建筑业的预制加工企业有混凝土预制构件厂、混凝土搅拌厂、门窗加工厂、模板工厂、钢筋加工厂等。

3. 施工机械化

施工机械化是建筑工业化的核心。施工机械应注意标准化、通用化、系列化，既注意发展大型机械，也注意发展中小型机械。

4. 管理科学化

现代工业生产的组织管理是一门科学，它包括采用指示图表法和网络法，并广泛采用电子计算机等内容。

(二)实现建筑工业化的途径

实现建筑工业化，当前有两大途径：

1. 发展预制装配化结构

这条途径是在加工厂生产预制构件，用各种车辆将构件运到施工现场，在现场用各种机械安装。这种方法的优点是：生产效率高，构件质量好，受季节影响小，可以均衡生产。缺点是：生产基地一次性投资大，在建设量不稳定的情况下，预制厂的生产能力不能充分发挥。这条途径包括以下建筑类型：

(1) 砌块建筑

这是装配式建筑的初级阶段，它具有适应性强、生产工艺简单、技术效果良好、造价低等特点。砌块按其重量大小可以分为大型砌块（350kg以上）、中型砌块（20～350kg

之间）和小型砌块（20kg以下）。砌块应注意就地取材和采用工业废料，如粉煤灰、煤矸石、炉渣等。我国的南方和北方广大地区均采用砌块来建造民用和工业房屋。

（2）大板建筑

这是装配式建筑的主导做法。它将墙体、楼板等构件均做成预制板，在施工现场进行拼装，形成不同的建筑。我国的大板建筑从1958年开始试点，1966年以后批量发展。北方地区以北京、沈阳等地的大板住宅，南方地区以南宁的空心大板住宅效果最好。

（3）框架建筑

这种建筑的特点是采用钢筋混凝土的柱、梁、板制作承重骨架，外墙及内部隔墙采用加气混凝土、镀锌薄钢板、铝板等轻质板材建造的建筑。它具有自重轻、抗震性能好、布局灵活、容易获得大开间等优点，它可以用于各类建筑中。

（4）盒子结构

这是装配化程度最高的一种形式。它以"间"为单位进行预制，分为六面体、五面体、四面体盒子。可以采用钢筋混凝土、铝、木材、塑料等制作。

2. 发展全现浇及工具式模板现浇与预制相结合的体系

这条途径的承重墙、板采用大块模板、台模、滑升模板、隧道模等现场浇筑，而一些非承重构件仍采用预制方法。这种做法的优点是：所需生产基地一次性投资比装配化道路少，适应性大，节省运输费用，结构整体性好。缺点是：耗用工期比全装配方法长。这条途径包括以下几种建筑类型。

（1）大模板建筑

不少国家在现场施工时采用大模板。我国1974年起在沈阳、北京等地也逐步推广大模板建造住宅。这种做法的特点是内墙现浇，外墙采用预制板、砌砖墙和浇筑混凝土。它的特点是造价低，抗震性能好。缺点是：用钢量大，模板消耗较大。上海市推广"一模三板"："一模"即用大模板现场浇筑内墙，"三板"是预制外墙板、轻质隔墙板、整间大楼板。

（2）滑升模板

这种做法的特点是在浇筑混凝土的同时提升模板。采用滑升模板可以建造烟囱、水塔等构筑物，也可以建造高层住宅。它的优点是：减轻劳动强度，加快施工进度，提高工程质量，降低工程造价。缺点是：需要配置成套设备，一次性投资较大。

（3）隧道模

这是一种特制的三面模板，拼装起来后，可以浇筑墙体和楼板，使之成为一个整体。采用隧道模可以建造住宅或公共建筑。

（4）升板升层

这种做法的特点是：先立柱子，然后在地坪上浇筑楼板、屋顶板，通过特制的提升设备进行提升。只提升楼板的叫"升板"，在提升楼板的同时，连墙体一起提升的叫"升层"。升板升层的优点是节省施工用地，少用建筑机械。

二、框架建筑的构造要点

（一）概述

1. 基本特点

框架结构是一种常见的结构形式，一般由柱子、纵向梁、横向梁、楼板等构成结构骨架。框架是承重结构，墙体为围护结构。

框架结构的基本特点是承重结构和围护结构分开，围护结构重点考虑保温、防水、美观、隔声等因素。

2. 框架结构的分类

（1）按材料分类

1）钢筋混凝土框架：这是常用的结构形式。柱、梁、板均采用钢筋混凝土做成。

2）钢框架：使用较少，仅在高层框架中采用。柱、梁均采用钢材，楼板采用钢筋混凝土板或钢板。

3）木框架：柱、梁、楼板均采用木材制成。这种框架较少使用。

（2）由构件数量分

1）完全框架：指由柱、纵梁、横梁、楼板组成的框架。

2）不完全框架：指由柱、纵梁、楼板组成的框架。

3）板柱式框架：指由柱、楼板组成的框架。

（3）由框架的受力分

1）纯框架：指垂直荷载和水平荷载全部由组成框架结构的柱、梁、板承担。

2）框架加剪力墙（简称"框剪"）：指垂直荷载和20%左右的水平荷载由框架承担，80%的水平荷载由现浇的钢筋混凝土板墙承担。

（4）由承托楼板的梁来区分

当采用预制楼板时，从楼板的支承构件来分，有以下两种情况：

1）横向框架：预制楼板支承在横向梁上。横向梁是主梁，纵向梁是连系梁。

2）纵向框架：预制楼板支承在纵向梁上。纵向梁是主梁，横向梁是连系梁。

3）纵横向框架：预制楼板一部分支承在横梁上，另一部分支承在纵梁上。

（5）从施工方法来分

1）装配式框架：指柱、梁、板全部为装配式构件；或柱子现浇，梁、板为预制构件，均属于装配式框架。

2）现浇式框架：指柱、梁、板全部为现场浇筑；或柱、梁采用现场浇制，板为预制时，也均属于现浇式框架。

（二）钢筋混凝土框架的最大应用高度和高宽比

钢筋混凝土框架的最大应用高度和高宽比详表24-128。

钢筋混凝土框架的应用高度和高宽比　　　　　　表 24-128

结构类型	高度（m）	高宽比
框架	45	6.0
框架-抗震墙	100	6.0
部分框支抗震墙	80	6.0
框架核心筒	100	6.0
板柱-抗震墙	30	6.0

（三）现浇钢筋混凝土框架的构件

1. 柱子

《建筑抗震设计规范》GB 50011—2010（2016 年修订）中指出：框架结构中柱子的截面尺寸宜符合下列要求：

(1) 截面的宽度和高度：四级或层数不超过 2 层时，不宜小于 300mm；一、二、三级且层数超过 2 层时，不宜小于 400mm。圆柱的直径：四级或层数不超过 2 层时不宜小于 350mm；一、二、三级且层数超过 2 层，不宜小于 450mm。柱子截面尺寸应是 50mm 的倍数。

(2) 剪跨比宜大于 2（剪跨比是简支梁上集中荷载作用点到支座边缘的最小距离 a 与截面有效高度 h_0 之比。它反映计算截面上正应力与剪应力的相对关系，是影响抗剪破坏形态和抗剪承载力的重要参数）。

(3) 截面长边与短边的边长比不宜大于 3。

(4) 抗震等级为一级时，柱子的混凝土强度等级不应低于 C30。

另外，柱子与轴线的关系最佳方案是双向轴线通过柱子的中心或圆心，尽量减少偏心力的产生。

工程实践中，采用现浇钢筋混凝土梁和板时，柱子截面的最小尺寸为 400mm×400mm。采用现浇钢筋混凝土梁、预制钢筋混凝土板时柱子截面的最小尺寸 500mm×500mm。柱子的宽度应大于梁的截面尺寸至少 50mm。

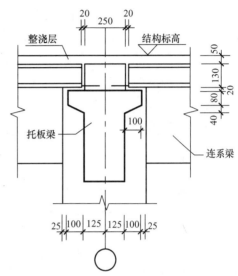

图 24-83　预制板、现浇梁和柱子的尺寸关系

图 24-83 为预制板、现浇梁与柱子的尺寸关系。

2. 梁

《建筑抗震设计规范》GB 50011—2010（2016 年修订）中指出：框架结构中梁的截面尺寸宜符合下列要求：

(1) 截面宽度不宜小于 200mm。

(2) 截面高宽比不宜大于 4。

(3) 净跨与截面之比不宜小于 4。

(4) 抗震等级为一级时，梁的混凝土强度等级不应低于 C30。

工程实践中经常按跨度的 1/10 左右估取截面高度，并按 1/2～1/3 的截面高度估取截面宽度，且应为 50mm 的倍数。截面形式多为矩形。

采用预制钢筋混凝土楼板时，框架梁分为托板梁与连系梁。托板梁的截面一般为"十"字形，截面高度一般按 1/10 左右的跨度估取，截面宽度可以按 1/2 柱子宽度并不得小于 250mm；连系梁的截面形式多为矩形，截面高度多为按托板梁尺寸减小 100mm 估取，梁的宽度一般取 250mm。上述各种尺寸均应按 50mm 晋级。

3. 板

《混凝土结构设计规范》GB 50010—2010 中指出，框架结构中的现浇钢筋混凝土板的厚度应以表 24-129 的规定为准。

现浇钢筋混凝土板的最小厚度（mm） 表 24-129

板的类别		最小厚度
单向板	屋面板	60
	民用建筑楼板	60
	工业建筑楼板	70
	行车道下的楼板	80
双向板		80
密肋板	面板	50
	肋高	250
悬臂板（根部）	悬臂长度不大于 500mm	60
	悬臂长度 1200mm	100
无梁楼板		150
现浇空心楼盖		200

预制钢筋混凝土板也可以用于框架结构的楼板和屋盖，但由于其整体性能较差，采用时必须处理好以下三个问题：

(1) 保证板缝宽度并在板缝中加钢筋及填塞细石混凝土；

(2) 保证预制板在梁上的搭接长度不应小于 80mm；

(3) 预制板的上部浇筑不小于 50mm 的加强面层，8 度设防时应采用装配整体式楼板和屋盖。

4. 抗震墙（剪力墙）

《建筑抗震设计规范》GB 50011—2010（2016 年修订）中指出：框架结构中的抗震墙应符合下列要求：

(1) 抗震墙的厚度不应小于 160mm 且不宜小于层高或无支长度的 1/20；底部加强部位的抗震墙厚度不应小于 200mm 且不宜小于层高或无支长度的 1/16。

(2) 抗震墙的混凝土强度等级不应低于 C30。

(3) 抗震墙的布置应注意抗震墙的间距 L 与框架宽度 B 之比不应大于 4。通常的布置原则是"对称、纵横均有、相对集中、把边"。

(4) 抗震墙是主要承受剪力（风力、地震力）的墙，不属于填充墙的范围，因而是有基础的墙。

5. 墙体

钢筋混凝土框架结构的墙体，主要起围护和分隔作用。不考虑承重因素是框架结构中墙体的最大特点。

(1)《建筑抗震设计规范》GB 50011—2010（2016 年修订）中规定：钢筋混凝土结构中的非承重墙体应优先选用轻质墙体材料。轻质墙体材料包括陶粒混凝土空心砌块（表观密度为 $800kg/m^3$）、加气混凝土砌块（表观密度为 $700kg/m^3$）和空心砖（表观密度为 $1300kg/m^3$）等。北京地区的外墙厚度通常为 250～300mm，内墙厚度通常为 150

～200mm。

钢筋混凝土框架结构的非承重隔墙的应用高度见表 24-130。

钢筋混凝土框架结构的非承重墙体的应用高度　　　　表 24-130

墙体厚度（mm）	墙体高度（m）	墙体厚度（mm）	墙体高度（m）
75	1.50～2.40	175	3.90～5.60
100	2.10～3.20	200	4.40～6.30
125	2.70～3.90	250	4.80～6.90
150	3.30～4.70		

注：双层中空墙体，其厚度可按总厚度计算。但双墙应有可靠拉结，其间距一般为 1.00～150m。

钢筋混凝土框架结构中的非承重墙体应与柱子或梁有可靠的拉结。《建筑抗震设计规范》GB 50011—2010（2016 年修订）中指出：钢筋混凝土结构中的砌体墙充墙应符合下列要求：

1）填充墙在平面和竖向的布置，宜均匀对称，宜避免形成薄弱层或短柱（柱高小于柱子截面宽度的 4 倍时称为短柱）。

2）砌体的砂浆强度等级不应低于 M5，实心块体的强度等级不应低于 MU2.5，空心块体的强度等级不应低于 MU3.5，墙顶应与框架梁密切结合。

3）填充墙应沿框架柱全高每隔 500～600mm 设置 2ϕ6 拉筋，拉筋伸入墙内的长度，6、7 度时宜沿墙全长贯通，8、9 度时应沿墙全长贯通。

4）墙长大于 5m 时，墙顶与梁应有拉结；墙长超过 8m 或层高的 2 倍时，宜设置钢筋混凝土构造柱；墙高超过 4m 时，墙体半高处宜设置与柱连接且沿墙全长贯通的钢筋混凝土水平系梁。

5）楼梯间和人流通道的填充墙，还应采用钢丝网砂浆面层加强。

墙体与柱子的连接做法见图 24-84，墙体与楼板的连接见图 24-85，墙体构造柱做法见图 24-86。

(2)《砌体结构设计规范》GB 50003—2011 中规定：填充墙与框架柱的连接有脱开法和不脱开法两种连接做法。

1）脱开法连接

①填充墙两端与框架柱、填充墙顶面与框架梁之间留出不小于 20mm 的间隙。

②填充墙端部应设置构造柱，间距宜不大于 20 倍墙厚且不大于 4m，构造柱宽度应不小于 100mm。竖向钢筋不宜小于 ϕ10，箍筋宜为 ϕ^R5，间距不宜大于 400mm。柱顶与框架梁（板）应预留不小于 15mm 的缝隙，并用硅酮胶或其他密封材料封缝。当填充墙有宽度大于 2100mm 的洞口时，洞口两侧应加设宽度不小于 50mm 的单筋混凝土柱。

③填充墙两端宜卡入设在梁、板底及柱侧的卡口铁件内，墙侧卡口板的竖向间距不宜大于 500mm，墙顶卡口板的水平间距不宜大于 1500mm。

④墙体高度超过 4m 时宜在墙高的中部设置与柱连通的水平系梁。水平系梁的截面高度应不小于 60mm。填充墙高度不宜大于 6m。

⑤填充墙与框架柱、框架梁的缝隙可采用聚苯乙烯泡沫塑料板条或聚氨酯发泡填充材料充填，并用硅酮胶或其他弹性密封材料封缝。

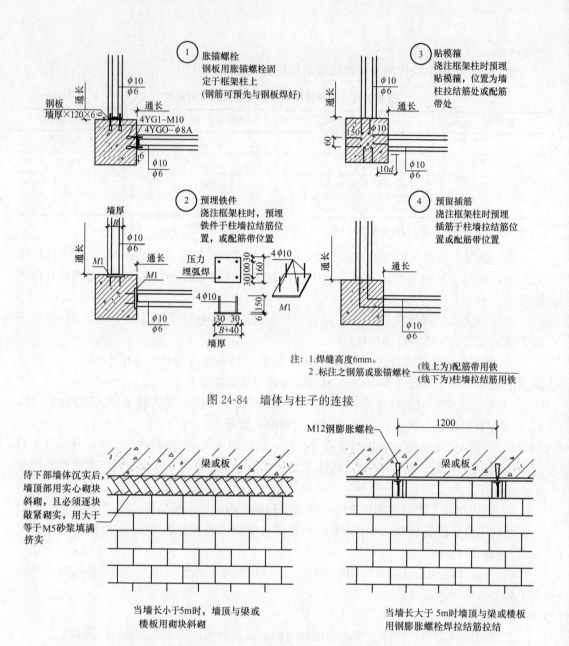

图 24-84 墙体与柱子的连接

图 24-85 墙体与楼板（梁）的连接

2) 不脱开法连接

①填充墙沿柱高每隔 500mm 配置 2 根直径为 6mm 的拉结钢筋（墙厚大于 240mm 时配置 3 根）。钢筋伸入填充墙的长度不宜小于 700mm，且拉结钢筋应错开截断，相距不宜小于 200mm。填充墙墙顶应与框架梁紧密结合。顶面与上部结构接触处宜用一皮砖或配砖斜砌楔紧。

②当填充墙有洞口时，宜在窗洞口的上端或下端、门窗洞口的上端设置钢筋混凝土带，钢筋混凝土带应与过梁的混凝土同时浇筑，过梁的截面与配筋应由计算确定。钢筋混凝土带的混凝土强度等级应不小于 C20。当有洞口的填充墙尽端至门窗洞口边距离小于 240mm 时，宜采用钢筋混凝土门窗框。

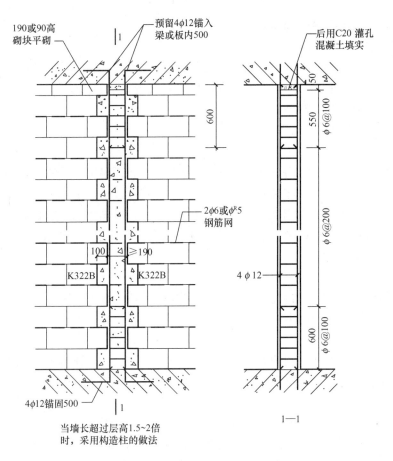

图 24-86 砌块墙中的构造柱做法

③填充墙长度超过 5m 或墙长大于 2 倍层高时，墙顶与梁宜有拉结措施，墙体中部应加设构造柱；填充墙高度超过 4m 时宜在墙高的中部设置与柱连接的水平系梁，填充墙高度超过 6m 时，宜沿墙高每 2m 设置与柱连接的水平系梁，梁的截面高度应不小于 60mm。

（四）框架结构的构造

框架结构在构造做法上与砌体结构有以下明显的不同，它们是：

(1) 利用框架梁代替门窗过梁。即一般情况下不单独加设过梁。

(2) 在预制板上加作厚度不小于 50mm 的现浇混凝土面层，内放 $\phi 6@200$ 双向钢筋网片，其作用是加强楼板的整体性。

(3) 认真解决好楼梯休息板的支承问题。由于楼梯休息板处在半层层高处，其荷载无法直接传给框架梁上，因而必须通过门式支架、H 形支架进行过渡，并应注意"短柱"现象的发生（短柱即柱高小于柱子截面高度的 4 倍）。

(4) 梁的截面形式与墙体和柱子的相对位置有密切关系。

(5) 基础大多采用钢筋混凝土独立式基础，下部墙体由基础梁承托。

(6) 窗台处应做水平系梁，以固定窗框兼做窗台使用。水平系梁的高度不应小于 80mm，宽度与墙厚相同。内放 $3\phi 10$ 通长筋，分布筋为 $\phi 6$，间距 300mm。

(7) 框架结构的墙体，以防潮层为界，上部可以采用轻质材料或空心墙体。下部应采用实心墙体。

三、装配式大板建筑的构造要点

（一）大板建筑的定义

大板建筑是大墙板、大楼板、大屋顶板的简称。除基础以外，地上的全部构件均为预制构件，通过装配整体式节点连接而建成的建筑。大板建筑的构件有内墙板、外墙板、楼板、楼梯、挑檐板和其他构件。

（二）大板建筑的主要构件

1. 外墙板

横墙承重下的外墙板是自承重或非承重的。外墙板应该满足保温隔热、防止风雨渗透等围护要求，同时也应考虑立面的装饰作用。外墙板应有一定的强度，使它可以承担一部分地震力和风力。山墙板是外墙板中特殊类型，它具有承重、保温、隔热和立面装饰作用。

墙板可以用同一种材料制作的单一板，也可以有两种以上材料的复合墙板。复合墙板由以下层次构成：

（1）承重层

它是复合墙板的支承结构。它是在墙板的内侧，这样可以减少水蒸气对墙板的渗透，从而减少墙板内部的凝结水。承重层可以用普通钢筋混凝土、轻骨料混凝土和振动砖板制成。

（2）保温层

保温层处在复合墙板中间的夹层部位，一般用高效能的无机或有机的隔热保温材料做成，如加气混凝土、泡沫混凝土、聚苯乙烯泡沫塑料、蜂窝纸以及静止的空气层等。

（3）装饰层

是复合板的外层，主要起装饰、保护和防水作用。装饰层的做法很多，经常采用的有：水刷石、干粘石、陶瓷锦砖、面砖等饰面，也可以采用衬模反打，使混凝土墙板带有各种纹理、质感，还可以采用V形、山形、波纹和曲线形的塑料板和金属板饰面。

外墙面的顶部应有吊环，下部应留有浇筑孔，侧边应留键槽和环形筋。

2. 内墙板

横向内墙板是建筑物的主要承重构件，要求有足够的强度，以满足承重的要求。内墙板应具有足够的厚度，以保证楼板有足够的搭接长度和现浇的加筋板缝所需要的宽度。横向内墙板一般采用单一材料的实心板，如混凝土板、粉煤灰矿渣混凝土板、振动砖板等。

纵向内墙板是非承重构件，它不承担楼板荷载，但与横向内墙相连接起主要的纵向刚度的保证作用，因此也必须保证有一定的强度和刚度。实际上纵向墙板与横向墙板需要采用同一类型的板。

3. 隔墙板

隔墙板主要用于建筑物内部房间的分隔板，没有承重要求。为了减轻自重，提高隔声效果和防火、防潮性能，有多种材料可供选择，如钢筋混凝土薄板、加气混凝土板、碳化石灰板、石膏板等。

4. 楼板

楼板可以采用钢筋混凝土空心板，也可以采用整块的钢筋混凝土实心板。

目前北京地区以采用整块钢筋混凝土实心板为主。这种板厚110mm，四边预留有胡子筋，安装时与相邻构件焊接。

在地震区，楼板与楼板之间、楼板与墙板之间的接缝，应利用楼板四角的连接钢筋与吊环互相焊接，并与竖向插筋锚拉。此外，楼板的四边应预留缺口及连接钢筋，并与墙板的预埋钢筋互相连接后，浇筑混凝土。

连接钢筋的锚固长度应不小于 $30d$。坐浆强度等级应不低于 M10，灌注用的豆石混凝土强度等级不应低于 C15，也不低于墙板混凝土的强度。

楼板在承重墙上的设计搁置长度不应小于 60mm；地震区楼板的非承重边应伸入墙内不小于 30mm。

5. 阳台板

一般阳台板为钢筋混凝土槽形板，两个肋边的挑出部分压入墙内，并与楼板预埋件焊接，然后浇灌混凝土。阳台上的栏杆和栏板也可以做成预制块，在现场焊接。

阳台板也可以由楼板挑出，成为楼板的延伸。

6. 楼梯

楼梯分成楼梯段和休息板（平台）两大部分。

休息板与墙板之间必须有可靠的连接，平台的横梁预留搁置长度不宜小于 100mm。常用的做法可以在墙上预留槽或挑出牛腿以支承楼梯平台。

7. 屋面板及挑檐板

屋面板一般与楼板做法相同，仍然采用预制钢筋混凝土整间大楼板。

挑檐板一般采用钢筋混凝土预制构件，其挑出尺寸应不大于 500mm。

8. 烟风道

烟风道一般为钢筋混凝土或水泥石棉板及 GRC 板制作的筒状构件。一般按一层一节设计，其交接处为楼板附近。交接处，要坐浆严密，不致串烟漏气。出屋顶后应砌筑排烟口并用预制钢筋混凝土块作压顶。

四、大模板建筑的构造要点

（一）大模建筑的定义

大模建筑的内墙采用工具式大型模板现场浇筑的钢筋混凝土板墙（非地震区亦可采用混凝土板墙），外墙可以采用预制钢筋混凝土墙板、现砌砖墙或现场浇筑钢筋混凝土墙板，它属于墙板承重体系。

大模建筑在结构方面属于剪力墙体系。剪力是水平力，在水平力中又以地震力为主。这种体系强调横墙对正、纵墙拉通，以共同抵御地震力。它最适合在小开间、横墙承重的建筑中采用。这种体系广泛应用于住宅建筑中。

大模建筑的模板多采用钢材制作，有平模、筒模等类型。

（二）大模建筑的分类

大模建筑的类型，主要区分在外墙做法上。常见的类型有以下几种：

1. 现浇与预制相结合

这种做法的内墙为现场浇筑的钢筋混凝土板墙，外墙采用预制外墙板。这种做法称为外板内模，俗称"内浇外挂"。它主要用来建造高层建筑。

2. 现浇与砌砖相结合

这种做法的内墙为现场浇筑的钢筋混凝土板墙，外墙采用黏土砖砌筑砖墙。这种做法称为外砖内模，俗称"内浇外砌"。它主要用来建造多层住宅。

3. 全现浇做法

这种做法是内、外墙板均采用现场浇筑的钢筋混凝土板墙。它主要用来建造高层住宅。

(三) 大模建筑的构件

这里以外板内模式（内浇外挂式）为重点，简要介绍一些构件的特点。

1. 内墙板

现场浇筑，厚度 160～180mm（横墙 160mm，纵墙 180mm），内放 $\phi 6$～$\phi 8$ 钢筋，间距为 200mm 的双面网片。采用强度等级为 C20 的混凝土浇筑。

2. 外墙板

加工厂预制，可以采用单一材料（如陶粒混凝土）或复合材料（如采用岩棉板材填芯的钢筋混凝土板）制作。厚度为 280～300mm。构件划分方法为：外横墙为每进深两块（个别中间进深为一块）板，外纵墙为每开间一块板。其形状与大板建筑外墙板相同。

3. 楼板

加工厂预制，可以采用 130mm 厚的预应力短向圆孔板（俗称小板），也可以采用 110mm 厚的双向预应力的实心大板（俗称两面光大楼板）。

4. 楼梯

高层大模建筑的楼梯有双跑和单跑两种做法。其组成包括楼梯段（TB）、楼梯梁（MTL）和休息板（MXB）。大模建筑楼梯的休息板采用"担架"形，插入墙板中的预留孔内。

5. 阳台板

加工厂预制，呈正槽形。挑出墙板外皮 1160mm，压墙尺寸为 100mm，代号为 MYT。

6. 通道板

加工厂预制，呈反槽形。挑出墙板外皮 1300mm，压墙为 100mm，代号为 TD。

7. 女儿墙板

加工厂预制。它是一种不带门窗洞口的小型外墙板，其高度为 1500mm。代号为 F。

8. 隔墙板

一般采用 50mm 钢筋混凝土板隔墙，可以在加工厂预制或现场预制。

(四) 大模建筑的节点连接

1. 结构连接

（1）外墙板间或内外墙板交接处采用构造柱，一般部位的主筋为 $4\phi 12$，边角部位的主筋为 $4\phi 14$。箍筋为预制板侧的环筋。混凝土强度为 C20。

（2）楼板与外墙板交接处应设置圈梁，其配筋为 $4\phi 10$，箍筋为 $\phi 6@200mm$。混凝土强度为 C20。

（3）楼板与内墙板交接处应保证搭接，最小尺寸为 60mm。用强度等级不低于 C20 的混凝土浇筑。

2. 建筑处理

建筑处理包括板缝保温和板缝防水两大部分。

板缝保温多采用聚苯乙烯泡沫塑料板，现场插入节点中。

板缝防水包括油毡、塑料条、防水砂浆及空腔防水等做法，一般在做好结构连接后做板缝防水。

第九节 建筑装饰装修构造

一、建筑装饰装修的用料等级

(一) 装饰装修材料的分类

《建筑内部装修设计防火规范》GB 50222—95 (2001年版) 中规定：装饰装修材料按其使用部位和功能，可划分为顶棚装修材料、墙面装修材料、地面装修材料、隔断装修材料、固定家具、装饰织物、其他装饰材料七大类。

注：①装饰织物系指窗帘、帷幕、床罩、家具包布等。
　　②其他装饰材料系指楼梯扶手、挂镜线、踢脚板、窗帘盒、暖气罩等。

(二) 装饰装修材料按其燃烧性能应划分为4级

A级：指不燃性装修材料。

B_1级：指难燃性装修材料。

B_2级：指可燃性装修材料。

B_3级：指易燃性装修材料。

(1) 装修材料的燃烧性能等级由专业检测机构检测确定，B_3级装修材料可不进行检测。

(2) 安装在钢龙骨上的纸面石膏板，可作为A级装修材料使用。

(3) 当胶合板表面涂覆一级饰面型防火涂料时，可作为B_1级装修材料使用。

注：饰面型防火涂料的等级应符合现行国家标准《防火涂料防火性能试验方法及分级标准》的有关规定。

(4) 单位重量小于$300g/m^2$的纸质、布质壁纸，当直接粘贴在A级基材上时，可作为B_1级装修材料使用。

(5) 施涂于A级基材上的无机装饰涂料，可作为A级装修材料使用；施涂于A级基材上，施涂覆比小于$1.5kg/m^2$的有机装饰涂料，可作为B_1级装修材料使用。涂料施涂于B_1、B_2级基材上时，应将涂料连同基材一起按规范规定确定其燃烧性能等级。

(6) 当采用不同装修材料进行分层装修时，各层装修材料的燃烧性能等级应符合规范的规定。复合型装修材料应由专业检测机构进行整体测试并划分其燃烧性能等级。

(7) 常用建筑内部装修材料的燃烧性能等级划分见表24-131。

常用建筑内部装修材料燃烧性能等级划分　　　　表24-131

材料类别	级别	材　料　举　例
各部位材料	A	花岗石、大理石、水磨石、水泥制品、混凝土制品、石膏板、石灰制品、黏土制品、玻璃、瓷砖、马赛克、钢铁、铝、铜合金等
顶棚材料	B_1	纸面石膏板、纤维石膏板、水泥刨花板、矿棉装饰吸声板、玻璃棉装饰吸声板、珍珠岩装饰吸声板、难燃胶合板、难燃中密度纤维板、岩棉装饰板、难燃木材、铝箔复合材料、难燃酚醛胶合板、铝箔玻璃钢复合材料等
墙面材料	B_1	纸面石膏板、纤维石膏板、水泥刨花板、矿棉板、玻璃棉板、珍珠岩板、难燃胶合板、难燃中密度纤维板、防火塑料装饰板、难燃双面刨花板、多彩涂料、难燃墙纸、难燃墙布、难燃仿花岗岩装饰板、氯氧镁水泥装配式墙板、难燃玻璃钢平板、PVC塑料护墙板、轻质高强复合墙板、阻燃模压木质复合板材、彩色阻燃人造板、难燃玻璃钢等
墙面材料	B_2	各类天然木材、木制人造板、竹材、纸制装饰板、装饰微薄木贴面板、印刷木纹人造板、塑料贴面装饰板、聚酯装饰板、复塑装饰板、塑纤板、胶合板、塑料壁纸、无纺贴墙布、墙布、复合壁纸、天然材料壁纸、人造革等

续表

材料类别	级别	材 料 举 例
地面材料	B₁	硬质PVC塑料地板、水泥刨花板、水泥木丝板、氯丁橡胶地板等
	B₂	半硬质PVC塑料地板、PVC卷材地板、木地板、氯纶地毯等
装饰织物	B₁	经阻燃处理的各类难燃织物等
	B₂	纯毛装饰布、纯麻装饰布、经阻燃处理的其他织物等
其他装饰材料	B₁	聚氯乙烯塑料、酚醛塑料、聚碳酸酯塑料、聚四氯乙烯塑料、三聚氰胺、脲醛塑料、硅树脂塑料装饰型材、经阻燃处理的另类织物等；另见顶棚材料和墙面材料中的有关材料
	B₂	经阻燃处理的聚乙烯、聚丙烯、聚氨酯、聚苯乙烯、玻璃钢、化纤织物、木制品等

（三）民用建筑的燃烧性能等级

1. 一般规定

（1）当顶棚或墙面表面局部采用多孔或泡沫状塑料时，其厚度不应大于15mm，面积不得超过该房间顶棚或墙面面积的10%。

（2）除地下建筑外，无窗房间的内部装修材料的燃烧性能等级，除A级外，应在规定的基础上提高一级。

（3）图书室、资料室、档案室和存放文物的房间，其顶棚、墙面应采用A级装修材料，地面应采用不低于B_1级的装修材料。

（4）大中型电子计算机房、中央控制室、电话总机房等放置特殊贵重设备的房间，其顶棚和墙面应采用A级装修材料，地面及其他装修应采用不低于B_1级的装修材料。

（5）消防水泵房、排烟机房、固定灭火系统钢瓶间、配电室、变压器室、通风和空调机房等，其内部所有装修均应采用A级装修材料。

（6）无自然采光楼梯间、封闭楼梯间、防烟楼梯间的顶棚、墙面和地面均应采用A级装修材料。

（7）建筑物内设有上下层相连通的中庭、走马廊、开敞楼梯、自动扶梯时，其连通部位的顶棚、墙面应采用A级装修材料，其他部位应采用不低于B_1级的装修材料。

（8）防烟分区的挡烟垂壁，其装修材料应采用A级装修材料。

（9）建筑内部的变形缝（包括沉降缝、伸缩缝、抗震缝等）两侧的基层应采用A级材料，表面装修应采用不低于B_1级的装修材料。

（10）建筑内部的配电箱不应直接安装在低于B_1级的装修材料上。

（11）照明灯具的高温部位，当靠近非A级装修材料时，应采取隔热、散热等防火保护措施。灯饰所用材料的燃烧性能等级不应低于B_1级。

（12）公共建筑内部不宜设置采用B_3级装饰材料制成的壁挂、雕塑、模型、标本，当需要设置时，不应靠近火源或热源。

（13）地上建筑的水平疏散走道和安全出口的门厅，其顶棚装饰材料应采用A级装修材料，其他部位采用不低于B_1级的装修材料。

（14）建筑内部消火栓的门不应被装饰物遮掩，消火栓门四周的装修材料颜色应与消火栓门的颜色有明显区别。

（15）建筑内部装修不应遮挡消防设施和疏散指示标志及出口，并且不应妨碍消防设施和疏散走道的正常使用。

(16) 建筑物内的厨房,其顶棚、墙面、地面均应采用 A 级装修材料。

(17) 经常使用明火器具的餐厅、科研试验室,装修材料的燃烧性能等级,除 A 级外,应在规定的基础上提高一级。

2. 单层、多层民用建筑

(1) 单层、多层民用建筑内部各部位装修材料的燃烧性能等级,不应低于表 24-132 的规定。

(2) 单层、多层民用建筑内面积小于 100m² 的房间,当采用防火墙和耐火极限不低于 1.2h 的防火门窗与其他部位分隔时,其装修材料的燃烧性能等级可在表 24-132 的基础上降低一级。

单层、多层民用建筑内部各部位装修材料的燃烧性能等级　　　表 24-132

建筑物及场所	建筑规模、性质	顶棚	墙面	地面	隔断	固定家具	装饰织物		其他装饰材料
							窗帘	帷幕	
候机楼的候机大厅、商店、餐厅、贵宾候机室、售票厅等	建筑面积>10000m² 的候机楼	A	A	B₁	B₁	B₁	B₁		B₁
	建筑面积≤10000m² 的候机楼	A	B₁	B₁	B₂	B₂	B₂		B₂
汽车站、火车站、轮船客运站的候车(船)室、餐厅、商场等	建筑面积>10000m² 的车站、码头	A	A	B₁	B₂	B₂	B₂		B₂
	建筑面积≤10000m² 的车站、码头	B₁	B₁	B₁	B₂	B₂	B₂		B₂
影院、会堂、礼堂、剧院、音乐厅	>800 座位	A	A	B₁	B₁	B₁	B₁	B₁	B₁
	≤800 座位	A	B₁	B₁	B₁	B₁	B₁	B₁	B₁
体育馆	>3000 座位	A	A	B₁	B₁	B₁	B₁	B₁	B₂
	≤3000 座位	A	B₁	B₁	B₁	B₁	B₁	B₁	B₂
商场营业厅	每层建筑面积<3000m² 或总建筑面积>9000m² 的营业厅	A	B₁	A	A	B₁	B₁		B₂
	每层建筑面积 1000~3000m² 或总建筑面积为 3000~9000m² 的营业厅	A	B₁	B₁	B₂	B₂	B₂		B₂
	每层建筑面积<1000m² 或总建筑面积<3000m² 的营业厅	B₁	B₂	B₂	B₂	B₂	B₂		B₂
饭店、旅馆的客房及公共活动用房	设有中央空调系统的饭店、旅馆	A	B₁	B₁	B₁	B₂	B₂		B₂
	其他饭店、旅馆	B₁	B₁	B₂	B₂	B₂	B₂		B₂
歌舞厅、餐馆等娱乐、餐饮建筑	营业面积>100m²	A	B₁	B₁	B₁	B₁	B₁		B₂
	营业面积≤100m²	B₁	B₁	B₂	B₂	B₂	B₂		B₂
幼儿园、托儿所、医院病房楼、疗养院、养老院		A	B₁	B₁	B₂	B₁	B₁		B₂
纪念馆、展览馆、博物馆、图书馆、档案馆、资料馆等	国家级、省级	A	B₁	B₁	B₂	B₂	B₂		B₂
	省级以下	B₁	B₁	B₂	B₂	B₂	B₂		B₂
办公楼、综合楼	设有中央空调系统的办公楼、综合楼	A	B₁	B₁	B₂	B₂	B₂		B₂
	其他办公楼、综合楼	B₁	B₁	B₂	B₂	B₂	B₂		B₂
住宅	高级住宅	B₁	B₁	B₁	B₁	B₂	B₂		B₂
	普通住宅	B₁	B₂	B₂	B₂	B₂	B₂		B₂

(3) 当单层、多层民用建筑内装有自动灭火系统时，除顶棚外，其内部装修材料的燃烧性能等级可在表24-132规定的基础上降低一级；当同时装有火灾自动报警装置和自动灭火系统时，其顶棚装修材料的燃烧性能等级可在表24-132规定的基础上降低一级，其他装修材料的燃烧性能等级可不限制。

3. 高层民用建筑

(1) 高层民用建筑内部各部位装修材料的燃烧性能等级，不应低于表24-133的规定。

(2) 除100m以上的高层民用建筑及大于800座位的观众厅、会议厅、顶层餐厅外，当设有火灾自动报警装置和自动灭火系统时，除顶棚外，其内部装修材料的燃烧性能等级可在表24-133规定的基础上降低一级。

高层民用建筑内部各部位装修材料的燃烧性能等级　　　　表24-133

建筑物	建筑规模、性质	装修材料燃烧性能等级					装饰织物				其他装饰材料
		顶棚	墙面	地面	隔断	固定家具	窗帘	帷幕	床罩	家具包布	
高级旅馆	＞800座位的观众厅、会议厅、顶层餐厅	A	B_1	B_1	B_1	B_1	B_1	B_1		B_1	B_1
	≤800座位的观众厅、会议厅	A	B_1	B_1	B_1	B_2	B_1	B_1		B_2	B_1
	其他部位	A	B_1	B_1	B_2	B_2	B_2	B_2	B_1	B_2	B_1
商业楼、展览楼、综合楼、商住楼、医院病房楼	一类建筑	A	B_1	B_1	B_2	B_2	B_2	B_2		B_2	B_1
	二类建筑	B_1	B_1	B_1	B_2	B_2	B_2	B_2		B_2	B_2
电信楼、财贸金融楼、邮政楼、广播电视楼、电力调度楼、防灾指挥调度楼	一类建筑	A	A	B_1	B_1	B_2	B_2	B_2		B_2	B_1
	二类建筑	B_1	B_1	B_1	B_2	B_2	B_2	B_2		B_2	B_2
教学楼、办公楼、科研楼、档案楼、图书馆	一类建筑	A	B_1	B_1	B_2	B_2	B_2	B_2		B_2	B_1
	二类建筑	B_1	B_1	B_1	B_2	B_2	B_2	B_2		B_2	B_2
住宅、普通旅馆	一类普通旅馆、高级住宅	A	B_1	B_2	B_2	B_2	B_2		B_1	B_2	B_1
	二类普通旅馆、普通住宅	B_1	B_1	B_2	B_2	B_2	B_2		B_2	B_2	B_2

注：1. "顶层餐厅"包括设在高空的餐厅、观光厅等；

2. 建筑物的类别、规模、性质应符合现行国家标准《建筑设计防火规范》GB 50016的有关规定。

(3) 电视塔等特殊高层建筑的内部装修，均应采用A级装修材料。

4. 地下民用建筑

(1) 地下民用建筑内部各部位装修材料的燃烧性能等级，不应低于表24-134的规定。

地下民用建筑内部各部位装修材料的燃烧性能等级　　　　表 24-134

建筑物及场所	装修材料燃烧性能等级						
	顶棚	墙面	地面	隔断	固定家具	装饰织物	其他装饰材料
休息室和办公室等，旅馆的客房及公共活动用房等	A	B_1	B_1	B_1	B_1	B_1	B_2
娱乐场所、旱冰场等，舞厅、展览厅等，医院的病房、医疗用房等	A	A	B_1	B_1	B_1	B_1	B_2
电影院的观众厅，商场的营业厅	A	A	A	B_1	B_1	B_1	B_2
停车库，人行通道，图书资料库、档案库	A	A	A	A	A		

注：地下民用建筑系指单层、多层、高层民用建筑的地下部分，单独建造在地下的民用建筑，以及平战结合的地下人防工程。

（2）地下民用建筑的疏散走道和安全出口的门厅，其顶棚、墙面和地面的装修材料应采用 A 级装修材料。

（3）单独建造的地下民用建筑的地上部分，其门厅、休息室、办公室等内部装修材料的燃烧性能等级可在表 21-134 的基础上降低一级要求。

（4）地下商场、地下展览厅的售货柜台、固定货架、展览台等，应采用 A 级装修材料。

二、装饰装修工程做法要求汇集

《住宅装饰装修工程施工规范》GB 50327—2001、《建筑装饰装修工程质量验收规范》GB 50210—2001 及相关施工手册指出：

（一）抹灰工程

1. 砂浆种类

《抹灰砂浆技术规程》JGJ/T 220—2010 中规定：大面积涂抹于建筑物墙面、顶棚、柱面的砂浆，包括水泥抹灰砂浆、水泥粉煤灰抹灰砂浆、水泥石灰抹灰砂浆、掺塑化剂水泥抹灰砂浆、聚合物水泥抹灰砂浆及石膏抹灰砂浆等，又称为抹灰砂浆。

（1）水泥抹灰砂浆：以水泥为胶凝材料，加入细骨料和水，按一定比例配制而成的抹灰砂浆。

（2）水泥粉煤灰抹灰砂浆：以水泥为胶凝材料，加入细骨料和水，按一定比例配制而成的抹灰砂浆。

（3）水泥石灰抹灰砂浆：以水泥为胶凝材料，加入石灰膏、细骨料和水按一定比例配制而成的抹灰砂浆。

（4）掺塑化剂水泥抹灰砂浆：以水泥（或添加粉煤灰）为胶凝材料，加入细骨料、水和适量塑化剂，按一定比例配制而成的抹灰砂浆。

（5）聚合物水泥抹灰砂浆：以水泥为胶凝材料，加入细骨料、水和适量聚合物，按一定比例配制而成的抹灰砂浆。包括普通聚合物水泥抹灰砂浆（无折压比要求）、柔性聚合物水泥抹灰砂浆（折压比小于等于3）及防水聚合物水泥抹灰砂浆。

（6）石膏抹灰砂浆：以半水石膏或Ⅱ型无水石膏单独或两者混合后为胶凝材料，加入细骨料、水和多种外加剂，按一定比例配制而成的抹灰砂浆。

（7）预拌抹灰砂浆：专业生产厂生产的用于抹灰工程的砂浆。

（8）界面砂浆：提高抹灰砂浆层与基层粘结强度的砂浆。

2. 一般规定

(1) 一般抹灰工程用砂浆宜选用预拌砂浆。现场搅拌的抹灰砂浆应采用机械搅拌。

(2) 抹灰砂浆强度不宜比基体材料强度高出两个及以上强度等级,并应符合下列规定:

1) 对于无粘贴饰面砖的外墙,底层抹灰砂浆宜比基体材料高一个强度等级或等于基体材料强度。

2) 对于无粘贴饰面砖的内墙,底层抹灰砂浆宜比基体材料低一个强度等级。

3) 对于有粘贴饰面砖的内墙和外墙,中层抹灰砂浆宜比基体材料高一个强度等级且不低于 M15,并宜选用水泥抹灰砂浆。

4) 孔洞填补和窗台、阳台抹面等宜采用 M15 或 M20 水泥抹灰砂浆。

(3) 配制强度等级不大于 M20 的抹灰砂浆,宜用 32.5 通用硅酸盐水泥或砌筑水泥;配制强度等级大于 M20 的抹灰砂浆,宜用 42.5 通用硅酸盐水泥。通用硅酸盐水泥宜采用散装的。

(4) 用通用硅酸盐水泥拌制抹灰砂浆时,可掺入适量的石灰膏、粉煤灰、粒化高炉矿渣粉、沸石粉等,不应掺入消石灰粉。用砌筑水泥拌制抹灰砂浆时,不得再掺加粉煤灰等矿物掺合料。

(5) 拌制抹灰砂浆,可根据需要掺入改善砂浆性能的添加剂。

3. 应用范围

抹灰砂浆的选用应以表 24-135 的规定为准。

抹灰砂浆的选用 表 24-135

使用部位或基体种类	抹灰砂浆的品种
内墙	水泥抹灰砂浆、水泥石灰抹灰砂浆、水泥粉煤灰抹灰砂浆、掺塑化剂水泥抹灰砂浆、聚合物水泥抹灰砂浆、石膏抹灰砂浆
外墙、门窗洞口外侧壁	水泥抹灰砂浆、水泥粉煤灰抹灰砂浆
温(湿)度较高的车间和房屋、地下室、屋檐、勒脚等	水泥抹灰砂浆、水泥粉煤灰抹灰砂浆
混凝土板和墙	水泥抹灰砂浆、水泥石灰抹灰砂浆、聚合物水泥抹灰砂浆、石膏抹灰砂浆
混凝土顶棚、条板	聚合物水泥抹灰砂浆、石膏抹灰砂浆
加气混凝土砌块、板	水泥石灰抹灰砂浆、水泥粉煤灰抹灰砂浆、掺塑化剂水泥抹灰砂浆、聚合物水泥抹灰砂浆、石膏抹灰砂浆

4. 施工要求

(1) 抹灰层的平均厚度应符合下列规定

1) 内墙:内墙抹灰的平均厚度不宜大于 20mm,高级抹灰的平均厚度不宜大于 25mm。

2) 外墙:墙面抹灰的平均厚度不宜大于 20mm,勒脚抹灰的平均厚度不宜大于 25mm。

3) 顶棚:现浇混凝土抹灰的平均厚度不宜大于 5mm,条板、预制混凝土抹灰的平均厚度不宜大于 10mm。

4) 蒸压加气混凝土砌块基层抹灰平均厚度宜控制在 15mm 以内,当采用聚合物水泥砂浆抹灰时,平均厚度宜控制在 5mm 以内,采用石膏砂浆抹灰时,平均厚度宜控制在

10mm 以内。

(2) 施工要点

1) 抹灰工程分为普通抹灰和高级抹灰两种。普通抹灰要求分层抹平、表面压光；高级抹灰要求阴阳角找方、分层抹平、表面压光。工程中无特殊要求时，均按普通抹灰处理。

2) 抹灰应分层进行，水泥抹灰砂浆每层厚度宜为 5~7mm，水泥石灰抹灰砂浆每层厚度宜为 7~9mm，并应待前一层达到六七成干后再涂抹后一层。

3) 罩面石膏灰不得涂抹在水泥砂浆上。

4) 强度高的水泥抹灰砂浆不应涂抹在强度低的白灰抹灰砂浆基层上。

5) 当抹灰层厚度大于 35mm 时，应采取与基体粘结的加强措施。

6) 不同材料的基体交接处应设加强网，加强网与各基体的搭接宽度不应小于 100 mm。

7) 水刷石、水磨石、干粘石、斩假石、假面砖、拉毛灰、拉条灰、洒毛灰（甩疙瘩）、喷砂、喷涂、滚涂、弹涂、仿石、彩色抹灰等均属于装饰性抹灰。

8) 各层抹灰砂浆在凝固硬化前，应防止曝晒、淋雨、水冲、撞击、振动。水泥抹灰砂浆、水泥粉煤灰抹灰砂浆和掺塑化剂水泥抹灰砂浆宜在潮湿的条件下养护。

(3) 细部构造

1) 水泥包角：室内墙面、柱面和门洞口的阳角处应做包角。包角采用水泥砂浆制作时，其配合比应为 1∶2，高度应为 2m，每侧宽度应为 50mm。

2) 滴水槽：用于女儿墙压顶抹面的前部、窗台挑出部分抹面前部的滴水槽其深度和宽度均为 10mm。

(4) 关于干拌砂浆的品种代号

干拌砂浆又称为"干混砂浆"，是在专业生产厂家生产的袋装产品。干拌砂浆分为砌筑砂浆和抹面砂浆，在施工现场加水后即可使用。

有关干拌砂浆的代号如下：

1) DP 表示外墙、顶棚的抹面砂浆。其中 HR 表示高保水性能，MR 表示中保水性能，LR 表示低保水性能；

2) DS 表示地面、楼面、屋面的抹面砂浆、找平砂浆；

3) DM 表示砌筑砂浆。其强度等级有 DM2.5、DM5、DM7.5、DM10、DM15 共 5 种；

4) DEA 表示外保温粘结砂浆；

5) DEI 表示外保温抹面砂浆；

6) DTA 表示陶瓷砖胶粘剂；

7) DTG 表示陶瓷砖嵌缝剂；

8) DP-G 表示粉刷石膏抹面砂浆。

(二) 门窗工程

《住宅装饰装修工程施工规范》GB 50327—2001、《建筑装饰装修工程质量验收规范》GB 50210—2001 及相关施工手册指出：

1. 一般规定

(1) 安装门窗必须采用预留洞口的方法，严禁采用边安装边砌口或先安装后砌口；

(2) 门窗固定可采用焊接、膨胀螺栓或射钉等方式，但砖墙严禁用射钉固定；

(3) 安装过程中应及时清理门窗表面的水泥砂浆、密封膏等，以保护表面质量。

2. 铝合金门窗的安装

(1) 铝合金门窗的安装有固定片连接或固定片与附框同时连接两种做法。

(2) 安装做法有干法施工和湿法施工两种。干法施工指的是金属附框及安装片的安装应在洞口及墙体抹灰湿作业前完成，而铝合金门窗框安装应在洞口及墙体抹灰湿作业后进行，安装缝隙至少应留出40mm；湿法施工指的是安装片和铝合金门窗框安装应在洞口及墙体抹灰前完成，安装缝隙不应小于20mm。

(3) 金属附框宽度应大于30mm。

(4) 固定片宜用HPB300钢材，厚度不应小于1.5mm，宽度不应小于20mm，表面应做防腐处理。

(5) 固定片安装：距角部的距离不应大于150mm，其余部位中心距不应大于500mm。固定片的固定点距墙体边缘不应小于50mm。

(6) 铝合金门窗框与洞口缝隙，应采用保温、防潮且无腐蚀性的优质材料堵塞密实（如聚氨酯泡沫填缝胶）；亦可采用防水砂浆，但不得用海砂成分的砂浆。

(7) 与水泥砂浆接触的铝合金框应进行防腐处理。

(8) 砌块墙不得使用射钉直接固定门窗。

3. 涂色镀锌钢板门窗安装

(1) 带副框的门窗安装时，应用自攻螺钉将连接件固定在副框上，另一侧与墙体的预埋件焊接，安装缝隙为25mm。

(2) 不带副框的门窗安装时，门窗与洞口宜用膨胀螺栓连接，安装缝隙15mm。

4. 钢门窗安装

钢门窗安装采用连接件焊接或插入洞口连接，插入洞口后应用水泥砂浆或豆石混凝土填实。安装缝隙15mm左右。

5. 塑料门窗安装

采用在墙上留预埋件，窗的连接件用尼龙胀管螺栓连接，安装缝隙15mm左右。

门窗框与洞口的间隙用泡沫塑料条或油毡卷条填塞，然后用密封膏封严。

《塑料门窗工程技术规程》JGJ 103—2008中规定：

(1) 安装要求

1) 混凝土墙洞口应采用射钉或膨胀螺钉固定；

2) 砖墙洞口或空心砖洞口应用膨胀螺钉固定，并不得固定在砖缝处；

3) 轻质砌块或加气混凝土洞口可在预埋混凝土块上用射钉或膨胀螺钉固定；

4) 设有预埋铁件的洞口应采用焊接方法固定，也可先在预埋件上按紧固件规格打基孔，然后用紧固件固定。

(2) 固定片的有关问题

固定片的位置应距墙角、中竖框、中横框150~200mm，固定片之间的间距应小于等于600mm，不得将固定片直接装在中竖框、中横框的挡头上。

(三) 玻璃工程

《住宅装饰装修工程施工规范》GB 50327—2001、《建筑装饰装修工程质量验收规范》

GB 50210—2001及相关施工手册指出：

1. 钢木框、扇玻璃及玻璃砖安装

（1）安装玻璃前，应将裁口内的污垢清除干净，并沿裁口的全长均匀涂抹1～3mm厚的底油灰。

（2）安装长边大于1.5m或短边大于1m的玻璃，应用橡胶垫并用压条和螺钉镶嵌固定。

（3）安装木框、扇玻璃，应用钉子固定，钉距不得大于300mm，且每边不少于两个，并用油灰填实抹光；用木压条固定时，应先涂干性油，并不应将玻璃压得过紧。

（4）安装钢框、扇玻璃，应用钢丝卡固定，间距不得大于300mm，且每边不少于两个，并用油灰填实抹光；采用橡胶垫时，应先将橡胶垫嵌入裁口内，并用压条和螺钉固定。

（5）工业厂房斜天窗玻璃，如设计无要求时，应采用夹丝玻璃。

如采用平板玻璃，应在玻璃下面加设一层保护网。

斜天窗玻璃应顺流水方向盖叠安装，其盖叠长度：斜天窗坡度为1/4或大于1/4，不小于30mm；坡度小于1/4，不小于50mm。盖叠处应用钢丝卡固定，并在盖叠缝隙中用密封膏嵌塞密实。

（6）拼装彩色玻璃、压花玻璃应按设计图案裁割，拼缝应吻合，不得错位、斜曲和松动。

（7）楼梯间和阳台等的围护结构安装钢化玻璃时，应用卡紧螺丝或压条镶嵌固定。玻璃与围护结构的金属框格相接处，应衬橡胶垫或塑料垫。

（8）安装磨砂玻璃和压花玻璃时，磨砂玻璃的磨砂面应向室内，压花玻璃的花纹宜向室外。

（9）中空玻璃内外表面均应洁净，玻璃中空层内不得有灰尘和水蒸气。中空层一般6～9mm为宜。

（10）单面镀膜玻璃的镀膜层应朝向室内。中空玻璃的单面镀膜玻璃应在最外层，镀膜层应朝向室内。

（11）安装玻璃隔断时，隔断上框的顶面应留有适量缝隙，以防止结构变形，损坏玻璃。

2. 铝合金、塑料框、扇玻璃安装

（1）安装玻璃前，应清除槽口内的灰浆、杂物等，畅通排水孔。

（2）使用密封膏前，接缝处的玻璃、金属和塑料的表面必须清洁、干燥。

（3）安装中空玻璃及面积大于$0.65m^2$的玻璃时，应符合下列规定：

1）安装于竖框中的玻璃，应搁置在两块相同的定位垫块上，搁置点离玻璃垂直边缘的距离宜为玻璃宽度的1/4，且不宜小于150mm；

2）安装于扇中的玻璃，应按开启方向确定其定位垫块的位置。定位垫块的宽度应大于所支撑的玻璃件的厚度，长度不宜小于25mm，并应符合设计要求。

（4）玻璃安装就位后，其边缘不得和框、扇及其连接件相接触，所留间隙应符合国家有关标准的规定。

（5）玻璃安装时所使用的各种材料均不得影响泄水系统的通畅。

(6) 迎风面的玻璃镶入框内后，应立即用通长镶嵌条或垫片固定。

(7) 玻璃镶入框、扇内，填塞填充材料、镶嵌条时，应使玻璃周边受力均匀。镶嵌条应和玻璃、玻璃槽口紧贴。

(8) 密封膏封贴缝口时，封贴的宽度和深度应符合设计要求，充填必须密实，外表应平整光洁。

3. 建筑玻璃防人体冲击的规定

《建筑玻璃应用技术规程》JGJ 113—2015 指出：

(1) 一般规定

1) 安全玻璃的最大许用面积

安全玻璃的最大许用面积见表 24-136。

安全玻璃的最大许用面积　　　　　　　表 24-136

玻璃种类	公称厚度（mm）	最大许用面积（m²）
钢化玻璃	4	2.0
	5	2.0
	6	3.0
	8	4.0
	10	5.0
	12	6.0
夹层玻璃	6.38　6.76　7.52	3.0
	8.38　8.76　9.52	5.0
	10.38　10.76　11.52	7.0
	12.38　12.76　13.52	8.0

注：夹层玻璃中的胶片为聚乙烯醇缩甲醛，代号为PVB。厚度有 0.38mm、0.76mm 和 1.52mm 三种。

2) 有框平板玻璃、超白浮法玻璃、真空玻璃和夹丝玻璃的最大许用面积

有框平板玻璃、超白浮法玻璃、真空玻璃和夹丝玻璃见表 24-137。

有框平板玻璃、超白浮法玻璃和真空玻璃的最大许用面积表　　　表 24-137

玻璃种类	公称厚度（mm）	最大许用面积（m²）
平板玻璃 超白浮法玻璃 真空玻璃	3	0.1
	4	0.3
	5	0.5
	6	0.9
	8	1.8
	10	2.7
	12	4.5

3) 安全玻璃暴露边不得存在锋利的边缘和尖锐的角部。

(2) 玻璃的选择

1) 活动门玻璃、固定门玻璃和落地窗玻璃的选用应符合下列规定：

① 有框玻璃应使用安全玻璃，并应符合表 24-136 的规定。

② 无框玻璃应使用公称厚度不小于 12mm 的钢化玻璃。

2) 室内隔断应选用安全玻璃，且最大使用面积应符合表 24-136 的规定。

3) 人群集中的公共场所和运动场所中装配的室内隔断玻璃应符合下列规定：

① 有框玻璃应使用符合表 24-136，且公称厚度不小于 5mm 的钢化玻璃或公称厚度不小于 6.38mm 的夹层玻璃。

② 无框玻璃应使用符合表 24-136，且公称厚度不小于 10mm 的钢化玻璃。

4）浴室用玻璃应符合下列规定：

① 浴室内有框玻璃应使用符合表 24-136，且公称厚度不小于 8mm 的钢化玻璃。

② 浴室内无框玻璃应使用符合表 24-136，且公称厚度不小于 12mm 的钢化玻璃。

5）室内栏板用玻璃应符合下列规定：

① 设有立柱和扶手，栏板玻璃作为镶嵌面板安装在护栏系统中，护栏玻璃应使用符合表 24-136 规定的夹层玻璃。

② 栏板玻璃固定在结构上且直接承受人体荷载的护栏系统，其栏板玻璃应符合下列规定：

a. 当栏板玻璃最低点离一侧楼地面高度不大于 5m 时，应使用公称厚度不小于 16.76mm 的钢化夹层玻璃。

b. 当栏板玻璃最低点离一侧楼地面高度大于 5m 时，不得采用此类护栏系统。

6）室内饰面用玻璃应符合下列规定：

① 室内饰面玻璃可采用平板玻璃、釉面玻璃、镜面玻璃、钢化玻璃和夹层玻璃等；其许用面积应分别符合表 24-136 和表 24-137 的规定。

② 当室内饰面玻璃最高点离楼地面高度在 3m 或 3m 以上时，应使用夹层玻璃。

③ 室内饰面玻璃边部应进行精磨和倒角处理，自由边应进行抛光处理。

④ 室内消防通道墙面不应采用饰面玻璃。

⑤ 室内饰面玻璃可采用电视幕墙和隐框幕墙安装方式，龙骨应与室内墙体或结构楼板、梁牢固连接。龙骨和结构胶应通过结构计算确定。

(3) 保护措施

1）安装在易于受到人体或物体碰撞部位的建筑玻璃，应采取保护措施。

2）根据易发生碰撞的建筑玻璃的具体部位，可采取在视线高度设醒目标志或设置护栏等防碰撞措施。碰撞后可能发生高处人体或玻璃坠落时，应采取可靠护栏。

4. 百叶窗玻璃

(1) 当荷载标准值不大于 1.00kPa 时，百叶窗使用的平板玻璃最大许用跨度应符合表 24-138 的规定。

百叶窗使用的平板玻璃最大许用跨度　　　　表 24-138

公称厚度 (mm)	玻璃宽度 a		
	$A \leqslant 100$	$100 < A \leqslant 150$	$150 < A \leqslant 225$
4	500	600	不允许使用
5	600	750	750
6	750	900	900

(2) 当荷载标准值大于 1.00kPa 时，百叶窗使用的平板玻璃最大许用跨度应进行验算。

(3) 安装在易受人体冲击位置时，百叶窗玻璃除满足 (1)、(2) 条的规定外，还应满足"建筑玻璃防人体冲击"的规定。

5. 屋面玻璃

（1）两边支承的屋面玻璃或雨篷玻璃，应支撑在玻璃的长边。

（2）屋面玻璃或雨篷玻璃必须使用夹层玻璃或夹层中空玻璃，其胶片厚度不应小于 0.76mm。

（3）当夹层玻璃采用 PVB 胶片且有裸露边时，其自由边应作封边处理。

（4）上人屋面玻璃应按地板玻璃进行设计。

（5）不上人屋面的活荷载除应满足现行国家标准《建筑结构荷载规范》GB 50009—2012 的规定外，还应符合下列规定：

1）与水平夹角小于 30°的屋面玻璃，在玻璃板中心点直径为 150mm 的区域内，应能承受垂直于玻璃为 1.10kN 的活荷载标准值；

2）与水平夹角大于或等于 30°的屋面玻璃，在玻璃板中心点直径为 150mm 的区域内，应能承受垂直于玻璃为 0.50kN 的活荷载标准值。

（6）当屋面玻璃采用中空玻璃时，集中活荷载应只作用于中空玻璃上片玻璃。

6. 地板玻璃

（1）地板玻璃宜采用隐框支承或点支承，点支承地板玻璃的连接件宜采用沉头式或背栓式连接件。

（2）地板玻璃必须采用夹层玻璃，点支承地板玻璃必须采用钢化夹层玻璃。钢化玻璃必须进行匀质处理。

（3）楼梯踏板玻璃表面应做防滑处理。

（4）地板玻璃的孔、板边缘应进行机械磨边和倒棱，磨边宜细磨，倒棱宽度不宜小于 1mm。

（5）地板夹层玻璃的单片厚度相差不宜大于 3mm，且夹层胶片厚度不应小于 0.76mm。

（6）隐框支承地板玻璃单片厚度不宜小于 8mm，点支承地板玻璃单片厚度不宜小于 10mm。

（7）地板玻璃之间的接缝不应小于 6mm，采用的密封胶的位移能力应大于玻璃板缝位移量计算值。

（8）地板玻璃及其连接应能适应主体结构的变形。

（9）地板玻璃板面挠度不应大于其跨度的 1/200。

7. 水下玻璃

（1）水下用玻璃应选用夹层玻璃。

（2）承受水压时，水下用玻璃板的挠度不得大于其跨度的 1/200；安装跨度的挠度不得超过其跨度的 1/500。

（3）用于室外的水下玻璃除应考虑水压作用，尚应考虑风压作用与水压作用的组合效应。

8. U 型玻璃墙

（1）用于建筑外围护结构的 U 型玻璃应进行钢化处理。

（2）对 U 型玻璃墙体有热工或隔声性能要求时，应采用双排 U 型玻璃构造，可在双排U型玻璃之间设置保温材料。双排U型玻璃可以采用对缝布置，也可采用错缝布置。

(3) 采用U型玻璃构造曲形墙体时，对底宽260mm的U型玻璃，墙体的半径不应小于2000mm；对底宽330mm的U型玻璃，墙体的半径不应小于3200mm；对底宽500mm的U型玻璃，墙体的半径不应小于7500mm。

(4) 当U型玻璃墙高度超过4.50m时，应考虑其结构稳定性，并应采取相应措施。

(四) 吊顶工程

《公共建筑吊顶工程技术规程》JGJ 345—2014 规定：

1. 一般规定

(1) 吊顶材料及制品的燃烧性能等级不应低于B_1级。

(2) 吊杆可以采用镀锌钢丝、钢筋、全牙吊杆或镀锌低碳退火钢丝等材料。

(3) 龙骨可以采用轻质钢材和铝合金型材（铝合金型材的表面应采用阳极氧化、电泳喷涂、粉末喷涂或氟碳漆喷涂进行处理）。

(4) 面板可以采用石膏板（纸面石膏板、装饰纸面石膏板、装饰石膏板、嵌装式纸面石膏板、吸声用穿孔石膏板）、水泥木屑板、无石棉纤维增强水泥板、无石棉纤维增强硅酸钙板、矿物棉装饰吸声板或金属及金属复合材料吊顶板。

(5) 集成吊顶：由在加工厂预制的、可自由组合的多功能的装饰模块、功能模块及构配件组成的吊顶。

2. 吊顶设计

(1) 有防火要求的石膏板吊顶应采用大于12mm的耐火石膏板。

(2) 地震设防烈度为8~9度地区的大空间、大跨度建筑以及人员密集的疏散通道和门厅处的吊顶，应考虑地震作用。

(3) 重型设备和有振动荷载的设备严禁安装在吊顶工程的龙骨上。

(4) 吊顶内不得敷设可燃气体管道。

(5) 在潮湿地区或高湿度区域，宜使用硅酸钙板、纤维增强水泥板、装饰石膏板等面板。当采用纸面石膏板时，可选用单层厚度不小于12mm或双层9.5mm的耐水石膏板。

(6) 在潮湿地区或高湿度区域吊顶的次龙骨间距不宜大于300mm。

(7) 潮湿房间中吊顶面板应采用防潮的材料。公共浴室、游泳馆等吊顶内应有凝结水的排放措施。

(8) 潮湿房间中吊顶内的管线可能产生冰冻或结露时，应采取防冻或防结露措施。

3. 吊顶构造

(1) 不上人吊顶的吊杆应采用直径不小于4mm的镀锌钢丝、直径为6mm的钢筋、M6的全牙吊杆或直径不小于2mm的镀锌低碳退火钢丝制作。吊顶系统应直接连接到房间顶部结构的受力部位上。吊杆的间距不应大于1200mm，主龙骨的间距不应大于1200mm。

(2) 上人吊顶的吊杆应采用直径不小于8mm的钢筋或M8的全牙吊杆。主龙骨应选用截面为U型或C型、高度为50mm及以上型号的上人龙骨。吊杆的间距不应大于1200mm，主龙骨的间距不应大于1200mm，主龙骨的壁厚应大于1.2mm。

(3) 当吊杆长度大于1500mm时，应设置反支撑。反支撑的间距不宜大于3600mm，距墙不应大于1800mm。反支撑应相邻对向设置。当吊杆长度大于2500mm时，应设置钢结构转换层。

(4) 当需要设置永久性马道时，马道应单独吊挂在建筑的承重结构上。

(5) 吊顶遇下列情况时，应设置伸缩缝：

1) 大面积或狭长形的整体面层吊顶；

2) 密拼缝处理的板块面层吊顶同标高面积大于 100m² 时；

3) 单向长度方向大于 15m 时；

4) 吊顶变形缝应与建筑结构变形缝的变形量相适应。

(6) 当采用整体面层及金属板类吊顶时，重量不大于 1kg 的筒灯、石英射灯、烟感器、扬声器等设施可直接安装在面板上；重量不大于 3kg 的灯具等设施可安装在 U 型或 C 型龙骨上，并应有可靠的固定措施。

(7) 矿棉板或玻璃纤维板吊顶，灯具、风口等设备不应直接安装在矿棉板或玻璃纤维板上。

(8) 安装有大功率、高热量照明灯具的吊顶系统应设有散热、排热风口。

(9) 吊顶内安装有震颤的设备时，设备下皮距主龙骨上皮不应小于 50mm。

(10) 透光玻璃纤维板吊顶中光源与玻璃纤维板之间的间距不宜小于 200mm。

4. 顶棚装修的其他要求

(1) 钢筋混凝土顶棚不宜做抹灰层，宜采用表面喷浆、刮浆、喷涂或其他便于施工又牢固的装饰做法。当必须抹灰时，混凝土底板应做好界面处理，且抹灰要薄。

(2) 吊顶内管道、管线、设施或器具较多，需进入检修时，则吊顶的龙骨间应铺设马道，并设置便于人员进入的开口或便于开启的吊顶人孔。

(3) 永久性马道应设护栏栏杆，其宽度宜不小于 500mm，上空高度应为 1.80m，以满足维修人员通过的要求，栏杆高度不应低于 0.90m。除采用加强措施外的栏杆上不应悬挂任何设施或器具，沿栏杆应设低眩光或无眩光的照明。

(4) 大型及中型公用浴室、游泳馆的顶棚饰面应采用防水、防潮材料，应有排除凝结水的措施，如设置较大的坡度，使顶棚凝结水能顺坡沿墙流下。

(5) 吊顶内的上、下水管道应做好保温、隔汽处理，防止产生凝结水。

(6) 吊顶内空间较大、设施较多的吊顶，宜设排风设施。排风机排出的潮湿气体严禁排入吊顶内，应将排风管直接和排风竖管相连，使潮湿气体不经过顶棚内部空间。

(7) 吊顶内严禁敷设可燃气体管道。

(8) 吊顶上安装的照明灯具的高温部位，应采取隔热、散热等防火保护措施。灯饰所用的材料不应低于吊顶燃烧性能等级的要求。

(9) 吊顶内的配电线路、电气设施的安装应满足建筑电气的相关规范的要求。开关、插座和照明灯具均不应直接安装在低于 B_1 级的装修材料上。

(10) 玻璃吊顶应选用安全玻璃（如夹层玻璃）。玻璃吊顶若兼有人工采光要求时，应采用冷光源。任何空间均不得选用普通玻璃作为顶棚材料使用。

(11) 顶棚装修中不应采用石棉制品（如石棉水泥板等）。

(12) 人防工程的顶棚严禁抹灰，应在清水板底喷燃烧性能等级为 A 级的涂料。

(五) 隔断工程

《住宅装饰装修工程施工规范》GB 50327—2001、《建筑装饰装修工程质量验收规范》

GB 50210—2001 及相关施工手册指出：

1. 龙骨安装

（1）安装隔断龙骨的基体质量，应符合现行国家标准的规定。

（2）在隔断与上、下及两边基体的相接处，应按龙骨的宽度弹线。弹线清楚，位置准确。

（3）沿弹线位置固定沿顶、沿地龙骨，各自交接后的龙骨，应保持平直。

（4）沿弹线位置固定边框龙骨，龙骨的边线应与弹线重合。龙骨的端部应固定，固定点间距应不大于1m，固定应牢固。

边框龙骨与基体之间，应按设计要求安装密封条。

（5）选用支撑卡系列龙骨时，应先将支撑卡安装在竖向龙骨的开口上，卡距为400～600mm，距龙骨两端的距离为20～25mm。

（6）安装竖向龙骨应垂直，龙骨间距与面材宽度有关，多为450mm或600mm（应保证每块面板由3根竖向龙骨支撑）潮湿房间和钢板网抹灰墙，龙骨间距不宜大于400mm。

（7）选用通贯系列龙骨时，低于3m的隔断安装一道；3～5m隔断安装两道；5m以上安装三道。

（8）罩面板横向接缝处，如不在沿顶沿地龙骨上，应加横撑龙骨固定板缝。

（9）门窗或特殊节点处，使用附加龙骨，安装应符合设计要求。

（10）对于特殊结构的隔断龙骨安装（如曲面、斜面隔断等）应符合设计要求。

（11）安装罩面板前，应检查隔断骨架的牢固程度，如有不牢固处应进行加固。

2. 石膏板面材安装

（1）安装石膏板前，应对预埋隔断中的管道和有关附墙设备采取局部加强措施。

（2）石膏板宜竖向铺设，长边（即包封边）接缝宜落在竖龙骨上。但隔断为防火墙时，石膏板应竖向铺设；曲面墙所用石膏板宜横向铺设。

（3）龙骨两侧的石膏板及龙骨一侧的内外两层石膏板应错缝排列，接缝不得落在同一根龙骨上。

（4）石膏板用自攻螺钉固定。沿石膏板周边螺钉间距不应大于200mm，中间部分螺钉间距不应大于300mm，螺钉与板边缘的距离应为10～16mm。

（5）安装石膏板时，应从板的中间向板的四边固定。钉头略埋入板内，但不得损坏纸面。钉眼应用石膏腻子抹平。

（6）石膏板宜使用整板。如需对接时，应靠紧，但不得强压就位。

（7）石膏板的接缝，应按设计要求进行板缝处理。

（8）隔断端部的石膏板与周围的墙或柱应留有3mm的槽口。施工时，先在槽口处加注嵌缝膏，然后铺板，挤压嵌缝膏使其和邻近表层紧紧接触。

（9）石膏板隔断以丁字或十字形相接时，阴角处应用腻子嵌满，贴上接缝带；阳角处应做护角。

（10）安装防火墙石膏板时，石膏板不得固定在沿顶、沿地龙骨上，应另设横撑龙骨加以固定。

3. 胶合板和纤维板面材安装

胶合板和纤维板安装，应符合下列规定：

（1）安装胶合板的基体表面，用油毡、油纸防潮时，应铺设平整，搭接严密，不得有皱折、裂缝和透孔等。

（2）胶合板如用钉子固定，钉距为80～150mm，钉帽打扁，并进入板面0.5～1mm，钉眼用油性腻子抹平。

（3）胶合板面如涂刷清漆时，相邻板面的木纹和颜色应近似。

（4）纤维板如用钉子固定，钉距为80～120mm，钉长为20～30mm，钉帽宜进入板面0.5mm，钉眼用油性腻子抹平。硬质纤维板应用水浸透，自然阴干后安装。

（5）墙面用胶合板、纤维板装饰，在阳角处宜做护角。

（6）胶合板、纤维板用木压条固定时，钉距不应大于200mm，钉帽应打扁，并进入木压条0.5～1mm，钉眼用油性腻子抹平。

4. 踢脚板：轻质隔墙下部用木踢脚板覆盖时，饰面板应与地面留有20～30mm的缝隙。当用大理石、瓷砖、水磨石等做踢脚板时，饰面板下部应与踢脚板上口齐平，接缝应严密。

（六）饰面板（砖）工程

《住宅装饰装修工程施工规范》GB 50327—2001、《建筑装饰装修工程质量验收规范》GB 50210—2001及相关施工手册指出：

1. 饰面板安装

饰面板指的是天然石材与人造石材的饰面板材。天然石材有花岗石、大理石等；人造石材有水磨石、人造大理石、人造花岗石等。这里重点介绍天然饰面石材的相关内容。

（1）天然饰面石材的指标

1）天然饰面石材的材质分为火成岩（花岗石）、沉积岩（大理石）和砂岩。按其坚硬程度和释放有害物质的多少，应用的部位也不尽相同。花岗石可用于室内和室外的任何部位；大理石只可用于室内，不宜用于室外；砂岩只能用于室内。

2）天然饰面石材的放射性应符合《建筑材料放射性核素限量》GB/T 6566—2010中的规定。依据装饰装修材料中天然放射性核素镭-226、钍-232、钾-40的放射性比活度大小，将装饰装修材料划分为A级、B级、C级，具体要求见表24-139。

放射性物质比活度分级　　　　表24-139

级别	比活度	使用范围
A	内照射指数 $I_{Ra} \leqslant 1.0$ 和外照射指数 $I_r \leqslant 1.3$	产销和使用范围不受限制
B	内照射指数 $I_{Ra} \leqslant 1.3$ 和外照射指数 $I_r \leqslant 1.9$	不可用于Ⅰ类民用建筑的内饰面，可以用于Ⅱ类民用建筑物、工业建筑内饰面及其他一切建筑的外饰面
C	外照射指数 $I_r \leqslant 2.8$	只可用于建筑物外饰面及室外其他用途

注：1. Ⅰ类民用建筑包括：住宅、老年公寓、托儿所、医院和学校、办公楼、宾馆等。
　　2. Ⅱ类民用建筑包括：商场、文化娱乐场所、书店、图书馆、展览馆、体育馆和公共交通等候室、餐厅、理发店等。

3）天然饰面石材面板的厚度：天然花岗石弯曲强度标准值不小于8.0MPa，吸水率小于等于0.6%，厚度应不小于25mm；天然大理石弯曲强度标准值不小于7.0MPa，吸水率小于等于0.5%，厚度应不小于35mm；其他石材也不应小于35mm。

4) 当天然饰面石材的弯曲强度的标准值小于等于0.8或大于等于4.0时，单块面积不宜大于1.0m²；其他石材单块面积不宜大于1.5m²。

5) 在严寒和寒冷地区，幕墙用天然饰面石材面板的抗冻系数不应小于0.8。

6) 对于处在大气污染较严重或处在酸雨环境下的天然饰面石材，应进行保护处理。

（2）饰面石材的安装

1) 湿法安装（石材湿挂）

①天然饰面石材和人造饰面石材均可以采用湿法安装。

②拴接钢筋网的锚固件（φ6钢筋）宜在结构施工时埋设。

③在每块石材的上下、左右打眼，总数量不得少于4个；用防锈金属丝（多用铜丝）栓固在钢筋网上。

④拴接石材的钢筋网（双向 φ8～φ10，间距 400mm），应用金属丝与锚固件连接牢固。

⑤石材与墙面应留有30mm的缝隙，缝隙内应分层灌注1:2.5的水泥砂浆，每层灌注高度为150～200mm，且不得大于板高的1/3，插捣密实。

图 24-87 为湿法安装的构造。

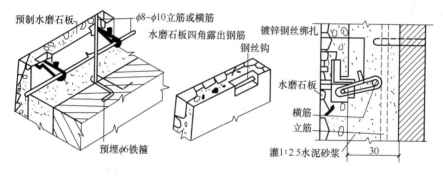

图 24-87 湿法安装

⑥饰面石材板的接缝宽度如无设计要求时，应符合表24-140的规定。

饰面板的接缝宽度　　　　　表 24-140

项次	名称		接缝宽度（mm）
1	天然石	光面、镜面	1
2		粗磨面、麻面、条纹面	5
3		天然面	10
4	人造石	水磨石	2
5		水刷石	10
6		大理石、花岗石	1

2) 干法安装（石材干挂）

①干法安装主要用于天然饰面石材；

②最小石材厚度应为25mm；

③干法安装分为钢销式安装、通槽式安装和短槽式安装三种做法；

④干法安装与结构连接、连接板连接必须采用螺栓连接；

⑤做法的详细要求见"石材幕墙"部分。

图 24-88 为干法安装的构造。

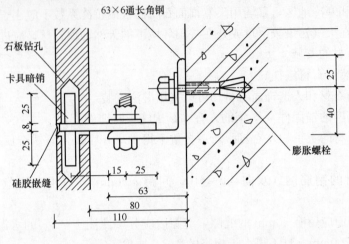

图 24-88　干法安装

3）石材粘结

10～12mm 的薄型天然饰面石材可以采用胶粘剂粘结。

2. 饰面砖安装

饰面砖的种类很多，按其物理性质可以分为：全陶质面砖（吸水率小于 10%）、陶胎釉面砖（吸水率 3%～5%）、全瓷质面砖（又称为通体砖，吸水率小于 1%）。用于室内的釉面砖吸水率不受限制，用于室外的釉面砖吸水率应尽量减小。北京地区外墙面不得采用全陶质瓷砖。

(1) 饰面砖应镶贴在湿润、干净的基层上，并应根据不同的基体，进行如下处理：

1）纸面石膏板基体：将板缝用嵌缝腻子嵌填密实，并在其上粘贴玻璃丝网格布（或穿孔纸带）使之形成整体。

2）砖墙基体：将基体用水湿透后，用 1∶3 水泥砂浆打底，木抹子搓平，隔天浇水养护。

3）混凝土基体（可酌情选用下述三种方法中的一种）：

①将混凝土表面凿毛后用水湿润，刷一道聚合物水泥浆，抹 1∶3 水泥砂浆打底，木抹子搓平，隔天浇水养护；

②将 1∶1 水泥细砂浆（内掺 20% 建筑胶）喷或甩到混凝土基体上，作"毛化处理"，待其凝固后，用 1∶3 水泥砂浆打底，木抹子搓平，隔天浇水养护；

③用界面处理剂处理基体表面，待表干后，用 1∶3 水泥砂浆打底，木抹子搓平，隔天浇水养护。

4）加气混凝土基体（可酌情选用下述两种方法中的一种）：

①用水湿润加气混凝土表面，修补缺棱掉角处。修补前，先刷一道聚合物水泥浆，然后用 1∶3∶9 混合砂浆分层补平，隔天刷聚合物水泥浆并抹 1∶1∶6 混合砂浆打底，木抹子搓平，隔天浇水养护；

②用水湿润加气混凝土表面，在缺棱掉角处刷聚合物水泥浆一道，用 1∶3∶9 混合砂

浆分层补平，待干燥后，钉金属网一层并绷紧。在金属网上分层抹 1：1：6 混合砂浆打底，砂浆与金属网应结合牢固，最后用木抹子轻轻搓平，隔天浇水养护。

（2）饰面砖镶贴前应先选砖预排，以使拼缝均匀。在同一墙面上的横竖排列，不宜有一行以上的非整砖。非整砖行应排在次要部位或阴角处。

（3）饰面砖的镶贴形式和接缝宽度应符合设计要求。如设计无要求时可做样板，以决定镶贴形式和接缝宽度。

（4）釉面砖和外墙面砖，镶贴前应将砖的背面清理干净，并浸水两小时以上，待表面晾干后方可使用。冬期施工宜在掺入 2% 盐的温水中浸泡两小时，晾干后方可使用。

（5）釉面砖和外墙面砖宜采用 1：2 水泥砂浆镶贴，砂浆厚度为 6～10mm。水泥砂浆应满铺在墙砖背面，一面墙不宜一次到顶，以防塌落。

镶贴用的水泥砂浆，可掺入不大于水泥重量 15% 的石灰膏以改善砂浆的和易性。

（6）釉面砖和外墙面砖也可采用胶粘剂或聚合物水泥浆镶贴；采用聚合物水泥浆时，其配合比由试验确定。

（7）镶贴饰面砖基层表面，如遇有突出的管线、灯具、卫生设备的支承等，应用整砖套割吻合，不得用非整砖拼凑镶贴。

（8）镶贴饰面砖前必须找准标高，垫好底尺，确定水平位置及垂直竖向标志，挂线镶贴，做到表面平整，不显接茬，接缝平直，宽度符合设计要求。

（9）镶贴釉面砖和外墙面砖墙裙、浴盆、水池等上口和阴阳角处应使用配件砖。

（10）釉面砖和外墙面砖的接缝，应符合下列规定：

1）室外接缝应用水泥浆或水泥砂浆勾缝；

2）室内接缝宜用与釉面砖相同颜色的石膏灰或水泥浆嵌缝。潮湿的房间不得用石膏灰嵌缝。

（11）镶贴陶瓷、玻璃锦砖尚应符合下列规定：

1）宜用水泥浆或聚合物水泥浆镶贴；

2）镶贴应自上而下进行，每段施工时应自下而上进行，整间或独立部位宜一次完成，一次不能完成者，可将茬口留在施工缝或阴角处；

3）镶贴时应位置准确，仔细拍实，使其表面平整，待稳固后，将纸面湿润、揭净；

4）接缝宽度的调整应在水泥浆初凝前进行，干后用与面层同颜色的水泥浆将缝嵌平。

（12）嵌缝后，应及时将面层残存的水泥浆清洗干净，并做好成品保护。

（13）《外墙饰面砖工程施工及验收规程》JGJ 126—2015 中规定：

1）外墙饰面砖指的是用于建筑外墙外表面装饰装修的无机薄型块状材料。包括陶瓷砖、陶瓷马赛克和薄型陶瓷砖。

2）材料

① 外墙饰面砖

a. 外墙饰面砖宜采用背面有燕尾槽的产品，燕尾槽深度不宜小于 0.5mm。

b. 用于二层（或高度 8m）以上外保温粘贴的外墙饰面砖单块面积不应大于 15000mm^2，厚度不应大于 7mm。

c. 外墙饰面砖工程中采用的陶瓷砖应根据不同气候分区,采用下列不同措施。

(a) 吸水率

a) Ⅰ、Ⅵ、Ⅶ区吸水率不应大于 3%;

b) Ⅱ区吸水率不应大于 6%;

c) Ⅲ、Ⅳ、Ⅴ区和冰冻期一个月以上的地区吸水率不宜大于 6%。

(b) 冻融循环次数

a) Ⅰ、Ⅵ、Ⅶ区冻融循环 50 次不得破坏;

b) Ⅱ区冻融循环 40 次不得破坏。

注:冻融循环应以低温环境为 $-30℃±2℃$,保持 2h 后放入不低于 10℃ 的清水中融化 2h 为一次循环。

② 找平、粘结、填缝材料

a. 找平材料:外墙基体找平材料宜采用预拌水泥抹灰砂浆。Ⅲ、Ⅳ、Ⅴ区应采用水泥防水砂浆。

b. 粘结材料:应采用水泥基粘结材料。

c. 填缝材料:外墙外保温系统粘结外墙饰面砖所用填缝材料的横向变形不得小于 1.5mm。

d. 伸缩缝材料:应采用耐候密封胶。

3) 设计

① 基体

a. 基体的粘结强度不应小于 0.4MPa,当基体的粘结强度小于 0.4MPa 时,应进行加强处理。

b. 加气混凝土、轻质墙板、外墙外保温系统等基体,当采用外墙饰面砖时,应有可靠的加强及粘结质量保证措施。

② 外墙饰面砖粘结应设置伸缩缝;伸缩缝间距不宜大于 6m,伸缩缝宽度宜为 20mm。

③ 外墙饰面砖伸缩缝应采用耐候密封胶嵌缝。

④ 墙体变形缝两侧粘贴的外墙饰面砖之间的距离不应小于变形缝的宽度。

⑤ 饰面砖接缝的宽度不应小于 5mm,缝深不宜大于 3mm,也可为平缝。

⑥ 墙面阴阳角处宜采用异形角砖。

⑦ 窗台、檐口、装饰线等墙面凹凸部位应采用防水和排水沟造。

⑧ 在水平阳角处,顶面排水坡度不应小于 3%;应采用顶面饰面砖压立面饰面砖、立面最低一排饰面砖压底平面面砖的做法,并应设置滴水构造。

(七) 涂饰工程

《建筑涂饰工程施工及验收规程》JGJ/T 29—2015 中规定:

1. 材料

建筑内外墙涂饰材料有以下类型:

(1) 合成树脂乳液内、外墙涂料

1) 以合成树脂乳液为基料,与颜料、体质颜料及各种助剂配制而成。

2) 常用的品种有苯-丙乳液、丙烯酸酯乳液、硅-丙乳液、醋-丙乳液等。

（2）合成树脂乳液砂壁状涂料

1）以合成树脂乳液为主要粘结料，以砂料和天然石粉为骨料。

2）具有仿石质感涂层的涂料。

（3）弹性建筑涂料

1）以合成树脂乳液为基料，与颜料、填料及助剂配制而成。

2）施涂一定厚度（干膜厚度大于或等于 $150\mu m$）后，具有弥盖因基材伸缩（运动）产生细小裂纹的有弹性的功能性涂料。

（4）复层涂料

复层涂料由底涂层、主涂层（中间涂层）、面涂层组成。

1）底涂层：用于封闭基层和增加主涂层（中间涂层）涂料的附着力，可以采用乳液型或溶剂型涂料；

2）主涂层（中间涂层）：用于形成凹凸状或平面状的装饰面，厚度（凸起厚度）为 1mm 以上，可以采用聚合物水泥、硅酸盐、合成树脂乳液、反应固化型合成树脂乳液为粘结料配置的厚质涂料；

3）面涂层：用于装饰面着色，提高耐候性、耐沾污性和防水性等功能，可采用乳液型或溶剂型涂料。

（5）外墙无机涂料

以碱金属硅酸盐及硅溶胶等无机高分子为主要成膜物质，加入适量固化剂、填料、颜料及助剂配制而成，属于单组分涂料。

（6）溶剂型涂料

1）以合成树脂溶液为基料配置的薄质涂料。

2）常用的品种有丙烯酸酯树脂（包括固态丙烯酸树脂）、氯化橡胶树脂、硅－丙树脂、聚氨酯树脂等。

（7）水性氟涂料

水性氟涂料以主要成膜物质分为以下 3 种：

1）PVDF（水性含聚偏二氟乙烯涂料）；

2）FEVE（水性氟烯烃/乙烯基醚（脂）共聚树脂氟涂料）；

3）含氟丙烯酸类为水性含氟丙烯酸/丙烯酸酯类单体共聚树脂氟涂料。

（8）建筑用反射隔热涂料

以合成树脂乳液为基料，以水为分散介质，加入颜料（主要是红外反射颜料）、填料和助剂，经一定工艺过程制成的涂料。别称反射隔热乳胶漆。

（9）水性多彩建筑涂料

将水性着色胶体颗粒分散于水性乳胶漆中制成的建筑涂料。

（10）交联型氟树脂涂料

以含反应性官能团的氟树脂为主要成膜物，加颜料、填料、溶剂、助剂等为主剂，以脂肪族多异氰酸酯树脂为固化剂的双组分常温固化型涂料。

（11）水性复合岩片仿花岗岩涂料

以彩色复合岩片和石材微粒等为骨料，以合成树脂乳液为主要成膜物质，通过喷涂等施工工艺在建筑物表面形成具有花岗岩质感涂层的建筑涂料。

2. 基层要求

(1) 基层应牢固不开裂、不掉粉、不起砂、不空鼓、无剥离、无石灰爆裂点和无附着力不良的旧涂层等;

(2) 基层应表面平整而不光滑、立面垂直、阴阳角方正和无缺棱掉角,分格缝(线)应深浅一致、横平竖直;

(3) 基层表面无灰尘、无浮浆、无油迹、无锈斑、无霉点、无盐类析出物等;

(4) 基层的含水率:溶剂型涂料,含水率不得大于 8%;水性涂料,含水率不得大于 10%;

(5) 基层 pH 值不得大于 10。

3. 涂饰施工的基本要求

(1) 涂饰装修的施工应按基层—底涂层—中涂层—面涂层的顺序进行。

(2) 外墙涂饰应遵循自上而下、先细部后大面的方法进行,材料的涂饰施工分段应以墙面分格缝(线)、墙面阴阳角或落水管为分界线。

(3) 涂饰施工温度:水性产品的环境温度和基层表面温度应保证在 5℃以上,溶剂型产品应按产品的使用要求进行。

(4) 涂饰施工湿度:施工时空气相对湿度宜小于 85%,当遇大雾、大风、下雨时,应停止外墙涂饰施工。

4. 施工顺序

(1) 内、外墙平涂涂料的施工顺序应符合表 24-141 的规定:

内、外墙平涂涂料的施工顺序 表 24-141

次 序	工序名称	次 序	工序名称
1	清理基层	4	第一遍面层涂料
2	基层处理	5	第二遍面层涂料
3	底层涂料	—	—

(2) 合成树脂砂壁状涂料和质感涂料的施工顺序应符合表 24-142 的规定:

合成树脂砂壁状涂料和质感涂料的施工顺序 表 24-142

次 序	工序名称	次 序	工序名称
1	清理基层	4	根据设计分格
2	基层处理	5	主层涂料
3	底层涂料	6	面层涂料

(3) 复层涂料的施工顺序应符合表 24-143 的规定:

复层涂料的施工顺序 表 24-143

次 序	工序名称	次 序	工序名称
1	清理基层	5	压花
2	基层处理	6	第一遍面层涂料
3	底层涂料	7	第二遍面层涂料
4	中层涂料	—	—

(4) 仿金属板装饰效果涂料的施工顺序应符合表 24-144 的规定:

仿金属版装饰效果涂料的施工顺序　　　　　表 24-144

次　序	工序名称	次　序	工序名称
1	清理基层	4	底层涂料
2	多道基层处理	5	第一遍面层涂料
3	依据设计分格	6	第二遍面层涂料

(5) 水性多彩涂料的施工顺序应符合表 24-145 的规定:

水性多彩涂料的施工顺序　　　　　表 24-145

次　序	工序名称	次　序	工序名称
1	清理基层	5	1～2 遍中层底层涂料
2	基层处理	6	喷涂水包水多彩涂料
3	底层涂料	7	涂饰罩光涂料
4	依据设计分格	—	—

(八) 裱糊工程

《住宅装饰装修工程施工规范》GB 50327—2001、《建筑装饰装修工程质量验收规范》GB 50210—2001 及相关施工手册指出:

1. 壁纸、壁布的类型

裱糊工程中应用的壁纸、壁布有以下类型,它们是纸基壁纸、织物复合壁纸、金属壁纸、复合纸质壁纸、玻璃纤维壁布、锦缎壁布、天然草编壁纸、植绒壁纸、珍木皮壁纸、功能性壁纸等。

功能性壁纸指的是防尘抗静电壁纸、防污灭菌壁纸、保健壁纸、防蚊蝇壁纸、防霉防潮壁纸、吸声壁纸、阻燃壁纸。

2. 裱糊工程应用的胶粘剂

粘贴壁纸、壁布所采用的胶粘剂,主要有:改性树脂胶、聚乙烯醇树脂溶液胶、聚醋酸乙烯乳胶液、醋酸乙烯-乙烯共聚乳液胶、可溶性胶粉、乙-脲混合型胶粘剂等。

3. 裱糊工程的选用

(1) 宾馆、饭店、娱乐场所及防火要求较高的建筑,应选用氧指数≥32% 的 B_1 级阻燃型壁纸或壁布。

(2) 一般公共场所更换壁纸比较勤,对强度要求高,可选用易施工、耐碰撞的布基壁纸。

(3) 经常更换壁纸的宾馆、饭店应选用易撕性网格布基壁纸。

(4) 太阳光照度大的场合和部位应选用日晒牢度高的壁纸。

4. 裱糊工程的施工要点

(1) 墙面要求平整、光滑、干净、阴阳角线顺直方正,含水率不大于 8%,粘贴高挡壁纸应刷一道白色壁纸底漆。

(2) 纸基壁纸在裱糊前应进行浸水处理,布基壁纸不浸水。

(3) 壁纸对花应精确,阴角处接缝应搭接,阳角处应包角,且不得有接缝。

(4) 壁纸粘贴后不得有气泡、空鼓、翘边、裂缝、皱折，边角、接缝处要用强力乳胶粘牢、压实。

(5) 及时清除壁纸上的污物和余胶。

(九) 地面辐射供暖的有关问题

《辐射供暖供冷技术规程》JGJ 142—2012 中指出：

1. 一般规定

(1) 低温热水供暖：低温热水地面辐射供暖系统的供水温度不应大于 60℃，供水、回水温度差不宜大于 10℃ 且不宜小于 5℃。民用建筑供水温度宜采用 35～45℃。

(2) 加热电缆供暖

1) 当辐射间距等于 50mm，且加热电缆连续供暖时，加热电缆的线功率不宜大于 17W/m；当辐射间距大于 50mm 时，加热电缆的线功率不宜大于 20W/m；

2) 当面层采用带龙骨的架空木地板时，应采取散热措施。加热电缆的线功率不宜大于 17W/m，且功率密度不宜大于 80W/m²。

3) 加热电缆布置应考虑家具位置的影响。

(3) 辐射供暖地面平均温度应符合表 24-146 的规定。

辐射供暖地面平均温度（℃） 表 24-146

设置位置	宜采用的平均温度	平均温度上限值
人员经常停留	25～27	29
人员短期停留	28～30	32
无人停留	35～40	42
房间高度 3.1～4.0m	33～36	—
距地面 1m 以上 3.5m 以下	45	—

2. 地面构造

(1) 辐射供暖地面的构造做法可分为混凝土填充式供暖地面、预制沟槽保温板式供暖地面和预制轻薄供暖板供暖地面三种方式。

1) 混凝土填充式供暖地面

混凝土填充式供暖地面的构造做法详图 24-89。

2) 预制沟槽保温板式供暖地面

预制沟槽保温板式供暖地面的构造做法详图 24-90。

3) 预制轻薄供暖板供暖地面

预制轻薄供暖板供暖地面的构造做法详图 24-91。

(2) 辐射供暖地面的构造层次（全部或部分）：楼板或与土壤相邻的地面—

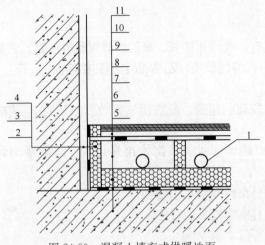

图 24-89 混凝土填充式供暖地面

1—加热管；2—侧面绝热层；3—抹灰层；4—外墙；5—楼板或与土壤相邻地面；6—防潮层；7—泡沫塑料绝热层（发泡水泥绝热层）；8—豆石混凝土填充层（水泥砂浆填充找平层）；9—隔离层（对潮湿房间）；10—找平层；11—装饰面层

防潮层(对与土壤相邻地面)—绝热层—加热部件—填充层—隔离层（对潮湿房间）—面层。

（3）辐射供暖地面的构造要求与材料选择

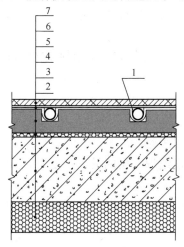

图 24-90 预制沟槽保温板式供暖地面
1—加热管；2—泡沫塑料绝热层；3—楼板；
4—可发性聚乙烯（EPE）垫层；5—预制沟槽
保温板；6—均热层；7—木地板面层

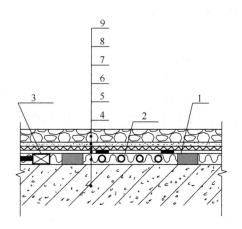

图 24-91 预制轻薄供暖板地面
1—木龙骨；2—加热管；3—二次分水器；4—楼板；
5—供暖板；6—隔离层（对潮湿房间）；7—金属层；
8—找平层；9—地砖或石材面层

1）防潮层

绝热层与土壤之间应设置防潮层。防潮层可以选用防水卷材

2）绝热层

① 直接与室外空气接触的楼板或与不供暖房间相邻的地板作供暖辐射地面时，必须设置绝热层。

② 与土壤直接接触的底层地面作为辐射地面时，应设置绝热层，材料宜选用发泡水泥，厚度宜为 35～45mm。设置绝热层时，绝热层与土壤之间应设置防潮层。

③ 混凝土填充式地面辐射供暖系统绝热层可选用泡沫塑料绝热板和发泡水泥绝热材料。

④ 采用预制沟槽保温板或供暖保温板时，与供暖房间相邻的楼板，可不设绝热层。

⑤ 直接与室外空气或不供暖房间相邻的地板时，绝热层宜设在楼板下，绝热材料宜采用泡沫塑料绝热板，厚度宜为 30～40mm。

3）加热部件

加热电缆应敷设于填充层中间，不应与绝热层直接接触。

4）均热层

① 加热部件为加热电缆时，应采用设有均热层的保温板，加热电缆不应与均热层直接接触；加热部件为加热管时，宜采用铺设有均热层的保温板；

② 直接铺设木地板面层时，应采用铺设有均热层的保温板，且在保温板和加热管或加热电缆之上再铺设一层均热层；

③ 均热层材料的导热系数不应小于 237W/（m·K）；

④ 加热电缆铺设地砖、石材等面层时，均热层应采用喷涂有机聚合物的、具有耐砂

浆性的防腐材料。

5）填充层

① 豆石混凝土填充层上部应根据面层的需要铺设找平层；豆石混凝土的强度等级宜为C15，豆石粒径宜为5～12mm，热水加热管填充层的最小厚度为50mm，加热电缆填充层的最小厚度为40mm。

② 没有防水要求的房间，水泥砂浆填充层可同时作为面层找平层。水泥砂浆填充层应符合下列规定：

a. 应选用中粗砂水泥，且含泥量不应大于5%；

b. 宜选用硅酸盐水泥或矿渣硅酸盐水泥；

c. 强度等级不应低于M10，体积配合比不应小于1∶3；

d. 热水加热管填充层的最小厚度为40mm，加热电缆填充层的最小厚度为35mm。

6）隔离层

潮湿房间的混凝土填充式供暖地面的填充层上、预制沟槽板或预制轻薄板供暖地面的面层下，应设置隔离层；隔离层宜采用防水卷材。

7）面层

① 地面辐射供暖面层宜采用热阻小于$0.05m^2 \cdot K/W$的材料。

② 整体面层：整体面层宜采用水泥混凝土、水泥砂浆等材料，并应在填充层上铺设。

③ 块材面层：块材面层可以采用缸砖、陶瓷地砖、花岗石、人造石板块、塑料板等板材，并应在垫层上铺设。

④ 木板面层：木板面层宜采用实木复合地板、浸渍纸层压木质地板等，并应在填充层上铺设。

（十）环境污染的控制

1. 建筑类别的划分

《民用建筑工程室内环境污染控制规范》GB 50325—2010指出，民用建筑工程验收时，必须进行室内环境污染物浓度检测。民用建筑工程根据控制室内环境污染的不同要求划分为两类：Ⅰ类民用建筑工程指住宅、医院、老年人建筑、幼儿园、学校等民用建筑工程；Ⅱ类民用建筑工程指办公楼、商店、旅馆、文化娱乐场所、书店、图书馆、展览馆、体育馆、公共交通等候室、餐厅、理发店等民用建筑工程。

2. 控制指标

室内环境污染物浓度的检测结果应符合表24-147的规定。

民用建筑工程室内环境污染物浓度限量　　　　表24-147

污染物	Ⅰ类民用建筑工程	Ⅱ类民用建筑工程
氡（Bq/m³）	≤200	≤400
甲醛（mg/m³）	≤0.08	≤0.10
苯（mg/m³）	≤0.09	≤0.09
氨（mg/m³）	≤0.20	≤0.20
TVOC（mg/m³）	≤0.50	≤0.60

注：1. 表中污染物浓度测量值，除氡外均指室内测量值扣除同步测定的室外上风向空气测量值（本底值）后的测量值。

2. 表中污染物浓度测量值的极限值判定，采用全数值比较法。

3. TVOC指的是总挥发性有机化合物。

三、住宅室内装饰装修要求

《住宅室内装饰装修设计规范》JGJ 367—2015 中规定（摘编）：

1. 住宅室内装饰装修设计的内容

住宅室内装饰装修包括套内空间[前厅、起居室（厅）、卧室、厨房、餐厅、卫生间、套内楼梯、储藏空间、阳台、门窗]、共用部分、地下室和半地下室、无障碍设计、细部和室内环境等。

2. 住宅室内装饰装修的要求

（1）套内空间

1）基本规定

①装修材料选用的规定

a. 顶棚材料应防腐、耐久、不易变形、易清洁和便于施工；厨房顶棚还应具有防火、防潮、防霉的特点。

b. 墙面材料应抗污染、易清洁；与外窗相邻的室内墙面不宜采用深色饰面材料；厨房、卫生间墙面还应具有防水、防潮、防霉、耐腐蚀、不吸污等特点。

c. 地面材料应平整、耐磨、抗污染、易清洁、耐腐蚀；厨房、卫生间地面还应具有防水、防滑的特点。

d. 玻璃隔断、玻璃隔板、落地玻璃门窗及玻璃饰面等应选用安全玻璃。

② 顶棚装饰装修的规定：

a. 套内前厅、起居室（厅）、卧室顶棚上的灯具底面距楼地面的净高不应低于2.10m。

b. 顶棚不宜采用玻璃饰面，当局部采用时，应选用安全玻璃。

c. 有灯带的顶棚，侧边开口部位的高度应能满足检修的需要，有出风口的开口部位应满足出风的需求。

d. 顶棚中设有透光片后置灯光的，应采取隔热、散热等措施。

e. 顶棚上悬挂自重3kg以上或有振动荷载的设施应采取与建筑主体连接的构造措施。

③ 墙面装饰装修的规定：

a. 墙面、柱子挂置设备或装饰物，应采取安装牢固的措施；

b. 底层墙面、贴近用水房间的墙面及家具应采取防潮、防霉等措施；

c. 踢脚板厚度不宜超出门套贴脸的厚度。

④ 地面装饰装修的规定：

a. 用水房间门口的地面防水层应向外延展宽度不小于500mm，向两侧延展宽度不小于200mm，并宜设置门槛。门槛应高出用水房间地面5~15mm。

b. 用水房间的地面不宜采用大于300mm×300mm的块状材料，铺贴后不应影响排水坡度。

c. 铺贴条形地板时，宜将长边垂直于主要采光窗方向。

d. 硬质与软质材料拼接处宜采取有利于保护硬质材料边缘不被磨损的构造措施。

⑤ 其他规定：

a. 装饰装修后，套内通往卧室、起居室（厅）的过道净宽不应小于1.00m；通往厨房、卫生间、储藏室的过道净宽不应小于0.90m。

b. 与儿童、老人用房相连接的卫生间走道、上下楼梯平台、踏步等部位，宜设灯光照明。

　　c. 对于既有住宅套内有防水要求但没作防水处理的部位，装饰装修应重做防水设计。

　　d. 固定家具应采用环保、防虫蛀、防潮、防霉变、防变形、易清洁的材料，尺寸应满足使用要求。

　　e. 套内空间新增隔断、隔墙应采用轻质、隔声性能较好的材料。

　2) 前厅

　　① 宜根据套内的功能和空间大小设置家具、设施，并宜设计可遮挡视线的装饰隔断。

　　② 通道净宽不宜小于1.20m，净高不应低于2.40m。

　　③ 门禁显示屏的中心点至楼地面的距离宜为1.40～1.60m。

　3) 起居室（厅）

　　① 应选择尺寸、数量合适的家具及设施；家具、设施布置后主要通道的净宽不宜小于900mm。

　　② 装饰装修后的室内净高不应低于2.40m；局部顶棚净高不应低于2.10m，且局部面积不应大于室内使用面积的1/3。

　　③ 装饰装修设计时，不宜增加直接开向起居室的门。沙发、电视柜宜选择直线长度较长的墙面布置。

　4) 卧室

　　① 家具、设施布置后应留有净宽不小于600mm的主要通道。

　　② 卧室装饰装修后，室内净高不应低于2.40m，局部净高不应低于2.10m，且净高低于2.40m的局部面积不应大于使用面积的1/3。

　　③ 卧室的平面布置应具有私密性，避免视线干扰，床不宜紧靠外窗或正对卫生间门，无法避免时应采取装饰遮挡措施。

　　④ 老年人卧室应符合下列规定：

　　a. 卧室宜有独立卫生间或靠近卫生间；

　　b. 墙面阳角宜做成圆角或钝角；

　　c. 地面宜采用木地板，严寒和寒冷地区不宜采用陶瓷地砖；

　　d. 有条件的宜留有护理通道和放置护理设备的空间，在床头和卫生间厕位旁、洗浴位旁等宜设置固定式紧急呼救装置；

　　e. 宜采用内外均可开启的平开门，不宜设弹簧门，当采用玻璃门时，应采用安全玻璃，当采用推拉门时，地埋轨不应高出装修地面面层。

　　⑤ 儿童卧室不宜在儿童可触摸、易碰撞的部位做外凸造型，且不应有尖锐的棱状、角状造型。

　5) 厨房

　　① 厨房装饰装修后，地面面层至顶棚的净高不应低于2.20m。

　　② 单排布置设备的地柜前宜留有不小于1.50m的活动距离，双排布置设备的地柜之间净距不应小于900mm。洗涤池与灶具之间的操作距离不宜小于600mm。

　　③ 厨房吊柜底面至装修地面的距离宜为1.40～1.60m，吊柜的深度宜为300～400mm。

④ 封闭式厨房宜设计推拉门。

⑤ 厨房装饰装修不应破坏墙面防潮层和地面防水层，并应符合下列规定：

a. 墙面应设防潮层，当厨房布置在非用水房间的下部时，顶棚应设防潮层；

b. 地面防水层应沿墙基上翻 0.30m；洗涤池处墙面防水层高度宜距装修地面 1.40～1.50m，长度宜超出洗涤池两端各 400mm。

⑥ 当厨房内设置地漏时，地面应设不小于 1% 的坡度坡向地漏。

6) 餐厅

① 餐厅家具、设施布置后应形成稳定的就餐空间，并宜留有净宽不小于 900mm 的通道。

② 餐厅装饰装修后，地面至顶棚的净高不应低于 2.20m。

③ 餐厅应靠近厨房布置。

④ 套内无餐厅的，应在起居室（厅）或厨房内设计适当的就餐空间。

7) 卫生间

① 无前室卫生间的门不得直接开向厨房、起居室，不宜开向卧室。

② 老年人、残疾人使用的卫生间宜采用可内外双向开启的门。

③ 地面应有坡度并坡向地漏，非洗浴区地面排水坡度不宜小于 0.5%，洗浴区地面排水坡度不宜小于 1.5%。

④ 卫生间洗面台应符合下列规定：

a. 洗面台上的盆面至装修地面的高度宜为 750～850mm；

b. 除立式洗面台外，装饰装修后侧墙至洗面盆中心的距离不宜小于 550mm；

c. 嵌置洗面盆的台面进深宜大于洗面盆 150mm，宽度宜大于洗面盆 300mm。

⑤ 侧墙面至坐便器边缘的距离不宜小于 250mm，至蹲便器中心的距离不宜小于 400mm。

⑥ 坐便器、蹲便器前应有不小于 500mm 的活动空间。

⑦ 设置浴缸时应符合下列规定：

a. 浴缸安装后，上边缘至装修地面的高度宜为 450～600mm。

b. 浴缸、淋浴间靠墙一侧应设置牢固的抓杆。

⑧ 设置淋浴间时应符合下列规定：

a. 淋浴间宜设推拉门或外开门，门洞净宽不宜小于 600mm；淋浴间内花洒的两旁不宜小于 800mm，前后距离不宜小于 800mm，隔断高度不得低于 2.00m。

b. 淋浴间的挡水高度宜为 25～40mm。

c. 淋浴间采用的玻璃隔断应采用安全玻璃。

⑨ 卫生间装饰装修防水应符合下列规定：

a. 地面防水应沿墙基上翻 300mm；

b. 墙面防水层应覆盖由地面向墙基上翻 300mm 的防水层；洗浴区墙面防水层高度不得低于 1.80m，非洗浴区墙面防水层高度不得低于 1.20m；当采用轻质墙体时，墙面应做通高防水层；

c. 卫生间地面宜比相邻房间地面低 5～15mm。

⑩ 卫生间木门套及与墙体接触的侧面应采取防腐措施。门套下部的基层宜采用防水、

防腐材料。门槛宽度不宜小于门套宽度,且门套线宜压在门槛上。

8) 套内楼梯

① 老年人使用的楼梯不应采用无踢面或突缘大于10mm的直角形踏步,踏面应防滑。

② 套内楼梯踏步临空处,应设置高度不小于20mm,宽度不小于80mm的档台。

9) 储藏空间

① 套内应设置储藏空间。

② 步入式储藏空间应设置照明设施,并宜具备通风、除湿的条件。

10) 阳台

① 阳台的装饰装修不应改变为防止儿童攀爬的防护构造措施。对于栏杆、栏板上设置的装饰物,应采取防坠落措施。

② 靠近阳台栏杆处不应设计可踩踏的地柜或装饰物。

③ 当阳台设置储物柜、装饰柜时,不应遮挡窗和阳台的自然通风、采光,并宜为空调室外机等设备的安装、维护预留操作空间。

④ 布置健身设施的阳台应在墙面合适的位置安装防溅水电源插座。

⑤ 阳台地面应符合下列规定:

a. 阳台地面应采用防滑、防水、硬质、易清洁的材料,开敞阳台的地面材料还应具有抗冻、耐晒、耐风化的性能;

b. 开敞阳台的地面标高宜比相邻室内空间低15~20mm。

⑥ 当阳台设有洗衣机时,应在相应位置设置专用给水排水接口和电源插座,洗衣机的下水管道不得接驳在雨水管上。

⑦ 阳台应设置使用方便、安装牢固的晾晒架。

11) 门窗

① 室内门的装饰装修应符合下列规定:

a. 厨房、餐厅、阳台的推拉门宜采用透明的安全玻璃门;

b. 开关门扇的把手中心距地面的高度宜为0.95~1.10m。

② 室内窗的装饰装修应符合下列规定:

a. 当紧邻窗户的位置设有地台或其他可踩踏的固定物体时,应重新设计防护设施;

b. 开关窗扇的把手距装修地面高度不宜低于1.10m或高于1.50m。

(2) 共用部分

1) 共用部分的装饰装修不得改变楼梯间门、前室门、通往屋面门的开启方向、方式,不得减小门的尺寸。

2) 共用部分的顶棚

① 顶棚装修材料应采用防火等级为A级、环保、防水、防潮、防锈蚀、不易变形且便于施工的材料;

② 出入口门厅、电梯厅装修地面至顶棚的净高不应低于2.40m,标准层公共走道装修地面至顶棚的净高不应低于2.00m;

③ 顶棚不宜采用玻璃吊顶,当局部设置时,应采用安全玻璃。

3) 共用部分的墙面应采用难燃、环保、易清洁、防水性能好的装修材料。

4) 共用部分的地面应采用难燃、环保、防滑、易清洁、耐磨的装修材料。

（3）地下室和半地下室

1）装饰装修不应扩大地下室和半地下室面积或增加层高，不得破坏原建筑基础构件和移除基础构件周边的覆土。

2）地下室和半地下室的装饰装修应采取防水、排水、除湿、防潮、防滑、采光、通风等构造措施。

（4）无障碍设计

1）装饰装修不应改变原住宅共用部分的无障碍设计，不应降低无障碍住宅中套内卧室、起居室（厅）、厨房、卫生间、过道及共用部分的要求。

2）无障碍住宅的家具、陈设品、设施布置后，应留有符合现行国家标准《无障碍设计规范》GB 50763—2012 中规定的通往套内入口、起居室（厅）、餐厅、卫生间、储藏室及阳台的连续通道，且通道地面应平整、防滑、反光小，并不宜采用醒目的厚地毯。

3）无障碍住宅不宜设计地面高差，当存在大于 15mm 的高差时，应设缓坡。

4）在套内无障碍通道的墙面、柱面的 0.60～2.00m 高度内，不应设置凸出墙面 100mm 以上的装饰物。墙面、柱面的阳角宜做成圆角或钝角，并应在高度 0.40m 以下设护角。

（5）细部

套内各空间的地面、门槛石的标高宜符合表 24-148 的规定。

套内空间装饰地面标高（m） 表 24-148

位　　　置	建议标高	备　　　注
入户门槛顶面	0.010～0.015	防渗水
套内前厅地面	±0.000～0.005	套内前厅地面材料与相邻空间地面材料不同时
起居室（厅）、餐厅、卧室走道地面	±0.000	以起居室（厅）地面装修完成面为标高±0.000
厨房地面	−0.015～−0.005	当厨房地面材料与相邻地面材料不同时，与相邻空间地面材料过渡
卫生间门槛石顶面	±0.000～0.005	防渗水
卫生间地面	−0.015～−0.005	防渗水
阳台地面	−0.015～−0.005	开敞阳台或当阳台地面材料与相邻地面材料不相同时，防止水渗至相邻空间

注：以套内起居室（厅）地面装修完成面标高为±0.000。

第十节　高层建筑及老年人建筑和无障碍设计的构造措施

一、高层建筑简介

（一）高层建筑的结构材料与结构体系

1. 高层建筑的结构材料主要有钢筋混凝土和钢材。

2. 高层建筑的结构体系

1) 钢筋混凝土结构体系

《高层建筑混凝土结构技术规程》JGJ 3—2010中规定的结构体系分为A、B两种类型。属于A级的有：框架、框架-剪力墙、剪力墙（全部落地剪力墙、部分框支剪力墙）、筒体（框架－核心筒、筒中筒）、板柱-剪力墙。属于B级的有：框架-剪力墙、剪力墙结构（全部落地剪力墙、部分框支剪力墙）、筒体（框架-核心筒、筒中筒）。A级钢筋混凝土高层建筑的最大适用高度详表24-149。

A级钢筋混凝土高层建筑的最大适用高度（m） 表24-149

结构体系		非抗震设计	抗震设防烈度				
			6度	7度	8度		9度
					0.20g	0.30g	
框架		70	60	50	40	35	—
框架-剪力墙		150	130	120	100	80	50
剪力墙	全部落地剪力墙	150	140	120	100	80	60
	部分框支剪力墙	130	120	100	80	50	不应采用
筒体	框架-核心筒	160	150	130	100	90	70
	筒中筒	200	180	150	120	100	80
板柱-剪力墙		110	80	70	55	40	不应采用

2) 钢结构结构体系

《高层民用建筑钢结构技术规程》JGJ 99—2015中规定的结构体系有：框架，框架-中心支撑，框架-偏心支撑、框架-屈曲约束支撑、框架-延性墙板，筒体（框筒、筒中筒、桁架筒、束筒）、巨型框架。高层民用建筑钢结构适用的最大高度详表24-150。

高层民用建筑钢结构适用的最大高度（m） 表24-150

结构体系	非抗震设计	抗震设防烈度				
		6度	7度		8度		9度
			0.10g	0.15g	0.20g	0.30g	0.40g
框架	110	110	110	90	90	70	50
框架-中心支撑	240	220	220	200	180	150	120
框架-偏心支撑 框架-屈曲约束支撑 框架-延性墙板	260	240	240	220	200	180	160
筒体（框筒、筒中筒、桁架筒、束筒）巨型框架	360	300	300	280	260	240	180

（二）高层建筑的楼板
(1) 压型钢板组合式楼板。
(2) 现浇钢筋混凝土楼板。
（三）高层建筑的墙体
(1) 填充墙：采用块材进行填充。
(2) 幕墙。
（四）高层建筑的基础
(1) 箱形基础；
(2) 筏形基础；
(3) 桩箱或桩筏基础。

二、幕墙专题介绍

（一）幕墙的定义

由支承结构体系与面板组成的、可相对主体结构有一定位移能力、不分担主体结构所受外力作用的建筑外围护结构或装饰性结构。

（二）幕墙的分类

(1) 玻璃幕墙（框支承玻璃幕墙、全玻璃墙、点支承玻璃幕墙）；
(2) 金属幕墙；
(3) 石材幕墙。

（三）玻璃幕墙的有关问题

1. 玻璃幕墙的类型

玻璃幕墙分为框支承玻璃幕墙、全玻璃幕墙、点支承玻璃幕墙三大类型。框支承玻璃幕墙又分为明框式、隐框式、半隐框式，以及单元式、构件式等。

2. 玻璃幕墙的材料

(1) 框材：采用型钢，铝合金型材。
(2) 玻璃：钢化玻璃、半钢化玻璃、夹层玻璃、中空玻璃（空气层不应小于9mm）、浮法玻璃、防火玻璃、着色玻璃、镀膜玻璃。
(3) 密封材料：三元乙丙橡胶、硅橡胶等建筑密封材料和硅酮结构密封胶。
(4) 其他材料：填充材料（聚乙烯泡沫棒）、双面胶带、保温材料（岩棉等）。

3. 玻璃幕墙的建筑设计

(1) 一般规定

1) 玻璃幕墙应根据建筑物的使用功能、立面设计，经综合技术经济分析，选择其形式、构造和材料。
2) 玻璃幕墙应与建筑物整体及周围环境相协调。
3) 玻璃幕墙立面的分格宜与室内空间组合相适应，不宜妨碍室内功能和视觉。在确定玻璃板块尺寸时，应有效提高玻璃原片的利用率，同时应适应钢化、镀膜、夹层等生产设备的加工能力。
4) 幕墙中的玻璃板块应便于更换。
5) 幕墙开启窗的设置，应满足使用功能和立面效果要求，并应启闭方便，避免设置在梁、柱、隔墙等位置。开启扇的开启角度不宜大于30°，开启距离不宜大于300mm，开启扇不得超过15%,开启方式以上悬式为主。

6)玻璃幕墙应便于维护和清洁。高度超过40m的幕墙工程宜设置清洗设备。

(2) 构造设计

1)玻璃幕墙的构造设计,应满足安全、实用、美观的原则,并应便于制作、安装、维修保养和局部更换。

2)明框玻璃幕墙的接缝部位、单元式玻璃幕墙的组件对插部位以及幕墙开启部位,宜按雨幕原理进行构造设计。对可能渗入雨水和形成冷凝水的部位,应采取导排构造措施。

3)玻璃幕墙的非承重胶缝应采用硅酮建筑密封胶。开启扇的周边缝隙宜采用氯丁橡胶、三元乙丙橡胶或硅橡胶密封条制品密封。

4)有雨篷、压顶及其他突出玻璃幕墙墙面的建筑构造时,应完善其结合部位的防、排水构造设计。

5)玻璃幕墙应选用具有防潮性能的保温材料或采取隔气、防潮构造措施。

6)单元式玻璃幕墙,单元间采用对插式组合构件时,纵横缝相交处应采取防渗漏封口构造措施。

7)幕墙的连接部位,应采取措施防止产生摩擦噪声。构件式幕墙的立柱与横梁连接处应避免刚性接触,可设置柔性垫片或预留1~2mm的间隙,间隙内填胶;隐框幕墙采用挂钩式连接固定玻璃组件时,挂钩接触面宜设置柔性垫片。

8)除不锈钢外,玻璃幕墙中不同金属材料接触处,应合理设置绝缘垫片或采取其他防腐蚀措施。

9)幕墙玻璃之间的拼接胶缝宽度应能满足玻璃和胶的变形要求,并不宜小于10mm。

10)幕墙玻璃表面周边与建筑内、外装饰物之间的缝隙不宜小于5mm,可采用柔性材料嵌缝。全玻幕墙玻璃尚应符合本规范的有关规定。

11)明框幕墙玻璃下边缘与下边框槽底之间应采用硬橡胶垫块衬托,垫块数量应为2个,厚度不应小于5mm,每块长度不应小于100mm。

12)玻璃幕墙的单元板块不应跨越主体建筑的变形缝,其与主体建筑变形缝相对应的构造缝的设计,应能够适应主体建筑变形的要求。

(3) 安全规定

1)框支承玻璃幕墙,宜采用安全玻璃。

2)点支承玻璃幕墙的面板玻璃应采用钢化玻璃。

3)采用玻璃肋支承的点支承玻璃幕墙,其玻璃肋应采用钢化夹层玻璃。

4)人员流动密度大、青少年或幼儿活动的公共场所以及使用中容易受到撞击的部位,其玻璃幕墙应采用安全玻璃;对使用中容易受到撞击的部位,尚应设置明显的警示标志。

5)当与玻璃幕墙相邻的楼面外缘无实体墙时,应设置防撞设施。

6)玻璃幕墙的防火设计应符合国家现行《建筑设计防火规范》的有关规定。

7)玻璃幕墙与其周边防火分隔构件间的缝隙、与楼板或隔墙外沿间的缝隙、与实体墙面洞口边缘间的缝隙等,应进行防火封堵设计。

8)玻璃幕墙的防火封堵构造系统,在正常使用条件下,应具有伸缩变形能力、密封性和耐久性；在遇火状态下，应在规定的耐火时限内，不发生开裂或脱落，保持相对稳定性。

9）玻璃幕墙防火封堵构造系统的填充料及其保护性面层材料，应采用耐火极限符合设计要求的不燃烧材料或难燃烧材料。

10）无窗槛墙的玻璃幕墙，应在每层楼板外沿设置耐火极限不低于 1.0h、高度不低于 0.8m 的不燃烧实体裙墙或防火玻璃裙墙。

11）玻璃幕墙与各层楼板、隔墙外沿间的缝隙，当采用岩棉或矿棉封堵时，其厚度不应小于 100mm，并应填充密实；楼层间水平防烟带的岩棉或矿棉宜采用厚度不小于 1.5mm 的镀锌钢板承托；承托板与主体结构、幕墙结构及承托板之间的缝隙宜填充防火密封材料。当建筑要求防火分区间设置通透隔断时，可采用防火玻璃，其耐火极限应符合设计要求。

12）同一幕墙玻璃单元，不宜跨越建筑物的两个防火分区。

13）玻璃幕墙的防雷设计应符合国家现行标准《建筑物防雷设计规范》GB 50057—2010 和《民用建筑电气设计规范》JGJ/T 16—2008

图 24-92 框支承玻璃幕墙

的有关规定。幕墙的金属框架应与主体结构的防雷体系可靠连接，连接部位应清除非导电保护层。

（四）框支承玻璃幕墙的构造

框支承玻璃幕墙由玻璃、横梁和立柱组成（图 24-92）。框支承玻璃幕墙适用于多层和建筑高度不超过 100m 的高层建筑。

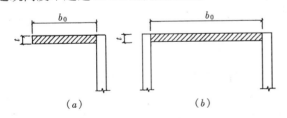

图 24-93 横梁的截面部位示意
(a) 截面自由挑出部位；(b) 双侧加劲部位

1. 玻璃

框支承玻璃幕墙单片玻璃的厚度不应小于 6mm，夹层玻璃的单片厚度不宜小于 5mm。夹层玻璃和中空玻璃的单片玻璃厚度相差不宜大于 3mm。幕墙玻璃应尽量减少光污染。若选用热反射玻璃，其反射率不宜大于 20%。

2. 横梁

横梁截面主要受力部位的厚度，应符合下列要求：

(1) 截面自由挑出部位 [图 24-93 (a)] 和双侧加劲部位 [图 24-93 (b)] 的宽厚比 b_0/t 应符合表 24-151 的要求。

(2) 当横梁跨度不大于 1.2m 时，铝合金型材截面主要受力部位的厚度不应小于

2.0mm；当横梁跨度大于1.2m时，其截面主要受力部位的厚度不应小于2.5mm。型材孔壁与螺钉之间直接采用螺纹受力连接时，其局部截面厚度不应小于螺钉的公称直径。

横梁截面宽厚比 b_0/t 限值　　　　　表 24-151

截面部位	铝 型 材				钢 型 材	
	6063-T5 6061-T4	6063A-T5	6063-T6 6063A-T6	6061-T6	Q235	Q345
自由挑出	17	15	13	12	15	12
双侧加劲	50	45	40	35	40	33

（3）钢型材截面主要受力部位的厚度不应小于2.5mm。

横梁可采用铝合金型材或钢型材，铝合金型材的表面处理可采用阳极氧化、电泳喷涂、粉末喷涂、氟碳喷涂。钢型材宜采用高耐候钢，碳素钢型材应热浸镀锌或采取其他有效防腐措施，焊缝应涂防锈涂料；处于严重腐蚀条件下的钢型材，应预留腐蚀厚度。

3. 立柱

（1）立柱截面主要受力部位的厚度，应符合下列要求：

1）铝型材截面开口部位的厚度不应小于3.0mm，闭口部位的厚度不应小于2.5mm；型材孔壁与螺钉之间直接采用螺纹受力连接时，其局部厚度尚不应小于螺钉的公称直径；

2）钢型材截面主要受力部位的厚度不应小于3.0mm；

3）对偏心受压立柱，其截面宽厚比应符合规范的相应规定。

（2）立柱可采用铝合金型材或钢型材。铝合金型材的表面处理与横梁相同；钢型材宜采用高耐候钢，碳素钢型材应采用热浸锌或采取其他有效防腐措施。处于腐蚀严重环境下的钢型材，应预留腐蚀厚度。

（3）上、下立柱之间应留有不小于15mm的缝隙，闭口型材可采用长度不小于250mm的芯柱连接，芯柱与立柱应紧密配合。芯柱与上柱或下柱之间应采用机械连接的方法加以固定。开口型材上柱与下柱之间可采用等强型材机械连接。

（4）多层或高层建筑中跨层通长布置立柱时，立柱与主体结构的连接支承点每层不宜少于一个；在混凝土实体墙面上，连接支承点应加密。

每层设两个支承点时，上支承点宜采用圆孔，下支承点宜采用长圆孔。

（5）在楼层内单独布置立柱时，其上、下端均宜与主体结构铰接，宜采用上端悬挂方式；当柱支承点可能产生较大位移时，应采用与位移相适应的支承装置。

（6）横梁可通过角码、螺钉或螺栓与立柱连接。角码应能承受横梁的剪力，其厚度不应小于3mm；角码与立柱之间的连接螺钉或螺栓应满足抗剪和抗扭承载力要求。

（7）立柱与主体结构之间每个受力连接部位的连接螺栓不应少于2个，且连接螺栓直径不宜小于10mm。

（8）角码和立柱采用不同金属材料时，应采用绝缘垫片分隔或采取其他有效措施防止双金属腐蚀。

（五）全玻璃墙的构造

全玻璃墙由面板、玻璃肋和胶缝三部分组成（图24-94）。多用于首层大厅或大堂，与主体结构的连接有下部支承式与上部悬挂式两种方式（图24-95）。

图 24-94 全玻璃墙

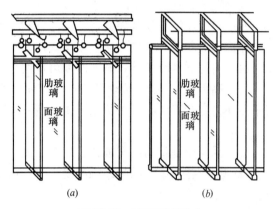

图 24-95 玻璃固定形式
(a) 上部悬挂式；(b) 下部支承式

1. 一般规定：
(1) 玻璃高度大于表 24-152 限值的全玻幕墙应悬挂在主体结构上。

下端支承全玻幕墙的最大高度　　　　表 24-152

玻璃厚度（mm）	10, 12	15	19
最大高度（m）	4	5	6

(2) 全玻幕墙的周边收口槽壁与玻璃面板或玻璃肋的空隙均不宜小于 8mm，吊挂玻璃下端与下槽底的空隙尚应满足玻璃伸长变形的要求；玻璃与下槽底应采用弹性垫块支承或填塞，垫块长度不宜小于 100mm，厚度不宜小于 10mm；槽壁与玻璃间应采用硅酮建筑密封胶密封。

(3) 吊挂全玻幕墙的主体结构或结构构件应有足够的刚度，采用钢桁架或钢梁作为受力构件时，其挠度限值 $d_{f,1min}$ 宜取其跨度的 1/250。

(4) 吊挂式全玻幕墙的吊夹与主体结构间应设置刚性水平传力结构。

(5) 玻璃自重不宜由结构胶缝单独承受。

(6) 全玻幕墙的板面不得与其他刚性材料直接接触。板面与装修面或结构面之间的空隙不应小于 8mm，且应采用密封胶密封。

2. 面板
(1) 面板玻璃的厚度不宜小于 10mm；夹层玻璃单片厚度不应小于 8mm。
(2) 面板玻璃通过胶缝与玻璃肋相联结时，面板可作为支承于玻璃肋的单向简支板设计。

(3) 通过胶缝与玻璃肋连接的面板,在风荷载标准值作用下,其挠度限值宜取其跨度的 1/60;点支承面板的挠度限值宜取其支承点间较大边长的 1/60。

3. 玻璃肋

(1) 全玻幕墙玻璃肋的截面厚度不应小于 12mm,截面高度不应小于 100mm。

(2) 在风荷载标准值作用下,玻璃肋的挠度限值宜取其计算跨度的 1/200。

(3) 采用金属件连接的玻璃肋,其连接金属件的厚度不应小于 6mm。连接螺栓宜采用不锈钢螺栓,其直径不应小于 8mm。

连接接头应能承受截面的弯矩设计值和剪力设计值。接头应进行螺栓受剪和玻璃孔壁承压计算,玻璃验算应取侧面强度设计值。

(4) 夹层玻璃肋的等效截面厚度可取两片玻璃厚度之和。

(5) 高度大于 8m 的玻璃肋宜考虑平面外的稳定验算;高度大于 12m 的玻璃肋,应进行平面外稳定验算,必要时应采取防止侧向失稳的构造措施。

4. 胶缝

(1) 采用胶缝传力的全玻幕墙,其胶缝必须采用硅酮结构密封胶。

(2) 当胶缝宽度不满足结构的要求时,可采取附加玻璃板条或不锈钢条等措施,加大胶缝宽度。

(六) 点支承玻璃幕墙的构造

点支承玻璃幕墙由玻璃面板、支承装置和支承结构三部分组成(图 24-96)。这种幕墙的通透性好,最适于用在建筑的大堂、餐厅等视野开阔的部位;但由于技术原因,开窗较为困难。

图 24-96 点支承玻璃幕墙

1. 玻璃面板

(1) 四边形玻璃面板可采用四点支承,有依据时也可采用六点支承;三角形玻璃面板可采用三点支承。玻璃面板支承孔边与板边的距离不宜小于 70mm。

(2) 采用浮头式连接件的幕墙玻璃厚度不应小于 6mm;采用沉头式连接件的幕墙玻璃厚度不应小于 8mm。

安装连接件的夹层玻璃和中空玻璃,其单片厚度也应符合上述要求。

(3) 玻璃之间的空隙宽度不应小于 10mm,且应采用硅酮建筑密封胶嵌缝。

(4) 点支承玻璃支承孔周边应进行可靠的密封。当点支承玻璃为中空玻璃时,其支承孔周边应采取多道密封措施。

2. 支承装置

(1) 支承装置应符合现行行业标准《点支式玻璃幕墙支承装置》JG 138—2001 的

规定。

(2) 支承头应能适应玻璃面板在支承点处的转动变形。

(3) 支承头的钢材与玻璃之间宜设置弹性材料的衬垫或衬套,衬垫和衬套的厚度不宜小于1mm。

(4) 除承受玻璃面板所传递的荷载或作用外,支承装置不应兼做其他用途。

3. 支承结构

(1) 单根型钢或钢管作为支承结构时,应符合下列规定:

1) 端部与主体结构的连接构造应能适应主体结构的位移;

2) 竖向构件宜按偏心受压构件或偏心受拉构件设计;水平构件宜按双向受弯构件设计,有扭矩作用时,应考虑扭矩的不利影响;

3) 受压杆件的长细比不应大于150;

4) 在风荷载标准值作用下,挠度限值宜取其跨度的1/250;计算时,悬臂结构的跨度可取其悬挑长度的2倍。

(2) 桁架或空腹桁架设计应符合下列规定:

1) 可采用型钢或钢管作为杆件。采用钢管时宜在节点处直接焊接,主管不宜开孔,支管不应穿入主管内;

2) 钢管外直径不宜大于壁厚的50倍,支管外直径不宜小于主管外直径的0.3倍。钢管壁厚不宜小于4mm,主管壁厚不应小于支管壁厚;

3) 桁架杆件不宜偏心连接。弦杆与腹杆、腹杆与腹杆之间的夹角不宜小于30°;

4) 焊接钢管桁架宜按刚接体系计算,焊接钢管空腹桁架应按刚接体系计算;

5) 轴心受压或偏心受压的桁架杆件,长细比不应大于150;轴心受拉或偏心受拉的桁架杆件,长细比不应大于350;

6) 当桁架或空腹桁架平面外的不动支承点相距较远时,应设置正交方向上的稳定支撑结构;

7) 在风荷载标准值作用下,其挠度限值宜取其跨度的1/250。计算时,悬臂桁架的跨度可取其悬挑长度的2倍。

(3) 张拉杆索体系设计应符合下列规定:

1) 应在正、反两个方向上形成承受风荷载或地震作用的稳定结构体系。在主要受力方向的正交方向,必要时应设置稳定性拉杆、拉索或桁架;

2) 连接件、受压杆和拉杆宜采用不锈钢材料,拉杆直径不宜小于10mm;自平衡体系的受压杆件可采用碳素结构钢。拉索宜采用不锈钢绞线、高强钢绞线,可采用铝包钢绞线。钢绞线的钢丝直径不宜小于1.2mm,钢绞线直径不宜小于8mm。采用高强钢绞线时,其表面应作防腐涂层;

3) 结构力学分析时宜考虑几何非线性的影响;

4) 与主体结构的连接部位应能适应主体结构的位移,主体结构应能承受拉杆体系或拉索体系的预拉力和荷载作用;

5) 自平衡体系、杆索体系的受压杆件的长细比不应大于150;

6) 拉杆不宜采用焊接;拉索可采用冷挤压锚具连接,拉索不应采用焊接;

7) 在风荷载标准值作用下,其挠度限值宜取其支承点距离的1/200;

8) 张拉杆索体系的预拉力最小值，应使拉杆或拉索在荷载设计值作用下保持一定的预拉力储备。

(4) 点支承玻璃幕墙的五种支承结构示意见图24-97。

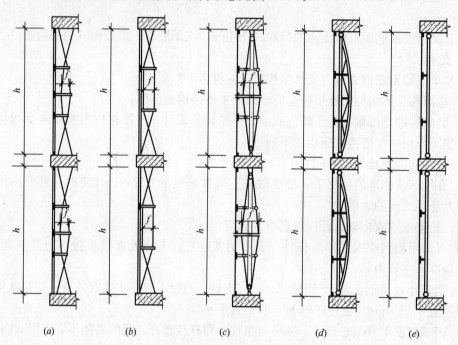

图24-97 五种支承结构示意
(a) 拉索式；(b) 拉杆式；(c) 自平衡索桁架式；(d) 桁架式；(e) 立柱式

(5) 不同支承体系的特点及适用范围见表24-153。

不同支承体系的特点及适用范围　　　　表24-153

项目 \ 分类	拉索点支承玻璃幕墙	拉杆点支承玻璃幕墙	自平衡索桁架点支承玻璃幕墙	桁架点支承玻璃幕墙	立柱点支承玻璃幕墙
特点	轻盈、纤细、强度高，能实现较大跨度	轻巧、光亮，有极好的视觉效果	杆件受力合理，外形新颖，有较好的观赏性	有较大的刚度和强度，适合高大空间，综合性能好	对主体结构要求不高，整体效果简洁明快
适用范围	拉索间距 $b=1200\sim3500$ 层高 $h=3000\sim12000$ 拉索矢高 $f=h/(10\sim15)$	拉杆间距 $b=1200\sim3000$ 层高 $h=3000\sim9000$ 拉杆矢高 $f=h/(10\sim15)$	自平衡间距 $b=1200\sim3500$ 层高 $h\leqslant15000$ 自平衡桁架矢高 $f=h/(5\sim9)$	桁架间距 $b=3000\sim15000$ 层高 $h=6000\sim40000$ 桁架矢高 $f=h/(10\sim20)$	立柱间距 $b=1200\sim3500$ 层高 $h\leqslant8000$

(6) 点支承式玻璃幕墙的节点构造见图24-98。

(七) 双层幕墙的构造

综合《双层幕墙》07J103—8标准图的相关内容：

1. 双层幕墙的组成和类型

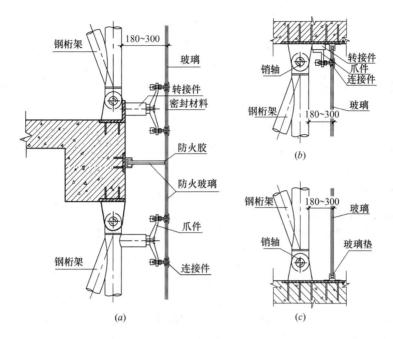

图 24-98 点支承式玻璃幕墙节点构造详图
(a) 层间垂直节点;(b) 上封口节点;(c) 下封口节点

双层幕墙是双层结构的新型幕墙,它由外层幕墙和内层幕墙两部分组成。外层幕墙通常采用点支承玻璃幕墙、明框玻璃幕墙或隐框玻璃幕墙;内层幕墙通常采用明框玻璃幕墙、隐框玻璃幕墙或铝合金门窗。

双层幕墙通常可分为内循环、外循环和开放式三大类型,是一种新型的建筑幕墙系统。具有通风换气等功能,保温、隔热和隔声效果非常明显。

2. 双层幕墙的构造要点

(1) 内循环双层幕墙

外层幕墙封闭,内层幕墙与室内有进气口和出气口连接,使得双层幕墙通道内的空气与室内空气进行循环。外层幕墙采用隔热型材,玻璃通常采用中空玻璃或 LOW-E 中空玻璃;内层幕墙玻璃可采用单片玻璃,空气腔厚度通常为 150~300mm 之间。根据防火设计要求进行水平或垂直方向的防火分隔,可以满足防火规范要求。

内循环双层幕墙的特点:

1) 热工性能优越。夏季可降低空腔内空气的温度,增加舒适性;冬季可将幕墙空气腔封闭,增加保温效果。

2) 隔声效果好。由于双层幕墙的面密度高,所以空气声隔声性能优良,也不容易发生"串声"。

3) 防结露效果明显。由于外层幕墙采用隔热型材和中空玻璃,外层幕墙内侧一般不结露。

4) 便于清洁。由于双层幕墙的外层幕墙封闭,空气腔内空气与室内空气循环,便于清洁和维修保养。

5) 防火达标。双层幕墙在水平方向和垂直方向进行分隔,符合防火规范的规定。

(2) 外循环双层幕墙

内层幕墙封闭，外层幕墙与室外有进气口和出气口连接，使得双层幕墙通道内的空气可与室外空气进行循环。内层幕墙应采用隔热型材，可设开启扇，玻璃通常采用中空玻璃或LOW-E中空玻璃；外层幕墙设进风口、出风口且可开关，玻璃通常采用单片玻璃，空气腔宽度通常为500mm以上。

外循环双层幕墙通常可分为整体式、廊道式、通道式和箱体式4种类型。

外循环双层幕墙同样具有防结露、通风换气好、隔声优越、便于清洁的优点。

(3) 开放式双层幕墙

外层幕墙仅具有装饰功能，通常采用单片幕墙玻璃且与室外永久连通、不封闭。

开放式双层幕墙的特点：

1) 主要功能是建筑立面的装饰性，多用于旧建筑物的改造；

2) 有遮阳作用；

3) 改善通风效果，恶劣天气不影响开窗换气。

3. 双层幕墙的技术要求

(1) 抗风压性能。双层幕墙的抗风压性能应根据幕墙所受的风荷载标准值确定，且不应小于$1kN/m^2$，并应符合《建筑结构荷载规范》GB 50009—2012的规定。

(2) 热工性能。双层幕墙的热工性能优良，提高热工性能的关键是玻璃的选用。一般选用中空玻璃或LOW-E玻璃效果较好。采用加大空腔厚度只能带来热工性能的下降。

(3) 遮阳性能。在双层幕墙的空气腔中设置固定式或活动式遮阳可提高遮阳效果。

(4) 光学性能。双层幕墙的总反射比应不大于0.30。

(5) 声学性能。增加双层幕墙每层玻璃的厚度对提高隔声效果较为明显，增加空气腔厚度对提高隔声性能作用不大。

(6) 防结露性能。严寒地区不宜设计使用外循环双层幕墙，因为外循环的外层玻璃一般多用单层玻璃和普通铝型材，容易在空腔内产生结露。

(7) 防雷性能。双层幕墙系统应与主体结构的防雷体系有可靠的连接。双层幕墙设计应符合《建筑物防雷设计规范》GB 50057—2010和《民用建筑电气设计规范》JGJ 16—2008的规定。

(八) 金属幕墙与石材幕墙的构造

1. 材料

(1) 石材

1) 幕墙石材宜选用火成岩，石材吸水率应小于0.8%。

2) 花岗石板材的弯曲强度应经法定检测机构检测确定，其弯曲强度不应小于8.0MPa。

3) 石板的表面处理方法应根据环境和用途决定。

4) 为满足等强度计算的要求，火烧石板的厚度应比抛光石板厚3mm。

5) 石材表面应采用机械进行加工，加工后的表面应用高压水冲洗或用水和刷子清理，严禁用溶剂型的化学清洁剂清洗石材。

(2) 金属材料

1) 幕墙采用的不锈钢宜采用奥式体不锈钢材。

2) 钢结构幕墙高度超过40m时，钢构件宜采用高耐候结构钢，并应在其表面涂刷防腐涂料。

3) 钢构件采用冷弯薄壁型钢时，其壁厚不得小于3.5mm。

4) 铝合金幕墙应根据幕墙面积、使用年限及性能要求，分别选用铝合金单板（简称单层铝板）、铝塑复合板、铝合金蜂窝板（简称蜂窝铝板）；铝合金板材应达到国家相关标准及设计的要求。表面的处理方式有阳极氧化镀膜、电泳喷涂、静电粉末喷涂、氟碳树脂喷涂等方法。

5) 根据防腐、装饰及建筑物的耐久年限的要求，对铝合金板材（单层铝板、铝塑复合板、蜂窝铝板）表面进行氟碳树脂处理时，应符合下列规定：

氟碳树脂（PVDF）含量不应低于75%。海边及严重酸雨地区，可采用三道或四道氟碳树脂涂层，其厚度应大于40μm；其他地区，可采用两道氟碳树脂涂层，其厚度应大于25μm。

氟碳树脂涂层应无起泡、裂纹、剥落等现象。

6) 单层铝板应符合现行国家标准的规定，幕墙和屋顶用单层铝板，厚度不应小于2.5mm。

7) 铝塑复合板应符合下列规定：

铝塑复合板的上、下两层铝合金板的厚度均应为0.5mm，中间夹以3~6mm低密度的聚乙烯（PE）材料，其性能应符合现行国家标准《铝塑复合板》GB/T 17748—1999规定的外墙板的技术要求；铝合金板与夹心层的剥离强度标准值应大于7N/mm；用于幕墙和屋顶的铝塑复合板不应小于4mm。

幕墙选用普通型聚乙烯铝塑复合板时，必须符合国家现行建筑设计防火规范的有关规定。

8) 蜂窝铝板应符合下列规定：

应根据幕墙的使用功能和耐久年限的要求，分别选用厚度为10mm、12mm、15mm、20mm和25mm的蜂窝铝板。

厚度为10mm的蜂窝铝板应由1mm厚的正面铝合金板、0.5~0.8mm厚的背面铝合金板及铝蜂窝粘结而成。厚度在10mm以上的蜂窝铝板，其正、背面铝合金板厚度均应为1mm。以上关于蜂窝铝板规格的说明也同样适用于牛皮纸蜂窝或玻璃钢蜂窝。

(3) 建筑密封材料

1) 幕墙采用的橡胶制品宜采用三元乙丙橡胶、氯丁橡胶。密封胶条应为挤出成型，橡胶块应为压模成型。

2) 幕墙采用的密封胶条应符合国家标准的规定。

3) 幕墙应采用中性硅酮耐候密封胶，其性能应符合表24-154的规定。

幕墙硅酮耐候密封胶的性能　　　　　　　表24-154

项目	性能	
	金属幕墙用	石材幕墙用
表干时间	1~1.5h	
流淌性	无流淌	≤1.0mm
初期固化时间（≥25℃）	3d	4d

续表

项 目	性 能	
	金属幕墙用	石材幕墙用
完全固化时间（相对湿度≥50%，温度25±2℃）	7～14d	
邵氏硬度	20～30	15～25
极限拉伸强度	0.11～0.14MPa	≥1.79MPa
断裂延伸率	—	≥300%
撕裂强度	3.8N/mm	—
施工温度	5～48℃	
污染性	无污染	
固化后的变位承受能力	25%≤δ≤50%	δ≥50%
有效期	9～12个月	

（4）硅酮结构密封胶

1）幕墙应采用中性硅酮结构密封胶；硅酮结构密封胶分单组分和双组分，其性能应符合现行国家标准《建筑用硅酮结构密封胶》GB 16776—2005的规定。

2）同一幕墙工程应采用同一品牌的单组分或双组分的硅酮结构密封胶，并应有保质年限的质量证书。用于石材幕墙的硅酮结构密封胶还应有证明无污染的试验报告。

3）同一幕墙工程应采用同一品牌的硅酮结构密封胶和硅酮耐候密封胶配套使用。

4）硅酮结构密封胶和硅酮耐候密封胶应在有效期内使用。

2. 构造

（1）一般规定

1）金属与石材幕墙的设计应根据建筑物的使用功能、建筑设计立面要求和技术经济能力，选择金属或石材幕墙的立面构成、结构形式和材料品质。

2）金属与石材幕墙的色调、构图和线型等立面构成，应与建筑物立面其他部位协调。

3）石材幕墙中的单块石材板面面积不宜大于$1.5m^2$。

4）金属与石材幕墙设计应保障幕墙维护和清洗的方便与安全。

（2）幕墙性能

1）幕墙的性能应包括下列内容：

风压变形性能；

雨水渗漏性能；

空气渗透性能；

平面内变形性能；

保温性能；

隔声性能；

耐撞击性能。

2）幕墙的性能等级应根据建筑物所在地的地理位置、气候条件、建筑物的高度、体型及周围环境进行确定。

3）幕墙构架的立柱与横梁在风荷载标准值作用下，钢型材的相对挠度不应大于$l/300$（l为立柱或横梁两支点间的跨度），绝对挠度不应大于15mm；铝合金型材的相对挠度不应大于$l/180$，绝对挠度不应大于20mm。

4）幕墙在风荷载标准值除以阵风系数后的风荷载值作用下，不应发生雨水渗漏。其雨水渗漏性能应符合设计要求。

5）有热工性能要求时，幕墙的空气渗透性能应符合设计要求。

（3）幕墙构造的基本要求

1）幕墙的防雨水渗漏设计应符合下列规定：

幕墙构架的立柱与横梁的截面形式宜按等压原理设计。

单元幕墙或明框幕墙应有泄水孔。有霜冻的地区，应采用室内排水装置；无霜冻地区，排水装置可设在室外，但应有防风装置。石材幕墙的外表面不宜有排水管。

采用无硅酮耐候密封胶设计时，必须有可靠的防风雨措施。

2）幕墙中不同的金属材料接触处，除不锈钢外均应设置耐热的环氧树脂玻璃纤维布或尼龙12垫片。

3）幕墙的钢框架结构应设温度变形缝。

4）幕墙的保温材料可与金属板、石板结合在一起，但应与主体结构外表面有50mm以上的空气层。

5）上下用钢销支撑的石材幕墙，应在石板的两个侧面或在石板背面的中心区另采取安全措施，并应考虑维修方便。

6）上下通槽式或上下短槽式的石材幕墙，均宜有安全措施，并应考虑维修方便。

7）小单元幕墙的每一块金属板构件、石板构件都应是独立的，且应安装和拆卸方便，同时不应影响上下、左右的构件。

8）单元幕墙的连接处、吊挂处，其铝合金型材的厚度均应通过计算确定，并不得小于5mm。

9）主体结构的防震缝、伸缩缝、沉降缝等部位的幕墙设计应保证外墙面的功能性和完整性。

（4）石材幕墙的构造

1）用于石材幕墙的石板，花岗石的厚度不应小于25mm（大理石和其他石材均不应小于35mm）。

2）钢销式石材幕墙可在非抗震设计或6度、7度抗震设计幕墙中应用，幕墙高度不宜大于20m，石板面积不宜大于$1.0m^2$。钢销和连接板应采用不锈钢。连接板截面尺寸不宜小于40mm×4mm。

3）加工石板应符合下列规定：

①石板连接部位应无崩坏、暗裂等缺陷；其他部位崩边不大于5mm×20mm，或缺角不大于20mm时可修补后使用，但每层修补的石板块数不应大于2%，且宜用于立面不明显部位；

②石板的长度、宽度、厚度、直角、异型角、半圆弧形状、异型材及花纹图案造型、石板的外形尺寸均应符合设计要求；

③石板外表面的色泽应符合设计要求，花纹图案应按样板检查。石板四周围不得有明

显的色差；

④火烧石应按样板检查火烧后的均匀程度，火烧石不得有暗裂、崩裂情况。

4）钢销式安装的石板加工应符合下列规定：

①钢销的孔位应根据石板的大小而定。孔位距离边端不得小于石板厚度的3倍，也不得大于180mm；钢销间距不宜大于600mm；边长不大于1.0m时，每边应设两个钢销，边长大于1.0m时，应采用复合连接；

②石板的钢销孔的深度宜为22~33mm，孔的直径宜为7mm或8mm，钢销直径宜为5mm或6mm，钢销长度宜为20~30mm；

③石板的钢销孔处不得有损坏或崩裂现象，孔径内应光滑、洁净。

5）通槽式安装的石板加工应符合下列规定：

①石板的通槽宽度宜为6mm或7mm，不锈钢支撑板厚度不宜小于3.0mm，铝合金支撑板厚度不宜小于4.0mm；

②石板开槽后不得有损坏或崩裂现象，槽口应打磨成45°倒角；槽内应光滑、洁净。

6）短槽式安装的石板加工应符合下列规定：

①每块石板上下边应各开两个短平槽，短平槽长度不应小于100mm，在有效长度内，槽深度不宜小于15mm；开槽宽度宜为6mm或7mm；不锈钢支撑板厚度不宜小于3.0mm，铝合金支撑板厚度不宜小于4.0mm。弧形槽的有效长度不应小于80mm；

②两短槽边距离石板两端部的距离不应小于石板厚度的3倍且不应小于85mm，也不应大于180mm；

③石板开槽后不得有损坏或崩裂现象，槽口应打磨成45°倒角，槽内应光滑、洁净。

7）石板的转角宜采用不锈钢支撑件或铝合金型材专用件组装，并应符合下列规定：

①当采用不锈钢支撑件组装时，不锈钢支撑件的厚度不应小于3mm；

②当采用铝合金型材专用件组装时，铝合金型材壁厚不应小于4.5mm，连接部位的壁厚不应小于5mm。

8）单元石板幕墙的加工组装应符合下列规定：

①有防火要求的全石板幕墙单元，应将石板、防火板、防火材料按设计要求组装在铝合金框架上；

②有可视部分的混合幕墙单元，应将玻璃板、石板、防火板及防火材料按设计要求组装在铝合金框架上；

③幕墙单元内石板之间可采用铝合金T形连接件连接；T形连接件的厚度应根据石板的尺寸及重量经计算后确定，且其最小厚度不应小于4.0mm。

幕墙单元内，边部石板与金属框架的连接，可采用铝合金L形连接件，其厚度应根据石板尺寸及重量经计算后确定，且其最小厚度不应小于4.0mm。

9）石板经切割或开槽等工序后均应将石屑用水冲干净，石板与不锈钢挂件间应采用环氧树脂型石材专用结构胶粘结。

10）已加工好的石板应立即存放于通风良好的仓库内，其角度不应小于85°。

(5) 金属幕墙的构造

1）金属板材的品种、规格及色泽应符合设计要求；铝合金板材表面氟碳树脂涂层厚度应符合设计要求。

2）金属板材加工允许偏差应符合表 24-155 的规定。

3）单层铝板的加工应符合下列规定：

单层铝板折弯加工时，折弯外圆弧半径不应小于板厚的 1.5 倍。

金属板材加工允许偏差（mm） 表 24-155

项　　　目		允许偏差
边　　长	≤2000	±2.0
	>2000	±2.5
对边尺寸	≤2000	≤2.5
	>2000	≤3.0
对角线长度	≤2000	2.5
	>2000	3.0
折弯高度		≤1.0
平　面　度		≤2/1000
孔的中心距		±1.5

①单层铝板加劲肋的固定可采用电栓钉，但应确保铝板外表面不应变形、褪色，固定应牢固；

②单层铝板的固定耳子应符合设计要求。固定耳子可采用焊接、铆接或在铝板上直接冲压而成，并应位置准确，调整方便，固定牢固；

③单层铝板构件四周边应采用铆接、螺栓或胶粘与机械连接相结合的形式固定，并应做到构件刚性好，固定牢固。

4）铝塑复合板的加工应符合下列规定：

①在切割铝塑复合板内层铝板和聚乙烯塑料时，应保留不小于 0.3mm 厚的聚乙烯塑料，并不得划伤外层铝板的内表面；

②打孔、切口等外露的聚乙烯塑料及角缝，应采用中性硅酮耐候密封胶密封；

③在加工过程中铝塑复合板严禁与水接触；

④固定方式是通过铆钉固定在轻钢龙骨上。

5）蜂窝铝板的加工应符合下列规定：

①应根据组装要求决定切口的尺寸和形状，在切除铝芯时，不得划伤蜂窝铝板外层铝板的内表面；各部位外层铝板上，应保留 0.3~0.5mm 的铝芯；

②直角构件的加工，折角应弯成圆弧状，角缝应采用硅酮耐候密封胶密封；

③大圆弧角构件的加工，圆弧部位应填充防火材料；

④边缘的加工，应将外层铝板折合 180°，并将铝芯包封；

⑤固定方式以龙骨安装为主。

6）金属幕墙的女儿墙部分，应用单层铝板或不锈钢板加工成向内倾斜的盖顶。

7）金属幕墙的吊挂件、安装件应符合下列规定：

单元金属幕墙使用的吊挂件、支撑件，宜采用铝合金件或不锈钢件，并应具备可调整范围；

单元幕墙的吊挂件与预埋件的连接应采用穿透螺栓；

铝合金立柱的连接部位的局部壁厚不得小于 5mm。

（6）幕墙的防火与防雷设计

1）金属与石材幕墙的防火除应符合国家现行建筑设计防火规范的有关规定外，还应符合下列规定：

①防火层应采取隔离措施，并应根据防火材料的耐火极限，决定防火层的厚度和宽度，且应在楼板处形成防火带；

②幕墙的防火层必须采用经防腐处理，且厚度不小于 1.5mm 的耐热钢板，不得采用铝板；

③防火层的密封材料应采用防火密封胶；防火密封胶应有法定检测机构的防火检验报告。

2) 金属与石材幕墙的防雷设计除应符合现行国家标准《建筑物防雷设计规范》GB 50057—94的有关规定外，还应符合下列规定：

①在幕墙结构中应自上而下地安装防雷装置，并应与主体结构的防雷装置可靠连接；

②导线应在材料表面的保护膜除掉部位进行连接；

③幕墙的防雷装置设计及安装应经建筑设计单位认可。

三、养老设施建筑的构造要点

《养老设施建筑设计规范》GB 50867—2013 中指出：

（一）建筑物出入口

1. 养老设施建筑供老年人使用的出入口不应少于两个，且门应采用向外开启的平开门或电动感应平移门，不应选用旋转门。

2. 养老设施建筑出入口至机动车道路之间应留有缓冲空间。

3. 养老设施建筑的出入口、入口门厅、平台、台阶、坡道等应符合下列规定：

（1）主要入口门厅处宜设休息座椅和无障碍休息区。

（2）出入口内外及平台应设安全照明。

（3）台阶和坡道的设置应与人流方向一致，避免迂绕。

（4）主要出入口上部应设雨篷，其深度宜超过台阶外缘 1.00m 以上；雨篷应做有组织排水。

（5）出入口处的平台与建筑室外地坪高差不宜大于 500mm，并应采用缓步台阶和坡道过渡；缓步台阶踢面高度不宜大于 120mm，踏面宽度不宜小于 350mm；坡道坡度不宜大于 1/12，连续坡长不宜大于 6m，平台宽度不应小于 2.00m。

（6）台阶的有效宽度不应小于 1.50m；当台阶宽度大于 3.00m 时，中间宜加设扶手；当坡道与台阶结合时，坡道有效宽度不应小于 1.20m，且坡道应做防滑处理。

（二）竖向交通

1. 供老年人使用的楼梯应符合下列规定：

（1）楼梯间应便于老年人通行，不应采用扇形踏步，不应在楼梯平台区内设置踏步；主楼梯梯段净宽不应小于 1.50m，其他楼梯通行净宽不应小于 1.20m。

（2）踏步前缘应相互平行等距，踏面下方不得透空。

（3）楼梯宜采用缓坡楼梯；缓坡楼梯踏面宽度宜为 320～330mm，踢面高度宜为 120～130mm。

（4）踏面前缘宜设置高度不大于 3mm 的异色防滑警示条；踏步前缘向前凸出不应大于 10mm。

（5）楼梯踏步与走廊地面对接处应用不同颜色区分，并应设提示照明。

（6）楼梯应设双侧扶手。

2. 普通电梯应符合下列规定：

（1）普通电梯门洞净宽不宜小于 900mm，选层按钮和呼叫按钮高度宜为 0.90～1.10m，电梯入口处宜设提示盲道。

（2）电梯轿厢门开启的净宽度不应小于 800mm，轿厢内壁周边应设有安全扶手和监控及对讲系统。

(3) 电梯运行速度不宜大于 1.5m/s，电梯门应采用缓慢关闭程序设定或加装感应装置。

(三) 水平交通

1. 老年人经过的门厅、走廊、房间等不应设置门槛，地面不应有高差，如遇有难以避免的高差时，应采用不大于 1/12 的坡面过渡，并应有安全提示。在起止处设异色警示条，临近处墙面设置安全提示及灯光照明提示。

2. 养老设施建筑走廊净宽不应小于 1.80m。固定在走廊墙、立柱上的物体或标牌距地面的高度不应小于 2.00m。当小于 2.00m 时，探出部分的宽度不应大于 100mm；当探出部分的宽度大于 100mm 时，其距地面的高度应小于 600mm。

3. 老年人居住用房门的开启净宽应不小于 1.20m，且应向外开启或采用推拉门；厨房、卫生间门的开启净宽应不小于 0.80m，且选择平开门时应向外开启。

4. 过厅、电梯厅、走廊等宜设置休憩设施，并应留有轮椅停靠的空间。电梯厅兼作消防前室（厅）时，应采用不燃材料制作靠墙固定的休息设施，且其水平投影面积不应计入消防前室（厅）的规定面积。

(四) 安全辅助设施

1. 老年人经过和使用的公共空间应沿墙安装扶手，并宜保持连续。安全扶手的尺寸应符合下列规定：

(1) 扶手直径宜为 30～45mm，且在有水和蒸汽的潮湿环境时，截面尺寸应取下限值；

(2) 扶手的最小有效长度不应小于 200mm。

2. 养老设施建筑室内公共通道的墙（柱）面阳角应采用切角或圆弧处理，亦可安装成品护角。沿墙脚宜设 350mm 高的防撞踢脚。

3. 养老设施建筑主要出入口附近和门厅内，应设置连续的建筑导向标识，并应符合下列规定：

(1) 出入口标识应易于鉴别。且当有多个出入口时，应设置明显的号码或标识图案；

(2) 楼梯间附近的明显位置应布置楼层平面示意图，楼梯间内应有楼层标识。

4. 其他安全防护措施应符合下列规定：

(1) 老年人经过的路径内不应设置裸放的散热器、开水器等高温加热设备，不应摆设造型锋利和易碎的饰品，以及种植带有尖刺和较硬枝条的盆栽；易与人体接触的热水明管应有安全防护措施。

(2) 公共疏散通道的防火门扇和公共通道的分区门扇，距地 0.65m 以上，应安装透明防火的玻璃；防火门的闭门器应该有阻尼缓冲装置。

(3) 养老设施建筑的自用卫生间、公用卫生间门宜安装便于施救的插销，卫生间门上应留有观察窗口。

(4) 每个养护单元的出入口应安装安全监控装置。

(5) 老年人使用的开敞阳台或屋顶上人平台在临空处不应设置可攀登的扶手；供老年人活动的屋顶平台女儿墙的护栏高度不应低于 1.20m。

(6) 老年人居住用房应设安全疏散标识，墙面凸出处、临空框架柱等应采用醒目的色彩或采取图案区分和警示标识。

四、建筑物的无障碍设计

《无障碍设计规范》GB 50763—2012 中对无障碍的构造要求作了如下规定：

(一) 缘石坡道

缘石坡道指的是位于人行道口或人行横道两端，为了避免人行道路缘石带来的通行障碍，方便行人进入人行道的一种坡道。

1. 缘石坡道的设计要求

(1) 缘石坡道的坡面应平整、防滑。

(2) 缘石坡道的坡口与车行道之间宜设有高差；当有高差时，高出车行道的地面不应大于 10mm。

(3) 宜优先选用全宽式单面坡缘石坡道。

2. 缘石坡道的坡度

(1) 全宽式单面坡缘石坡道的坡度不应大于 1∶20；

(2) 三面坡缘石坡道正面及侧面的坡度不应大于 1∶12；

(3) 其他形式的缘石坡道的坡度均不应大于 1∶12。

3. 缘石坡道的宽度

(1) 全宽式单面坡缘石坡道的宽度应与人行道宽度相同；

(2) 三面坡缘石坡道的正面坡道宽度不应小于 1.20m；

(3) 其他形式的缘石坡道的坡口宽度均不应小于 1.50m。

(二) 盲道

1. 盲道的一般规定

(1) 盲道分为行进盲道和提示盲道；

(2) 盲道的纹路应凸出路面 4mm 高；

(3) 盲道铺设应连续，应避开树木（穴）、电线杆、拉线等障碍物，其他设施不得占用盲道；

(4) 盲道的颜色宜采用中黄色；

(5) 盲道型材表面应防滑。

2. 行进盲道的规定

(1) 行进盲道应与人行道的走向一致；

(2) 行进盲道的宽度宜为 250~500mm；

(3) 行进盲道宜在距围墙、花台、绿化带 250~500mm 处设置；

(4) 行进盲道宜在距树池边缘 250~500mm 处设置；如无树池，行进盲道与路缘石上沿不应小于 500mm；行进盲道比路缘石上沿低时，距路缘石不应小于 250mm；盲道应避开非机动车停放的位置；

(5) 行进盲道的触感条规格应符合表 24-156 的规定。

3. 提示盲道的规定

(1) 行进盲道在起点、终点及转弯处及其他有需要处应设提示盲道，当盲道的宽度不大于 300mm 时，提示盲道的宽度应大于行进盲道的宽度；

(2) 提示盲道的触感圆点规格应符合表 24-157 的规定。

行进盲道的触感条规格

表 24-156

部 位	尺寸要求（mm）
面 宽	25
底 宽	35
高 度	4
中心距	62～75

提示盲道的触感圆点规格

表 24-157

部 位	尺寸要求（mm）
表面直径	25
底面直径	35
圆点高度	4
圆点中心距	50

（三）无障碍出入口

1. 无障碍出入口的类别

（1）平坡出入口；

（2）同时设置台阶和轮椅坡道的出入口；

（3）同时设置台阶和升降平台的出入口。

2. 无障碍出入口的规定

（1）出入口的地面应平整、防滑；

（2）室外地面滤水箅子的孔洞宽度不应大于15mm；

（3）同时设置台阶和升降平台的出入口宜只用于受场地限制无法改造的工程，并应符合"无障碍电梯、升降平台"的有关规定；

（4）除平坡出入口外，在门完全开启的状态下，建筑物无障碍出入口的平台净深度不应小于1.50m；

（5）建筑物出入口的门厅、过厅如设置两道门，门扇同时开启时两道门的间距不应小于1.50m；

（6）建筑物无障碍出入口的上方应设置雨篷。

3. 无障碍出入口的轮椅坡道及平坡出入口的坡度

（1）平坡出入口地面的坡度不应大于1∶20，当场地条件比较好时，不宜大于1∶30；

（2）同时设置台阶和轮椅坡道的出入口，坡度应符合"轮椅坡道"的有关规定。

（四）轮椅坡道

1. 轮椅坡道宜设计成直线形、直角形或折返形。

2. 轮椅坡道的净宽度不应小于1.00m，无障碍出入口的轮椅坡道净宽度不应小于1.20m。

3. 轮椅坡道的高度超过300mm或坡度大于1∶20时，应在两侧设置单层扶手，坡道与休息平台的扶手应保持连贯，应符合"扶手"的有关规定。

4. 轮椅坡道的最大高度和水平长度应符合表24-158的规定。

轮椅坡道的最大高度和水平长度

表 24-158

坡度	1∶20	1∶16	1∶12	1∶10	1∶8
最大高度（m）	1.20	0.90	0.75	0.60	0.30
水平长度（m）	24.00	14.40	9.00	6.00	2.40

注：其他坡度可用插入法进行计算。

5. 轮椅坡道的坡面应平整、防滑、无反光。
6. 轮椅坡道起点、终点和中间休息平台的水平长度不应小于1.50m。
7. 轮椅坡道临空侧应设置安全阻挡措施。
8. 轮椅坡道应设置无障碍标志，无障碍标志应符合"无障碍标识系统"的有关规定。

（五）无障碍通道、门

1. 无障碍通道的宽度

（1）室内走道不应小于1.20m，人流较多或较集中的大型公共建筑的室内走道宽度不宜小于1.80m；

（2）室外通道不宜小于1.50m；

（3）检票口、结算口轮椅通道不应小于900mm。

2. 无障碍通道的规定

（1）无障碍通道应连续，其地面应平整、防滑、反光小或无反光，并不宜设置厚地毯；

（2）无障碍通道上有高差时，应设置轮椅坡道；

（3）室外通道上的雨水箅子的孔洞宽度不应大于15mm；

（4）固定在无障碍通道的墙、立柱上的物体或标牌距地面的高度不应小于2.00m，探出部分的宽度不应大于100mm，如突出部分大于100mm，则其距地面的高度应小于600mm；

（5）斜向的自动扶梯、楼梯等下部空间可以进入时，应设置安全挡牌。

3. 门的无障碍设计规定

（1）不应采用力度大的弹簧门，并不宜采用弹簧门、玻璃门；当采用玻璃门时，应有醒目的提示标志；

（2）自动门开启后通行净宽度不应小于1.00m；

（3）平开门、推拉门、折叠门开启后的通行净宽度不应小于800mm，有条件时，不宜小于900mm；

（4）在门扇内外应留有直径不小于1.50m的轮椅回转空间；

（5）在单扇平开门、推拉门、折叠门的门把手一侧的墙面，应设宽度不小于400mm的墙面；

（6）平开门、推拉门、折叠门的门扇应设距地900mm的把手，宜设视线观察玻璃，并宜在距地350mm范围内安装护门板；

（7）门槛高度及门内外地面高差不应大于15mm，并以斜面过渡；

（8）无障碍通道上的门扇应便于开关；

（9）宜与周围墙面有一定的色彩反差，方便识别。

（六）无障碍楼梯、台阶

1. 无障碍楼梯的规定

（1）宜采用直线形楼梯；

（2）公共建筑楼梯的踏步宽度不应小于280mm，踏步高度不应大于160mm；

（3）不应采用无踢面和直角形突缘的踏步；

（4）宜在两侧均做扶手；

(5) 如采用栏杆式楼梯，在栏杆下方宜设置安全阻挡措施；

(6) 踏面应平整防滑或在踏步前缘设防滑条；

(7) 距踏步起点和终点 250～300mm 处，宜设提示盲道；

(8) 踏面和踢面的颜色宜有区分和对比；

(9) 楼梯上行及下行的第一阶宜在颜色或材质上与平台有明显区别。

2. 台阶的无障碍规定

(1) 公共建筑的室内外台阶踏步宽度不宜小于 300mm，踏步高度不宜大于 150mm，并不应小于 100mm；

(2) 踏步应防滑；

(3) 三级及三级以上的台阶应在两侧设置扶手；

(4) 台阶上行及下行的第一阶宜在颜色或材质上与其他阶有明显区别。

（七）无障碍电梯、升降平台

1. 无障碍电梯候梯厅的规定

(1) 候梯厅深度不应小于 1.50m，公共建筑及设置病床的候梯厅深度不宜小于 1.80m；

(2) 呼叫按钮高度为 0.90～1.10m；

(3) 电梯门洞的净宽度不宜小于 900mm；

(4) 电梯入口处宜设提示盲道；

(5) 候梯厅应设电梯运行显示装置和抵达音响。

2. 无障碍电梯轿厢的规定

(1) 轿厢门开启的净宽度不应小于 800mm；

(2) 在轿厢的侧壁上应设高 0.90～1.10m 带盲文的选层按钮，盲文宜设置于按钮旁；

(3) 在轿厢三面壁上应设高 850～900mm 扶手，应符合"扶手"的有关规定；

(4) 轿厢内应设电梯运行显示装置和报层音响；

(5) 轿厢正面高 900mm 处至顶部应安装镜子或采用有镜面效果的材料；

(6) 轿厢的规格应依据建筑性质和使用要求的不同而选用。最小规格为深度不应小于 1.40m，宽度不应小于 1.10m；中型规格为深度不应小于 1.60m，宽度不应小于 1.40m；医疗建筑与老人建筑宜采用病床专用电梯；

(7) 电梯位置应设置符合国际规定的通用标志牌。

3. 无障碍升降平台的规定

(1) 升降平台只适用于场地有限的改造工程；

(2) 无障碍垂直升降平台的深度不应小于 1.20m，宽度不应小于 900mm，并应设扶手、挡板及呼叫控制按钮；

(3) 垂直升降平台的基坑应采用防止误入的安全防护措施；

(4) 斜向升降平台宽度不应小于 900mm，深度不应小于 1.00m，应设扶手和挡板；

(5) 垂直升降平台的传送装置应有可靠的安全防护装置。

（八）扶手

1. 无障碍单层扶手的高度应为 850～900mm，无障碍双层扶手的上层扶手高度应为 850～900mm，下层扶手高度应为 650～700mm。

2. 扶手应保持连贯，靠墙面的扶手的起点和终点处应水平延伸不小于 300mm 的长度。

3. 扶手末端应向内拐到墙面或向下延伸 100mm，栏杆式扶手应向下成弧形或延伸到地面上固定。

4. 扶手内侧与墙面的距离不应小于 40mm。

5. 扶手应安装坚固，形状易于抓握。圆形扶手直径应为 35~50mm，矩形扶手截面宽度应为 35~50mm。

6. 扶手的材质宜选用防滑、热惰性指标好的材料。

（九）公共厕所、无障碍厕所

1. 公共厕所的无障碍措施

（1）女厕所的设施应包括至少 1 个无障碍厕位和 1 个无障碍洗手盆；男厕所的设施包括应至少 1 个无障碍厕位，1 个无障碍小便器和 1 个无障碍洗手盆；

（2）厕所的入口和通道应方便乘轮椅者进入和进行回转，回转直径不小于 1.50m；

（3）门应方便开启，通行净宽度不应小于 800mm；

（4）地面应防滑、不积水；

（5）无障碍厕位应设置无障碍标志，无障碍标志应是国际通用的标志。

2. 无障碍厕位的规定

（1）无障碍厕位应方便乘轮椅者到达和进出，尺寸宜为 2.00m×1.50m，并不应小于 1.80m×1.00m；

（2）无障碍厕位的门宜向外开启，如向内开启，需在开启后厕位内留有直径不小于 1.50m 的轮椅回转空间，门的通行净宽不应小于 800mm，平开门外侧应设高 900mm 的横扶把手，在关闭的门扇里侧设高 900mm 的关门拉手，并应采用门外可紧急开启的插销；

（3）厕位内应设坐便器，厕位两侧距地面 700mm 处应设长度不小于 700mm 的水平安全抓杆，另一侧应设高度为 1.40m 的垂直安全抓杆。

3. 无障碍厕所的要求

（1）位置宜靠近公共厕所，应方便乘轮椅者进入和进行回转，回转直径不小于 1.50m；

（2）面积不应小于 4.00m²；

（3）当采用平开门，门扇宜向外开启，如向内开启，需在开启后留有直径不小于 1.50m 的轮椅回转空间，门的通行净宽度不应小于 800mm，平开门应设高 900mm 的横扶把手，在门扇里侧应采用门外可紧急开启的门锁；

（4）地面应防滑、不积水；

（5）内部应设坐便器、洗手盆、多功能台、挂衣钩和呼叫按钮；

（6）坐便器应符合"无障碍厕位"的有关规定，洗手盆应符合"无障碍洗手盆"的有关规定；

（7）多功能台长度不宜小于 700mm，宽度不宜小于 400mm，高度宜为 600mm；

（8）安全抓杆的设计应符合"抓杆"的有关规定；

（9）挂衣钩距地高度应不大于 1.20m；

（10）在坐便器旁的墙面上应设高 400~500mm 的救助呼叫按钮；

（11）入口处应设置无障碍标志，并应符合国际通用标志的要求。

4. 厕所里的其他无障碍设施

（1）无障碍小便器下口距地面高度不应大于400mm，小便器两侧应在离墙面250mm处，设高度为1.20m的垂直安全抓杆，并在离墙面550mm处，设高度为900mm水平安全抓杆，与垂直安全抓杆连接；

（2）无障碍洗手盆的水嘴中心距侧墙应大于550mm，其底部应留出宽750mm、高650mm、深450mm供乘轮椅者膝部和足尖部的移动空间，并在洗手盆上方安装镜子，出水龙头宜采用杠杆式水龙头或感应式自动出水方式；

（3）安全抓杆应安装牢固，直径应为30～40mm，内侧距墙不应小于40mm；

（4）取纸器应设在坐便器的侧前方，高度为400～500mm。

（十）公共浴室

1. 公共浴室无障碍设计的规定

（1）公共浴室的无障碍设施应包括1个无障碍淋浴间或盆浴间以及1个无障碍洗手盆；

（2）公共浴室的入口和室内空间应方便乘轮椅者进入和使用，浴室内部应能保证轮椅进行回转，回转直径不小于1.50m；

（3）无障碍浴室地面应防滑、不积水；

（4）浴间入口宜采用活动门帘，当采用平开门时，门扇应向外开启，设高900mm的横扶把手，在关闭的门扇里侧设高900mm的关门拉手，并应采用门外可紧急开启的插销；

（5）应设置一个无障碍厕位。

2. 无障碍淋浴间的规定

（1）无障碍淋浴间的短边宽度不应小于1.50m；

（2）浴间坐台高度宜为450mm，深度不宜小于450mm；

（3）淋浴间应设距地面高700mm的水平抓杆和高1.40～1.60m的垂直抓杆；

（4）淋浴间内淋浴喷头的控制开关高度距地面不应大于1.20m；

（5）毛巾架的高度不应大于1.20m。

3. 无障碍盆浴间的规定

（1）在浴盆一端设置方便进入和使用的坐台，其深度不应小于400mm；

（2）浴盆内侧应设高600mm和900mm的两层水平抓杆，水平长度不小于800mm；洗浴坐台一侧的墙上设高900mm，水平长度不小于600mm的安全抓杆。

（3）毛巾架的高度不应大于1.20m。

（十一）无障碍客房

1. 无障碍客房应设在便于到达、进出和疏散的位置。

2. 房间内应有空间保证轮椅进行回转，回转直径不小于1.50m。

3. 无障碍客房的门应符合"门"的有关规定。

4. 无障碍客房卫生间内应保证轮椅进行回转，回转直径不小于1.50m，卫生器具应设置安全抓杆，其地面、门、内部设施均应符合相关的规定。

5. 无障碍客房的其他规定：

（1）床间距离不应小于1.20m；

（2）家具和电器控制开关的位置和高度应方便乘轮椅者靠近和使用，床的使用高度为450mm；

（3）客房及卫生间应设高度为400～500mm的救助呼叫按钮；

（4）客房应设置为听力障碍者服务的闪光提示门铃。

（十二）无障碍住房及宿舍

1. 户门及户内门开启后的净宽应符合"门"的有关规定。

2. 通往卧室、起居室（厅）、厨房、卫生间、储藏室及阳台的通道应为无障碍通道，并应按规定设置扶手。

3. 浴盆、淋浴、坐便器、洗手盆及安全抓杆等应符合相关规定。

4. 无障碍住房及宿舍的其他规定：

（1）单人卧室面积不应小于7.00m^2，双人卧室面积不应小于10.50m^2，兼起居室的卧室面积不应小于16.00m^2，起居室面积不应小于14.00m^2，厨房面积不应小于6.00m^2。

（2）设坐便器、洗浴器（浴盆或淋浴）、洗面盆三件卫生洁具的卫生间面积不应小于4.00m^2；设坐便器、洗浴器两件卫生洁具的卫生间面积不应小于3.00m^2；设坐便器、洗面器两件卫生洁具的卫生间面积不应小于2.50m^2；单设坐便器卫生间面积不应小于2.00m^2。

（3）供乘轮椅者使用的厨房，操作台下方净宽和高度都不应小于650mm，深度不应小于250mm。

（4）居室和卫生间内应设置救助呼叫按钮。

（5）家具和电器控制开关的位置和高度应方便乘轮椅者靠近和使用。

（6）供听力障碍者使用的住宅和公寓应安装闪光提示门铃。

（十三）轮椅席位

1. 轮椅席位应设在便于到达疏散口及通道的附近，不得设在公共通道范围内。

2. 观众厅内通往轮椅席位的通道宽度不应小于1.20m。

3. 轮椅席位的地面应平整、防滑，在边缘处应安装栏杆或栏板。

4. 每个轮椅坐席的占地面积不应小于1.10m×0.80m。

5. 在轮椅席位上观看演出和比赛的视线不应受到遮挡，但也不应遮挡他人的视线。

6. 在轮椅席位旁或在邻近的观众席内宜设置1∶1的陪护席位。

7. 轮椅席位处地面上应设置国际通用的无障碍标志。

（十四）无障碍机动车停车位

1. 应将通行方便、行走距离路线最短的停车位设为无障碍机动车停车位。

2. 无障碍机动车停车位的地面应平整、防滑、不积水，地面坡度不应大于1∶50。

3. 无障碍机动车停车位一侧，应设宽度不小于1.20m的通道，供乘轮椅者从轮椅通道直接进入人行道和到达无障碍出入口。

4. 无障碍机动车停车位的地面应涂有停车线、轮椅通道线和无障碍标志。

（十五）低位服务设施

1. 设置低位服务设施的范围包括问讯台、服务窗口、电话台、安检验证台、行李托运台、借阅台、各种业务台、饮水机等。

2. 低位服务设施上表面距地面高度宜为700～850mm，其下部至少应留出宽750mm，高 650mm，深 450mm 供乘轮椅者膝部和足尖部的移动空间。

3. 低位服务设施前应有轮椅回转空间，回转直径应不小于 1.50m。

4. 挂式电话离地不应高于 900mm。

（十六）无障碍标识系统、信息无障碍

1. 无障碍标志的规定

（1）无障碍标志的分类：

1）通用的无障碍标志；

2）无障碍设施标志牌；

3）带指示方向的无障碍设施标志牌。

（2）无障碍标志应醒目，避免遮挡。

（3）无障碍标志应纳入城市环境或建筑内部的引导标志系统，形成完整的系统，清楚地指明无障碍设施的走向及位置。

2. 盲文标志应符合下列规定：

（1）盲文标志包括盲文地图、盲文铭牌、盲文站牌；

（2）盲文标志的盲文必须采用国际通用的盲文表示方法。

3. 信息无障碍

（1）根据需求，因地制宜地设置信息无障碍的设备和设施；

（2）信息无障碍设备和设施的位置和布局应合理。

习 题

24-1 建筑构造的研究内容是下述何者？
A 建筑构造是研究建筑物构成和结构计算的学科
B 建筑构造是研究建筑物构成、组合原理和构造方法的学科
C 建筑构造是研究建筑物构成和有关材料选用的学科
D 建筑构造是研究建筑物构成和施工可能性的学科

24-2 下列几种类型的简支钢筋混凝土楼板，当具有同样厚度的保护层时，其耐火极限哪种最差？
A 非应力圆孔板　　　　B 预应力圆孔板
C 现浇钢筋混凝土板　　D 四边简支的现浇钢筋混凝土板

24-3 下述有关防火墙构造做法的有关要求何者有误？
A 防火墙应直接设置在基础上或钢筋混凝土的框架上
B 防火墙上不得开设门窗洞口
C 防火墙应高出非燃烧体屋面不小于 40cm
D 建筑物外墙如为难燃烧体时，防火墙应突出难燃烧体墙的外表面 40cm

24-4 当设计条件相同时，下列隔墙中，哪一种耐火极限最低？
A 12cm 厚普通黏土砖墙双面抹灰
B 10cm 厚加气混凝土砌块墙
C 石膏珍珠岩双层空心条板墙厚度 6.0cm+5.0cm（空）+6.0cm
D 轻钢龙骨双面钉石膏板，板厚 1.2cm

24-5 消防控制室宜设在高层建筑的首层或地下一层与其他房间之间的隔墙的耐火极限应不低于（　　）。
A 4.00h　　　B 3.00h　　　C 2.00h　　　D 1.50h

24-6　高层民用建筑中，非承重100mm厚的加气混凝土砌块墙（不包括抹灰）的耐火极限是（　　）。
　　　A　1.50h　　　B　2.50h　　　C　6.00h　　　D　8.00h

24-7　消防电梯井与相邻电梯井的隔墙的耐火极限不应低于（　　）小时。
　　　A　1.5　　　B　2.0　　　C　3.0　　　D　3.5

24-8　地下工程的防水，宜优先考虑采用下列哪种防水方法？
　　　A　防水混凝土自防水结构　　　B　水泥砂浆防水层
　　　C　卷材防水层　　　D　金属防水层

24-9　防水混凝土的设计抗渗等级是根据以下哪一条确定的？
　　　A　防水混凝土的壁厚　　　B　混凝土的强度等级
　　　C　工程埋置深度　　　D　最大水头与混凝土壁厚的比值

24-10　右图所示为地下室窗井的防水示意图，图中何处有错误？
　　　A　未设附加防水层
　　　B　窗井内底板与窗下缘尺寸不够
　　　C　窗井墙高出地面尺寸不够
　　　D　窗井底板做法不对

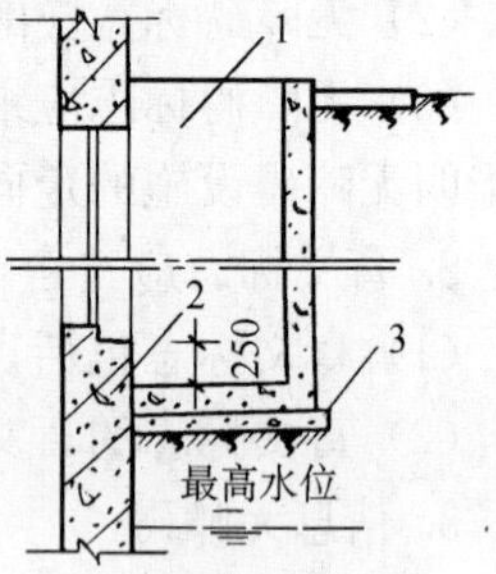

24-11　关于金属管道穿越地下室侧墙时的处理方法，下述哪些是对的？选择正确的一组。（　　）
　　　Ⅰ　金属管道不得穿越防水层
　　　Ⅱ　金属管道应尽量避免穿越防水层
　　　Ⅲ　金属管道穿越位置应尽可能高于最高地下水位
　　　Ⅳ　金属管道穿越防水层时只能采取固定方式方法
　　　A　Ⅰ　　　B　Ⅱ、Ⅲ　　　C　Ⅲ、Ⅳ　　　D　Ⅱ、Ⅲ、Ⅳ

题24-10图
1—窗井；2—主体结构；3—垫层

24-12　圈梁的作用有下述哪几项？
　　　Ⅰ　加强房屋整体性　　　Ⅱ　提高墙体承载力
　　　Ⅲ　减少由于地基不均匀沉降引起的墙体开裂　　　Ⅳ　增加墙体稳定性
　　　A　Ⅰ、Ⅱ、Ⅲ　　　B　Ⅱ、Ⅲ、Ⅳ　　　C　Ⅰ、Ⅲ、Ⅳ　　　D　Ⅰ、Ⅱ、Ⅳ

24-13　六、七、八、九度抗震烈度，各种层数的砖墙承重结构房屋必须设置构造柱的部位是下列哪几处？
　　　Ⅰ　外墙四角；Ⅱ　较大洞口两侧；Ⅲ　隔断墙和外纵墙交接处；Ⅳ　大房间内外墙交接处
　　　A　Ⅰ　　　B　Ⅰ、Ⅲ　　　C　Ⅰ、Ⅱ、Ⅳ　　　D　Ⅰ、Ⅱ、Ⅲ

24-14　北方寒冷地区采暖房间外墙为有保温层的复合墙体，如设隔气层，隔气层设于下述哪几处？
　　　Ⅰ　保温层的外侧；Ⅱ　保温层的内侧；Ⅲ　保温层的两侧；Ⅳ　围护结构的内表面
　　　以下何者为正确：
　　　A　Ⅰ、Ⅱ　　　B　Ⅱ　　　C　Ⅱ、Ⅳ　　　D　Ⅲ、Ⅳ

24-15　抗震设防烈度为8度的多层砖墙承重建筑，下列防潮层做法应选哪一种？
　　　A　在室内地面下一皮砖处干铺油毡一层，玛琋脂粘结
　　　B　在室内地面下一皮砖处做一毡二油，热沥青粘结
　　　C　在室内地面下一皮砖处做20mm厚1∶2水泥砂浆，加5％防水剂
　　　D　在室内地面下一皮砖处做二层乳化沥青粘贴一层玻璃丝布

24-16　下列有关轻钢龙骨纸面石膏板隔墙的叙述中，何者不正确？
　　　A　主龙骨断面50mm×50mm×0.63mm，间距450mm，12厚双面纸面石膏板隔墙的限高可达3m
　　　B　主龙骨断面75mm×50mm×0.63mm，间距450mm，12厚双面纸面石膏板隔墙的限高可

达 3.8m

C 主龙骨断面 100mm×50mm×0.63mm，间距 450mm，12 厚双面纸面石膏板隔墙的限高可达 6.6m

D 卫生间隔墙（防潮石膏板），龙骨间距应加密至 300mm

24-17 采用轻钢龙骨石膏板制作半径为 1000mm 的曲面隔墙，下述构造方法哪一种是正确的？

A 先将沿地龙骨、沿顶龙骨切割成 V 形缺口后弯曲成要求的弧度，竖向龙骨按 150mm 左右间距安装。石膏板在曲面一端固定后，轻轻弯曲安装完成曲面

B 龙骨构造同 A。但石膏板切割成 300mm 宽竖条安装成曲面

C 沿地龙骨、沿顶龙骨采用加热煨弯成要求弧度，其他构造同 A

D 龙骨构造同 C。但石膏板切割成 300mm 宽竖条安装成曲面

24-18 轻钢龙骨纸面石膏板隔墙，当其表面为一般装修时，其水平变形标准应是下列何值？

A ≤$H_0/60$　　B ≤$H_0/120$　　C ≤$H_0/240$　　D ≤$H_0/360$

24-19 《严寒和寒冷地区居住建筑节能设计标准》（JGJ 26—2010）对寒冷地区住宅建筑的节能设计技术措施做出明确规定，下列设计措施的表述，哪一条不符合该标准的规定？

A 在住宅楼梯间设置外门

B 采用气密性好的门窗，如加密闭条的钢窗、推拉塑钢窗等

C 在钢阳台门的钢板部分粘贴 20mm 泡沫塑料

D 北向、东西向、南向外墙的窗墙面积比控制在 25%、35%、40%

24-20 下列有关室内隔声标准中，哪一条不合规定？

A 有安静度要求的室内做吊顶时，应先将隔墙超过吊顶砌至楼板底

B 建筑物各类主要用房的隔墙和楼板的空气声计权声隔声量不应小于 30dB

C 楼板的计权归一化撞击声压级不应大于 75dB

D 居住建筑卧室的允许噪声级应为：白天　50dB、黑夜　40dB

24-21 有关楼地面构造的以下表述，哪一条是不正确的？

A 一般民用建筑底层地面采用混凝土垫层时，混凝土厚度应不小于 90mm

B 地面垫层如位于季节性水位毛细管作用上升极限高度以内时，垫层上应作防潮层

C 地面如经常有强烈磨损时，其面层可选用细石混凝土及铁屑水泥

D 如室内气温经常处于 0℃ 以下，混凝土垫层应留设变形缝，其间距应不大于 12m

24-22 下列有关室内地面垫层构造的表述，哪条不符合规范要求？

A 灰土垫层应铺设在不受地下水浸湿的基土中，其厚度一般不小于 150mm

B 炉渣垫层宜采用水泥与炉渣的拌合料铺设，其配比宜为 1：6，厚度不应小于 80mm

C 碎石（砖）垫层的厚度，不应小于 100mm

D 混凝土垫层厚度不应小于 80mm，强度等级不应低于 C15

24-23 锅炉房、变压器室、厨房若布置在底层如右图所示的外檐构造起何作用？

A 隔噪声　　　　　　　　B 防火

C 隔味　　　　　　　　　D 防爆

24-24 下列关于花岗石、大理石饰面构造的表述，哪一条是错误的？

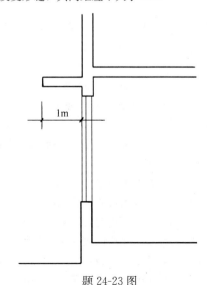

题 24-23 图

A 大理石、磨光花岗石板的厚度一般为25mm，在板的上下侧面各钻2个象鼻形孔，用铜丝绑牢于基层的钢筋网上，再在板与基层之间的空隙部分灌注1：2.5水泥砂浆（俗称：石材湿挂）

B 边长小于400mm、厚度为10～12mm的薄型石材可以采用胶粘剂进行粘贴（俗称：石材粘结）

C 厚度为100～120mm的花岗石料也可采用A项的方法连接

D 大理石在室外受风雨、日晒及空气污染，容易失去表面光泽，因而不宜在外装修时使用

24-25 下列有关路面构造的做法中哪条有误？

A 水泥混凝土路面，在通行小型车（荷载＜5t）时，厚度应为120mm，混凝土强度等级为C20

B 沥青混凝土路面，在通行微型车时，厚度为50～80mm；其他车型时，厚度为100～150mm

C 现浇水泥混凝土路面，沿长度方向每24m设伸缩缝一道，缝宽20～30mm，缝内填充弹性材料

D 路边石（道牙）可以采用石材或混凝土制作，高出路面一般为100～200mm

24-26 混凝土道面的横向伸缩的最大间距是（　　）。
　　A 10m　　　　B 20m　　　　C 40m　　　　D 6m

24-27 下图所示为一般室内外混凝土地面的伸缩或缩缝，请问哪种是室外伸缝？

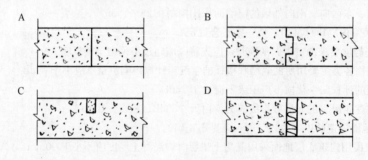

题24-27图

24-28 当建筑底层地面基土经常受水浸湿时，下列地面垫层何者是不适宜的？
　　A 砂石垫层　　B 碎石垫层　　C 灰土垫层　　D 炉渣垫层

24-29 下列整体式水磨石楼地面面层的做法中，哪一条正确？

A 水磨石面层的石粒，应采用坚硬、可磨的大理石或白云石

B 白色、浅色或深色的水磨石均可采用强度等级为42.5的普通硅酸盐水泥制作

C 水磨石面层的厚度一般为12～18mm

D 分格条可以采用铜条、铝合金条、玻璃条等材料

24-30 下列有关混凝土垫层设伸缩变形缝的叙述中，哪条不正确？

A 设置防冻胀层的地面，采用混凝土垫层时，双向缩缝均应采用平头缝，其间距不宜大于6m

B 室外地面的混凝土垫层宜设伸缝，间距宜为30m

C 底层地面的混凝土垫层宜设缩缝，缩缝有平头缝、企口缝、假缝等构造做法

D 横向缩缝的间距一般为6～12m，纵向缩缝的间距一般为3～6m

24-31 下列有关轻钢龙骨和纸面石膏板的做法，哪条不正确？

A 纸面石膏板有9.5mm和12mm两种厚度，9.5mm主要用于隔墙，12mm主要用于吊顶

B 轻钢龙骨的间距，一般房间为600mm，潮湿房间不宜大于400mm

C 吊顶龙骨构造有双层、单层两种，单层构造属于轻型吊顶

D 纸面石膏板的接缝有无缝、压缝、明缝三种构造处理方法，无缝处理是采用玻纤网格布和石膏腻子对缝隙进行封堵的方法

24-32 下列有关屋面防水等级和设防要求的叙述，哪一条是不对的？

A 屋面防水等级分为二级

B 重要建筑和高层建筑的防水等级应为Ⅰ级，采用两道防水设防

C Ⅰ级防水的两道防水设防，必须采用两道卷材复合使用

D 二毡三油、三毡四油均不能作为屋面防水的防水层使用

24-33 根据屋面排水坡的坡度大小不同可分为平屋顶与斜屋顶两大类，一般公认坡面升高与其投影长度之比小于多少时为平屋顶？

A $i<1:20$ B $i<1:12$ C $i<1:10$ D $i<1:8$

24-34 下列有关隔热屋面坡度的叙述，哪条不确切？

A 种植隔热屋面的坡度不宜小于2%

B 架空隔热屋面的坡度不宜大于5%

C 蓄水隔热屋面的坡度不宜大于2%

D 隔热屋面不宜采用倒置式屋面的做法

24-35 下列有关平屋面坡度的叙述，哪条不正确？

A 采用结构找坡时，坡度不应小于3%；采用材料找坡时，坡度宜为2%

B 卷材屋面的坡度大于或等于35%时，卷材应采取满粘和钉压固定等防止下滑的措施

C 檐沟、天沟纵向坡度不应小于1%，沟底水落差不应超过200mm

D 倒置式屋面的坡度宜为3%

24-36 下列有关平屋面排水做法的叙述，哪条不正确？

A 高层建筑平屋面宜采用内排水

B 多层建筑平屋面宜采用有组织的外排水

C 低层建筑及檐高小于5m的屋面可采用无组织排水

D 严寒地区应采用内排水，寒冷地区宜采用内排水

24-37 下列有关平屋面排水檐沟做法的叙述，哪条不正确？

A 钢筋混凝土檐沟、天沟的净宽不应小于300mm

B 钢筋混凝土檐沟、天沟内的纵向坡度应不小于1%

C 钢筋混凝土檐沟、天沟沟底水落差不得超过200mm

D 钢筋混凝土檐沟、天沟排水可以流经变形缝和防火墙

24-38 金属板屋面长向搭接的接缝处应填嵌防水密封材料，其挑出檐口长度应不小于（　　　）。

A 600mm B 400mm C 200mm D 100mm

24-39 有关架空隔热屋面的以下表述中，哪一条是错误的？

A 架空隔热层的高度宜为400~500mm

B 当屋面宽度大于10m时，应设通风屋脊

C 屋面采用女儿墙时，架空板与女儿墙的距离不宜小于250mm

D 夏季主导风向稳定的地区，可采用立砌砖带支承的定向通风层，开口面向主导风向。夏季主导风向不稳定的地区，可采用砖墩支承的不定向通风层

24-40 下列有关平屋面隔气层做法的叙述，哪条不正确？

A 隔气层应选用气密性、水密性好的材料

B 正置式屋面的隔气层应设置在结构层上部、保温层下部

C 倒置式屋面可以不设隔气层

D 隔气层应沿周边墙面向上连续铺设，高出保温层上表面不得小于250mm

24-41 下图所示架空隔热屋面上的 a 值，何者正确？

A ≤100mm　　　　B 150mm

C 200mm　　　　　D ≥250mm

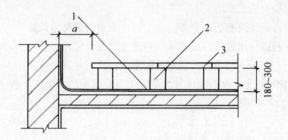

题 24-41 图
1—防水层；2—支座；3—架空板

24-42 建筑物超过一定高度，如无楼梯通达屋面，应设上屋面的入孔或外爬梯。其高度限制的表述哪个是正确的？

A 超过6m　　　　B 超过8m

C 超过10m　　　　D 超过12m

24-43 下列有关倒置式平屋面做法的叙述，哪条不正确？

A 倒置式平屋面宜采用结构找坡

B 倒置式平屋面防水层的下部应设置找平层

C 倒置式平屋面的保温层可以选用聚苯板、硬泡聚氨酯板等，最小厚度不应小于50mm

D 倒置式平屋面的保护层可以选用卵石、混凝土块、地砖、人造草皮等做法

24-44 如图架空隔热屋面的通风间层高度 h 以多少毫米为宜？

A 250　　B 250～400　　C 180～300　　D 450

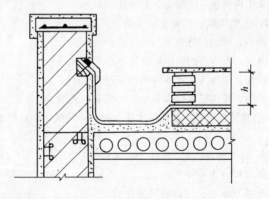

题 24-44 图

24-45 保温屋面的保温层和找平层干燥有困难时，宜采用排汽屋面，即设置排气道与排气孔。排汽孔以不大于多少平方米设置一个为宜？

A 12　　　B 24　　　C 36　　　D 48

24-46 如图卷材防水屋面结构的连接处，贴在立面上的卷材高度 h 不宜小于（　　）。

A ≥150mm　　B ≥200mm　　C ≥220mm　　D ≥250mm

24-47 如图所示为涂膜防水屋面天沟、檐沟构造，图中何处有误？

A 水落口位置 B 空铺附加层的宽度
C 密封材料的位置 D 砖墙上未留凹槽供附加层收头

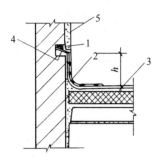

题 24-46 图
1—密封材料；2—附加层；
3—防水层；4—水泥钉；5—防水处理

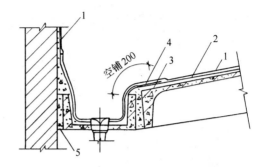

题 24-47 图
1—涂膜防水层；2—找平层；3—有胎体增强材料的附加层；
4—空铺附加层；5—密封材料

24-48 在有关楼梯扶手的规定中，下列何者不正确？
A 室内楼梯扶手高度自踏步面中心量至扶手顶面不宜小于 0.9m
B 室内楼梯扶手平台处长度超过 500mm 时，其高度不应小于 1.05m
C 梯段净宽达三股人流时，应两侧设扶手
D 梯段净宽达四股人流时，应加设中间扶手

24-49 有儿童经常使用的楼梯，梯井净宽度大于（　　）米时，必须采取安全措施。
A 0.18　　　　B 0.20　　　　C 0.22　　　　D 0.24

24-50 临空高度为 20m 的阳台、外廊栏板最小高度，哪一种尺寸是正确的？
A 最小高度为 90cm　　　　B 最小高度 100cm
C 最小高度为 105cm　　　　D 最小高度 125cm

24-51 楼梯从安全和舒适的角度考虑，常用的坡度为（　　）。
A 10°～20°　　B 20°～25°　　C 26°～35°　　D 35°～45°

24-52 室内楼梯梯级的最小宽度×最大高度（280mm×160mm）是指下列哪类建筑？
A 住宅建筑　　　　　　　　B 幼儿园建筑
C 电影院、体育场建筑　　　D 专用服务楼梯、住宅户内楼梯

24-53 自动扶梯应优先采用的角度是（　　）。
A 27.3°　　　　B 30°　　　　C 32.3°　　　　D 35°

24-54 防火梯的宽度规定不少于（　　）。
A 500mm　　　B 600mm　　　C 700mm　　　D 800mm

24-55 坡道既要便于车辆使用，又要便于行人通行，下述有关坡道坡度的叙述何者有误？
A 室内坡道不宜大于 1∶8　　　B 室外坡道不宜大于 1∶10
C 供轮椅使用的坡道不应大于 1∶12　D 坡道的坡度范围应为 1∶5～1∶10

24-56 楼梯的宽度根据通行人流股数来定，并不应少于两股人流。一般每股人流的宽度为（　　）。
A 0.5+（0～0.10）m　　　　B 0.55+（0～0.10）m
C 0.5+（0～0.15）m　　　　D 0.55+（0～0.15）m

24-57 如图所示，自动扶梯穿越楼层时要求楼板留洞局部加宽，保持最小距离，其作用是（　　）。
A 施工安装和扶梯外装修的最小尺寸
B 维修所需的最小尺寸

C 行人上下视野所需的尺度
D 为防止行人上下时卡住手臂或提包的最小安全距离

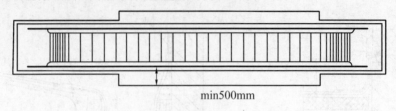

题 24-57 图

24-58 15m 高框架结构房屋，必须设防震缝时，其最小宽度应为（　　）。
A 10cm B 7cm C 6cm D 5cm

24-59 下列有关预制水磨石厕所隔断的尺度中，何者不合适？
A 隔间门向外开时为不小于 900mm×1200mm，向内开时为不小于 900mm×1400mm
B 隔断高一般为 1.50～1.80m
C 水磨石预制厚度一般为 50mm
D 门宽一般为 600mm

24-60 下列窗户中，哪一种窗户的传热系数最大？
A 单层木窗 B 单框双玻璃钢窗
C 单层铝合金窗 D 单层彩板钢窗

24-61 隔声窗的双层玻璃间距以（　　）毫米为宜。
A 20～30 B 30～50 C 80～100 D 100～200

24-62 下列关于橱窗的设计，哪条不正确？
A 橱窗玻璃厚度一般应由计算确定，最小厚度不应小于 6mm
B 橱窗窗台的高度比室内地面高出宜为 0.20m
C 为防止尘土进入橱窗，一般不采用自然通风
D 为防橱窗结露，寒冷地区的橱窗应设置采暖措施

24-63 铝合金门窗外框与墙体的连接，应为弹性连接，下列做法何者是正确的？
A 将门窗框卡入洞口，用木楔垫平，软质保温材料填实缝隙
B 将副框用螺栓与外框连接，再将副框用膨胀螺栓与墙体连接，用软质保温材料填实缝隙
C 将外框装上铁脚，焊接在预埋件上，用软质保温材料填实缝隙
D 用螺钉将外框与预埋木砖连接，用软质保温材料填实缝隙

24-64 铝合金门窗与墙体的连接应为弹性连接，在下理由中，哪几项正确？
Ⅰ 建筑物在一般振动、沉降变形时不致损坏门窗
Ⅱ 建筑物受热胀冷缩变形时，不致损坏门窗
Ⅲ 让门窗框不直接与混凝土、水泥砂浆接触，以免碱腐蚀
Ⅳ 便于施工与维修
哪些是正确的？
A Ⅰ、Ⅱ、Ⅲ B Ⅱ、Ⅲ C Ⅱ、Ⅳ D Ⅰ

24-65 以下关于防火门的设计与构造，哪条是错误的？
A 防火门分为 A 类（隔热防火门）、B 类（部分隔热防火门）和 C 类（非隔热防火门）
B 隔热防火门的耐火极限有 A3.00、A2.00、A1.50（甲级）、A1.00（乙级）、A0.50（丙级）五种
C 防火门的材质有木质、钢质、钢木质等

D 竖向井道检查口的门应采用 A1.00（乙级）防火门

24-66 防火卷帘门的洞口宽度与高度分别不宜大于（　　）m。
A 宽度 3.00，高度 3.60
B 宽度 3.60，高度 3.90
C 宽度 4.20，高度 4.50
D 宽度 4.50，高度 4.80

24-67 以下关于防火窗的设计与构造，哪条是错误的？
A 防火窗分为 A 类（隔热防火窗）、C 类（非隔热防火窗）
B 隔热防火窗的耐火极限有 A3.00、A2.00、A1.50（甲级）、A1.00（乙级）、A0.50（丙级）五种
C 防火窗的气密等级不应低于 5 级
D 防火窗上镶嵌的玻璃应采用防火玻璃，最小厚度应为 5mm

24-68 乙级隔热防火门的耐火极限是多少？
A 0.60h
B 0.90h
C 1.00h
D 1.20h

24-69 无障碍用卫生间厕所小隔间内（门向外开），供停放轮椅的最小尺寸是（　　）。
A 0.80m×0.80m
B 1.80m×1.40m
C 1.20m×1.20m
D 1.20m×1.50m

24-70 供拄杖者及视力残疾者使用的楼梯哪条不符合规定？
A 公共建筑楼梯的踏步宽度不应小于 280mm，踏步高度不应小于 160mm
B 不宜采用弧形楼梯
C 梯段两侧应在 0.85～0.90m 高度处设置扶手
D 楼梯起点和终点处的扶手，应水平延伸 0.50m 以上

24-71 下列有关残疾人通行的规定，哪条有误？
A 供残疾人通行的门不得采用旋转门，不宜采用弹簧门、玻璃门
B 平开门门扇开启后的净宽不得小于 0.80m
C 无障碍的平坡出入口地面的坡度不应大于 1：12
D 无障碍室内走道的净宽不应小于 1.20m

24-72 门窗洞口与门窗实际尺寸之间的预留缝隙大小与下述哪项无关？
A 门窗本身幅面大小
B 外墙抹灰或贴面材料种类
C 有无假框
D 门窗种类：木门窗、钢门窗或铝合金门窗

24-73 钢丝网架矿棉夹芯板隔墙，构造为 25mm 砂浆＋50mm 矿棉＋25mm 砂浆，下列所述应用范围中，哪条有误？
A 可以用作一级耐火等级的房间隔墙
B 可以用作三级耐火等级的防火墙
C 可以用作一级耐火等级的屋顶承重构件
D 可以用作一级耐火等级的楼梯间隔墙

24-74 夏热冬冷地区的二层幼儿园工程，耐火等级为二级，下列采用的技术措施中，哪条有误？
A 采用现浇的钢筋混凝土梁、板和屋顶板
B 采用 120mm 厚的预应力混凝土圆孔板作楼板
C 外墙采用 240mm 厚的蒸压加气混凝土砌块作填充墙
D 走道采用轻钢龙骨双面钉双层 12mm 纸面石膏板隔墙

24-75 下列对各种无筋扩展基础的表述中，哪一项表述不正确？
A 灰土基础在地下水位线以下或潮湿地基上不宜采用
B 用作砖基础的砖，其强度等级必须在 MU5 以上，砂浆一般不低于 M2.5
C 毛石基础整体性欠佳，有震动的房屋很少采用

D 混凝土基础的优点是强度高,整体性好,不怕水,它是用于潮湿地基或有水的基槽中

24-76 砖砌外墙的防潮层位置,下列何者正确?

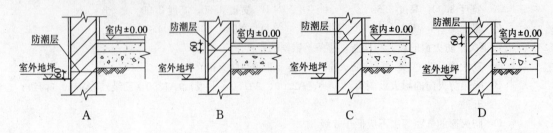

题 24-76 图

24-77 下列围护结构中,何者保温性能最好?

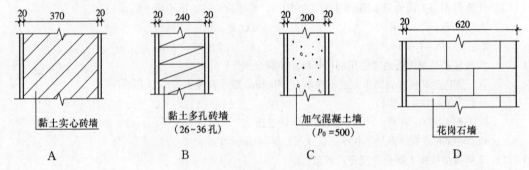

题 24-77 图

24-78 用增强石膏空心条板或水泥玻纤空心条板(GRC)作为轻质隔墙,墙体高度一般限制为( )。

A ≤3000mm B ≤3500mm C ≤4000mm D ≤4500mm

24-79 关于采暖居住建筑的热工设计,下列哪条符合采暖住宅节能设计的有关规定?

A 外廊式住宅的外墙可不设外窗

B 除公用楼梯间的集合式住宅外,住宅的楼梯间在底层出入口处均应设外门

C 消防车到穿过住宅建筑的下部时,消防车道上面的住宅地板应采用耐火极限不低于1.5h的非燃烧体,可不再采取保温措施

D 住宅下部为不采暖的商场时,其地板也应采取保温措施

24-80 在我国南方,围护结构的隔热构造设计,下列哪一条措施是错误的?

A 外表面采用浅色装饰

B 设置通风间层

C 当采用复合墙时,密度大、蓄热系数也大的材料宜设置在高温的一侧

D 设置带铝箔的封闭空气间层且单面设置时,铝箔宜设置于温度较高的一侧

24-81 钢筋混凝土结构中的砌体填充墙,下列抗震措施中何者不正确?

A 砌体的砂浆强度等级不应低于M5,墙顶应与框架梁密切连接

B 填充墙应与框架柱沿全高,每隔500mm设2φ6拉筋,拉筋伸入墙内的长度,6、7度时不应小于墙长的1/5且不小于700mm,8度时不应小于墙长的1/4且不小于1000mm,9度时宜沿墙全长贯通

C 墙长大于5m时,顶部与梁宜有拉结,墙长超过层高的2倍时,宜设置钢筋混凝土构造柱

D 墙高超过4m时，墙体半高处宜设置与柱相连且沿墙全长贯通的钢筋混凝土水平系梁

24-82 关于楼地面变形缝的设置，下列哪一条表述是错误的？
A 变形缝应在排水坡分水线上，不得通过液体流经或积聚的部位
B 建筑的同一防火分区不可以跨越变形缝
C 地下人防工程的同一防护单元不可跨越变形缝
D 设在变形缝附近的防火门，门扇开启后不可跨越变形缝

24-83 下列有关地面辐射供暖做法的一般规定中，哪条有误？
A 地面辐射供暖有两种热源，分别是低温热水和加热电缆
B 民用建筑低温热水的供水温度不应大于60℃
C 地面辐射供暖在人员经常停留的房间平均温度宜采用35℃
D 地面辐射供暖的构造做法有混凝土填充式、预制沟槽保温板式和预制轻薄供暖板式三种

24-84 下列有关地面辐射供暖做法的面层材料中，哪条有误？
A 整体面层宜采用水泥混凝土、水泥砂浆等材料，并应在填充层上铺设
B 块料面层可以采用缸砖、陶瓷地砖、花岗石、人造石、塑料板等，并应在垫层上铺设
C 木板面层宜采用实木复合地板、强化木地板等，并应在填充层上铺设
D 地面辐射供暖面层宜采用热阻小于0.10m^2·K/W的材料

24-85 下列有关地面辐射供暖的构造做法中，哪条有误？
A 绝热层与土壤之间应设置防潮层，防潮层可以选用防水卷材
B 与土壤直接接触的底层地面做辐射地面时，应设置绝热层，材料宜选用发泡水泥，厚度宜为50mm
C 填充层可以采用豆石混凝土、水泥砂浆等材料
D 潮湿房间的混凝土填充式供暖地面的填充层上宜设防水卷材隔离层

24-86 下列有关疏散用敞开式楼梯间的构造要求中，哪条有误？
A 宜靠外墙设置，并应有天然采光和自然通风
B 靠外墙设置时，楼梯间外墙上的窗口，与两侧门、窗、洞口最近边缘的水平距离不应小于0.60m
C 楼梯间内不应设置垃圾道、烧水间等
D 楼梯间内不应有影响疏散的凸出物或其他障碍物

24-87 关于住宅公共楼梯设计，下列哪一条是错误的？
A 6层以上的住宅楼梯的梯段净宽不应小于1100mm
B 楼梯踏步宽度不应小于260mm
C 楼梯井净宽大于110mm时，必须采取防止儿童攀滑的措施
D 楼梯垂直栏杆的净距应不大于150mm

24-88 住宅建筑中楼梯井大于（　　）m时必须采取防止儿童攀滑的措施。
A 0.20　　　　B 0.50　　　　C 0.11　　　　D 1.00

24-89 倒置式屋面设计时应注意的事项中，下列哪一条是不正确的？
A 倒置式屋面的保温隔热层必须采用吸水率低、抗冻融、并有一定抗压能力的绝热材料
B 倒置式屋面的保温隔热层上部必须设置保护层（埋压层）
C 倒置式屋面的防水层如为卷材时，可采用松铺工艺
D 倒置式屋面不适用于室内空气湿度常年大于80%的建筑

24-90 住宅水性涂料、溶剂型涂料和美术涂饰工程的施工中，下列哪一条有误？
A 涂饰工程应优先采用绿色环保产品
B 混凝土或抹灰基层涂刷溶剂型涂料时，含水率不得大于8%

C 混凝土或抹灰基层涂刷乳液型涂料时,含水率不得大于10%

D 木质基层涂刷溶剂型涂料和水性涂料时,含水率不得大于8%

24-91 关于厨房、卫生间、阳台的防水做法要求中,下列哪一项有误?

A 防水材料宜采用涂膜防水

B 基层表面应平整,不得有松动、空鼓、起砂、开裂等缺陷,含水率应符合要求

C 地漏、套管、卫生洁具根部、阴阳角等部位,应先做防水附加层

D 防水层应从地面延伸到墙面,高出地面200mm。浴室墙面的防水层应不低于1600mm

24-92 墙面石材铺装采用湿作业法应符合的有关规定中,下列哪一项错误?

A 墙面砖铺贴前应进行挑选,并应按设计要求进行预拼

B 采用湿作业时,固定石材的钢筋网应与预埋件连接牢固

C 每块石材与钢筋网拉接点不得少于2个,拉接用金属丝应具有防锈功能

D 灌注砂浆宜用1:2.5水泥砂浆,灌注时应分层进行,每层灌注高度宜为150~250mm,且不超过板高的1/3,插捣应密实

24-93 为了防止饰面砖脱落,下列有关材料和设计规定的表述中,哪条有误?

A 在Ⅱ类气候区,陶瓷面砖的吸水率不应大于10%;Ⅲ类气候区,陶瓷面砖的吸水率不宜大于10%

B 外墙饰面砖粘贴应采用水泥基粘结材料

C 外墙饰面砖粘贴不得采用有机物为主的粘结材料

D 饰面砖接缝的宽度不应小于5mm,缝深不宜大于3mm,也可为平缝

24-94 下列饰面砖工程的设计要求中,哪条有误?

A 外墙饰面砖的粘结应设置伸缩缝

B 伸缩缝间距不宜大于6m,伸缩缝宽度宜为20mm

C 外墙饰面砖伸缩缝应采用水泥砂浆进行嵌缝

D 墙体变形缝两侧粘结的外墙饰面砖之间的距离不应小于20mm

24-95 当采光玻璃屋顶采用钢化夹层玻璃时,其夹层胶片的厚度应不小于(　　)。

A 0.38mm　　B 0.76mm　　C 1.14mm　　D 1.52mm

24-96 对耐久年限要求较高的高层建筑铝合金幕墙应优先选用下列哪一种板材?

A 普通型铝塑复合板　　B 防火型铝塑复合板

C 铝合金单板　　D 铝合金蜂窝板

24-97 玻璃幕墙立面的分格设计应考虑诸多因素,下列哪一项不是?

A 玻璃幕墙的性能　　B 使用玻璃的品种

C 使用玻璃的尺寸　　D 室内空间面积

24-98 用于石材幕墙的石材,下列规定哪一条是错误的?

A 石材宜采用火成岩,石材吸水率应小于0.8%

B 石材中含放射性的物质应符合国家标准《建筑材料放射性核素限量》(GB 6566—2010)的规定

C 石板的弯曲强度不应小于8.0MPa

D 石板的厚度不应小于20mm,火烧石板的厚度应比抛光石板厚3mm

24-99 关于建筑门窗玻璃安装的规定,下列哪条是错误的?

A 单块玻璃在1.5m²时,应采用安全玻璃

B 门窗玻璃不应直接接触型材

C 单面镀膜玻璃应朝向室内,磨砂玻璃的磨砂面应朝向室外

D 中空玻璃的单面镀膜玻璃应在最外层,镀膜层应朝向室内

24-100　强化复合地板铺装的要求中，下列哪一项不符合要求？
　　A　防潮垫层应满铺平整，接缝处不得搭接
　　B　安装第一排强化复合地板时应凹槽面朝外
　　C　地板与墙之间应留出 8～10mm 的缝隙
　　D　房间长度或宽度超过 8m 时，应在适当位置设置伸缩缝

24-101　在海边地区当采用铝合金幕墙选用的铝合金板材表面进行氟碳树脂处理时，要求其涂层厚度应大于（　　）。
　　A　15μm　　　B　25μm　　　C　30μm　　　D　40μm

24-102　石材中所含的放射性物质按国家标准《建筑材料放射性核素限量》（GB 6566—2010）的规定可分为 "A、B、C" 三类产品，如用于旅馆门厅内墙饰面的磨光石板材，下列哪类产品可以使用？
　　A　"A、B" 类产品　　　　　B　"A、C" 类产品
　　C　"B、C" 类产品　　　　　D　"C" 类产品

24-103　在全玻幕墙设计中，下列规定哪一条是错误的？
　　A　下端支承全玻幕墙的玻璃厚度为 12mm 时最大高度可达 5m
　　B　全玻幕墙的板面不得与其他刚性材料直接接触，板面与刚性材料面之间的空隙不应小于 8mm，且应采用密封胶密封
　　C　全玻幕墙的面板厚度不宜小于 10mm
　　D　全玻幕墙玻璃肋的截面厚度不应小于 12mm，截面高度不应小于 100mm

24-104　点支承玻璃幕墙设计的下列规定中，哪一条是错误的？
　　A　点支承玻璃幕墙的面板玻璃应采用钢化玻璃
　　B　采用浮头式连接的幕墙玻璃，厚度不应小于 6mm
　　C　采用沉头式连接的幕墙玻璃，厚度不应小于 8mm
　　D　面板玻璃之间的空隙宽度不应小于 8mm 且应采用硅酮结构密封胶嵌缝

24-105　在无障碍设计的住房中，卫生间门扇开启后最小净宽度应为（　　）。
　　A　0.70m　　　B　0.75m　　　C　0.80m　　　D　0.85m

24-106　下列四个外墙变形缝构造中，哪个适合于沉降缝？

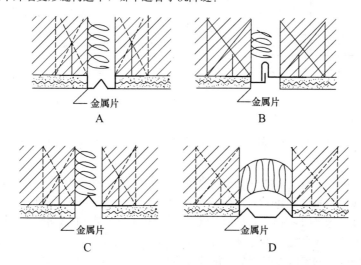

题 24-106 图

24-107　如图为某工程地下室变形缝防水构造设计，试问下图哪个部位设计不当？
　　A　部位 A　　B　部位 B　　C　部位 C　　D　部位 D

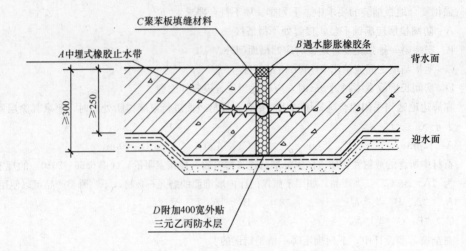

题 24-107 图

24-108 如图下列钢筋混凝土屋顶基层上无保温的防水做法中,哪一种做法没有错误?

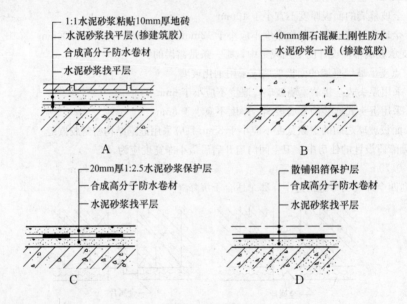

题 24-108 图

24-109 采用直径为 6mm 或 8mm 钢筋增强的技术措施砌筑室内玻璃砖隔断,下列表述中哪条是错误的?

　　A　当隔断高度超过 1.5m 时,应在垂直方向上每 2 层空心玻璃砖水平布一根钢筋

　　B　当隔断长度超过 1.5m 时,应在水平方向上每 3 个缝垂直布一根钢筋

　　C　当高度和长度同时超过 1.5m 时,应在垂直方向上每 2 层空心玻璃砖水平布 2 根钢筋,在水平方向上每 3 个缝至少垂直布一根钢筋?

　　D　用钢筋增强的室内玻璃砖隔断的高度不得超过 6m

24-110 下列对常用吊顶装修材料燃烧性能等级的描述,哪一项是正确的?

　　A　水泥刨花板为 A 级

　　B　岩棉装饰板为 A 级

C 玻璃板为 B_1 级
D 矿棉装饰吸声板、难燃胶合板为 B_1 级

24-111 作为地下工程墙体防水混凝土的水平施工缝,下列哪种接缝表面较易清理且常使用?

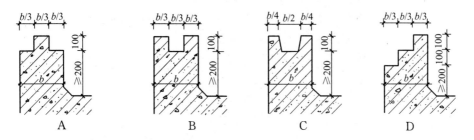

题 24-111 图

24-112 如图所示,某科研工程墙身两侧的室内有高差,其墙身
防潮构造以下哪几项最好?
A b、c   B a、b、c
C a、b   D a、c

24-113 下列哪种状况可优先采用加气混凝土砌块筑墙?
A 常浸水或经常干湿循环交替的场所
B 易受局部冻融的部位
C 受化学环境侵蚀的地方
D 墙体表面常达 48~78℃ 的高温环境

24-114 下图为外墙外保温(节能 65%)首层转角处构造平面
图,其金属护角的主要作用是( )。
A 提高抗冲击能力   B 防止面层开裂
C 增加保温性能   D 保持墙角挺直

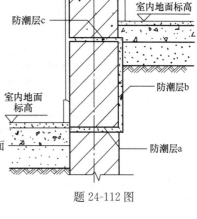

题 24-112 图

24-115 下列哪种保温屋面不是图示卷材防水的构造做法?
A 敞露式保温屋面   B 倒置式保温屋面
C 正置式保温屋面   D 外置式保温屋面

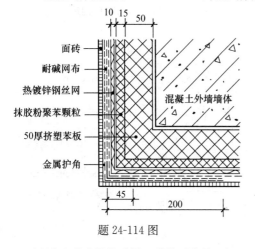

题 24-114 图

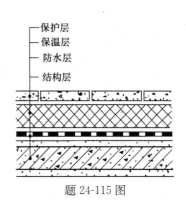

题 24-115 图

24-116 下列住宅分户墙构造图,哪种不满足二级(一般标准)空气声隔声标准要求?

363

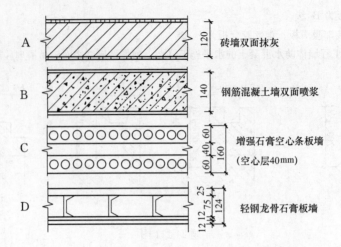

题 24-116 图

24-117 如图所示,以下哪种隔墙不能用作一般教室之间的隔墙?

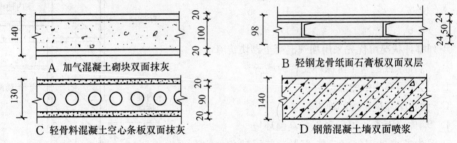

题 24-117 图

24-118 下图为幕墙中空玻璃的构造,将其与 240mm 墙有关性能相比,以下哪条正确?
　　　A 绝热性好,隔声性好　　　　　　B 绝热性差,隔声性好
　　　C 绝热性好,隔声性差　　　　　　D 绝热性差,隔声性差

24-119 以下保温门构造图中有误,主要问题是(　　)。
　　　A 保温材料欠妥　　　　　　　　　B 钢板厚度不够
　　　C 木材品种未注明　　　　　　　　D 门框、扇间缝隙缺密封条构造

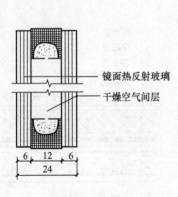

题 24-118 图

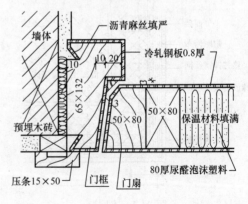

题 24-119 图

24-120 下图为楼地面变形缝构造，其性能主要适用于以下哪种缝设计？
A 高层建筑抗震缝 B 多层建筑伸缩缝
C 一般建筑变形缝 D 高层与多层之间的沉降缝

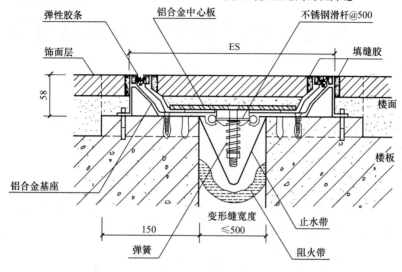

题 24-120 图

参 考 答 案

24-1	B	24-2	B	24-3	B	24-4	D	24-5	C	24-6	C
24-7	B	24-8	A	24-9	C	24-10	B	24-11	D	24-12	D
24-13	C	24-14	B	24-15	C	24-16	D	24-17	A	24-18	B
24-19	D	24-20	B	24-21	A	24-22	A	24-23	B	24-24	C
24-25	A	24-26	D	24-27	D	24-28	C	24-29	C	24-30	A
24-31	A	24-32	C	24-33	A	24-34	C	24-35	B	24-36	C
24-37	D	24-38	C	24-39	A	24-40	D	24-41	D	24-42	C
24-43	C	24-44	A	24-45	C	24-46	D	24-47	C	24-48	A
24-49	B	24-50	C	24-51	C	24-52	C	24-53	B	24-54	B
24-55	D	24-56	D	24-57	D	24-58	A	24-59	C	24-60	C
24-61	D	24-62	C	24-63	B	24-64	A	24-65	D	24-66	D
24-67	C	24-68	C	24-69	B	24-70	D	24-71	C	24-72	A
24-73	B	24-74	B	24-75	B	24-76	B	24-77	C	24-78	A
24-79	A	24-80	C	24-81	B	24-82	B	24-83	C	24-84	D
24-85	B	24-86	B	24-87	D	24-88	C	24-89	D	24-90	D
24-91	D	24-92	C	24-93	A	24-94	D	24-95	B	24-96	C
24-97	D	24-98	D	24-99	C	24-100	C	24-101	D	24-102	A
24-103	A	24-104	D	24-105	C	24-106	B	24-107	B	24-108	B
24-109	D	24-110	D	24-111	A	24-112	B	24-113	D	24-114	D
24-115	B	24-116	C	24-117	C	24-118	A	24-119	D	24-120	A

附录1 全国一级注册建筑师资格考试大纲

一、设计前期与场地设计（知识题）

1.1 场地选择

能根据项目建议书，了解规划及市政部门的要求。收集和分析必需的设计基础资料，从技术、经济、社会、文化、环境保护等各方面对场地开发做出比较和评价。

1.2 建筑策划

能根据项目建议书及设计基础资料，提出项目构成及总体构想，包括：项目构成、空间关系、使用方式、环境保护、结构选型、设备系统、建筑规模、经济分析、工程投资、建设周期等，为进一步发展设计提供依据。

1.3 场地设计

理解场地的地形、地貌、气象、地质、交通情况、周围建筑及空间特征，解决好建筑物布置、道路交通、停车场、广场、竖向设计、管线及绿化布置，并符合法规规范。

二、建筑设计（知识题）

2.1 系统掌握建筑设计的各项基础理论、公共和居住建筑设计原理；掌握建筑类别等级的划分及各阶段的设计深度要求；掌握技术经济综合评价标准；理解建筑与室内外环境、建筑与技术、建筑与人的行为方式的关系。

2.2 了解中外建筑历史的发展规律与发展趋势；了解中外各个历史时期的古代建筑与园林的主要特征和技术成就；了解现代建筑的发展过程、理论、主要代表人物及其作品；了解历史文化遗产保护的基本原则。

2.3 了解城市规划、城市设计、居住区规划、环境景观及可持续发展建筑设计的基础理论和设计知识。

2.4 掌握各类建筑设计的标准、规范和法规。

三、建筑结构

3.1 对结构力学有基本了解，对常见荷载、常见建筑结构形式的受力特点有清晰概念，能定性识别杆系结构在不同荷载下的内力图、变形形式及简单计算。

3.2 了解混凝土结构、钢结构、砌体结构、木结构等结构的力学性能、使用范围、主要构造及结构概念设计。

3.3 了解多层、高层及大跨度建筑结构选型的基本知识、结构概念设计；了解抗震设计的基本知识，以及各类结构形式在不同抗震烈度下的使用范围；了解天然地基和人工地基的类型及选择的基本原则；了解一般建筑物、构筑物的构件设计与计算。

四、建筑物理与建筑设备

4.1 了解建筑热工的基本原理和建筑围护结构的节能设计原则；掌握建筑围护结构的保温、隔热、防潮的设计，以及日照、遮阳、自然通风方面的设计。

4.2 了解建筑采光和照明的基本原理，掌握采光设计标准与计算；了解室内外环境照明对光和色的控制；了解采光和照明节能的一般原则和措施。

4.3 了解建筑声学的基本原理；了解城市环境噪声与建筑室内噪声允许标准；了解建筑隔声设计与吸声材料和构造的选用原则；了解建筑设备噪声与振动控制的一般原则；了解室内音质评价的主要指标及音质设计的基本原则。

4.4 了解冷水储存、加压及分配，热水加热方式及供应系统；了解建筑给排水系统水污染的防治及抗震措施；了解消防给水与自动灭火系统、污水系统及透气系统、雨水系统和建筑节水的基本知识以及设计的主要规定和要求。

4.5 了解采暖的热源、热媒及系统，空调冷热源及水系统；了解机房（锅炉房、制冷机房、空调机房）及主要设备的空间要求；了解通风系统、空调系统及其控制；了解建筑设计与暖通、空调系统运行节能的关系及高层建筑防火排烟；了解燃气种类及安全措施。

4.6 了解电力供配电方式，室内外电气配线，电气系统的安全防护，供配电设备，电气照明设计及节能，以及建筑防雷的基本知识；了解通信、广播、扩声、呼叫、有线电视、安全防范系统、火灾自动报警系统，以及建筑设备自控、计算机网络与综合布线方面的基本知识。

五、建筑材料与构造

5.1 了解建筑材料的基本分类；了解常用材料（含新型建材）的物理化学性能、材料规格、使用范围及其检验、检测方法；了解绿色建材的性能及评价标准。

5.2 掌握一般建筑构造的原理与方法，能正确选用材料，合理解决其构造与连接；了解建筑新技术、新材料的构造节点及其对工艺技术精度的要求。

六、建筑经济、施工与设计业务管理

6.1 了解基本建设费用的组成；了解工程项目概、预算内容及编制方法；了解一般建筑工程的技术经济指标和土建工程分部分项单价；了解建筑材料的价格信息，能估算一般建筑工程的单方造价；了解一般建设项目的主要经济指标及经济评价方法；熟悉建筑面积的计算规则。

6.2 了解砌体工程、混凝土结构工程、防水工程、建筑装饰装修工程、建筑地面工程的施工质量验收规范基本知识。

6.3 了解与工程勘察设计有关的法律、行政法规和部门规章的基本精神；熟悉注册建筑师考试、注册、执业、继续教育及注册建筑师权利与义务等方面的规定；了解设计业务招标投标、承包发包及签订设计合同等市场行为方面的规定；熟悉设计文件编制的原则、依据、程序、质量和深度要求；熟悉修改设计文件等方面的规定；熟悉执行工程建设标准，特别是强制性标准管理方面的规定；了解城市规划管理、房地产开发程序和建设工程监理的有关规定；了解对工程建设中各种违法、违纪行为的处罚规定。

七、建筑方案设计（作图题）

检验应试者的建筑方案设计构思能力和实践能力，对试题能做出符合要求的答案，包括：总平面布置、平面功能组合、合理的空间构成等，并符合法规规范。

八、建筑技术设计（作图题）

检验应试者在建筑技术方面的实践能力，对试题能做出符合要求的答案，包括：建筑剖面、结构选型与布置、机电设备及管道系统、建筑配件与构造等，并符合法规规范。

九、场地设计（作图题）

检验应试者场地设计的综合设计与实践能力，包括：场地分析、竖向设计、管道综合、停车场、道路、广场、绿化布置等，并符合法规规范。

全国一级注册建筑师资格考试各科目考试题型及时间表

序号	科 目	考试题型	考试时间（小时）
一	设计前期与场地设计	单选	2.0
二	建筑设计	单选	3.5
三	建筑结构	单选	4.0
四	建筑物理与建筑设备	单选	2.5
五	建筑材料与构造	单选	2.5
六	建筑经济、施工与设计业务管理	单选	2.0
七	建筑方案设计	作图	6.0
八	建筑技术设计	作图	6.0
九	场地设计	作图	3.5
合 计			31.0

说明：注建［2008］1号文件更改建筑技术设计科目考试时间为6.0小时。

附录2 全国一级注册建筑师资格考试规范、标准及主要参考书目

一、设计前期与场地设计（知识题）
1. 中国建设项目环境保护设计规定（87），国环字第002号
2. 民用建筑设计通则 JGJ 37—87
3. 城市居住区规划设计规范 GB 50180—93（新版即将发行）
4. 城市道路交通规划设计规范 GB 50220—95
5. 建筑设计资料集（第二版）有关章节，1994年6月
6. 余庆康编著. 建筑与规划. 北京：中国建筑工业出版社，1995（其中第4章选址和用地）
7. 其他有关建筑防火、抗震、防洪、气象、制图标准等规范
8. 国家规范有关总平面设计部分

二、建筑设计（知识题）
1. 建筑构图有关原理
2. 张文忠主编. 公共建筑设计原理（第二版）. 中国建筑工业出版社
3. 朱昌廉主编. 住宅建筑设计原理. 中国建筑工业出版社
4. 建筑设计资料集（第二版）. 民用建筑设计有关内容. 中国建筑工业出版社
5.《建筑工程设计文件编制深度的规定》等有关文件
6. 刘敦桢主编. 中国古代建筑史. 中国建筑工业出版社
7. 陈志华著. 外国建筑史（十九世纪以前）. 中国建筑工业出版社
8. 清华大学等编著. 外国近现代建筑史. 中国建筑工业出版社
9. 潘谷西主编，中国建筑史编写组. 中国建筑史. 中国建筑工业出版社
10. 李德华主编. 城市规划原理（第二版）. 中国建筑工业出版社
11. 夏葵，施燕编著. 生态可持续建筑. 中国建筑工业出版社
12. 林玉莲，胡正凡编著. 环境心理学. 中国建筑工业出版社
13. 各类民用建筑设计标准及规范

三、建筑结构
1. 高等院校教材（供建筑学专业用者）
第一分册：重庆建筑工程学院编. 建筑力学. 理论力学（静力学部分）. 高等教育出版社
第二分册：干光瑜，秦惠民编. 材料力学.（杆件的压缩、拉伸、剪切、扭转和弯曲的基本知识）. 高等教育出版社
第三分册：湖南大学编. 结构力学（静定部分）. 高等教育出版社
　　　　　建筑抗震设计. 高等教育出版社

黎钟，高云虹编．钢结构．高等教育出版社
郭继武编．建筑地基基础．高等教育出版社
郭继武编．混凝土结构与砌体结构．高等教育出版社

2．有关规范、标准

建筑结构荷载规范、砌体结构设计规范、木结构设计规范、钢结构设计规范、混凝土结构设计规范、建筑地基基础设计规范、建筑抗震设计规范、钢筋混凝土高层建筑结构设计与施工规程、建筑结构制图标准等规范、标准中属于建筑师应知应会的内容。

四、建筑物理与建筑设备

建筑物理：

1．刘加平主编．建筑物理（第三版）：高校建筑学与城市规划专业教材．中国建筑工业出版社，2000．

2．建筑设计资料集（第二版）（8、9、10）．中国建筑工业出版社，1994．

3．中国建筑科学研究院主编．民用建筑节能设计标准（采暖居住建筑部分）JGJ 26—95．中国建筑工业出版社

4．中国建筑科学研究院主编．夏热冬冷地区居住建筑节能设计标准 JGJ 134—2001．中国建筑工业出版社

5．中国建筑科学研究院主编．民用建筑热工设计规范 GB 50176—93．中国建筑工业出版社

6．中国建筑科学研究院主编．建筑采光设计标准 GB/T 50033—2001．中国建筑工业出版社

7．中国建筑科学研究院主编．民用建筑照明设计标准 GBJ 133—90．中国计划出版社

8．中国建筑科学研究院主编．民用建筑隔声设计规范 GBJ 118—88．中国计划出版社

9．国家环境保护局监测总站主编．城市区域环境噪声标准 GB 3096—93．国家环保出版社

建筑设备：

1．建筑给水排水设计手册．中国建筑工业出版社，1992

2．建筑给水排水设计规范 GBJ 15—88

3．建筑设计防火规范 GBJ 16—87（2001 年版）

4．高层民用建筑设计防火规范 GB 50045—95（2001 年版）

5．自动喷水灭火系统设计规范 GB 50084—2001

6．采暖通风与空气调节设计规范 GBJ 19—87

7．民用建筑热工设计规范 GB 50176—93

8．民用建筑节能设计标准（采暖居住建筑部分）JGJ 26—95

9．夏热冬冷地区居住建筑节能设计标准 JGJ 134—2001

10．锅炉房设计规范 GB 50041—92

11．城镇燃气设计规范 GB 50028—93

12．陆耀庆主编．实用供热空调设计手册（上下册）（第二版）．中国建筑工业出版

社，2008.
13. 林琅编. 现代建筑电气技术资质考试复习问答. 中国电力出版社，2002.
14. 民用建筑电气设计规范 JGJ/T 16—92
15. 低压配电设计规范 GB 50054—94
16. 10kV 及以下变电所设计规范 GB 50053—94
17. 供配电系统设计规范 GB 50052—95
18. 建筑物防雷设计规范 GB 50057—94（2000 年版）
19. 民用建筑照明设计标准 GBJ 133—90
20. 火灾自动报警系统设计规范 GB 50116—98
21. 建筑与建筑群综合布线系统工程设计规范 GB/T 50311—2000

五、建筑材料与构造

1. 高等院校教材：《建筑材料》、《建筑构造》
2. 王寿华，马芸芳，姚庭舟编. 实用建筑材料学. 中国建筑工业出版社，1998.
3. 陕西省建筑设计研究院编. 建筑材料手册（第四版）. 中国建筑工业出版社，2000.
4. 有关规定、规范：
   屋面、地面、楼面、防水、装饰、砌体、玻璃幕墙等工程施工及验收规范有关部分
5. 中国新型建筑材料集. 中国建筑工业出版社，1992.

六、建筑经济、施工与设计业务管理

建筑经济：

1. 全国注册建筑师管理委员会编. 一级注册建筑师资格考试手册
2. 全国注册建筑师管理委员会组织编写. 建筑师技术经济与管理读本
3. 建设项目经济评价方法与参数（第 2 版）. 中国计划出版社
4. 概、预算定额（土建部分）

建筑施工：

1. 砌体工程施工质量验收规范 GB 50203—2002
2. 混凝土结构工程施工质量验收规范 GB 50204—2002
3. 屋面工程质量验收规范 GB 50207—2002
4. 地下防水工程质量验收规范 GB 50208—2002
5. 建筑地面工程施工质量验收规范 GB 50209—2002
6. 建筑装饰装修工程质量验收规范 GB 50210—2002

设计业务管理：

法律：

1. 中华人民共和国建筑法（主席令第 91 号）
2. 中华人民共和国招标投标法（主席令第 21 号）
3. 中华人民共和国城市房地产管理法（主席令第 29 号）
4. 中华人民共和国合同法（主席令第 15 号），总则第一章至第四章及第十六章（建设工程合同）

5. 中华人民共和国城市规划法（主席令第 23 号）

行政法规：

6. 中华人民共和国注册建筑师条例（国务院第 184 号令）
7. 建设工程勘察设计管理条例（国务院第 293 号令）
8. 建设工程质量管理条例（国务院第 279 号令）

部门规章：

9. 中华人民共和国注册建筑师条例实施细则（建设部第 52 号令）
10. 实施工程建设强制性标准监督规定（建设部第 81 号令）
11. 工程建设若干违法违纪行为处罚办法（建设部第 68 号令）
12. 建筑工程设计招标投标管理办法（建设部第 82 号令）

注：全国注册建筑师管理委员会 2004 年 4 月 21 日通知：每年考试所使用的规范、标准，以本考试年度上一年 12 月 31 日以前正式实施的规范、标准为准。

现行常用建筑法规、规范、规程、标准一览表（截至 2014 年底）

分科	序号	编号	名称	被代替编号
法规	1		中华人民共和国建筑法（2011 年 7 月 1 日起施行）	
	2		中华人民共和国城乡规划法（2008 年 1 月 1 日起施行）	
	3		中华人民共和国安全生产法（2014 年 12 月 1 日起施行）	
	4		中华人民共和国环境保护法（2015 年 1 月 1 日起施行）	
建筑	5	GB 50352—2005	民用建筑设计通则	JGJ 37—1987
	6	GB 50137—2011	城市用地分类与规划建设用地标准	GBJ 137—90
	7	GB 50763—2012	无障碍设计规范	JGJ 50—2001
	8	GB/T 50504—2009	民用建筑设计术语标准	
	9	GB/T 50103—2010	总图制图标准	GB/T 50103—2001
	10	GB/T 50104—2010	建筑制图标准	GB/T 50104—2001
	11	CJJ/T 97—2003	城市规划制图标准	
	12	GB/T 50001—2010	房屋建筑制图统一标准	GB/T 50001—2001
	13	GB/T 50002—2013	建筑模数协调标准	GBJ 2—86、GB/T 50100—2001
	14	GB 50096—2011	住宅设计规范	GB 50096—99
	15	GB 50368—2005	住宅建筑规范	
	16	GB/T 50340—2003	老年人居住建筑设计标准	
	17	GB 50867—2013	养老设施建筑设计规范	
	18	GB 50099—2011	中小学校设计规范	GBJ 99—86
	19	JGJ 67—2006	办公建筑设计规范	JGJ 67—1989

续表

分科	序号	编号	名称	被代替编号
建筑	20	JGJ 36—2005	宿舍建筑设计规范	JGJ 36—87
	21	JGJ 58—2008	电影院建筑设计规范	JGJ 58—1988
	22	JGJ 218—2010	展览建筑设计规范	
	23	JGJ 25—2010	档案馆建筑设计规范	JGJ 25—2000
	24	JGJ 48—2014	商店建筑设计规范	JGJ 48—88
	25	JGJ/T 60—2012	交通客运站建筑设计规范	JGJ 60—99/JGJ 86—92
	26	GB 50333—2013	医院洁净手术部建筑设计规范	GB 50333—2002
	27	GB 50038—2005	人民防空地下室设计规范	GB 50038—94
	28	GB/T 50362—2005	住宅性能评定技术标准	
	29	GB 50226—2007	铁路旅客车站建筑设计规范（2011年版）	GB 50226—95
	30	GB 50091—2006	铁路车站及枢纽设计规范	
	31	GB 50041—2008	锅炉房设计规范	GB 50041—92
	32	GB 50156—2012	汽车加油加气站设计与施工规范	GB 50156—2002
	33	CJJ 14—2005	城市公共厕所设计标准	
	34	JGJ/T 229—2010	民用建筑绿色设计规范	
	35	GB/T 50668—2011	节能建筑评价标准	
	36	GB 50222—95	建筑内部装修设计防火规范（2001年版）	
	37	GB 50098—2009	人民防空工程设计防火规范	GB 50098—98
	38	JGJ 144—2004	外墙外保温工程技术规程	
	39	GB 50345—2012	屋面工程技术规范	GB 50345—2004
	40	JG/T 372—2012	建筑变形缝装置	
	41	GB/T 50353—2013	建筑工程建筑面积计算规范	GB/T 50353—2005
	42	GB/T 50947—2014	建筑日照计算参数标准	
	43	GB 50925—2013	城市对外交通规划规范	
	44	GB 50037—2013	建筑地面设计规范	GB 50037—96
结构	45	GB 50009—2012	建筑结构荷载规范	GB 50009—2001（2006年版）
	46	GB 50068—2001	建筑结构可靠度设计统一标准	GBJ 68—84
	47	GB/T 50083—2014	工程结构设计基本术语标准	GB/T 50083—97
	48	GB 50223—2008	建筑工程抗震设防分类标准	GB 50223—2004
	49	GB 50153—2008	工程结构可靠性设计统一标准	GB 50153—92
	50	GB/T 50105—2010	建筑结构制图标准	GB/T 50105—2001
	51	JGJ/T 97—2011	工程抗震术语标准	JGJ/T 97—95
	52	GB 50003—2011	砌体结构设计规范	GB 50003—2001
	53	JGJ 3—2010	高层建筑混凝土结构技术规程	JGJ 3—2002
	54	GB 50005—2003	木结构设计规范（2005年版）	GBJ 5—88

续表

分科	序号	编 号	名 称	被代替编号
结构	55	GB 50017—2003	钢结构设计规范	GBJ 17—88
	56	GB 50007—2011	建筑地基基础设计规范	GB 50007—2002
	57	GB 50021—2001	岩土工程勘察规范（2009年版）	GB 50021—94
	58	JGJ 209—2010	轻型钢结构住宅技术规程	
	59	JGJ 116—2009	建筑抗震加固技术规程	
	60	JGJ 79—2012	建筑地基处理技术规范	JGJ 79—2002
设备	61	JGJ 26—2010	严寒和寒冷地区居住建筑节能设计标准	JGJ 26—95
	62	JGJ 75—2012	夏热冬暖地区居住建筑节能设计标准	JGJ 75—2003
	63	JGJ 176—2009	公共建筑节能改造技术规范	
	64	JGJ/T 177—2009	公共建筑节能检测标准	
	65	JGJ/T 132—2009	居住建筑节能检测标准	JGJ/T 132—2001
	66	JGJ/T 129—2012	既有居住建筑节能改造技术规程	JGJ 129—2000
	67	GB/T 50785—2012	民用建筑室内热湿环境评价标准	
	68	GB/T 50106—2010	建筑给水排水制图标准	GB/T 50106—2001
	69	GB 50015—2003	建筑给水排水设计规范（2009年版）	GBJ 15—88
	70	GB 50013—2006	室外给水设计规范	GBJ 13—86
	71	GB 50014—2006	室外排水设计规范（2014年版）	GBJ 14—87
	72	GB 50336—2002	建筑中水设计规范	
	73	GB 50318—2000	城市排水工程规划规范	
	74	CJJ 140—2010	二次供水工程技术规程	
	75	GB 50974—2014	消防给水及消火栓系统技术规范	
	76	GB/T 50125—2010	给水排水工程基本术语标准	
	77	GB 50555—2010	民用建筑节水设计标准	
	78	GB/T 50114—2010	暖通空调制图标准	GB/T 50114—2001
	79	GB 50028—2006	城镇燃气设计规范	GB 50028—93
	80	GB 50736—2012	民用建筑供暖通风与空气调节设计规范	GB 50019—2003
	81	CJJ/T 185—2012	城镇供热系统节能技术规范	
	82	GB/T 50786—2012	建筑电气制图标准	
	83	JGJ 16—2008	民用建筑电气设计规范	JGJ/T 16—92
	84	GB 50057—2010	建筑物防雷设计规范	GB 50057—94
	85	GB 50052—2009	供配电系统设计规范	GB 50052—95
	86	JGJ/T 119—2008	建筑照明术语标准	JGJ/T 119—98
	87	GB 50034—2013	建筑照明设计标准	GB 50034—2004
	88	JGJ 242—2011	住宅建筑电气设计规范	
	89	JGJ 310—2013	教育建筑电气设计规范	
	90	GB 50116—2013	火灾自动报警系统设计规范	GB 50116—98

续表

分科	序号	编号	名　　称	被代替编号
设备	91	GB 50118—2010	民用建筑隔声设计规范	GBJ 118—88
	92	GB 50121—2005	建筑隔声评价标准	
	93	GB/T 50356—2005	剧场、电影院和多用途厅堂建筑声学设计规范	
	94	JGJ/T 131—2012	体育场馆声学设计及测量规程	JGJ/T 131—2000
	95	GB/T 50033—2013	建筑采光设计标准	GB 50033—2001
	96	GB 50311—2007	综合布线系统工程设计规范	GB/T 50311—2000
	97	GB 50325—2010	民用建筑工程室内环境污染控制规范	GB 50325—2001
施工	98	GB 50209—2010	建筑地面工程施工质量验收规范	GB 50209—2002
	99	JGJ/T 104—2011	建筑工程冬期施工规程	JGJ/T 104—97
	100	GB 50330—2013	建筑边坡工程技术规范	GB 50330—2002
其他	101	GB/T 50319—2013	建设工程监理规范	GB/T 50319—2000
	102	GB 50500—2013	建设工程工程量清单计价规范	GB 50500—2008
	103	GB 50413—2007	城市抗震防灾规划标准	
	104	GB 50805—2012	城市防洪工程设计规范	CJJ 50—1992
	105	JGJ 155—2007	种植屋面工程技术规程	2013年12月作废
	106	CJJ 47—2006	生活垃圾转运站技术规范	
	107	GB 50108—2008	地下工程防水技术规范	GB 50108—2001
	108	GB/T 50502—2009	建筑施工组织设计规范	
	109	JGJ/T 191—2009	建筑材料术语标准	
	110	JGJ/T 235—2011	建筑外墙防水工程技术规程	
	111	GB/T 50841—2013	建设工程分类标准	

2015年部分建筑法规、规范、规程、标准更新、局部修订一览表

序号	编号	名　　称	被代替编号
1	JGJ/T 41—2014	文化馆建筑设计规范	JGJ/T 41—87（试行）
2	JGJ 62—2014	旅馆建筑设计规范	
3	GB 51039—2014	综合医院建筑设计规范	JGJ 49—88
4	GB 50849—2014	传染病医院建筑设计规范	
5	JGJ 100—2015	车库建筑设计规范	原《汽车库建筑设计规范》JGJ 100—98
6	JGJ 367—2015	住宅室内装饰装修设计规范	
7	GB 50016—2014	建筑设计防火规范	原《建筑设计防火规范》 GB 50016—2006 《高层民用建筑设计防火规范》 GB 50045—95
8	GB 50067—2014	汽车库、修车库、停车场设计防火规范	GB 50067—97
9	GB 50314—2015	智能建筑设计标准	GB/T 50314—2006
10	GB/T 50378—2014	绿色建筑评价标准	GB/T 50378—2006

续表

序号	编号	名称	被代替编号
11	GB 50189—2015	公共建筑节能设计标准	
12	GB/T 51095—2015	建设工程造价咨询规范	
13	GB 50204—2015	混凝土结构工程施工质量验收规范	GB 50204—2002（2011年版）
14	JGJ 126—2015	外墙饰面砖工程施工及验收规程	
15	JGJ 345—2014	公共建筑吊顶工程技术规程	
16	JGJ/T 29—2015	建筑涂饰工程施工及验收规程	JGJ/T 29—2003
17	GB 51004—2015	建筑地基基础工程施工规范	
18	GB 50201—2014	防洪标准	GB 50201—94
19	GB 50010—2010	混凝土结构设计规范	局部修订
20	建设工程勘察设计管理条例（2015年6月12日修改）		局部修订

2016年部分建筑法规、规范、规程、标准更新、局部修订一览表

序号	编号	名称	被代替编号
1	GB 50289—2016	城市工程管线综合规划规范	GB 50289—98
2	CJJ 83—2016	城乡建设用地竖向规划规范	CJJ 83—99
3	JGJ 38—2015	图书馆建筑设计规范	JGJ 38—99
4	JGJ 66—2015	博物馆建筑设计规范	JGJ 66—91
5	JGJ 39—2016	托儿所、幼儿园建筑设计规范	JGJ 39—87
6	JGJ 369—2016	预应力混凝土结构设计规范	
7	GB/T 51163—2016	城市绿线划定技术规范	
8	GB 50180—93（2002年版）	城市居住区规划设计规范	局部修订
9	GB 50011—2010	建筑抗震设计规范	局部修订
10	CJJ 37—2012	城市道路工程设计规范	局部修订
11	GB 50420—2007	城市绿地设计规范	局部修订

附录3 2014年度全国一、二级注册建筑师资格考试考生注意事项

参加知识题考试：

一、考生应携带2B铅笔、橡皮、无声及无文本编辑功能的计算器参加考试。

二、在答题前，考生必须认真阅读印于试卷封二的"应试人员注意事项"，必须将工作单位、姓名、准考证号如实填写在试卷规定的栏目内，将姓名和准考证号填写并填涂在答题卡相应的栏目内。在其他位置书写单位、姓名、准考证号等信息的按违纪违规行为处理。

三、按题号在答题卡上将所选选项对应的信息点用2B铅笔涂黑。如有改动，必须用橡皮擦净痕迹，以防电脑阅卷时误读。

参加作图题考试：

一、考生于考试前30分钟进入考场做准备。

二、考生应携带以下工具和文具参加作图题考试：无声及无文本编辑功能的计算器，三角板一套，圆规，丁字尺，比例尺，建筑模板，绘图笔一套，铅笔，橡皮，订书机，刮图刀片，胶带纸等。不得携带草图纸、涂改液、涂改带等。参加一级注册建筑师"建筑技术设计"和"场地设计"科目考试的考生还应携带2B铅笔。

三、正式答题前，考生必须认真阅读本作图题考试科目的"应试人员注意事项"，将姓名、准考证号如实填写在试卷封面规定的栏目内。参加"建筑技术设计"和"场地设计"科目考试的考生，还须将姓名和准考证号填写并填涂在答题卡相应的栏目内。

四、作图题必须按规定的比例用黑色绘图笔绘制在试卷上。所有线条应光洁、清晰，不易擦去。各科目里若有允许徒手绘制的线条，其有关说明见相应作图题科目"应试人员注意事项"中的规定。

五、考生可将试卷拆开以便作答，作答完毕后由考生本人将全部试卷按照页码编号顺序用订书机重新装订成册，订书钉应订在封面指定位置。

六、"建筑技术设计"和"场地设计"两个作图题考试科目试卷上有选择题，**考生按下列三个步骤完成作答**：1. 作图；2. 根据作图完成选择题作答，并将所选选项用黑色墨水笔填写在括号内；3. 根据选择题作答结果填涂答题卡，按题号在答题卡上将所选选项对应的信息点用2B铅笔涂黑。漏做其中任一步骤均视为无效卷，不予评分。选择题只能选择一个正确答案，且试卷上选择题所选答案必须与答题卡所填涂答案一致。

七、作图题试卷有下列情形之一，造成无法评分的，后果由个人负责：

1. 姓名和准考证号填写错误的；
2. 试卷缺页的；
3. "建筑技术设计"或"场地设计"科目作图选择题与答题卡选项不一致的；
4. "建筑技术设计"或"场地设计"科目的作图选择题、答题卡作答空缺的。

八、特别提请注意，作图题试卷有下列情况之一的，按违纪违规行为处理：
1. 用彩色笔、铅笔、非制图用圆珠笔及泛蓝色钢笔等非黑色绘图笔制图的；
2. 将草图纸夹带或粘贴在试卷上的；
3. 在试卷指定位置以外书写姓名、准考证号，或在试卷上做与答题无关标记的；
4. 使用涂改液或涂改带修改图纸的。

附录4　解读《考生注意事项》

郭　保　宁

由于工作关系，笔者十余年来参加了注册建筑师考试的考题审核、考试巡考、作图题阅卷等项工作，发现考生因备考不充分、缺少具有针对性的应试技巧、对题目作答要求不够重视等非技术因素造成考试成绩不理想的情况时有发生。每年布置考试考务工作的文件均附有《××××年度全国一、二级注册建筑师资格考试考生注意事项》，并要求考生报考时由报考部门印发给每一位考生。本文旨在结合所了解的情况和一些个人理解对《考生注意事项》做一解读，以便广大考生更有针对性地做好备考工作。本文黑体字部分为2014年《考生注意事项》原文，宋体字部分为笔者的说明、注释和心得。

一、知识题考试

一级注册建筑师资格考试中有6个考试科目为知识题，它们是："设计前期与场地设计"、"建筑设计"、"建筑结构"、"建筑物理与建筑设备"、"建筑材料与构造"、"建筑经济、施工与设计业务管理"；二级注册建筑师资格考试中有2个考试科目为知识题，它们是："建筑结构与设备"和"法律、法规、经济与施工"。

参加知识题考试：知识题考题都为单项选择题，每一个选择题都有一个讲述问题的题干，题干以问句或不完全陈述句构成，后附4个选项供选择，其中只有1个为正确选项，考生对这种标准化的考试方式应当不陌生。

（一）考生应携带2B铅笔、橡皮、无声及无文本编辑功能的计算器参加考试。2B铅笔用于填涂答题卡，建议在正规商店购买2B铅笔以确保用笔质量。"无声、无文本编辑功能"是人力资源和社会保障部人事考试中心对各类资格考试用计算器的统一规定。

（二）在答题前，考生必须认真阅读印于试卷封二的"应试人员注意事项"，必须将工作单位、姓名、准考证号如实填写在试卷规定的栏目内，将姓名和准考证号填写并填涂在答题卡相应的栏目内。磨刀不误砍柴工，"应试人员注意事项"必须认真阅读并理解。注意在"试卷规定的栏目内（封面装订线左侧）"填写"工作单位、姓名、准考证号"，在"答题卡相应的栏目内"填写"姓名"、填涂"准考证号"。建议考生仔细填写、填涂并核对这部分内容，填写、填涂错误则可能造成张冠李戴或其他情况发生。**在其他位置书写单位、姓名、准考证号等信息的按违纪违规行为处理。**

（三）按题号在答题卡上将所选选项对应的信息点用2B铅笔涂黑。如有改动，必须用橡皮擦净痕迹，以防电脑阅卷时误读。

注：郭保宁为住房和城乡建设部执业资格注册中心考试处原处长。

二、作图题考试

注册建筑师考试作图题分两类，一类为作图选择题，既要求作图又要求在试卷和答题卡上填写或填涂选择题选项；它们是：一级注册建筑师"建筑技术设计"和一级注册建筑师"场地设计"考试科目。另一类为单纯作图题，只需要完成作图即可；考试科目为：一级注册建筑师"建筑方案设计"，二级注册建筑师"场地与建筑设计"和二级注册建筑师"建筑构造与详图"。

参加作图题考试：作图题主要是考察考生的方案构思能力、工程实践能力和表达能力，这是建筑师的看家本事，也是众多考生通过考试前的扫尾科目，这就更需要考生事先了解作图题的考试方式和作答要求。

（一）考生于考试前 30 分钟进入考场做准备。希望考生尽早进入考场，提前做好布置图板、准备绘图用具等项工作。

（二）考生应携带以下工具和文具参加作图题考试：无声及无文本编辑功能的计算器，三角板一套，圆规，丁字尺，比例尺，建筑模板，绘图笔一套，铅笔，橡皮，订书机，刮图刀片，胶带纸等。不得携带草图纸、涂改液、涂改带等。参加一级注册建筑师"建筑技术设计"和"场地设计"科目考试的考生还应携带 **2B 铅笔**。注意：工具和文具多准备一些可以做到有备无患，其中有的无数量与规格要求，如模板，各类建筑模板、曲线板、椭圆模板、圆模板等建议多带。绘图笔用黑色墨水，建议带常用规格、不同粗细的不少于 3 支，2B 铅笔专用于填涂答题卡。考场上将为每位考生统一配发草图纸，用涂改液或涂改带修改图纸者其试卷按违规卷处理，不予评分。

（三）正式答题前，考生必须认真阅读本作图题考试科目的"应试人员注意事项"，切记此步！每年都有因未按要求作答而影响考试成绩者。将姓名、准考证号如实填写**在试卷封面规定的栏目内。参加"建筑技术设计"和"场地设计"科目考试的考生，还须将姓名和准考证号填写并填涂在答题卡相应的栏目内。**2003 年以来，一级注册建筑师资格考试中的"建筑技术设计"和"场地设计"两门作图题考试结束后，均先由电脑对考生的答题卡进行读卡评分，根据考生的读卡成绩决定其考卷能否进入下一步人工复评。所以，"建筑技术设计"和"场地设计"两门作图题考试时，都配有答题卡。参加"建筑技术设计"和"场地设计"两门作图题考试的考生，要在"答题卡相应的栏目内"填写"姓名"和填涂"准考证号"，建议考生仔细填写、填涂，并核对这部分内容。

（四）作图题必须按规定的比例用黑色绘图笔绘制在试卷上。所有线条应光洁、清晰，不易擦去。各科目里若有允许徒手绘制的线条，其有关说明见相应作图题科目"**应试人员注意事项**"中的规定。试卷的"应试人员注意事项"中有可能对徒手绘制线条的范围作出规定，这主要是为了便于考生提高制图的速度。但有两点要注意：1. 画长线条时，再好的徒手功夫也没有在尺上画得快；2. 画建筑单元模块时，用模板要比徒手画图快。至于借助工具还是徒手绘图，关键是看哪个速度快。

（五）考生可将试卷拆开以便作答，拆开试卷的考生注意保管好自己的每一页试卷，往年考试中曾发生过被抄袭及破损的情况。**试卷答完后由考生本人将全部试卷按照页码编号顺序用订书机重新装订成册**，试卷装订漏页有可能会被带离考场，属违反考试规定的行为。提请拆开试卷作答的考生注意，考试完毕装订试卷时切记要仔细核对试卷的页码编号顺序，以防有漏页情况发生，引起不必要的麻烦，同时要核对试卷封面上的个人信息以免张冠李戴，之后再装订成册。**订书钉应订在封面指定位置。**在封面左侧装订线处指定了 4 个装订钉的位置，建议考生将其订满以确保试卷在阅卷期间搬运和整理时不开散。

（六）"建筑技术设计"和"场地设计"两个作图题考试科目试卷上有选择题，考生按下列三个步骤完成作答：**1. 作图；2. 根据作图完成选择题作答，并将所选选项用黑色墨水笔填写在括号内；3. 根据选择题作答结果填涂答题卡，按题号在答题卡上将所选选项对应的信息点用 2B 铅笔涂黑。**漏做其中一项均视为无效卷，不予评分。选择题只能选择一个正确答案，且要求试卷上对选择题所选答案与答题卡所填涂答案一致。即考生在完成每道题的作图任务后，切记要同时完成在试卷选择题和答题卡上作答。如漏做了后者，在读答题卡时，有可能因分数未达到合格线而不能调卷参加全国统一组织的人工复评；如漏做了前者，即使已调卷参加人工复评，也会因试卷上无选择题答案，无法进行人工复核而被视为无效试卷。因为这两科作图选择题的评分方式目前是采用计算机与人工相结合的办法，所以在此强调两部分都要作答的重要性，不管忽略哪一项，都有可能失去考试通过的机会。这里明确要求选择题用黑色墨水笔作答，虽然，从近几年的评分现场情况看，试卷上的选择题用任何笔作答对考试成绩几乎都没有影响，但还是应尽量按统一要求进行答题。试卷上的选择题为填空作答，要求将所选选项的答案（字母 A、B、C、D 四者之一）填写进其对应选择题给定位置的括号中。在填涂答题卡时，仍须用 2B 铅笔涂黑所选选项，如有改动，必须用橡皮擦净痕迹，以防电脑阅卷时误读。

（七）作图题试卷有下列情形之一，造成无法评分的，后果由个人负责：

1. 姓名和准考证号填写错误的；

2. 试卷缺页的；

3. "建筑技术设计"或"场地设计"科目作图选择题与答题卡选项不一致的；

4. "建筑技术设计"或"场地设计"科目的作图选择题、答题卡作答空缺的。

这四种情形在以上"二、作图题考试"中的（三）、（五）、（六）条中已经进行了说明及强调。

（八）特别提请注意，作图题试卷有下列情况之一的，按违纪违规行为处理：

1. 用彩色笔、铅笔、非制图用圆珠笔及泛蓝色钢笔等非黑色绘图笔制图的；

2. 将草图纸夹带或粘贴在试卷上的；

3. 在试卷指定位置以外书写姓名、准考证号，或在试卷上做与答题无关标记的；

4. 使用涂改液或涂改带修改图纸的。

《考生注意事项》将"参加作图题考试"内容中的考试违纪违规情况集中列于此，目的是让考生能清晰地了解此部分内容，从而杜绝因个人不慎造成此类行为的发生。

三、提请考生注意

（一）合理分配考试时间

对于知识题（选择题），参照下表各科目作答每道题所用的时间，按此掌握答题速度，并注意留出检查的时间，这样便于从容作答及整体把握答题进度。

分级 科目	一 级						二 级	
	设计前期与场地设计	建筑设计	建筑结构	建筑物理与建筑设备	建筑材料与构造	建筑经济、施工与设计业务管理	建筑结构与设备	法律、法规、经济与施工
题 量	90	140	120	100	100	85	100	100
考试时间（时）	2.0	3.5	4.0	2.5	2.5	2.0	3.5	3.0
每题时间（分）	1.33	1.50	2.00	1.50	1.50	1.41	2.10	1.80

对于一级注册建筑师"建筑技术设计"、"场地设计"和二级注册建筑师"建筑构造与详图"这类每一门考试科目中有几道作图题的考试来说，建议考生拿到试卷后用几分钟时间先通览一遍考题，先挑相对简单和自己熟悉的题来做，以防被相对复杂和自己不熟悉的题占用过多时间，到考试后期有一些自己会做的题因为时间不够而无法完成，从而影响自己整体水平的发挥。另外，笔者要不厌其烦地特别强调，一级注册建筑师的"建筑技术设计"和"场地设计"两门作图题考试都有选择题，考试结束后先要由电脑对考生的答题卡进行读卡评分，根据读卡成绩淘汰掉分数未达到合格线的考生，未被淘汰的才能被调卷进行人工复评，考生要充分认识到填涂答题卡的重要性。另外，别忘记在试卷上的选择题中选择答案，否则也会因为试卷上无选择题答案而无法进行人工复核，试卷被视为无效试卷。因此，考生要安排出适当的时间作选择题和填涂答题卡。此前每年都出现过考生的读卡成绩较高，作图也不错，但试卷上的选择题未做，因而人工复评时无法对其进行复核，最终考试未能通过的情况。

对于一级注册建筑师"建筑方案设计"作图题和二级注册建筑师"场地与建筑设计"里的第二大题"建筑设计"作图题，考生要根据个人的具体情况大致划分方案构思与制图两个阶段的时间分配量，在人工评卷中，每年都可以发现既有方案构思不错而制图未完成的，又有制图表达完整但方案有明显缺陷的，只有把握好两阶段的时间分配量，才能保证个人整体水平的充分发挥。

（二）方案作图题的作答方法

方案作图题特指一级注册建筑师"建筑方案设计"作图题和二级注册建筑师"场地与建筑设计"里的第二大题"建筑设计"作图题，这类试题基本相当于大学的快速设计，但比快速设计更加注重方案构思和工程实践能力，而淡化一些其他内容（如无立面设计等）。完成这类考试建议分四步：1. 完全读懂题目要求，分析并明确作图任务；2. 根据任务描述、功能关系图等已知条件结合上述分析在草图纸上勾画草图；3. 确定结构柱网尺寸、面积等定量因素，同时对照题目要求调整、完善平面和功能关系及各部分面积；4. 在试卷上正式制图。提醒考生制图时要像画素描一样注意整体把握制图深度的一致性。笔者见到过这样的答卷，一层平面图中的作图甚至细致到结构部分全部涂黑、卫生间能表现的内容也都画了出来，但二层平面却是空白！因建筑一、二层有很多相互关联的功能关系，一层画得再好有时也无法单独给分；像这样的情况实属可惜。另外，应避免对细部、局部花过多时间和片面追求图面质量，而要把主要精力用于平面及功能关系等总体方案的构思和设计上。

（三）充分做好考前的非技术因素准备工作

考生在备考时除了全面、系统地梳理各科目专业知识外，建议用一些时间做好考前的非技术因素准备工作。笔者认为有以下几点应引起重视：1. 考试前认真阅读当年的《全国一、二级注册建筑师资格考试考生注意事项》，每年的《考生注意事项》与往年相比都会有多多少少的一些变动。尤其近年来，在考试作答等要求上，可能会有一些新的内容，提请考生要密切关注，高度重视。如考生未能在报考部门得到《考生注意事项》，请在住房和城乡建设部执业资格注册中心网站（www.pqrc.org.cn）上考试考务栏目内查找当年的考试考务通知。参加每门考试，尤其是作图题考试时，在正式答题前一定要认真阅读各门考试的"考试须知"。2. 通过阅读每年度的《全国一、二级注册建筑师资格考试考生注意事项》、考前培训和与考生交流，掌握好各考试科目的个人信息填写、填涂要求和作答要求。3. 登录相关网站（如 ABBS 建筑论坛等），在不违反考试规则的前提下借鉴其他考生的考试经验。4. 参加考试时所携带的工具和文具应尽量齐全，但注意不要发生规定所禁止的行为，如用涂改液、涂改带修改作图题的线条等。还有一点要注意，如个别地方的考场未给考生准备图板，考生要自己准备 2 号图板参加作图题考试。5. 由于我国建筑设计行业率先实现了计算机辅助设计，近十多年来毕业的考生几乎没有在图板上做过设计工作，建议考前多做一些手工制图练习，以确保作图的速度和质量。

说明：本文宋体字部分只是笔者的说明、注释和心得，仅以个人观点为考生提出一些建议，如与相关规定或要求不符，当以相关规定或要求为准。

2014 年 9 月

附录5 对知识单选题考试备考和应试的建议

　　一级注册建筑师的9门考试中有6门是知识单选题考试。二级注册建筑师的4门考试中有2门是知识单选题考试。从2011年起，一级《建筑设计》、《建筑结构》、《建筑物理与建筑设备》和《建筑材料与构造》4科知识单选题考试在考试时间不变的条件下，每科的试题数均较2010年的试题数减少了20道题，减轻了考生的负担。其他2科和二级的2科试题数没有变化。这些知识单选题的试题数、考试时间和及格标准见下表。

分　级	考试科目	考试时间（小时）	考试题数	试卷满分	及格标准
一级	设计前期与场地设计	2.0	90	90	54
	建筑设计	3.5	140	140	84
	建筑结构	4.0	120	120	72
	建筑物理与建筑设备	2.5	100	100	60
	建筑材料与构造	2.5	100	100	60
	建筑经济、施工与设计业务管理	2.0	85	85	51
二级	建筑结构与设备	3.5	100	100	60
	法律、法规、经济与施工	3.0	100	100	60

　　从表中可看出及格线都是60%。对历年试题的分析可以看出，有50%～60%的试题属于常规知识范围，也就是建筑师应知应会的知识；约30%～35%的题比较难，一般建筑师可能做不出来；还有约10%～15%的题可以说是偏题、怪题，几乎可以说，一般考生根本做不出来，就是老师也要多方查资料才能找到结果。也就是说，要想考出80分或90分的成绩几乎不可能。因此建议考生备考一定要重点明确，主要复习建筑师应知应会的知识，切忌去钻那些偏题、怪题。考生争取60分通过就行了，不必去追求高分，也没有必要。

　　在应试拿到考题时，建议考生不要顺着试题顺序往下做。因为有的题会比较难，有的题会比较生僻，耽误的时间比较多，以致到最后时间不够，致使会做的题却来不及做，这就得不偿失了。建议考生将做题过程分如下三步走：

　　首先用10～20分钟（根据考题的多少）将题从头到尾看一遍，一是首先解答出自己很熟悉很有把握的题；二是将那些需要稍加思考估计能在平均答题时间里做出的题做个记号。这里说的平均答题时间见下表，就是根据每科考试时间和题数计算出的平均答题时间。从表中可以看出，一级除《建筑结构》平均每题为2分钟外，其他5科平均答题时间均在1分20秒至1分30秒之间。二级2科平均每题答题时间在2分钟上下。将估计在这个时间里能做出来的题做个记号。

分级	考试科目	考试时间（小时）	考试题数	每题时间（分、秒）
一级	设计前期与场地设计	2.0	90	1分20秒
	建筑设计	3.5	140	1分30秒
	建筑结构	4.0	120	2分
	建筑物理与建筑设备	2.5	100	1分30秒
	建筑材料与构造	2.5	100	1分30秒
	建筑经济、施工与设计业务管理	2.0	85	1分24.7秒
二级	建筑结构与设备	3.5	100	2分06秒
	法律、法规、经济与施工	3.0	100	1分48秒

第二遍就做这些做了记号的题，这些题应该在考试时间里能做完。做完了这些题可以说就考出了考生的基本水平，不管考生的基础如何，复习得怎么样，临场发挥得如何，至少不会因为题没做完而遗憾了。对这些应知应会的题准备考试时一定要认真复习，考试时争取要都能做出来，这是考试及格的基础。

这些会做的题或基本会做的题做完以后，如果还有时间，就做那些需要花费时间较多的题。对这些比较难的题没有把握不要紧，有的可以采用排除法，把肯定不对的答案先排除掉，剩下的再猜答，能做几个算几个。并适当抽时间检查一下已答题的答案。

在考试将近结束时，比如说还剩5分钟要收卷了，你就要看看还有多少道题没有答，这些题确实不会了，也不要放弃。在单选题考试中，对不会的题估填了答案对了也是有分的。建议考生回头看看已答题的答案A、B、C、D各有多少，虽然整个卷子四种答案的数量不一定是平均的，但还是可以这样来考虑。看看已答的题中A、B、C、D哪个最少，然后将不会做、没有答的题按这个前边最少的选项通填，这样其中会有1/4甚至还会多于1/4的题能得分。你如果应知应会的题得了五十多分，再加上这些通填的题得了十几分，加起来就及格了。

以上建议供各位考生参考。
预祝大家顺利通过考试！

主编 曹纬浚
2016年10月